U0711042

新工科·电类专业应用型人才培养系列教材
省级精品课程（电工与电子技术）建设配套教材

电 工 技 术

主　编　孙艳霞
副主编　刘　洋　付艳萍

北京理工大学出版社
BEIJING INSTITUTE OF TECHNOLOGY PRESS

内 容 简 介

本书符合教育部高等学校电工电子基础课程教学指导分委员会制定的非电类电工电子技术系列课程的教学基本要求,具有内容丰富、选材合理的特点。主要内容包括:电路的基本概念与基本定律、电路的分析方法、正弦交流电路、三相交流电路、电路暂态过程分析、磁路与变压器、交流电动机、直流电动机、继电接触器控制系统、可编程控制器、电工测量与安全用电以及电工技术应用实例。

本书可作为高等学校本科非电类各专业电工技术课程的教材或参考书,也可供广大社会学习者和相关工程技术人员参考使用。

图书在版编目(CIP)数据

电工技术 / 孙艳霞主编. — 北京 :北京理工大学
出版社,2025.2(2025.3 重印).
ISBN 978-7-5763-5156-9

Ⅰ. TM

中国国家版本馆 CIP 数据核字第 202532JW15 号

责任编辑: 王梦春　　**文案编辑:** 马一博
责任校对: 刘亚男　　**责任印制:** 李志强

出版发行 / 北京理工大学出版社有限责任公司
社　　址 / 北京市丰台区四合庄路 6 号
邮　　编 / 100070
电　　话 / (010)68914026(教材售后服务热线)
　　　　　　(010)63726648(课件资源服务热线)
网　　址 / http://www.bitpress.com.cn
版 印 次 / 2025 年 3 月第 1 版第 2 次印刷
印　　刷 / 河北盛世彩捷印刷有限公司
开　　本 / 787 mm×1092 mm　1/16
印　　张 / 19.5
字　　数 / 458 千字
定　　价 / 49.80 元

前 言

FOREWORD

为了适应高等教育改革的大背景和科学技术发展需要，培养面向 21 世纪的电工技术人才，编者在编写本书时，以电工技术的基础知识和分析方法为主体，辅以电工技术应用实例，并以更加清晰、更易理解的方式阐述了电工技术的相关知识。

作为非电类专业的重要技术基础课程，电工技术课程涵盖内容广泛。编者参照教育部关于电工技术课程的教学基本要求，并适应工程教育专业认证的需要，确定了本书编写的内容。本书共分为 12 章：第 1 章介绍电路的基本概念与基本定律；第 2 章介绍电路的分析方法；第 3 章介绍正弦交流电路；第 4 章介绍三相交流电路；第 5 章介绍电路暂态过程的分析；第 6 章介绍磁路与变压器；第 7 章介绍交流电动机；第 8 章介绍直流电动机；第 9 章介绍继电接触器控制系统；第 10 章介绍可编程控制器；第 11 章介绍电工测量与安全用电；第 12 章介绍电工技术应用实例。本书有助于实现两个课程目标：一是介绍电工技术的基础知识和基本分析方法，使学生掌握分析电路、磁路、电动机与控制电器的能力；二是介绍电工技术在工程中的应用，使学生学以致用，并培养其解决工程实际问题的能力。

在编写本书的过程中，编者遵循循序渐进的原则，力求做到叙述清楚、思路清晰、重点突出，以更好地符合学生的认识规律和教师的教学规律。同时精心编排了典型例题、思考题、本章小结以及多类型习题，并配有整套多媒体课件，以方便教师备课和学生自学。另外，考虑到不同专业的不同需求，可适当减少讲授内容（标"△"号内容为选学部分），或者通过改进教学手段和教学方法，提高课堂信息量，适当增加学生自学内容。

本书由大连交通大学电工技术课程组编写，由孙艳霞担任主编，刘洋和付艳萍担任副主编。第 2、3 章由付艳萍编写；第 4、5、6、7、8 章由孙艳霞编写；第 1、9、10、11、12 章由刘洋编写。全书由邵力耕教授审阅，并提出了宝贵的修改意见，在此表示最诚挚的感谢。

本书的编者都是长期从事电工技术的一线教师。由于水平有限，书中难免存在疏漏，恳请读者批评指正。

编 者

2024 年 7 月

目　录

CONTENTS

第1章　电路的基本概念与基本定律

电学（electricity）是物理学的一个重要分支，主要研究电荷、电流、电场、磁场以及它们之间的相互作用和效应。电学原理广泛应用于工业生产和日常生活中，是现代社会不可或缺的一部分。电路是电学原理的实际应用。从简单的家用电器到复杂的计算机系统、通信网络和自动化控制系统等，电路都是其运行的核心。随着科学技术的发展，电路设计和制造越来越精密，集成度越来越高，同时也在向着更加高效、环保的方向发展。

本章主要介绍电路概述、电路的基本物理量、电路模型及基本元件、电源的工作状态、电路基本定律和电路中电位的计算。

1.1 电路概述

1.1.1 电路的定义与作用

电路（electric circuit）是由电源、用电器、开关、导线等电气元件按照一定方式连接而成的，用于传输、分配、转换或控制电能的闭合路径系统。

电路的作用可以分为以下两方面：

1. 电能的传输、分配与转换

电路能够将电源提供的电能输送到各个用电器中，实现电能在不同地点之间的有效传输和合理分配。在这一过程中，电能的形式可能发生变化，例如通过变压器将电压升高或降低，以适配不同负载的需求；或者在整流电路中将交流电转换为直流电，以供特定设备使用。电能传输系统示意图如图 1.1 所示。

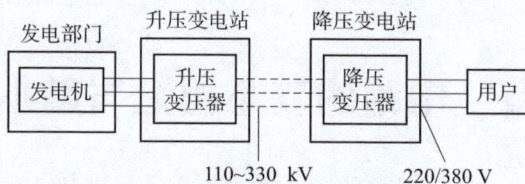

图 1.1　电能传输系统示意图

2. 信号的传输与处理

除了电能的处理，电路还承担着信号的传输与处理任务，包括声音信号、图像信号、数据信号等。这些信号经过电路中的各种元件（如放大器、滤波器、逻辑门电路等）的处理和调节，可以被增强、转换、存储或以某种形式被解读，从而完成信息的传递和处理。在现代电子设备和通信系统中，信号的传输与处理尤为重要，例如在对讲机、手机、计算机、路由器和卫星通信中，有复杂电路系统负责处理和控制各种信息流。对讲机语音信号处理系统示意图如图 1.2 所示。

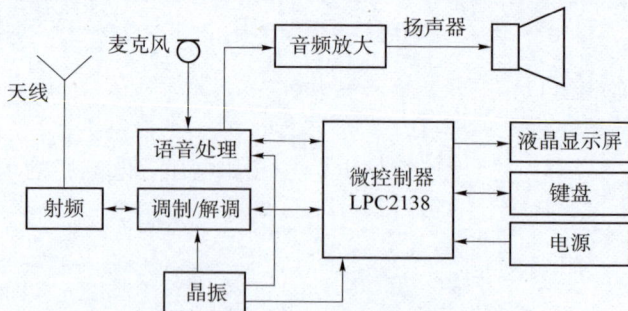

图 1.2　对讲机语音信号处理系统示意图

1.1.2 电路的组成与分类

为实现不同的功能，电路的结构形式是多种多样的。但是，不论多么复杂的电路，都主要由

4部分组成：电源、负载、导线和控制器件。

电源（power supply/source）：电路的能量来源，负责将其他形式的能量转换为电能。常见的电源有电池、发电机等。电源为电路中的其他元件提供必要的电压或电流，促使电流流动。

负载（load）：电路中消耗电能的部分，负责将电能转换为其他形式的能量，如光能、热能或机械能。典型的负载包括灯泡、电动机、电阻等。

导线（conductor）：用于连接电源、负载和其他电路元件，使其形成闭合回路，从而使电流得以流通。导线应具有良好的导电性能，常见的材料有铜、铝等。

控制器件（control component）：用于控制电路的工作状态，如开关、继电器、晶体管、变压器等，它们可以开启、关闭或调节电路中的电压/电流。

在图1.3中，发电机（generator）是电源，它把热能、动能或核能等转换为电能，并提供给负载；电灯、电炉、电动机等是负载，它们分别把电能转换为光能、热能和机械能等其他形式的能量；开关（switch）、继电器（relay）和变压器（transformer）是控制器件，其按照需要将电能安全地传输、分配给负载。

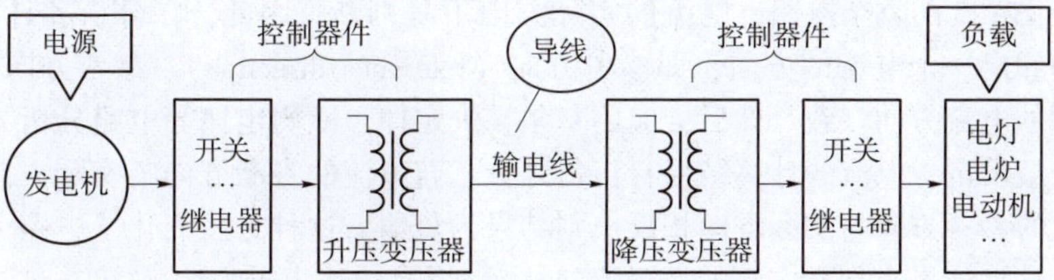

图1.3　电路组成示意图

电路根据不同的划分标准可以分为以下几类：

1. 按电流性质分类

直流（direct current，DC）电路：电流方向和大小不变的电路，常用于电池供电的设备。

交流（alternating current，AC）电路：电流方向和大小周期性变化的电路，是家庭和工业供电的标准形式。

2. 按连接方式分类

串联电路（series circuit）：电路元件逐个顺次首尾相连接，电流在元件中依次通过，各元件相互影响。

并联电路（parallel circuit）：电路元件间电流有多条相互独立的通路，各元件互不影响。

3. 按电子元件性质分类

模拟电路（analog circuit）：处理连续性电信号（如电压、电流）的电路，包括放大电路、振荡电路、滤波电路等。

数字电路（digital circuit）：处理不连续性定量电信号的电路，其基于布尔代数逻辑电路进行运算，常用于计算机、通信等领域。

此外，根据电路的功能和用途，电路还可以进一步细分为电源电路、信号电路、放大电路、振荡电路、滤波电路、逻辑电路等。每种电路都有其特定的设计原则和应用场景。

思考题

在家庭用电环境中，识别并描述至少3种不同的电路类型及其功能。

1.2 电路的基本物理量

1.2.1 电流及其参考方向

电荷（electric charge）的定向流动形成电流（current）。电流是电流强度的简称，是一个衡量单位时间内通过导体（conductor）横截面电荷量多少的物理量，表示电荷流动的速率。电流的国际单位是安培（A），电流较小时一般用毫安（mA）或微安（μA）作为单位。其换算关系如下：

$$1\ A = 1\times10^{3}\ mA = 1\times10^{6}\ \mu A$$

规定正电荷运动的方向为电流的实际方向。

手电筒电路是最简单的直流电路（direct current circuit），如图1.4所示。该电路中电流的实际方向很容易判断：从电源的正极流出，经过灯泡流回电源的负极。

然而，对于图1.5的复杂电路，电流的实际方向不易判断。因此，在分析和计算复杂电路时，首先，需要人为假定一个电流的方向，即参考方向（reference direction）。参考方向可以任意假定，并不一定与实际的电流方向一致。然后，应用基尔霍夫定律、欧姆定律等电路分析方法计算电路电流。参考方向一经设定，电流的计算结果有正负之分：若电流的参考方向与实际方向一致，则结果为正值；若电流的参考方向与实际方向相反，则结果为负值。这种方法简化了电路分析的过程，可以直接通过数学计算结果来判断电流的实际流向，而无需预先知道电流的确切方向。

图1.4 手电筒电路

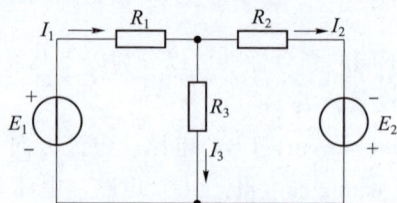

图1.5 复杂电路

电流的参考方向用箭头或双下标表示，如图1.6所示。

电流的参考方向和实际方向如图1.7所示。在选定的参考方向下，电流的实际方向用虚线表示。即图1.7（a）中电流的实际方向与所选参考方向相同，则电流 $I=3\ A$；图1.7（b）中电流实际方向与参考方向相反，则电流 $I=-3\ A$。在图1.7（c）、图1.7（d）中选定的参考方向上方，电流的正负就代表了实际方向与参考方向是否相同。

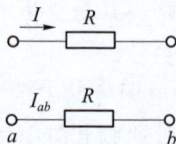

图1.6 电流的参考方向的表示

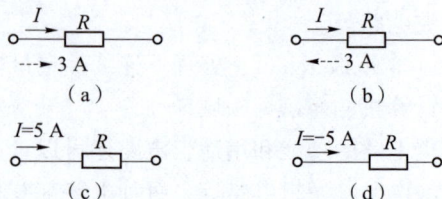

图1.7 电流的参考方向和实际方向
（a）、（b）虚线代表电流实际方向；（c）、（d）电流正负代表电流实际方向

若是正弦交流电路，电流大小和方向均随时间变化，是时间的函数。如果用一个函数表达式来表示电路中的电流，如 $i=I_m\sin\omega t$，则这个电流有时为正，有时为负。为使该电流的正负有意义，必须先假定电流的参考方向。

今后电路图中标出的电流方向都是参考方向。如果没有标出，在分析电路电流时，需要事先规定电流的参考方向。

1.2.2　电压及其参考方向

电压（voltage）是衡量电场力对正电荷做功能力的物理量。a、b 两点之间电压 U_{ab} 等于把单位正电荷从 a 点移动到 b 点电场力所做的功（work）。若电场力做正功，则 U_{ab} 为正，否则 U_{ab} 为负。电压的国际单位为伏特（V），还有千伏（kV）和毫伏（mV）。其换算关系如下：

$$1\ kV=1\times10^3\ V=1\times10^6\ mV$$

电场力对正电荷做正功时，使正电荷沿电场力方向从高电位点移动到低电位点，所以规定电压的实际方向为由高电位指向低电位。在分析和计算电路时，同样需要先假定电压的参考方向。参考方向可以任意假定，并不一定与实际的电压方向一致。且一经设定，若电压的参考方向与实际方向相同，则电压为正；若电压的参考方向与实际方向相反，则电压为负。

电压的参考方向一般用"+""−"极性来表示（"+"极性表示假定的高电位端，"−"极性表示假定的低电位端），也可用箭头或者双下标来表示，如图 1.8 所示。

图 1.9（a）、图 1.9（b）中的虚线箭头为电压的实际方向，根据实际方向与参考方向的关系，可得出电压的正负。或者在参考方向已知的前提下，根据电压的正负，可明确得知电压的实际方向，如图 1.9（c）、图 1.9（d）所示。

$U_{ab}=-U_{ba}$，即在相反参考方向下，所得电压的数值应该相反。

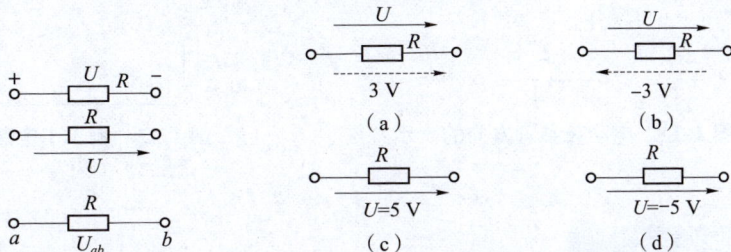

图 1.8　电压的参考方向的表示

图 1.9　电压的参考方向和实际方向
（a）、（b）虚线箭头代表电压实际方向；（c）、
（d）电压正负代表电压实际方向

电压和电流的参考方向分为关联参考方向和非关联参考方向两种：当电路元件上假定的电流参考方向与电压参考方向相同时，即电流从元件的高电位流向低电位，称为关联参考方向；反之，则称为非关联参考方向。例如，图 1.10（a）、图 1.10（b）中电压和电流的参考方向为关联参考方向；图 1.10（c）、图 1.10（d）中电压和电流的参考方向为非关联参考方向。

注意：如无特殊要求，通常取元件电压与电流参考方向相同（即关联参考方向）。

1.2.3　电动势

电动势（electromotive force，EMF）是衡量电源内部非电场力（如化学能、机械能等）将单

图 1.10　关联参考方向与非关联参考方向

(a)、(b) 关联参考方向；(c)、(d) 非关联参考方向

位正电荷从电源负极经电源内部移动到电源正极所做的功的物理量。因此，规定电动势的实际方向为由电源的负极指向正极，即电位升高的方向，这与电压的实际方向相反。电源的电动势是由电源本身的特性决定的，与外电路的组成无关。这意味着即使外电路发生变化，同一电源的电动势也保持不变。电动势的单位也为伏特（V）。

在分析计算电路时，有些情况下也需要先假定电源电动势的参考方向。若电动势的实际方向与参考方向相同，则结果为正值；若电动势的实际方向与参考方向相反，则结果为负值。电动势参考方向的表示方法和电压是一样的：双下标、箭头和"+""−"极性。常用的是"+""−"极性表示法，如图 1.11 所示。

【例 1.1】如图 1.12 所示，已知 $E>0$，电阻 R 两端的电压为 2.8 V，通过的电流为 0.28 A，求在不同参考方向下电压、电流的值。

【解】在电路图上所标的电流、电压和电动势的方向，都是参考方向。

电压 U 的参考方向与实际方向一致，为正值，$U = 2.8$ V；

电压 U' 的参考方向与实际方向相反，为负值，$U' = -2.8$ V；

电流 I 的参考方向与实际方向一致，为正值，$I = 0.28$ A；

电流 I' 的参考方向与实际方向相反，为负值，$I' = -0.28$ A。

注意：在开路条件下，电源两端的电压虽然在数值上等于电动势，但它们代表的物理意义不同。电动势表示非电场力做功的能力，而电压表示电场力做功的能力。

图 1.11　电动势参考方向的表示方法

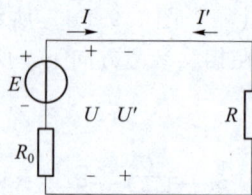

图 1.12　例 1.1 电路

1.2.4　电功率与电能

电功率（power）是指单位时间内电流所做的功，用 P 表示，以下简称功率。它是衡量电气设备消耗电能快慢的物理量。若电流做正功，则消耗或吸收电能（把电能转化为其他形式的能），$P>0$；若电流做负功，则产生或发出电能（由其他形式的能转化为电能），$P<0$。

对于直流电路，功率 P 可以通过电流 I 和电压 U 计算得出，公式如下（交流电路功率的计算将在后续章节中详细介绍）：

$$P = UI（关联参考方向）\tag{1.1}$$

$$P = -UI（非关联参考方向）\tag{1.2}$$

功率的国际单位为瓦特（W），小数量级有毫瓦（mW），大数量级有千瓦（kW）和兆瓦（MW）等。其换算关系如下：

$$1\ \text{MW} = 1 \times 10^3\ \text{kW} = 1 \times 10^6\ \text{W} = 1 \times 10^9\ \text{mW}$$

在关联参考方向下，如果计算出的功率为正值，表示该电路元件消耗功率，起到负载的作用；如果功率为负值，则表示该电路元件产生功率，起到电源的作用。

电路中电源一般产生电能，而负载消耗电能，并且电源产生电能的多少是由负载消耗的电能多少决定。所以电路中产生的功率必然和消耗的功率相等，即功率平衡。

电路中负载的大小，指的是负载功率的大小。

【例1.2】 如图1.13所示，已知 $I_1=5$ A、$I_2=-3$ A、$I_3=2$ A、$U_1=35$ V、$U_2=-10$ V、$U_3=$ 15 V、$U_4=20$ V、$U_5=25$ V，求各元件消耗的功率，判断其在电路中的作用，并校验功率平衡。

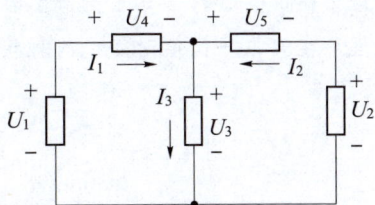

图 1.13 例 1.2 电路

【解】 $P_1=-U_1I_1=-35\times5$ W $=-175$ W（电源）；

$P_2=-U_2I_2=-(-10)\times(-3)$ W $=-30$ W（电源）；

$P_3=U_3I_3=15\times2$ W $=30$ W（负载）；

$P_4=U_4I_1=20\times5$ W $=100$ W（负载）；

$P_5=-U_5I_2=-25\times(-3)$ W $=75$ W（负载）；

$P_1+P_2+P_3+P_4+P_5=0$，所以功率平衡。

【例1.3】 如图1.14所示，如果A、B、C这3个电路元件是电池，它们在电路中的作用是电源还是负载？各电路元件的功率是多少？

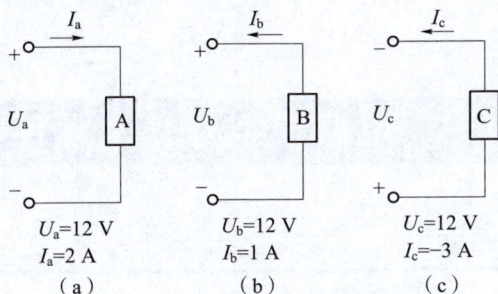

图 1.14 例 1.3 电路

（a）电路元件A；（b）电路元件B；（c）电路元件C

【解】 对电路元件A，电流与电压的参考方向为关联参考方向，其功率为：

$$P_a=U_aI_a=12\times2 \text{ W}=24 \text{ W（负载）}$$

对电路元件B，电流与电压的参考方向为非关联参考方向，其功率为：

$$P_b=-U_bI_b=-12\times1 \text{ W}=-12 \text{ W（电源）}$$

对电路元件C，电压与电流的参考方向为关联参考方向，其功率为：

$$P_c=U_cI_c=-12\times3 \text{ W}=-36 \text{ W（电源）}$$

电能（electric energy）是指电流在一段时间内所做的功，是能量的一种形式，用于衡量通过电路的电荷所获得或释放的能量总量。即功率在时间域内的积分为：

$$W=\int_0^t p\mathrm{d}t$$

电能的国际单位为焦耳（J），1 J＝1 W·s。但在日常生活中，特别是涉及电力消费时，常用 kW·h 作为单位，其换算关系如下：

$$1 \text{ kW·h}=3.6\times10^6 \text{ J}$$

思考题

1. 如图1.15所示，已知 $U=-2$ V，试问 A、B 两点哪点电位高？

2. 某负载为一可变电阻器，由电压一定的蓄电池供电，当负载电阻增加时，该负载的功率是增加了还是减小了?

3. 如图 1.16 所示,试分析两电路:(1) 图 1.16(a) 中的理想电压源在 R 为何值时既不取用也不输出功率?在 R 为何范围时输出功率?在 R 为何范围时取用功率?图 1.16(a) 中的理想电流源在 R 取不同值时处于何种状态?(2) 图 1.16(b) 中的理想电流源在 R 为何值时既不取用也不输出功率?在 R 为何范围时输出功率?在 R 为何范围时取用功率?图 1.16(b) 中的理想电压源在 R 取不同值时处于何种状态?

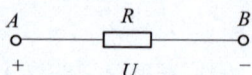

图 1.15　思考题 1 电路

图 1.16　思考题 3 电路
(a) 并联电阻;(b) 串联电阻

1.3　电路模型及基本元件

1.3.1　电路模型

电路模型(circuit model)是指由若干个具有单一电磁性质的理想电路元件构成的,用以表征实际电路(或元件)主要电磁关系和特性的电路。电路模型通过忽略实际电路元件(电气设备)的次要电磁性能,仅保留对电路行为起决定性作用的主要特性,使电路的分析变得更为简便。例如,电阻炉可以只考虑它的电阻性,忽略其电感性和电容性,仅用理想电阻来描述它即可。

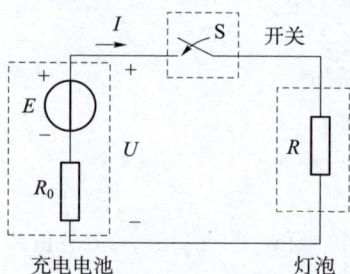

图 1.17　充电手电筒的电路模型

常用的充电手电筒,实际电路由充电电池、灯泡、开关和导线组成,其电路模型如图 1.17 所示。灯泡理想化成电阻元件,其参数为电阻 R;充电电池理想化成电源元件,其参数为电动势 E 和内阻 R_0;导线和开关(电阻忽略不计)是连接电池和灯泡的中间环节。

虽然实际电路多种多样,结构也比较复杂,但都可以用由理想电路元件组成的电路模型来描述。今后分析的都是电路模型,简称电路。

电路基本元件:电阻元件、电感元件、电容元件和电源。

1.3.2　电阻

1. 电压电流关系

电阻(resistance)是表示导体对电流流动阻碍程度的物理量。电阻为电阻元件的参数,一般用 R 表示,如图 1.18 所示。电阻的国际单位是欧姆(Ω),计量高电阻时,常以千欧(kΩ)

或兆欧（MΩ）为单位。其换算关系如下：

$$1\ \mathrm{M\Omega} = 1\times10^3\ \mathrm{k\Omega} = 1\times10^6\ \Omega$$

若某电阻元件的电阻 R 为常数，即其两端电压与流过的电流成正比，则称该电阻元件为线性电阻（linear resistance），否则就是非线性电阻。线性电阻的电压电流关系为：

$$u = Ri$$

线性电阻的伏安特性（voltage-current characteristic）曲线是一条经过坐标原点的直线，如图1.19所示。

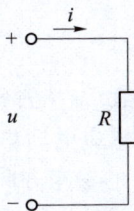

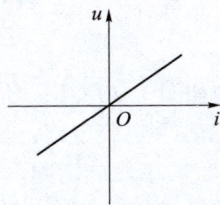

图 1.18　电阻元件　　　　图 1.19　线性电阻的伏安特性曲线

导体的电阻 R 与其长度 l 成正比，与其截面积 S 成反比。电阻率为 ρ 的导体电阻为：

$$R = \rho\frac{l}{S}$$

导体的电阻率 ρ 与导体材料的物理性质有关。

2. 功率和能量

关联参考方向下，电阻所消耗的功率为：

$$p = ui,\text{或}\ p = i^2R = \frac{u^2}{R} \tag{1.3}$$

非关联参考方向下，电阻所消耗的功率为：

$$p = -ui = -(-iR)i = i^2R = \frac{u^2}{R}$$

将功率对时间 t 积分，则得电阻上消耗的电能为：

$$W = \int_0^t ui\mathrm{d}t = \int_0^t i^2R\mathrm{d}t \tag{1.4}$$

电阻上消耗的能量总是大于等于零的，所以电阻是耗能元件。

1.3.3　电感

1. 电压电流关系

电感（inductance）是衡量线圈或电磁组件储存磁场能量能力的物理量。一个具有 N 匝的电感线圈（inductance coil）示意图如图1.20（a）所示，其通过电流后产生磁场。

通电线圈中产生了一个磁场，其磁通为 Φ。磁通 Φ 穿过 N 匝线圈产生了磁链 Ψ，其大小为：

$$\Psi = N\Phi \tag{1.5}$$

如果电感元件的磁链 Ψ 与电流 i 成正比，则称为线性电感。线性电感的参数 L 称为电感系数（简称为电感），其大小为：

$$L = \frac{\Psi}{i} = \frac{N\Phi}{i} \tag{1.6}$$

磁通和磁链的单位是韦［伯］（Wb），电感的单位是亨［利］（H）或毫亨（mH）。

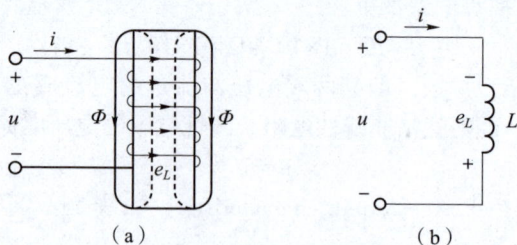

图 1.20　电感线圈

（a）示意图；（b）电路模型

电感线圈的电路模型如图 1.20（b）所示。假设电压 u 和电流 i 的参考方向一致，而电流 i 与磁通 Φ 的参考方向符合右手螺旋定则，且磁通 Φ 与线圈内感应电动势（induction electromotive force）e_L 的参考方向也符合右手螺旋定则，那么感应电动势 e_L 的参考方向总是与电流 i 的参考方向一致。当电感元件中磁通 Φ（或电流 i）发生变化时，电感元件中的感应电动势为：

$$e_L = -\frac{\mathrm{d}\Psi}{\mathrm{d}t} = -L\frac{\mathrm{d}i}{\mathrm{d}t}$$

式中：负号表示感应电动势总是阻碍磁通的变化。

从图 1.20（b）中的参考方向可以得到电感元件的电压电流关系为：

$$u = -e_L = L\frac{\mathrm{d}i}{\mathrm{d}t} \tag{1.7}$$

当电感元件通过直流电流时，感应电动势为零，其上电压为零。因此，直流稳态时，电感元件可视为短路。

2. 功率和能量

关联参考方向下，电感元件的功率为：

$$p = ui = Li\frac{\mathrm{d}i}{\mathrm{d}t} \tag{1.8}$$

将功率对时间 t 积分，则得电感吸收（存储）的电能为：

$$W = \int_0^t ui\mathrm{d}t = \int_0^t Li\mathrm{d}i = \frac{1}{2}Li^2 \tag{1.9}$$

上式表明：当电感元件通过的电流增大时，其储存的磁场能量增大（储能）；当电感元件通过的电流减小时，其储存的磁场能量减小（释能）。在整个能量转换过程中，电感元件不消耗能量，所以电感元件仅为储能元件。

由于电感元件通过的电流和其储能相关，所以称该电流为电感元件的储能参数或状态参数。

1.3.4　电容

1. 电压电流关系

电容（capacitance）是衡量在给定电位差下，一个系统储存电荷能力的物理量。如图 1.21 所示，当电容元件与电源接通后，两个极板上各聚集起等量的异性电荷，在极板间的介质中建立电场，从而在两极板间产生电压 u。

电容两个极板上的电荷量 q 与电压 u 有关。如果电荷量 q 与电压 u 成正比，那么该电容为线性电容。电荷量 q 和极板间电压 u 的比值作为电容

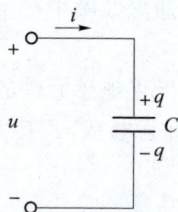

图 1.21　电容元件

元件的参数，即电容量（简称为电容），一般用 C 表示，其值为：

$$C = \frac{q}{u} \tag{1.10}$$

电容的国际单位是法［拉］（F），由于法拉太大，工程上多使用微法（μF）或皮法（pF）作单位。其换算关系如下：

$$1\ \text{F} = 1 \times 10^{6}\ \mu\text{F} = 1 \times 10^{12}\ \text{pF}$$

在关联参考方向下，当电容元件两端电压发生变化时，通过电容的电流为：

$$i = \frac{\mathrm{d}q}{\mathrm{d}t} = C\frac{\mathrm{d}u}{\mathrm{d}t} \tag{1.11}$$

当电容元件两端加直流电压时，极板上的电荷量不变，通过电容元件的电流为零。所以直流稳态时电容元件相当于开路。

2. 功率和能量

在关联参考方向下，电容元件的功率为：

$$p = ui = Cu\frac{\mathrm{d}u}{\mathrm{d}t} \tag{1.12}$$

将功率对时间 t 积分，则得电容吸收（存储）的能量为：

$$W = \int_{0}^{t} ui\,\mathrm{d}t = \int_{0}^{t} Cu\,\mathrm{d}u = \frac{1}{2}Cu^{2} \tag{1.13}$$

上式表明：当电容元件两端的电压增大时，其储存的电场能量增大（充电）；当电容元件两端的电压减小时，其储存的电场能量减小（放电）。在能量转换过程中，电容元件不消耗能量。因此，同电感一样，电容也是储能元件。

由于电容元件两端的电压与其储能相关，所以称该电压为电容元件的储能参数或状态参数。

1.3.5　电源

电源有独立电源和受控电源之分。独立电源就是一种不依赖于电路中其他任何部分的电源，其输出电压或电流是预设且不受电路状况影响。受控电源（又称非独立电源）的输出电压或电流不是固定，而是由电路中其他部分的电压或电流控制。这意味着受控电源的输出依赖于电路的状态。如无特殊说明，本书提到的电源均为独立电源。

电源还有实际电源和理想电源之分。理想电源是从实际电源中抽象出来的，分为理想电压源（ideal voltage source）和理想电流源（ideal current source）两种。实际电源是由理想电源和电阻元件组合而来，分为电压源（voltage source）和电流源（current source）两种。

1. 理想电压源

输出电压恒定，而输出电流由负载决定的电源称为理想电压源，简称恒压源。理想电压源电路符号及外特性如图 1.22 所示。

从理想电压源的外特性曲线可以看出，虽然电压固定不变，但电流是可变的，具体输出多少电流由外电路决定。理想电压源可以串联，但一般不允许并联；理想电压源可以开路，但不允许短路。根据理想电压源的定义，当 $U_{\mathrm{S}} = 0$ 时，相当于短路（内部电阻等于零）。

2. 电压源

电压源本身既产生功率，内部也消耗功率。产生的功率可以用理想电压源表征，消耗的功率可用电阻元件表征。用一个理想电压源 U_{S} 和电阻 R_{0} 串联的电路来表示电压源，如图 1.23 所示。

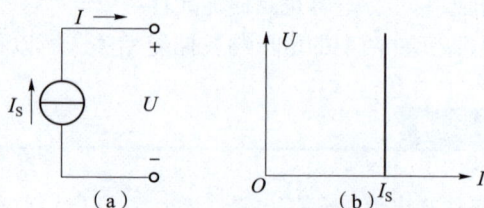

图 1.22　理想电压源电路符号及外特性
（a）电路符号；（b）外特性

图 1.23　电压源

根据图 1.23 中的电路，可得：

$$U = U_S - IR_0 \qquad (1.14)$$

当电压源开路时，$I = 0$，$U = U_{OC} = U_S$；当电压源短路时，$U = 0$，$I = I_{SC} = \dfrac{U_S}{R_0}$。内阻 R_0 越小，电源内部损耗越小，带负载能力越强。电压源的外特性如图 1.24 所示。

一般电压源的内阻较小，所以不能短路，但可以开路。

当 $R_0 = 0$ 时，输出电压 U 恒等于电压源电压 U_S，电流 I 就完全由负载电阻 R_L 决定，此时的电压源即为理想电压源。理想电压源可以看作内阻为零的电压源。

3. 理想电流源

输出电流恒定，而输出电压由负载决定的电源称为理想电流源，简称恒流源。理想电流源电路符号及外特性如图 1.25 所示。

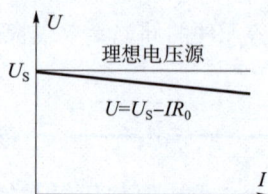

图 1.24　电压源的外特性

图 1.25　理想电流源电路符号及外特性
（a）电路符号；（b）外特性

从理想电流源的外特性可以看出，理想电流源的输出电流固定不变，而电压由外电路决定。理想电流源可以并联，但一般不可以串联；理想电流源可以短路，但不允许开路。根据理想电流源定义，当 $I_S = 0$ 时，相当于开路（内部电阻无穷大）。

4. 电流源

电流源可以用一个理想电流源 I_S 和电阻 R_0 并联来等效代替，如图 1.26 所示。

根据图 1.26 所示电路，可得：

$$I = I_S - \dfrac{U}{R_0} \qquad (1.15)$$

式中：I_S 为电源的短路电流，I 是输出（负载）电流，$\dfrac{U}{R_0}$ 是电源内阻上的电流。

由式（1.15）可画出电流源的外特性，如图 1.27 所示。当电流源开路时，$I = 0$，$U = U_{OC} = I_S R_0$；当电流源短路时，$U = 0$，$I = I_{SC} = I_S$。内阻 R_0 越大，电源内部损耗越小，带负载能力越强。

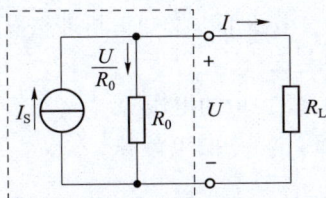

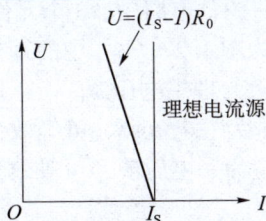

图 1.26 电流源   图 1.27 电流源的外特性

一般电流源的内阻较大，所以不能开路，但可以短路。

当 $R_0 \to \infty$（相当于 R_0 断开）时，电流 I 恒等于 I_S，电压 U 则由负载电阻 R_L 决定，此时的电流源即为理想电流源。理想电流源可以看作是内阻无穷大的电流源。

5. 电压源和电流源的等效变换

一个实际的电源既可以等效成电压源，也可以等效成电流源，且这两个等效电源一定等效，即具有相同的外特性。比较图 1.24 和图 1.27，如果两个电源具有相同的外特性，则只需要两者的外特性在横轴和纵轴上有相同的截距，即：

$$U_{OC} = U_S = I_S R_{02} \tag{1.16}$$

$$I_{SC} = \frac{U_S}{R_{01}} = I_S \tag{1.17}$$

式中：U_{OC} 表示纵轴截距（$I=0$），I_{SC} 表示横轴截距（$U=0$），R_{02} 表示电流源内阻，R_{01} 表示电压源内阻。

根据式（1.16）、式（1.17）可得：

$$R_{01} = R_{02} = R_0$$
$$U_S = I_S R_0 \tag{1.18}$$

等效的电压源和电流源应具有相同的内阻，且该内阻为电压源的开路电压与电流源的短路电流的比值。

式（1.18）给出了两个等效电源的数值关系，而等效电流源的电流方向与等效电压源的电动势方向一致。

所谓等效，仅对外电路而言，电源内部一般是不等效的。

理想电压源和理想电流源不能等效变换。

【例 1.4】 如图 1.28 所示，试求：（1）图 1.28（a）和图 1.28（b）电路的等效电源；（2）图 1.28（c）电路的等效电压源和图 1.28（d）电路的等效电流源。

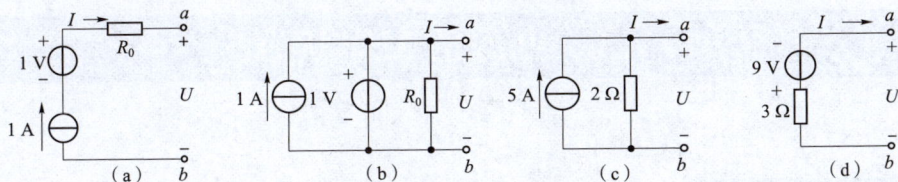

图 1.28 例 1.4 电路
（a）元件串联；（b）元件并联；（c）电流源；（d）电压源

【解】 在图 1.28（a）所示电路中，3 个元件串联，而与理想电流源串联的元件对外电路来说不起作用，所以可等效为图 1.29（a）中的理想电流源。由此可以推知，与理想电流源串联的电路，对外电路而言，只等效为理想电流源。

在图 1.28（b）中的电路中，3 个元件并联，而与理想电压源并联的元件对外电路来说不起作用，所以可等效为图 1.27（b）中的理想电压源。由此可以推知，与理想电压源并联的电路对外电路而言，只等效为理想电压源。

图 1.28（c）中为一电流源，可等效为图 1.29（c）中的电压源。

图 1.28（d）中为一电压源，可等效为图 1.29（d）中的电流源。

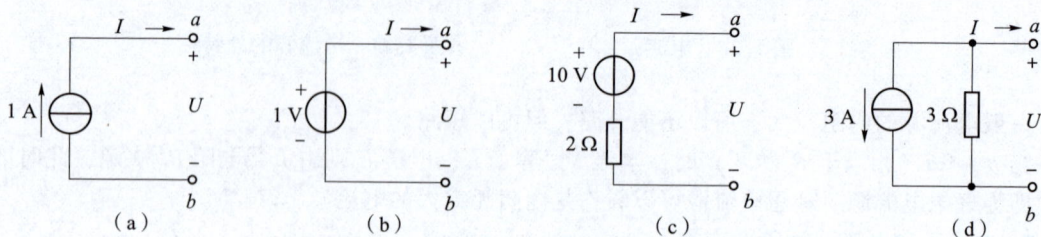

图 1.29　例 1.4 等效电路

（a）串联等效电路；（b）并联等效电路；（c）等效电流源；（d）等效电压源

思考题

1. 当伏安特性曲线是一条不经过坐标原点的直线时，该电阻元件是否为线性电阻？

2. 电压源和电流源之间可以等效变换，那么理想电压源与理想电流源之间是否也可以等效变换？

3. 如图 1.30 所示，试根据理想电压源和理想电流源的特点分析两个电路：当电阻 R 变化时，对其余电路（虚线方框内的电路）的电压和电流有无影响？若有影响，则影响是什么？

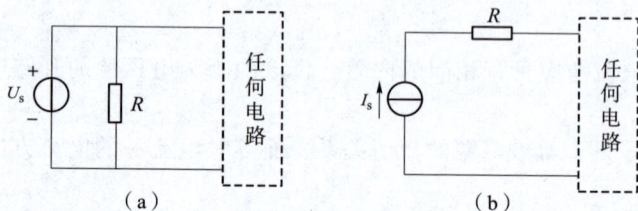

图 1.30　思考题 3 电路

（a）电压源；（b）电流源

1.4　电源的工作状态

1.4.1　有载工作状态

将图 1.31 中电路的开关 S 闭合，接通电源和负载，电源处于有载工作状态。

1. 电压和电流

根据欧姆定律可知，电阻 R_L 两端电压为 IR_L，电源内阻 R_0 上的电压为 IR_0，则有：

$$U_S - IR_0 = IR_L$$

所以：

$$I = \frac{U_S}{R_0 + R_L} \qquad (1.19)$$

得出：

$$U = U_S - IR_0 \qquad (1.20)$$

由于电源有内阻，电源端电压 U 将随负载电流的增加而有所降低。

图 1.31　电源有载工作

2. 功率与功率平衡

在关联参考方向下，功率可表达为：

$$p(t) = u(t)i(t) \text{ 或 } p = ui \qquad (1.21)$$

在直流电路中有：

$$P = UI \qquad (1.22)$$

式（1.20）两边同乘电流 I，则得到电路的功率平衡式为：

$$UI = U_S I - I^2 R_0 \qquad (1.23)$$

$$UI - U_S I + I^2 R_0 = 0$$

$$P = P_E - \Delta P \qquad (1.24)$$

式（1.24）中：P_E 是电源产生的功率；ΔP 是电源内阻上消耗的功率；P 是负载获得的功率。

1.4.2　开路状态

电路开源如图 1.32 所示。当开关断开时，电源处于开路（open circuit）状态。开路时，外电路的电阻对电源来说等于无穷大，所以电路中的电流为 0。这时，电源开路电压（用 U_{OC} 表示）等于电源电动势，电源不输出电能。

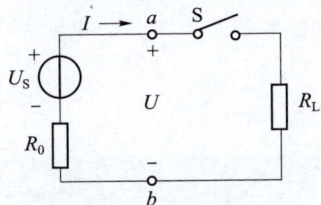

图 1.32　电源开路

当电源开路时，电源的参数如下：

$$I = 0$$
$$U = U_{OC} = U_S$$
$$P = P_E = \Delta P = 0 \qquad (1.25)$$

1.4.3　短路状态

电源短路如图 1.33 所示。当因某种原因电源发生短路（short circuit）时，电源的外电路电阻可视为 0，电流从短路线流过，电源所产生的电能全部消耗在内阻上。在实际电路中，电源多为电压源，由于其内阻很小，所以短路时电源内电流很大。若不采取防范措施，则会使电源烧毁。电源短路通常是一种严重事故，应该尽量避免。

当电源短路时，其参数如下：

$$U = 0$$

$$I_S = \frac{U_S}{R_0} \qquad (1.26)$$

$$P_E = \Delta P = I^2 R_0, \quad P = 0$$

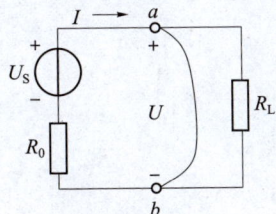

图 1.33　电源短路

1.4.4　额定工作状态

各种电气设备的电压、电流和功率等都有一个额定值（rated value）。额定值是电气设备制造企业为了使产品能在给定的工作条件下正常运行而规定的正常允许值。例如，一盏电灯的电压为 220 V，功率为 60 W，这就是它的额定值。当电流超过额定值过多时，电气设备由于发热升温，绝缘材料将会损坏；当所加电压超过额定值过多时，绝缘材料也可能被击穿。反之，如果电压和电流远低于额定值，电气设备也不能正常工作。

电气设备（或电气元件）的额定值通常标在铭牌上或写在说明书中，应依据额定数据合理使用设备。额定电压（rated voltage）、额定电流（rated current）和额定功率（rated power）分别用 U_N、I_N 和 P_N 表示。

当电气设备工作时，其电压、电流和功率的实际值不一定绝对等于它们的额定值，但应当尽量接近。

在一定电压下，电源输出的功率取决于负载的大小。负载需要多少功率，电源就提供多少功率。所以电源通常不一定处于额定工作状态，但是一般不应超过额定值。对于电动机也是这样，输出的机械功率大小取决于它轴上所带负载的大小。

思考题

1. 设有一直流电源，其额定功率 $P_N = 200$ W，额定电压 $U_N = 50$ V。内阻 $R_0 = 0.5\ \Omega$，负载电阻 R_L 的电阻值可以调节，其电路如图 1.31 所示，求：（1）额定工作状态下的电流及负载电阻；（2）开路状态下的电源端电压；（3）电源短路状态下的电流。

2. 一只 110 V、8 W 的指示灯，现在要接在 380 V 的电源上，需要串联多大阻值的电阻？该电阻应选多大瓦数的？

1.5　电路基本定律

1.5.1　欧姆定律

欧姆定律是电路中的一个基本定律，由德国物理学家乔治·西蒙·欧姆于 1826 年提出。该定律反映了电路中电阻两端电压与通过电流的约束关系。具体表述为：通过一段导体的电流强度与这段导体两端的电压成正比，与这段导体的电阻成反比。

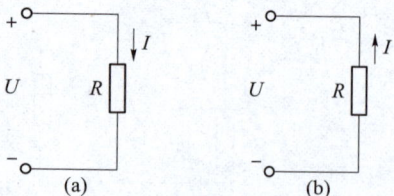

图 1.34　电阻及其电压与电流
（a）U 和 I 参考方向相同；
（b）U 和 I 参考方向相反

欧姆定律适用于线性电阻，即电阻值不随通过电流或施加电压的大小而改变的电阻。

电流通过电阻时会受到阻碍，并沿电流方向产生电压降。假设 U 和 I 的参考方向相同（关联参考方向），如图 1.34（a）所示，根据欧姆定律得出：

$$U = IR \tag{1.27}$$

假设 U 和 I 的参考方向相反（非关联参考方向），如图 1.34（b）所示，则根据欧姆定律得出：

$$U = -IR \tag{1.28}$$

当涉及参考方向时，欧姆定律不仅反映了电阻电压和电流的大小关系，还体现了电压和电流的参考方向关系。此时，表达式中的正负号遵循以下规则：

（1）公式前的正负号由电压和电流的参考方向的关系确定。关联参考方向下，取正号；非关联参考方向下，取负号。

（2）电压和电流的数值本身也有正负之分。电压和电流的参考方向与实际方向相同，取正值；相反，取负值。

【例1.5】应用欧姆定律对图1.35中的电路列出式子，并求出电阻 R。

【解】对图1.35（a），有：

$$R = \frac{U}{I} = \frac{6}{2}\ \Omega = 3\ \Omega$$

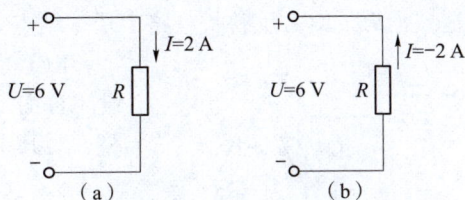

对图1.35（b），有：

$$R = -\frac{U}{I} = \frac{6}{-2}\ \Omega = 3\ \Omega$$

图1.35 例1.5电路

（a）U、I 同向；（b）U、I 反向

1.5.2 基尔霍夫定律

1845年，德国物理学家古斯塔夫·罗伯特·基尔霍夫提出了电路中的电流约束关系和电压约束关系，后称为基尔霍夫电流定律（Kirchhoff's current law，KCL）和基尔霍夫电压定律（Kirchhoff's voltage law，KVL）。这两个定律统称为基尔霍夫定律。无论是直流电路、交流电路，还是包含线性、非线性元件的电路，基尔霍夫定律都适用。

结合图1.36中的电路，先介绍电路的几个概念。

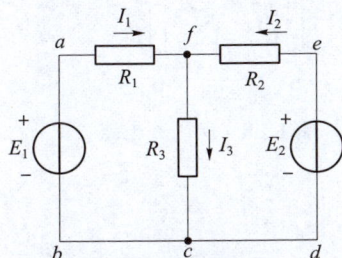

图1.36 电路中的支路、结点和回路

支路（branch）：电路中最基本的无分支部分，代表电路中电流的单一通路。它可能由一个或多个元件串联组成，且通过支路的电流保持不变，称为支路电流。图1.36中的电路共有3条支路：baf、fc 和 def。

结点（node）：电路中3条或者3条以上支路的交汇点。图1.36中的电路共有2个结点：f 点和 c 点。

回路（loop）：电路中的任何闭合路径，即从某一点出发，沿着支路移动，最终回到起点且不重复经过同一条支路的路径。图1.36中的电路共有3个回路：$abcfa$、$cdefc$ 和 $abcdefa$。

网孔（mesh）：内部不含其他支路的回路称为网孔，它是回路的一种特殊形式。图1.36中的电路中共有2个网孔：$abcfa$ 和 $cdefc$。

1. KCL

KCL用于确定在结点上的各支路的电流约束关系。

具体表述为：在任一瞬时，流入任一结点的电流之和等于流出该结点的电流之和。

即：

$$\sum I_{\text{入}} = \sum I_{\text{出}} \tag{1.29}$$

在图1.36的电路中，对结点 f 可以写出：

$$I_1 + I_2 = I_3$$

变换形式为：

$$I_1 + I_2 - I_3 = 0$$

在上式中，流入结点 f 的电流取正，流出结点 f 的电流取负，所有电流的代数和为零。故有 KCL 的第二种表述形式为：在任一瞬时，任一结点，流入结点的电流的代数和恒等于零。即：

$$\sum I = 0 \qquad (1.30)$$

KCL 基于电荷守恒定律，即在任何给定时刻，电路中的电荷总量是恒定的，没有电荷会被创造或消灭。KCL 反映了电路中任一结点处各支路电流间相互制约关系。

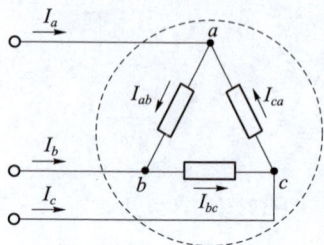

图 1.37　广义结点

KCL 也能够推广应用于广义结点——包围部分电路的任意假设闭合面。例如，图 1.37 中的闭合面包围的是三角形连接的电路，对其中的 3 个结点应用 KCL 可列出 3 个电流方程：

$$I_a + I_{ca} = I_{ab}$$
$$I_b + I_{ab} = I_{bc}$$
$$I_c + I_{bc} = I_{ca}$$

将 3 个电流方程相加，得到广义结点的电流方程：

$$I_a + I_b + I_c = 0$$

【例 1.6】图 1.38 中为某一局部电路，已知 $I_1 = 6\text{ A}$、$I_2 = -3\text{ A}$、$I_4 = 5\text{ A}$、$I_6 = -7\text{ A}$、$I_7 = 1\text{ A}$，求电流 I_3、I_5。

【解】对结点 a 列 KCL 方程：

$$I_1 - I_2 - I_3 - I_4 = 0$$

即：

$$6 - (-3) - I_3 - 5 = 0$$

解得：

$$I_3 = 4\text{ A}$$

对于包含结点 b、c、d 的假想闭合面，列 KCL 方程：

$$I_4 - I_5 + I_6 + I_7 = 0$$
$$5 - I_5 + (-7) + 1 = 0$$

可得：

$$I_5 = -1\text{ A}$$

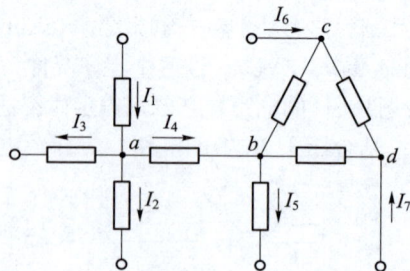

图 1.38　例 1.6 电路

2. KVL

KVL 用来确定回路中各部分电压间的关系。具体表述为：在任一瞬时，从回路中任意一点出发，沿任一循行方向绕行一周，电位升（potential rise）之和等于电位降（potential drop）之和。即：

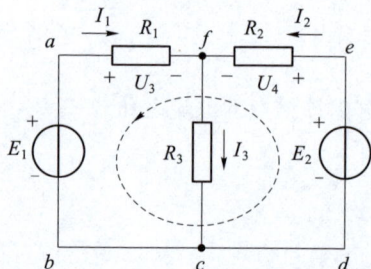

图 1.39　电路中的回路与循行方向

$$\sum u(e)_{电位升} = \sum u(e)_{电位降} \qquad (1.31)$$

在图 1.39 中，对回路 $abcdefa$，从 a 点出发，沿逆时针方向循行一周，可以列出：

$$E_2 + U_3 = E_1 + U_4$$

方程变换形式可得：

$$E_1 - E_2 + U_4 - U_3 = 0$$

上式中，沿回路循行方向，电位降落取正，电位升高取负（亦可反之），所有电压的代数和为零。故有 KVL 的第二种表述形式为：任一瞬时，任一回路，沿回路任一循行方向，电位降的代数和恒等于零。即：

$$\sum u = 0 \tag{1.32}$$

KVL 基于能量守恒定律，即在没有外部能量源的情况下，电能在电路中循环流动时，其能量既不会增加也不会减少。反映了回路中电压的约束关系，是由电位的单值性所决定的。

KVL 可以推广到广义回路——部分电路和无支路电路的两点间电压组成闭合路径。

对于图 1.40 中的电路，只有一个真正的回路 $abcfa$。对于 $cdefc$，可以把开路电压 U_{ed} 认为是电路的一部分，则 $cdefc$ 可认为是广义回路。对广义回路 $cdefc$ 列电压方程求得：

$$-U_{ed} + E_2 - I_2 R_2 = 0$$

可得 e、d 间的电压为：

$$U_{ed} = E_2 - I_2 R_2$$

e、d 间电压也可对广义回路 $efabcde$ 列电压方程求得：

$$U_{ed} = E_1 - I_1 R_1 - I_1 R_3$$

图 1.40　广义回路

【例 1.7】 有一闭合回路如图 1.41 所示，各支路的元件是未知的。已知 $U_{ab} = 2\ \text{V}$、$U_{bc} = 3\ \text{V}$、$U_{ed} = -4\ \text{V}$、$U_{ae} = 6\ \text{V}$。试求 U_{cd} 和 U_{ad}。

【解】 按顺时针循行回路 $abcdea$，根据 KVL，列出方程：

$$U_{ab} + U_{bc} + U_{cd} - U_{ed} - U_{ae} = 0$$

即：

$$2 + 3 + U_{cd} - (-4) - 6 = 0$$

解得：

$$U_{cd} = -3\ \text{V}$$

也可以应用 KVL 直接求两点间电压，可得：

$$U_{cd} = -U_{bc} - U_{ab} + U_{ae} + U_{ed} = [-2 - 3 + (-4) + 6]\ \text{V} = -3\ \text{V}$$

图 1.41　例 1.7 电路

应用 KVL，直接求两点间电压，可得：

$$U_{ad} = U_{ae} + U_{ed} = [6 + (-4)]\ \text{V} = 2\ \text{V}$$

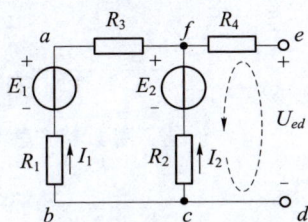

思考题

1. 非线性电阻的电压与电流之间的关系是否符合欧姆定律？

2. 求图 1.42 的电路中通过理想电压源的电流 I_1、I_2 及其功率，并说明其是起电源作用还是起负载作用。

3. 如图 1.43 所示，已知 $U_1 = 10\ \text{V}$、$E_1 = 4\ \text{V}$、$E_2 = 2\ \text{V}$，试求开路电压 U_2。

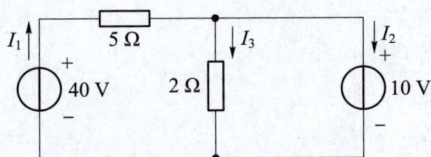

图 1.42　思考题 2 电路

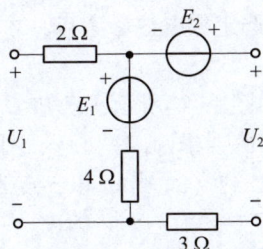

图 1.43　思考题 3 电路

4. 试求图 1.44 的部分电路中电流 I、I_1 和电阻 R，设 $U_{ab} = 0$。

5. 在图 1.45 的电路中，已知 $U_S = 6\ \text{V}$、$I_S = 2\ \text{A}$、$R_1 = 2\ \Omega$、$R_2 = 1\ \Omega$。求开关 S 断开时开关两

端的电压 U 和开关 S 闭合时通过开关的电流 I。

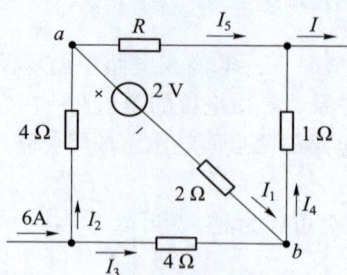

图 1.44　思考题 4 电路

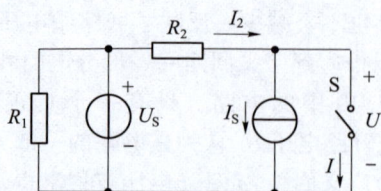

图 1.45　思考题 5 电路

1.6　电路中电位的计算

电位（electric potential），又称电势，是一个物理概念，用于表征电场中某一点相对另一参考点电势能大小的物理量。在电路中，某点电位等于将单位正电荷从该点移动到参考点，电场力所做的功。电位的单位与电压相同，均为伏特（V）。

可以选择电路中的任一点作为参考点，并定义该点的电位为零，称该点为零电位参考点。电位是相对的，零电位参考点的选取不同，同一点的电位也不同。

电位的方向始终指向零电位参考点。若方向与电场力方向相同，则电位为正；否则为负。所以沿电场力方向是电位下降的方向。

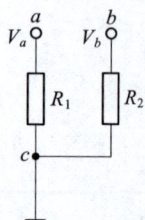

图 1.46　零电位参考点

理论上，可以选择大地或者无限远处作零电位参考点。在分析电路时，一般选择电路元件的公共连接点作为零电位参考点。零电位参考点用符号"⊥"表示。电位用符号 V 加下标表示，如图 1.46 所示。图中，c 点为参考点，$V_c = 0$，a 点的电位记为 V_a，b 点的电位记为 V_b。

电压可以表示为两点之间的电位差（potential difference）。例如，在图 1.46 中，a 点与 b 点的电压可表示为 $U_{ab} = V_a - V_b$。需要指出的是，零电位参考点变化会导致电路中某点的电位发生变化，而电路中两点间电压不受零电位参考点的影响。

因电位即特殊的电压，所以电路中任一点电位的计算方法和电压的计算方法相同，只不过路径变成从该点到零电位参考点。

显然，要先选定零电位参考点，才能谈某点的电位。零电位参考点选取不同，各点的电位也将相应改变。

【例 1.8】如图 1.47 所示，已知 $E_1 = 32$ V、$E_2 = 28$ V、$I_1 = 3$ A、$I_2 = 1$ A、$I_3 = 4$ A、$R_1 = 4$ Ω、$R_2 = 8$ Ω、$R_3 = 5$ Ω。求图 1.47（a）、图 1.47（b）中各点的电位。

【解】在图 1.47（a）中，以 b 点为参考点，$V_b = 0$ V，则：

$$V_a = -I_3 R_3 = (-4 \times 5) \text{ V} = -20 \text{ V}$$

$$V_d = I_2 R_2 = (1 \times 8) \text{ V} = 8 \text{ V}$$

$$V_c = I_1 R_1 = (3 \times 4) \text{ V} = 12 \text{ V}$$

在图 1.47（b）中，以 a 点为参考点，$V_a = 0$ V，则：

$$V_b = I_3 R_3 = (4 \times 5) \text{ V} = 20 \text{ V}$$

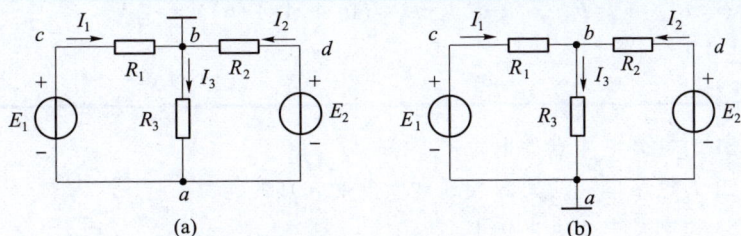

图 1.47 例 1.8 电路

(a) 以 b 点为参考点；(b) 以 a 点为参考点

$$V_c = E_1 = 32 \text{ V}$$
$$V_d = E_2 = 28 \text{ V}$$

在图 1.47 (b) 中，c、d 两点因与零电位参考点之间有电压源连接，故两点的电位即相应电压源的电压。在画电路图时经常省去电压源支路，只标出两点的电位，如图 1.48 所示。

图 1.48 图 1.47 (b) 的简化电路

这种简化形式在电子电路中是非常常见的。在实际工作中，通常在选定零电位参考点后，先用万用表电压档测各点电位，再计算电压。

遇到有类似的简化电路时，就按正常电路一样分析即可。

【例 1.9】如图 1.49 所示，已知 $R_1 = 8 \text{ k}\Omega$、$R_2 = 24 \text{ k}\Omega$，求 A 点电位 V_A。

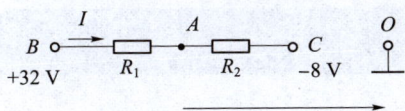

图 1.49 例 1.9 电路

【解】设支路电流为 I，参考方向如图 1.49 所示，有：

$$I = \frac{V_B - V_C}{R_1 + R_2} = \frac{32 - (-8)}{8 + 24} \text{ mA} = 1.25 \text{ mA}$$

计算 V_A，计算路径为从 A 点指向零电位参考点（图中 O 点），则：

$$V_A = U_{AC} + U_{CO}$$

在表达式中，如果各电压之间"+"极相连，则下标最左一定是零电位计算点，最右一定是零电位参考点，且各下标间一定首尾相接，有：

$$V_A = IR_2 + V_C = (1.25 \times 24 - 8) \text{ V} = 22 \text{ V}$$

思考：如果某项系数为负，下标如何变化？选择计算 ABO 计算路径，写出表达式并计算 V_A，然后与上面的结果比较。

需要指出的是，图中零电位参考点是为方便说明而添加的，可以不必画出。电流和计算方向都可以自行设定。

【例 1.10】如图 1.50 所示，已知 $E_1 = 6 \text{ V}$、$E_2 = 4 \text{ V}$、$R_1 = 4 \text{ }\Omega$、$R_2 = R_3 = 2 \text{ }\Omega$。求 A 点的电位 V_A。

【解】根据 KCL，有：

$$I_3 = 0$$
$$I_1 = I_2 = \frac{E_1}{R_1 + R_2} = \frac{6}{4 + 2} \text{ A} = 1 \text{ A}$$

根据 KVL，有：

$$V_A = R_3 I_3 - E_2 + R_2 I_2 = (0 - 4 + 2 \times 1) \text{ V} = -2 \text{ V}$$

或：

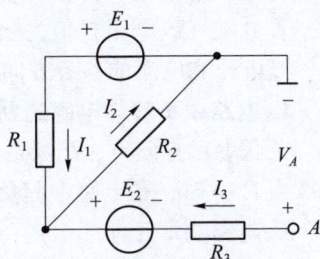

图 1.50 例 1.10 电路

$$V_A = R_3 I_3 - E_2 - R_1 I_1 + E_1 = (0 - 4 - 4 \times 1 + 6)\,\text{V} = -2\,\text{V}$$

思考题

1. 计算图 1.51 的电路中 A 点的电位 V_A。
2. 计算图 1.52 的电路中，开关 S 接通和断开时 a 点的电位。
3. 计算图 1.53 的电路中 A 点电位 V_A。

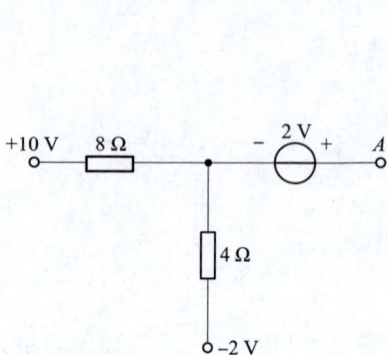

图 1.51　思考题 1 电路　　　图 1.52　思考题 2 电路　　　图 1.53　思考题 3 电路

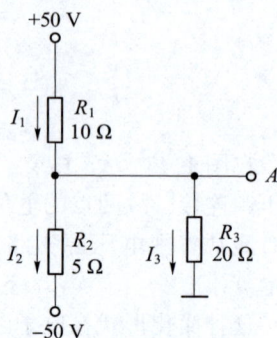

本章小结

本章介绍了电路的组成与作用、电路模型的概念、电压和电流的参考方向、电路中负载与电源的判断、电路基本元件、电源的工作状态、电路基本定律、电位的计算等内容。

1. 电路的组成与作用

电路由电源、负载、导线、控制器件 4 个部分组成。

电路的作用：（1）电能的传输、分配与转换；（2）信号的传递与处理。

2. 电路模型的概念

电路模型是指由若干个具有单一电磁性质的理想电路元件构成的，用以表征实际电路（或元件）主要电磁关系和特性的电路。

3. 电流和电压的参考方向

任意假定一个方向作为电流（或电压）的参考方向（或称正方向）。

若电流（或电压）值为正，则实际方向与参考方向一致；

若电流（或电压）值为负，则实际方向与参考方向相反。

当电压和电流的参考方向相同时，称为关联参考方向；否则称为非关联参考方向。

4. 电路中负载与电源的判断

关联参考方向下，$P = UI$；非关联参考方向下，$P = -UI$。

当 $P > 0$ 时，在电路中起负载作用；当 $P < 0$ 时，在电路中起电源作用。

5. 电路基本元件

电路基本元件：电阻元件、电感元件、电容元件和电源。

电阻元件、电感元件和电容元件的伏安关系如表 1.1 所示。

表 1.1 电阻元件、电感元件和电容元件的伏安关系

内容	元件名称		
	电阻元件	电感元件	电容元件
电路符号	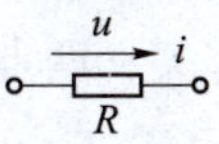	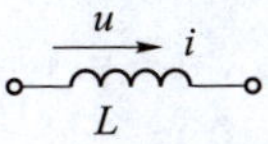	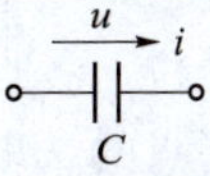
线性元件表达式	$R = \dfrac{u}{i}$	$L = \dfrac{\Psi}{i}$	$C = \dfrac{q}{u}$
元件 u、i 约束关系	$u = Ri$	$u = L\dfrac{\mathrm{d}i}{\mathrm{d}t}$	$i = C\dfrac{\mathrm{d}u}{\mathrm{d}t}$
元件性质	耗能元件（消耗电能） $W = \displaystyle\int_0^t i^2 R\,\mathrm{d}t$	$W = \dfrac{1}{2}Li^2$	$W = \dfrac{1}{2}Cu^2$

电源的电路模型如表 1.2 所示。

表 1.2 电源的电路模型

分类	电路模型	
	电压源模型	电流源模型
理想电源	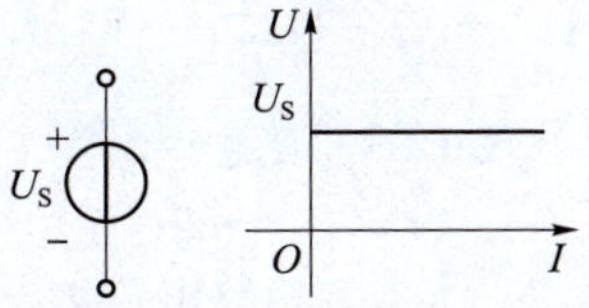	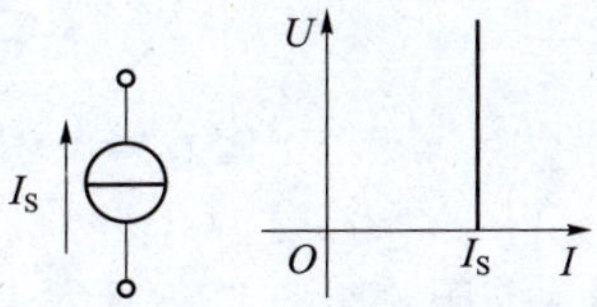
实际电源	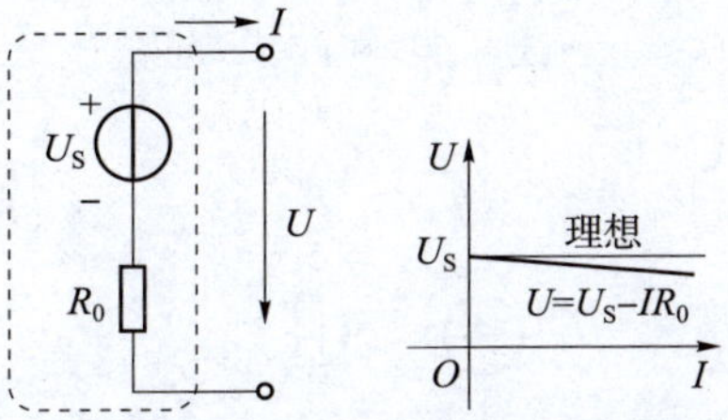	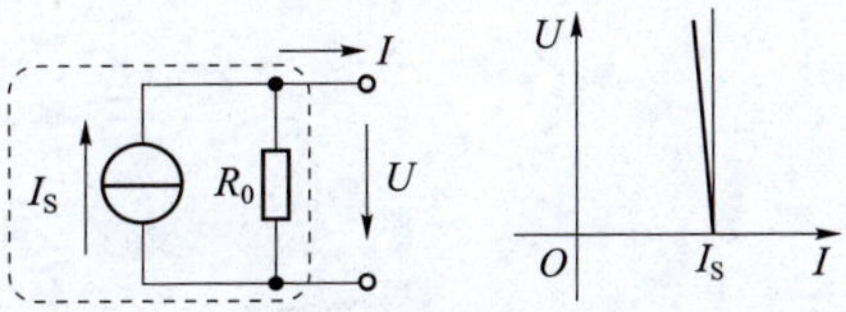

6. 电源的工作状态

有载工作状态：电源接有负载。在电源输出功率的同时，电源内阻上也有功率损耗。

开路状态：电源输出端未接负载（即空载）。此时，电源的输出电压称为开路电压，在数值上等于电源电动势；电源内阻上无功率损耗。

短路状态：电源输出端未接负载而直接连通。此时，电源的输出电流称为短路电流，其数值为电源电动势与电源内阻之比。

额定工作状态：电源在额定工作条件下运行。电源通常不一定处于额定工作状态，但是一般不应超过额定值。

7. 电路基本定律

欧姆定律：线性电阻的电压与电流成正比。关联参考方向下，$U = RI$。非关联参考方向下，$U = -RI$。

基尔霍夫定律：包括 KCL 和 KVL。

KCL：任一瞬时，任一结点，流入结点的电流的代数和恒等于零。

KVL：任一瞬时，任一回路，沿回路任一循行方向，电位降代数和恒等于零。

8. 电位的计算

首先选定零电位参考点，然后根据 KCL 和 KVL 计算电路中各点相对于参考点的电压，即为各点的电位。各点电位是相对的，与零电位参考点的选取有关；两点间的电位差是绝对的，与零电位参考点的选取无关。

习　题

填空题

1-1 某元件电流、电压参考方向如图 1.54 所示，已知 $I=-2.5\,A$，则电流的实际方向与参考方向_____（填相同或相反）；$U=5\,V$，则电压的实际方向与参考方向_____（填相同或相反）。该元件消耗的功率 $P=$_____W，因为电压和电流的参考方向_____（填关联、非关联），应采用的计算公式为 $P=$_____。该元件_____（填产生或消耗）电能，在电路中是_____（填电源或负载）。

1-2 线性电阻具有线性的_____关系，图 1.55 中电阻的伏安关系表达式为：$U=$_____。

图 1.54　习题 1-1 图　　　　　图 1.55　习题 1-2 图

1-3 电压源如图 1.56 所示，则开路电压 $U_{OC}=$_____，短路电流 $I_{SC}=$_____。

1-4 电流源如图 1.57 所示，则开路电压 $U_{OC}=$_____，短路电流 $I_{SC}=$_____。

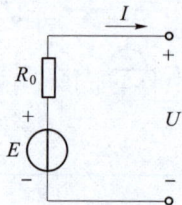

图 1.56　习题 1-3 图　　　　　图 1.57　习题 1-4 图

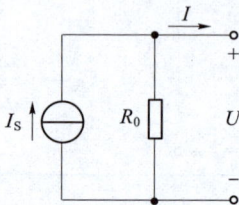

1-5 如图 1.58 所示，电压源产生_____W 的功率。

1-6 如图 1.59 所示，$I=$_____mA。

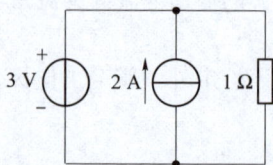

图 1.58　习题 1-5 图　　　　　图 1.59　习题 1-6 图

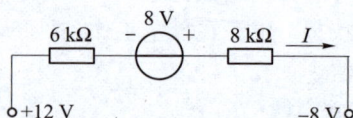

1-7 如图 1.60 所示，已知 $U=10\,V$、$I=-5\,A$，则该元件为_____（填电源或负载）。

1-8　如图 1.61 所示，若电路中元件产生 200 W 功率、电流 $I = 2$ A，则 $U = $ _____ V。

1-9　如图 1.62 所示，已知 $E = 5$ V、$I_S = 4$ A，则 $U_{ab} = $ _____ V。

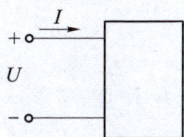

图 1.60　习题 1-7 图　　　　图 1.61　习题 1-8 图　　　　图 1.62　习题 1-9 图

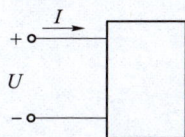

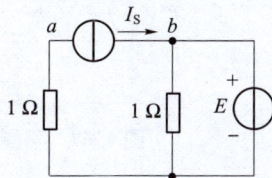

1-10　在关联参考方向下，线性电感瞬时伏安关系 $u = $ _____，线性电容瞬时伏安关系 $i = $ _____。

选择题

1-11　如图 1.63 所示，当外接电阻 R 增大时，关于 I、U 的变化，正确的说法是（　　）。

A. I 增大，U 不变　　　　　　　B. I 减小，U 不变

C. I 不变，U 增大　　　　　　　D. I 不变，U 减小

1-12　如图 1.64 所示，当外接电阻 R 增大时，关于 I、U 的变化，正确的说法是（　　）。

A. I 增大，U 不变　　　　　　　B. I 减小，U 不变

C. I 不变，U 增大　　　　　　　D. I 不变，U 减小

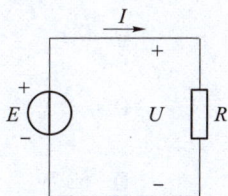

图 1.63　习题 1-11 图　　　　　　图 1.64　习题 1-12 图

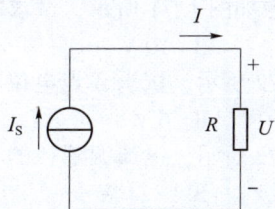

1-13　如图 1.65 所示，3 个电阻共消耗的功率为（　　）。

A. 15 W　　　　　B. 9 W　　　　　C. 8 W　　　　　D. 无法计算

1-14　如图 1.66 所示，已知 $E = 5$ V、$I_S = 2$ A，则产生功率的是（　　）。

A. 电压源　　　　　　　　　　B. 电流源

C. 电压源和电流源　　　　　　D. 不可确定

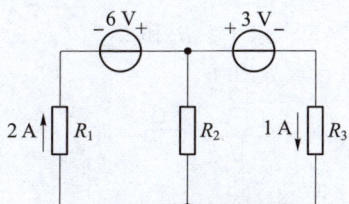

图 1.65　习题 1-13 图　　　　　　图 1.66　习题 1-14 图

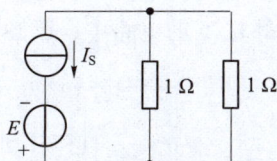

1-15　如图 1.67 所示，已知 $E = 2$ V、$I_S = 2$ A、$R = 2$ Ω，则电压源的工作状态是（　　）。

A. 产生 2 W 功率　　B. 消耗 2 W 功率　　C. 产生 8 W 功率　　D. 消耗 4 W 功率

1-16　如图 1.68 所示，电流源产生的功率为（　　）。

A. 4 W　　　　　B. 6 W　　　　　C. 8 W　　　　　D. 10 W

图 1.67　习题 1-15 图

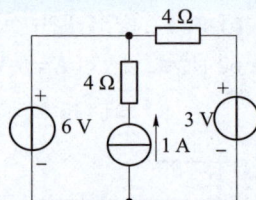

图 1.68　习题 1-16 图

1-17　将额定值为 100 W/220 V 的白炽灯接于 110 V 的交流电源上，其功率为（　　）。

A. 200 W　　　　　B. 100 W　　　　　C. 50 W　　　　　D. 25 W

1-18　如图 1.69 所示，电路中 U_{ab}=（　　）。

A. 18 V　　　　　B. 2 V　　　　　C. -2 V　　　　　D. -18 V

1-19　如图 1.70 所示，电路中 I=（　　）。

A. -1 A　　　　　B. 0 A　　　　　C. 1 A　　　　　D. 7 A

图 1.69　习题 1-18 图

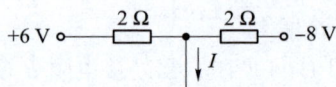

图 1.70　习题 1-19 图

1-20　电路参数如图 1.71 所示，试求电压 U_{ab}=（　　）。

A. 5 V　　　　　B. 10 V　　　　　C. -5 V　　　　　D. 0 V

1-21　如图 1.72 所示，试求 A 点电位 V_A=（　　）。

A. -6 V　　　　　B. 6 V　　　　　C. 3 V　　　　　D. -3 V

1-22　如图 1.73 所示，电流源消耗的功率为（　　）。

A. -63 W　　　　　B. -27 W　　　　　C. 27 W　　　　　D. 63 W

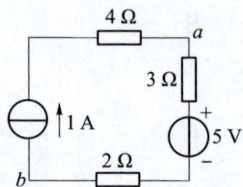

图 1.71　习题 1-20 图

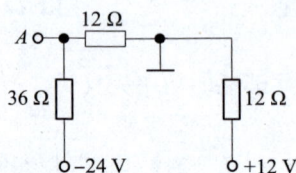

图 1.72　习题 1-21 图

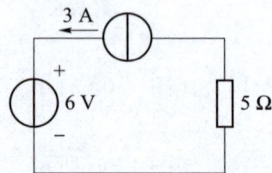

图 1.73　习题 1-22 图

计算题

1-23　在图 1.74 的电路中，已知 V_a=40 V、V_b=24 V，求 I_S、R_2 和 U_{ad}。

1-24　在图 1.75 的电路中，已知 I_1=1 A、I_2=2 A，求 R 和 U_{ab}。

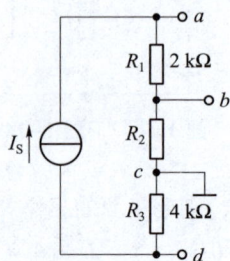

图 1.74　习题 1-23 图

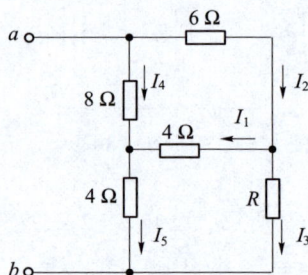

图 1.75　习题 1-24 图

1-25 求图1.76的电路中A、B、C、D各点电位。

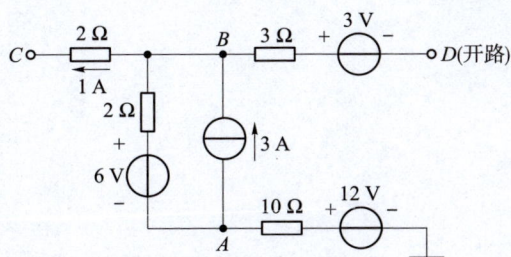

图 1.76　习题 1-25 图

1-26 求图1.77的电路中的I_2、I_4和I_5。

1-27 如图1.78所示，计算电流I、电压U和电阻R。

图 1.77　习题 1-26 图

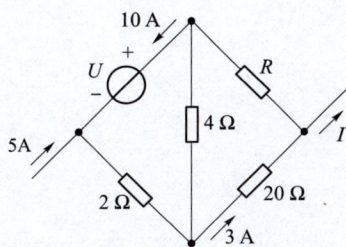

图 1.78　习题 1-27 图

1-28 在某电池两端若接入电阻$R_1 = 14$ Ω 时，测得电流$I_1 = 0.4$ A；若接入电阻$R_2 = 23$ Ω 时，测得电流$I_2 = 0.35$ A。试求此电池的电动势E和内阻R_0。

1-29 电路及参数如图1.79所示，求电路中A点电位V_A和电阻R。

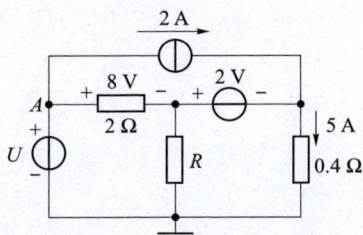

图 1.79　习题 1-29 图

第2章 电路的分析方法

　　电路分析通常是在电路结构和元件参数已知的情况下，求各个支路的电压或者电流。有时是求全部的电压或电流，有时只求单个支路的电压或电流。电路常用的分析方法很多，本章介绍电阻网络等效变换法、电阻星形连接与三角形连接等效变换、电源等效变换法、支路电流法、结点电压法、叠加定理、戴维宁定理和诺顿定理等。除此之外，本章还额外介绍了非线性电阻电路。

2.1 电阻网络等效变换法

与外电路相连且具有两个接线端子的电路称为二端网络（two-terminal network）。

如果二端网络内部含有电源，则称为有源二端网络；如果二端网络内部不含有电源，则称为无源二端网络。我们通常分析的电路元件都是线性的，对应线性有源二端网络和线性无源二端网络。

2.1.1 电阻串联等效

在一个二端网络中，所有元件依次顺序相连于两端点之间，这样的连接方式称为串联。串联电路中的各元件流过同一电流。

在图2.1（a）的电路中，两个线性电阻串联构成线性无源二端网络，根据 KVL，有：

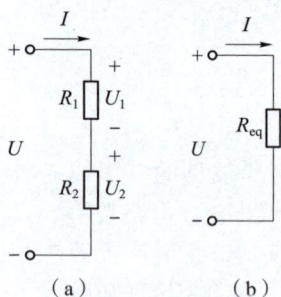

$$U = U_1 + U_2 \tag{2.1}$$

根据欧姆定律，有：

$$U_1 = IR_1 \tag{2.2}$$

$$U_2 = IR_2 \tag{2.3}$$

将式（2.2）和式（2.3）代入式（2.1），可得：

$$U = IR_1 + IR_2 = I(R_1 + R_2) \tag{2.4}$$

$$U = IR_{eq} \tag{2.5}$$

其中：

$$R_{eq} = R_1 + R_2 \tag{2.6}$$

图2.1　电阻串联及其等效电路

（a）串联电路；（b）等效电路

两个电阻串联的二端网络可以用只含有一个电阻的二端网络来等效代替，如图2.1（b）所示。等效电阻阻值等于所有串联电阻阻值之和。从式（2.4）和式（2.5）可以看出，等效二端网络和原二端网络具有相同的伏安关系。

以此类推，n 个电阻串联也可以用一个电阻来等效代替，其等效电阻阻值等于所有串联电阻阻值之和。即：

$$R_{eq} = \sum_{k=1}^{n} R_k \tag{2.7}$$

串联电路中第 k 个电阻的电压为：

$$U_k = IR_k = \frac{U}{R_{eq}} R_k$$

由此可得：

$$U_k = \frac{R_k}{R_{eq}} \cdot U \tag{2.8}$$

即，每个电阻上所分得的电压与其阻值成正比。具体到两个电阻串联电路的情况，则可以写作：

$$U_1 = \frac{R_1}{R_1 + R_2} \cdot U \tag{2.9}$$

$$U_2 = \frac{R_2}{R_1 + R_2} \cdot U \tag{2.10}$$

电阻串联等效的本质是用一个电阻来代替多个电阻的串联，消除各电阻的中间连接点，使二端网络内部结构简化。

2.1.2 电阻并联等效

一个二端网络，内部的所有元件都接于该网络的两端点之间，则两端点间为并联电路，并联电路内各支路上有相同的电压。

在图2.2（a）的两电阻并联的二端网络中，根据 KCL，有：

$$I = I_1 + I_2 \tag{2.11}$$

而每个电阻的电流为：

$$I_1 = \frac{U}{R_1} \tag{2.12}$$

$$I_2 = \frac{U}{R_2} \tag{2.13}$$

将式（2.12）、式（2.13）代入式（2.11），得：

$$I = \frac{U}{R_1} + \frac{U}{R_2} = U \left(\frac{1}{R_1} + \frac{1}{R_2} \right) = U \cdot \frac{1}{R_{eq}}$$

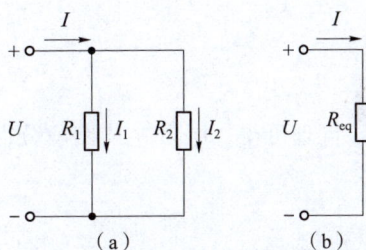

图2.2 电阻并联及其等效电路
(a) 并联电路；(b) 等效电路

其中：

$$\frac{1}{R_{eq}} = \frac{1}{R_1} + \frac{1}{R_2} \tag{2.14}$$

即两个电阻并联，可以用一个电阻等效代替，如图2.2（b）所示，等效电阻的倒数等于两并联电阻倒数的和。

显然，如果有 n 个电阻并联，则可以用一个电阻等效代替，等效电阻的倒数等于并联各电阻倒数之和，即：

$$\frac{1}{R_{eq}} = \sum_{k=1}^{n} \frac{1}{R_k} \tag{2.15}$$

或者用电导 G 来表述，n 个电导并联，可以用一个电导等效代替，等效电导等于并联电导之和，即：

$$G_{eq} = \sum_{i=1}^{n} G_k \tag{2.16}$$

第 k 个电阻支路的电流为：

$$I_k = \frac{U}{R_k} = \frac{U}{R_{eq}} \cdot \frac{R_{eq}}{R_k}$$

故：

$$I_k = \frac{\dfrac{1}{R_k}}{\dfrac{1}{R_{eq}}} \cdot I \tag{2.17}$$

每个电阻所分得的电流与其阻值成反比。

或者可以写作：

$$I_k = \frac{G_k}{G_{eq}} \cdot I \quad\quad (2.18)$$

每个电阻所分得的电流与其电导成正比。

具体到两个电阻并联，并联等效电阻为：

$$R_{eq} = \frac{1}{\frac{1}{R_1} + \frac{1}{R_2}} = \frac{R_1 R_2}{R_1 + R_2} \quad\quad (2.19)$$

电阻 R_1 支路所分得的电流为：

$$I_1 = \frac{G_1}{G_1 + G_2} \cdot I = \frac{\frac{1}{R_1}}{\frac{1}{R_1} + \frac{1}{R_2}} \cdot I$$

$$I_1 = \frac{R_2}{R_1 + R_2} \cdot I \quad\quad (2.20)$$

同理可得，电阻 R_2 支路所分得的电流为：

$$I_2 = \frac{R_1}{R_1 + R_2} \cdot I \qu\quad (2.21)$$

电阻并联等效，即用一个电阻代替多电阻并联电路，将各分支电阻电路合并成一条支路，以简化电路结构。

由上述电阻串联和并联等效分析可以看出，等效的实质就是等效二端网络和原二端网络具有相同的伏安关系，即在原二端网络和等效二端网络两端加相同的电压时，会获得相同的电流。

2.1.3 电阻串并联等效

如果一个由电阻构成的二端网络，其内部电阻既有串联又有并联，构成电阻串并联混合连接的复杂二端网络，如图 2.3（a）所示，则可以通过电阻串并联等效，将其变换成一个单电阻构成的简单的二端网络，如图 2.3（b）所示，从而使电路的结构更加简单，便于计算，同时不影响分析的结果。

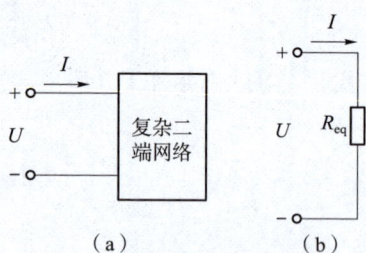

图 2.3　电阻串并联混合连接
及其等效电路
（a）串并联电路；（b）等效电路

【例 2.1】求图 2.4（a）中电阻网络的等效电阻。

【解】（1）对二端网络进行分析，找到内部的结点，确定每个电阻的端点。如图 2.4（b）所示，整理后的电路如图 2.4（c）所示。整理后的电路确保每个电阻的连接关系和原电路保持一致。

（2）首先进行并联等效合并支路，将内部结点降级为串联电阻的中间连接点；然后再进行串联等效，进一步消除中间连接点，使内部结点彻底被等效消减；重复上述过程，最后得到没有内部结点（中间连接点）和支路的单电阻电路。

如图 2.4（d）所示，经过并联等效，c、d 两结点之间合并成 $2\,\Omega$ 电阻，d、b 两结点之间合并成 $3\,\Omega$ 电阻。此时，d 结点降级为串联电阻的中间连接点。再通过串联等效，d 结点会彻底消除，如图2.4（e）所示。b、c两结点之间并联等效，合并为4Ω电阻，c结点降级为中间连接点，如图2.4（f）所示。最后，通过串联等效将c结点彻底消除，使a、b两端点之间等效为一个没有内部结点、没有分支电阻电路的单电阻电路，如图2.4（g）所示。

最终结果 $R_{ab} = 8\,\Omega$。

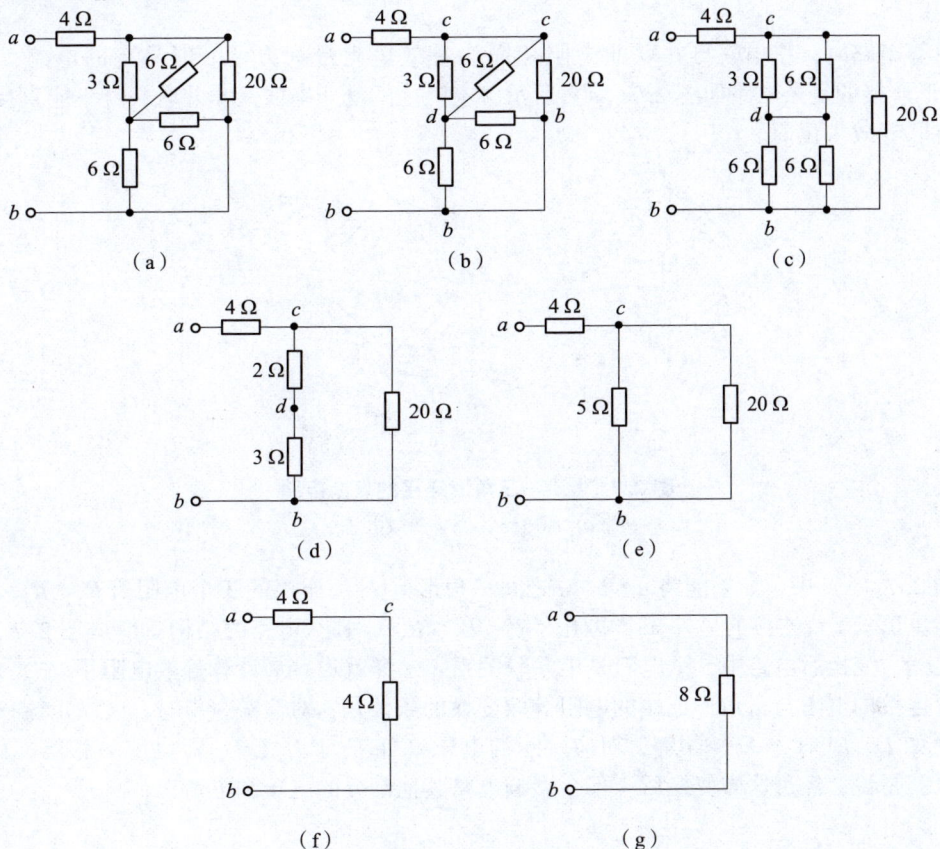

图 2.4　例 2.1 电路

（a）电阻网络；（b）确定端点；（c）整理后的电路；（d）并联等效；（e）串联等效；（f）并联等效；（g）等效电路

思考题

1. 如图 2.5 所示，电路中 $R_1 = R_2 = R_3 = R_4 = R_6 = 4\,\Omega$，$R_5 = 2\,\Omega$，求 a、b 两点间的等效电阻。

2. 计算图 2.6 的电路中的 I_1。

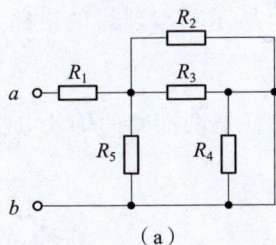

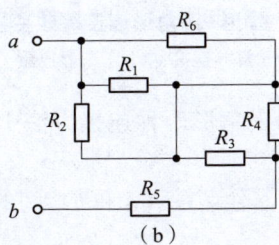

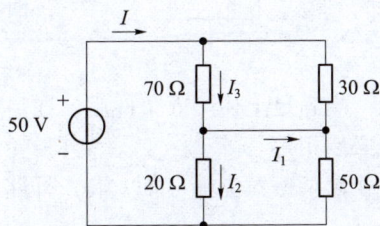

图 2.5　思考题 1 电路

（a）电路 1；（b）电路 2

图 2.6　思考题 2 电路

△2.2　电阻星形连接与三角形连接等效变换

在计算电路时，将串联与并联的电阻化简为等效电阻最为方便。但是有的电路，例如星形–三角形连接的复杂电路如图 2.7（a）所示，电阻之间既非串联又非并联，就不能直接使用电阻的串并联等效来化简。

图 2.7　星形–三角形连接的复杂电路
（a）原电路；（b）等效电路

在图 2.7（a）中，如果能将 a、b、c 之间三角形（△）连接的 3 个电阻（R_2、R_4、R_5）等效变换为星形（Y）连接的另外 3 个电阻（R_2'、R_4'、R_5'），那么电路的结构就变成图 2.7（b）的形式。显然，变换后电路中 5 个电阻是串并联关系，这样就很容易计算等效电阻了。

星形连接的电阻与三角形连接的电阻等效变换的条件是：对应端（如 a、b、c）流入或流出的电流（如 I_a、I_b、I_c）一一相等，对应端间的电压（如 U_{ab}、U_{bc}、U_{ca}）也一一相等，如图 2.8 所示。也就是说，经过这样变换后，不会影响电路其他部分的电压和电流。

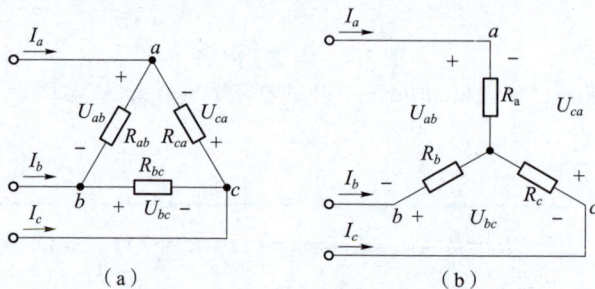

图 2.8　星形–三角形连接等效变换
（a）三角形连接；（b）星形连接

当满足上述等效条件后，在星形和三角形两种连接方法中，对应的任意两端间的等效电阻也必然相等。

设某一对应端（如 c 端）开路时，其他两端（a 和 b）间的等效电阻为：

$$R_a+R_b=\frac{R_{ab}(R_{bc}+R_{ca})}{R_{ab}+R_{bc}+R_{ca}} \tag{2.22}$$

同理：

$$R_b+R_c = \frac{R_{bc}(R_{ca}+R_{ab})}{R_{ab}+R_{bc}+R_{ca}} \tag{2.23}$$

$$R_c+R_a = \frac{R_{ca}(R_{ab}+R_{bc})}{R_{ab}+R_{bc}+R_{ca}} \tag{2.24}$$

将式（2.22）~式（2.24）相加得到：

$$R_a+R_b+R_c = \frac{R_{ab}R_{bc}+R_{bc}R_{ca}+R_{ca}R_{ab}}{R_{ab}+R_{bc}+R_{ca}} \tag{2.25}$$

根据式（2.23）和式（2.25）可得：

$$R_a = \frac{R_{ab}R_{ca}}{R_{ab}+R_{bc}+R_{ca}} \tag{2.26}$$

同理可得：

$$R_b = \frac{R_{bc}R_{ab}}{R_{ab}+R_{bc}+R_{ca}} \tag{2.27}$$

$$R_c = \frac{R_{ca}R_{bc}}{R_{ab}+R_{bc}+R_{ca}} \tag{2.28}$$

由此可将三角形连接的电阻等效变换成星形连接。

如果某两端间（如 a、b 间）短路，则短路点和剩余的 c 端间的电导为：

$$\frac{1}{R_a /\!/ R_b+R_c} = \frac{R_a+R_b}{R_aR_b+R_bR_c+R_cR_a} = \frac{1}{R_{ca}}+\frac{1}{R_{bc}} \tag{2.29}$$

同理可得：

$$\frac{1}{R_b /\!/ R_c+R_a} = \frac{R_b+R_c}{R_aR_b+R_bR_c+R_cR_a} = \frac{1}{R_{ab}}+\frac{1}{R_{ca}} \tag{2.30}$$

$$\frac{1}{R_c /\!/ R_a+R_b} = \frac{R_c+R_a}{R_aR_b+R_bR_c+R_cR_a} = \frac{1}{R_{bc}}+\frac{1}{R_{ab}} \tag{2.31}$$

注意：上式中的 $R_a /\!/ R_b$，$R_b /\!/ R_c$，$R_c /\!/ R_a$ 计算的是两电阻并联的等效电阻。

若已知星形连接的电阻（R_a、R_b、R_c），则等效变换为三角形连接的电阻（R_{ab}、R_{bc}、R_{cd}）为：

$$R_{ab} = \frac{R_aR_b+R_bR_c+R_cR_a}{R_c} \tag{2.32}$$

$$R_{bc} = \frac{R_aR_b+R_bR_c+R_cR_a}{R_a} \tag{2.33}$$

$$R_{ca} = \frac{R_aR_b+R_bR_c+R_cR_a}{R_b} \tag{2.34}$$

特别地，当星形连接或三角形连接的 3 个电阻相等时，即：

$$R_a = R_b = R_c = R_Y$$

$$R_{ab} = R_{bc} = R_{ca} = R_\triangle$$

代入上面的表达式，则可得出：

$$R_Y = \frac{1}{3}R_\triangle \tag{2.35}$$

$$R_\triangle = 3R_Y \tag{2.36}$$

【例 2.2】电路如图 2.9（a）所示，已知 $I_S=1\,\text{A}$、$R_1=5\,\Omega$、$R_2=R_3=R_4=6\,\Omega$、$R_5=R_6=4\,\Omega$，求电压 U。

【解】将图 2.9（a）中的三角形连接变换为图 2.9（b）中的星形连接。

图 2.9　例 2.2 电路

(a) 三角形连接；(b) 星形连接

由式 (2.35) 可得:

$$R = \frac{1}{3}R_2 = \frac{1}{3} \times 6\ \Omega = 2\ \Omega$$

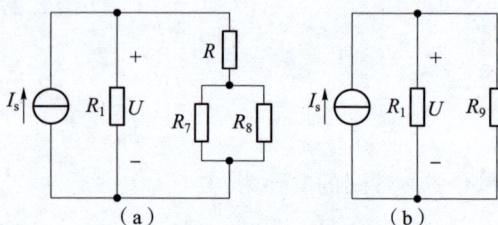

图 2.10　例 2.2 等效电路

(a) 串联等效；(b) 并联等效

利用电阻的串并联等效变换继续分析，如图 2.10 所示。

在图 2.9 (b) 中，已知 $R_5 = R_6$，所以在图 2.10 (a) 中有:

$$R_7 = R_8 = R + R_5 = (2+4)\ \Omega = 6\ \Omega$$

在图 2.10 (b) 中，计算方式如下:

$$R_9 = R + R_7 /\!/ R_8 = (2 + 6/\!/6)\ \Omega = 5\ \Omega$$

所以:

$$U = I_S \cdot (R_1 /\!/ R_9) = 1 \times (5/\!/5)\ \text{V} = 2.5\ \text{V}$$

思考题

1. 求图 2.11 所示电路中的总电阻 R_{12}。
2. 求图 2.12 所示电路中的电流 I_1。

图 2.11　思考题 1 电路

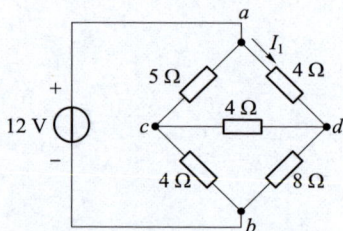

图 2.12　思考题 2 电路

2.3　电源等效变换法

在第一章中，我们讨论了一个实际电源既可以用电压源代替，也可以用电流源代替，如图 2.13 所示。

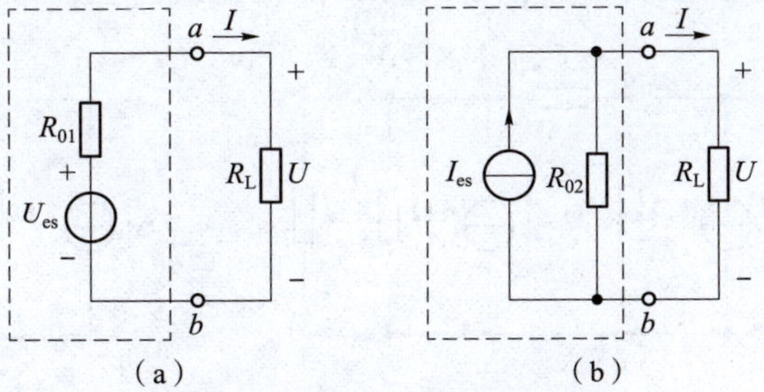

图 2.13　电源的两种电路模型

（a）电压源；（b）电流源

如果电压源和电流源的外特性相同，那么当同一个负载电阻 R_L 接到电压源上或接到电流源上，它会得到同样的电流和电压（即对负载电阻 R_L 是等效的)。所以，电压源和电流源可以进行等效变换。

电压源和电流源等效变换条件为：

$$R_{01}=R_{02}=R_0$$
$$U_{es}=I_{es}R_0 \tag{2.37}$$

则图 2.13 中，电压源变换成电流源，即 $I_{es}=\dfrac{U_{es}}{R_0}$，内阻 R_0 不变；电流源变换成电压源，即 $U_{es}=I_{es}R_0$，内阻 R_0 不变。

电源等效变换仅对外电路等效，而对电源内部是不等效的。例如，在图 2.13（a）中，当电压源开路时，电源内部电流为零，电源内阻上不损耗功率；但在图 2.13（b）中，当电流源开路时，电源内部仍有电流，内阻上有功率损耗。

当电源等效变换时，还需要注意电压源的正负极性与电流源电流方向的对应关系。当电压源等效变换成电流源时，电流源的电流方向应该从电压源的负极流向正极；当电流源等效变换成电压源时，电流的箭头指向方向为电压源的正极。

电源等效变换法适用于求解某单独支路的电压或电流，此时待求支路之外的部分可以看成是线性有源二端网络，并对该网络进行等效变换，最终可以将多电源问题转换成简单的单电源问题。而待求支路不参与变换。

一般求解电压和电流较多时，不建议采用该方法。

【例 2.3】　用电源等效变换法计算图 2.14 所示电路中 ab 支路的电流 I。

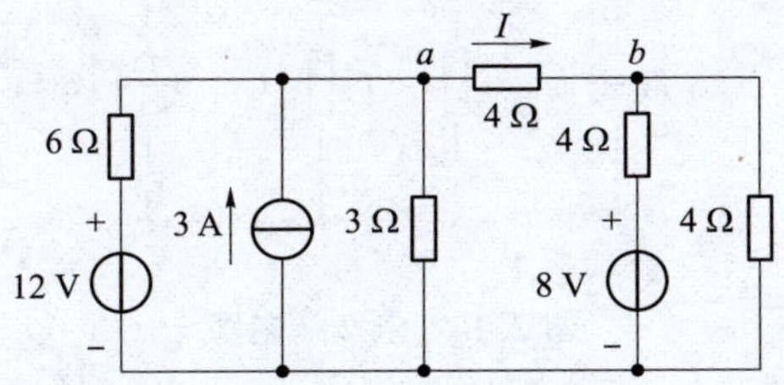

图 2.14　例 2.3 电路

【解】　等效变换过程如图 2.15 所示，在图 2.15（d）中，列 KVL 方程：

$$6-4I-4I=0$$

解得：

$$I=\frac{6}{4+4}\text{ A}=0.75\text{ A}$$

或者在图 2.15（c）中，直接在该单回路中列 KVL 方程：

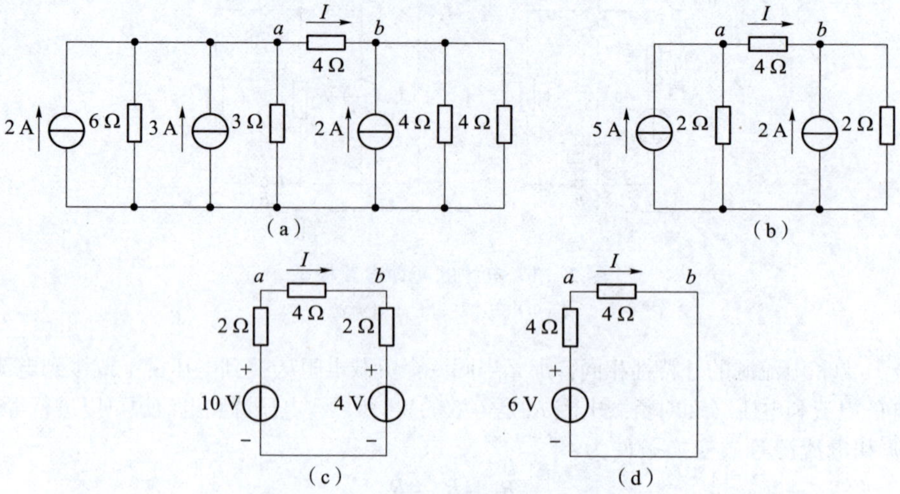

（a）

（b）

（c）

（d）

图 2.15　例 2.3 电源等效变换过程

（a）过程 1；（b）过程 2；（c）过程 3；（d）过程 4

$$4I+4+2I+2I-10=0$$

结果与上式相同。

如果求解多个支路的电压或电流，可以首先选择一个支路作为待求支路，应用电源等效变换法求出该支路的电压或电流后，在原电路中应用 KCL 和 KVL 求其余支路的电压或电流。

【**例 2.4**】　在图 2.16（a）所示的电路中，已知 $U_S=18$ V、$I_S=3$ A、$R_1=4$ Ω、$R_2=2$ Ω。利用电源等效变换法计算电流 I_1 和 I_2。

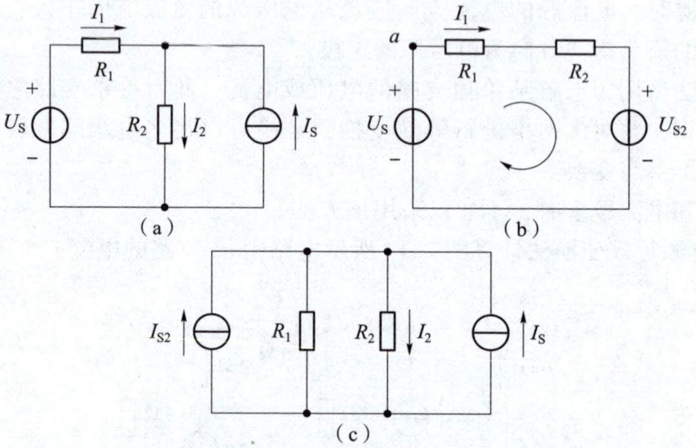

（a）

（b）

（c）

图 2.16　例 2.4 电路

（a）原电路；（b）电流源等效为电压源；（c）电压源等效为电流源

【**解**】　（1）选择 I_1 所在支路作为负载支路。由其余电路构成线性有源二端网络，应用电源等效变换法，将电流源 I_S 和电阻 R_2 并联电路转换为电压源和内阻串联电路，等效电压源电压为：

$$U_{S2}=I_S R_2=(3\times2)\text{ V}=6\text{ V}$$

极性如图 2.16（b）所示，内阻 $R_2=2$ Ω。

在图 2.16（b）中，从 a 点出发，选择顺时针方向作为回路循行方向，根据 KVL 列方程：

$$I_1R_1+I_1R_2+U_{S2}-U_S=0$$

则：

$$I_1=\frac{U_S-U_{S2}}{R_1+R_2}=\frac{18-6}{4+2}\text{A}=2\text{ A}$$

在图 2.16（a）中，根据 KCL 列方程：

$$I_2=I_1+I_S=(2+3)\text{A}=5\text{ A}$$

（2）选择 I_2 所在支路作为负载支路。由其余电路构成线性有源二端网络，应用电源等效变换法，将电压源 U_S 和电阻 R_1 串联电路转换为电流源和内阻并联电路，等效电流源电流为：

$$I_{S2}=\frac{U_S}{R_1}=\frac{18}{4}\text{A}=4.5\text{ A}$$

电流源方向如图 2.16（c）所示，内阻 $R_1=4\ \Omega$。根据电阻并联分流原理，可得：

$$I_2=\frac{R_1}{R_1+R_2}\cdot(I_S+I_{S2})=\left[\frac{4}{4+2}\times(4.5+3)\right]\text{A}=5\text{ A}$$

在图 2.16（a）中，根据 KCL 列方程：

$$I_1=I_2-I_S=(5-3)\text{A}=2\text{ A}$$

思考题

1. 如图 2.17（a）所示，电路中线性有源二端网络输出端电压是多少？改变电阻阻值，对输出端电压是否有影响？再并联电流源，对输出端电压是否有影响？画出其对外电路的等效电路。对图 2.17（b）做类似的分析与思考。

2. 在图 2.15（a）中，为什么要把图 2.14 中电压源变换成电流源？图 2.15（b）图中的两个电流源，为什么又要变换成图 2.15（c）中的电压源？变换成何种电源由什么来决定？

3. 如图 2.18 所示，用电源等效变换法求流过 4 Ω 支路的电流 I。

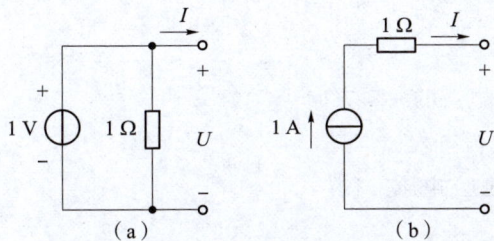

图 2.17　思考题 1 电路　　　　图 2.18　思考题 4 电路

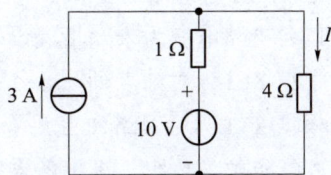

2.4　支路电流法

支路电流法是指以支路电流为未知量，应用基尔霍夫定律分别对电路中的结点和回路列方程，然后求解出各支路电流的方法。在计算复杂电路的各种分析方法中，支路电流法是最基本的。

设电路中的结点数为 n，支路数为 k。以图 2.19 中电路为例，来说明支路电流法。该电路的结点数 $n=2$，支路数 $k=3$。计算 3 个支路电流，需要列出 3 个独立方程。

首先，对电路结点根据 KCL 列方程。

对 a 结点列电流方程：

$$I_1 + I_2 - I_3 = 0 \qquad (2.38)$$

对 b 结点列电流方程：

$$-I_1 - I_2 + I_3 = 0 \qquad (2.39)$$

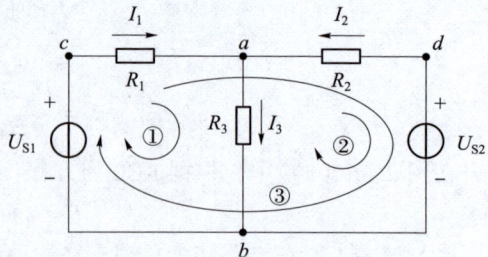

图 2.19 两个电源并联的电路

将式（2.39）变换可得式（2.38），它是非独立的方程。因此，对具有两个结点的电路，应用 KCL 只能列出 1 个独立的方程。

一般来讲，对具有 n 个结点的电路，应用 KCL 可以得到（$n-1$）个独立电流方程。

然后，对电路回路根据 KVL 列方程。

对左侧网孔（回路①）列电压方程：

$$I_1 R_1 + I_3 R_3 - U_{S1} = 0 \qquad (2.40)$$

对右侧网孔（回路②）列电压方程：

$$-I_2 R_2 + U_{S2} - I_3 R_3 = 0 \qquad (2.41)$$

对外围大回路（回路③）列电压方程：

$$I_1 R_1 - I_2 R_2 + U_{S2} - U_{S1} = 0 \qquad (2.42)$$

式（2.40）和式（2.41）相加可得式（2.42），3 个方程线性相关，需要去掉一个方程。因此，对于具有 3 个回路的电路，应用 KVL 能列出 2 个独立方程。一般网孔方程是独立的，应优先选取网孔列方程。

一般来说，应用 KVL 可列出 $k-(n-1)$ 个独立电压方程。

最后，联立方程，求解所有支路的电流。

应用 KVL 和 KCL 一共可列出个独立方程的个数：$n-1+[k-(n-1)]=k$。方程数目和未知量数目相等，因此可以求出一组唯一的解。

支路电流法分析电路的步骤：

（1）以各支路电流为未知量，设定各支路电流的参考方向；

（2）根据 KCL，对结点列写 $n-1$ 个独立电流方程；

（3）根据 KVL，对回路列写 $k-(n-1)$ 个独立电压方程；

（4）联立求解方程组，求出各支路电流。

【例 2.5】 在图 2.19 的电路中，已知 $U_{S1}=140\ V$、$U_{S2}=90\ V$、$R_1=20\ \Omega$、$R_2=5\ \Omega$、$R_3=6\ \Omega$，用支路电流法求支路电流 I_1、I_2 和 I_3。

【解】（1）设 3 个支路电流分别为 I_1、I_2 和 I_3，规定参考方向如图 2.20 所示。

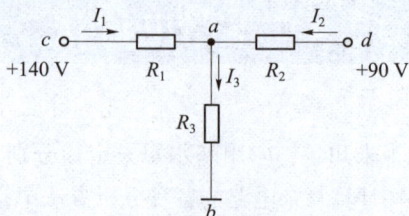

图 2.20 图 2.19 的简化电路

（2）对 a 结点列电流方程：

$$I_1 + I_2 - I_3 = 0$$

（3）对两个网孔列电压方程：

$$I_1 R_1 + I_3 R_3 - U_{S1} = 0$$
$$-I_2 R_2 + U_{S2} - I_3 R_3 = 0$$

（4）联立解方程组：

$$I_1 + I_2 - I_3 = 0$$
$$20I_1 + 6I_3 - 140 = 0$$
$$-5I_2 + 90 - 6I_3 = 0$$

解得：

$$I_1 = 4 \text{ A}$$
$$I_2 = 6 \text{ A}$$
$$I_3 = 10 \text{ A}$$

可用回路电压关系校验计算结果。

回路③列电压方程，可得电压的代数和：

$$\sum U = I_1 R_1 - I_2 R_2 + U_{S2} - U_{S1} = (4 \times 20 - 6 \times 5 + 90 - 140)\text{V} = 0 \text{ V}$$

求得的结果在该回路中，使 KVL 成立。

一般用以下两种方法验算计算结果：

（1）选用求解时未用过的回路，应用 KVL 进行验算。

（2）用电路中的功率平衡关系进行验算。

对于简化电路，在列电压方程时，可直接找到两个已知电位点间的一条路径，计算电压即可。

对于含有电流源支路的电路，在应用支路电流法求解时，可采用以下两种处理方式：

（1）电流源电流已知，而电压未知，增设电流源电压为未知量（图 2.21 中的 U_3），此时未知量数目仍等于支路电流数，正常列支路电流法方程即可。该处理方式方程数目和支路数保持一致。

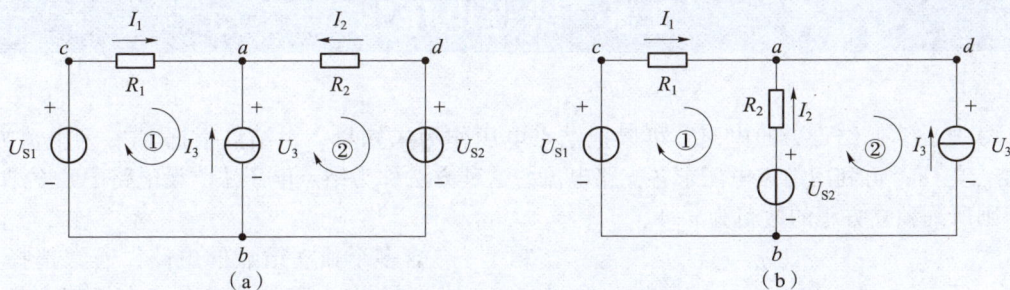

图 2.21　含有电流源支路的电路
（a）电流源支路处于电路中间；（b）电流源支路处于电路边缘

（2）电流源电流已知，未知量数目为支路数减去电流源支路数。在列电压方程时，将电流源所在支路遮挡，如图 2.22 所示，两个网孔合并成一个网孔，在新网孔中列电压方程。或者如图 2.23 所示，两个网孔可选取不含电流源的网孔，在选取的网孔中列电压方程。该处理方式方程数目少于支路数。方程数目少，求解相对简单。

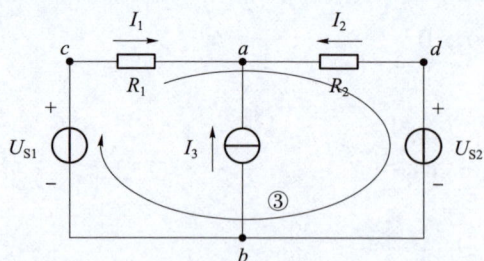

图 2.22　电流源支路处于电路中间位置

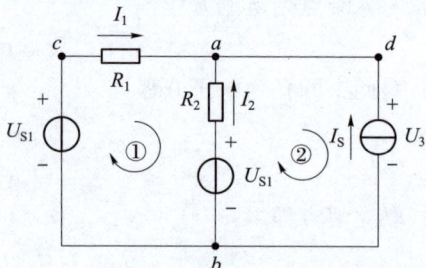

图 2.23　电流源支路处于电路边缘位置

支路电流法是计算复杂电路的基本方法，但当支路数较多时，方程数目增加，求解难度增大。

思考题

1. 什么是支路电流法？它的解题步骤是什么？

2. 如图 2.24 所示，已知 $U_{S1} = 12\ V$、$U_{S2} = 12\ V$、$R_1 = 1\ \Omega$、$R_2 = 2\ \Omega$、$R_3 = 2\ \Omega$、$R_4 = 2\ \Omega$，用支路电流法求各支路电流。

3. 用支路电流法计算图 2.25 中各支路上的电流。

图 2.24　思考题 2 电路

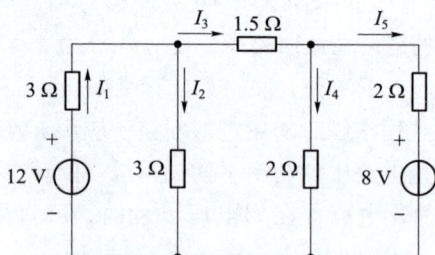

图 2.25　思考题 3 电路

2.5　结点电压法

对于支路多、结点少的电路，可以把结点电压作为未知量，对结点根据 KCL 列电流方程，求解结点电压，再利用结点电压求各支路电流。这种方法称为结点电压法。设电路中独立结点数为 n，则所列独立方程的数目为 $n-1$。

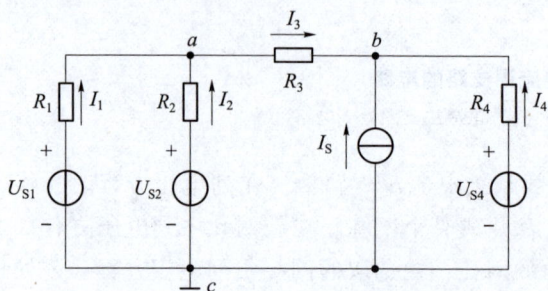

图 2.26　结点电压法电路举例

含多个独立结点的电路，通常选择其中一个结点作为零电位参考点，把其余各结点电位作为未知量。如图 2.26 所示，电路中有 3 个独立结点，5 条支路，有一条电流源支路。用支路电流法最少需要列 4 个方程。现在选择 c 结点为零电位参考点，a、b 两结点电位 V_a、V_b 为未知量，只需要列两个方程，求出 V_a、V_b 后，则各支路电流都可以求出。

下面讨论方程的形式。

各支路的电流都可以用结点电位表示:

$$I_1 = \frac{U_{S1} - V_a}{R_1}$$

$$I_2 = \frac{U_{S2} - V_a}{R_2}$$

$$I_3 = \frac{V_a - V_b}{R_3}$$

$$I_4 = \frac{U_{S4} - V_b}{R_4}$$

对 a 结点根据 KCL 列方程:

$$I_1 + I_2 - I_3 = 0$$

对 b 结点根据 KCL 列方程:

$$I_3 + I_S + I_4 = 0$$

将各支路电流表达式代入方程:

$$\frac{U_{S1} - V_a}{R_1} + \frac{U_{S2} - V_a}{R_2} - \frac{V_a - V_b}{R_3} = 0$$

$$\frac{V_a - V_b}{R_3} + I_S + \frac{U_{S4} - V_b}{R_4} = 0$$

整理方程形式,得:

$$\left(\frac{1}{R_1} + \frac{1}{R_2} + \frac{1}{R_3}\right)V_a - \frac{1}{R_3}V_b = \frac{U_{S1}}{R_1} + \frac{U_{S2}}{R_2}$$

$$-\frac{1}{R_3}V_a + \left(\frac{1}{R_3} + \frac{1}{R_4}\right)V_b = I_S + \frac{U_{S4}}{R_4}$$

分析未知量的系数构成,可以将结点电压方程总结成如下形式:

$$G_{aa}V_a + G_{ab}V_b = I_{Sa}$$
$$G_{ba}V_a + G_{bb}V_b = I_{Sb}$$

$$(2.43)$$

式中: G_{aa} 为自电导,是 a 结点上各支路的电导和,为正; $G_{ab} = G_{ba}$,为互电导,是 a 结点和 b 结点连接支路的电导,为负; I_{Sa} 为流入 a 结点的(等效)电流源的代数和。

【例 2.6】在图 2.26 中,已知 $U_{S1} = 18$ V、 $U_{S2} = 15$ V、 $U_{S4} = -6$ V、 $I_S = 2$ A、 $R_1 = 6\ \Omega$ 、 $R_2 = 3\ \Omega$ 、 $R_3 = 8\ \Omega$ 、 $R_4 = 6\ \Omega$,求 I_3 。

【解】结点电压方程为:

$$\left(\frac{1}{R_1} + \frac{1}{R_2} + \frac{1}{R_3}\right)V_a - \frac{1}{R_3}V_b = \frac{U_{S1}}{R_1} + \frac{U_{S2}}{R_2}$$

$$-\frac{1}{R_3}V_a + \left(\frac{1}{R_3} + \frac{1}{R_4}\right)V_b = I_S + \frac{U_{S4}}{R_4}$$

将已知数值代入计算:

$$\left(\frac{1}{6} + \frac{1}{3} + \frac{1}{8}\right)V_a - \frac{1}{8}V_b = \frac{18}{6} + \frac{15}{3}$$

$$-\frac{1}{8}V_a + \left(\frac{1}{8} + \frac{1}{6}\right)V_b = 2 + \frac{-6}{6}$$

解得:

$$V_a = 14.75 \text{ V}$$

$$V_b = 9.75 \text{ V}$$

所以：

$$I_3 = \frac{V_a - V_b}{R_3} = \frac{14.75 - 9.75}{8} \text{A} = 0.625 \text{ A}$$

【例2.7】 如图2.27所示，已知 $U_S = 24$ V、$I_S = 5$ mA、$R_1 = 4$ kΩ、$R_2 = 2$ kΩ、$R_3 = 4$ kΩ、$R_4 = 4$ kΩ，求 I_2。

【解】 电路中有4个结点，选择 d 结点为零电位参考点，则 $V_c = U_S = 24$ V，对 a、b 结点列电压方程：

$$\left(\frac{1}{R_1} + \frac{1}{R_4} \right) V_a - \frac{1}{R_4} V_b = I_S + \frac{U_S}{R_1}$$

$$-\frac{1}{R_4} V_a + \left(\frac{1}{R_2} + \frac{1}{R_3} + \frac{1}{R_4} \right) V_b = \frac{U_S}{R_2}$$

将已知数值代入计算：

$$\left(\frac{1}{4} + \frac{1}{4} \right) V_a - \frac{1}{4} V_b = 5 + \frac{24}{4}$$

$$-\frac{1}{4} V_a + \left(\frac{1}{2} + \frac{1}{4} + \frac{1}{4} \right) V_b = \frac{24}{2}$$

解得：

$$V_a = 32 \text{ V}$$

$$V_b = 20 \text{ V}$$

则：

$$I_2 = \frac{V_c - V_b}{R_2} = \frac{24 - 20}{2} \text{mA} = 2 \text{ mA}$$

图2.27 例2.7电路

综上所述，如果两结点之间接有理想电压源，这两个结点中只有一个独立的结点电压，相应的未知量的数目要减少。

如图2.28所示，电路有两个结点，由电压源、电流源和电阻构成。选择 b 结点作为零电位参考点，以 a 结点电位 V_a 即 a、b 两结点间电压 u_{ab} 作为未知量。应用结点电压法只需要一个方程且没有互电导项，即：

$$\left(\frac{1}{R_1} + \frac{1}{R_2} + \frac{1}{R_3} + \frac{1}{R_4} \right) V_a = \frac{U_{S1}}{R_1} + \frac{U_{S2}}{R_2} + I_S + \frac{U_{S3}}{R_3}$$

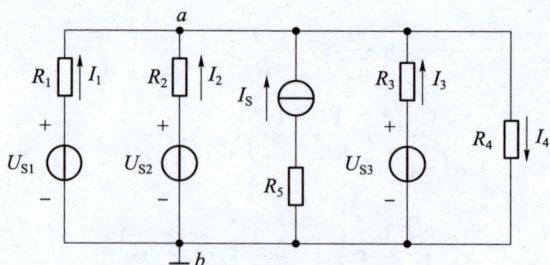

图2.28 含有两个结点的电路

则：

$$V_a = \cfrac{\dfrac{U_{S1}}{R_1} + \dfrac{U_{S2}}{R_2} + I_S + \dfrac{U_{S3}}{R_3}}{\dfrac{1}{R_1} + \dfrac{1}{R_2} + \dfrac{1}{R_3} + \dfrac{1}{R_4}}$$

对于具有这种结构的电路，可以直接写出两结点间电压的表达式：

$$U_{ab} = \frac{\sum I_{Sa}}{\sum \dfrac{1}{R}} \qquad (2.44)$$

式（2.44）中，分子为流入 a 结点电流源的代数和，流入取正，流出取负；分母为 a 结点所连接的各个支路的电导和，为正。该式称为弥尔曼定理（Millman theorem）。注意，与电流源串联的电阻的电导不计。

思考题

1. 例 2.7 中，设图 2.27 中的 a 结点为零电位点，将各支路电流表示出来。需要列几个结点电流方程？将方程列出，求 b、c、d 各结点电位后，再求 I_2。

2. 在列支路电流法方程时，含有理想电流源的支路不参与电压方程；在列结点电压法方程时，含有理想电压源的支路，会产生什么影响？应如何列方程？

3. 如图 2.29 所示，已知 $U_{S1} = 12\ \text{V}$、$U_{S2} = 15\ \text{V}$、$R_1 = 3\ \Omega$、$R_2 = 1.5\ \Omega$、$R_3 = 9\ \Omega$，使用结点电压法求各支路的电流。

4. 如图 2.30 所示，使用结点电压法求电路中 a 结点的电位。

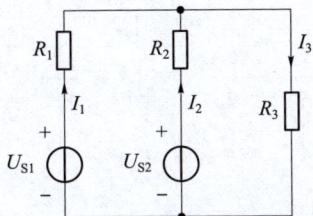

图 2.29　思考题 3 电路　　　　　图 2.30　思考题 4 电路

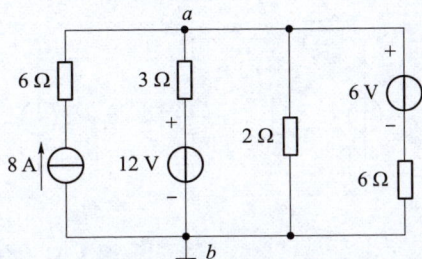

2.6　叠加定理

在线性电路中，若有两个或两个以上的独立电源时，则各支路的电流和电压是由各独立电源共同作用产生的。

叠加定理（superposition theorem）：对于线性电路，当任何一条支路的电流（或电压）等于各个独立电源单独作用时，在该支路中所产生电流（或电压）的代数和。

独立电源单独作用是指在多电源的电路中，只有一个独立电源起作用，则其余电源参数需要置零。理想电压源置零，$U_S = 0$，该电压源用导线代替；理想电流源置零，$I_S = 0$，该电流源用开路代替。

如图 2.31（a）所示，电路中的支路电流为 I_1 和 I_2。应用基尔霍夫定律列方程：

$$I_1 - I_2 + I_S = 0$$
$$I_1 R_1 + I_2 R_2 - U_S = 0$$

可得：

$$I_1 = \frac{U_S}{R_1 + R_2} - \frac{R_2}{R_1 + R_2} I_S$$

$$I_2 = \frac{U_S}{R_1 + R_2} + \frac{R_1}{R_1 + R_2} I_S$$

I_1、I_2 表达式都由两部分构成。

当其中的 $I_S = 0$ 时，电流源相当于开路，用开路代替，如图 2.31（b）所示。有：

$$I_1' = I_2' = \frac{U_S}{R_1 + R_2}$$

当其中的 $U_S = 0$ 时，电压源相当于短路，用导线代替，如图 2.31（c）所示。有：

$$I_1'' = -\frac{R_2}{R_1 + R_2} I_S$$

$$I_2'' = \frac{R_1}{R_1 + R_2} I_S$$

将以上两个电源单独作用的结果叠加，即为原电路中两电源共同作用的结果。有：

$$I_1 = I_1' + I_1''$$
$$I_2 = I_2' + I_2''$$

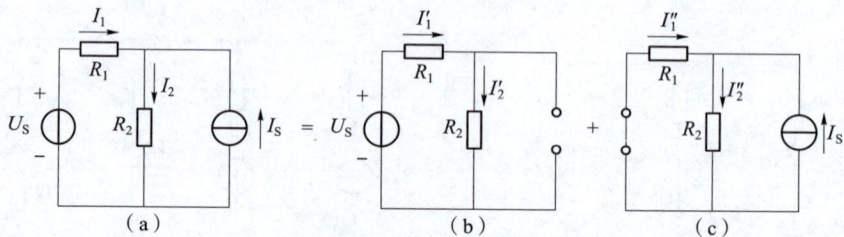

图 2.31 叠加定理举例
（a）原电路；（b）电流源相当于开路；（c）电压源相当于短路

从数学角度看，叠加定理反映了线性方程的可加性。因为应用基尔霍夫定律列出的都是电流（或电压）的线性代数方程，所以电流（或电压）都可以用叠加定理来求解。

要注意，功率与电流（电压）是平方关系，不能用叠加定理计算功率。

使用叠加定理计算含多个独立电源的线性电路，本质上是将一个多电源的电路拆解为多个单电源电路来计算。

叠加定理求解问题的一般步骤为：

（1）画各独立电源单独作用的分量电路图，设定各未知分量名及参考方向；

（2）在各分量电路图中求解未知分量；

（3）将所得结果进行叠加，若分量的参考方向与总量参考方向一致，取正；相反，则取负。

【例 2.8】如图 2.32 所示，已知 $U_S = 24$ V、$I_S = 5$ mA、$R_1 = 4$ kΩ、$R_2 = 2$ kΩ、$R_3 = 4$ kΩ、$R_4 = 4$ kΩ，使用叠加定理求 I_2。

【解】

（1）画分量电路图（图2.33），设分量参考方向和总量保持一致。

（2）求分量。根据图2.33（a）中电路求解未知分量，有：

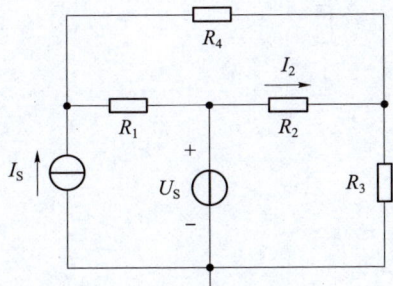

图 2.32　例 2.8 电路

$$I_2' = -\frac{R_1}{R_1+R_4+R_2/\!/R_3} \cdot \frac{R_3}{R_2+R_3} I_S$$

$$= \left(-\frac{4}{4+4+2/\!/4} \times \frac{4}{2+4} \times 5\right) \text{mA}$$

$$= -\frac{10}{7}\text{mA}$$

根据图2.33（b）中电路求解未知分量，有：

$$I_2'' = \frac{(R_1+R_4)/\!/R_2}{(R_1+R_4)/\!/R_2+R_3} \cdot \frac{U_S}{R_2}$$

$$= \left[\frac{(4+4)/\!/2}{(4+4)/\!/2+4} \times \frac{24}{2}\right]\text{mA}$$

$$= \frac{24}{7}\text{mA}$$

（a）　　　　　　　　　（b）

图 2.33　例 2.8 分量电路图

（a）分量电路图 1；（b）分量电路图 2

（3）叠加求总量。

根据叠加定理，有：

$$I_2 = I_2'+I_2'' = -\frac{10}{7}+\frac{24}{7}\text{mA} = 2\text{ mA}$$

根据叠加定理画分量电路图时，不需要改变原有的电路结构；在叠加时，参考方向和总量参考方向一致的分量取正，和总量参考方向相反的分量取负。

【例 2.9】　如图 2.34 所示，使用叠加定理求各支路电流。

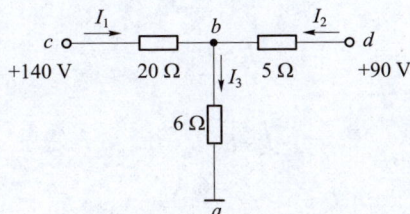

图 2.34　例 2.9 电路

【解】

（1）画分量电路图（见图 2.35），标注分量参考方向。

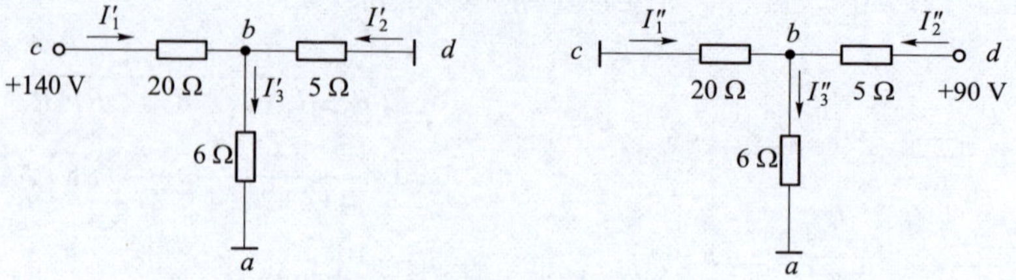

图 2.35　例 2.9 分量电路图

（2）求分量电流：

$$I_1' = \frac{140}{20+5 /\!/ 6} \text{A} = \frac{154}{25} \text{A}$$

$$I_2' = \left(-\frac{6}{5+6} \times \frac{154}{25} \right) \text{A} = -\frac{84}{25} \text{A}$$

$$I_3' = \left(\frac{5}{5+6} \times \frac{154}{25} \right) \text{A} = \frac{14}{5} \text{A}$$

$$I_2'' = \frac{90}{5+20 /\!/ 6} \text{A} = \frac{234}{25} \text{A}$$

$$I_1'' = \left(-\frac{6}{20+6} \times \frac{234}{25} \right) \text{A} = -\frac{54}{25} \text{A}$$

$$I_3'' = \left(\frac{20}{20+6} \times \frac{234}{25} \right) \text{A} = \frac{180}{25} \text{A}$$

（3）叠加求总量：

$$I_1 = I_1' + I_1'' = \left(\frac{154}{25} - \frac{54}{25} \right) \text{A} = 4 \text{ A}$$

同理可得：

$$I_2 = 6 \text{ A}$$

$$I_3 = 10 \text{ A}$$

对于简化电路，在画分量电路图时，将已知电位的独立点电位分别置零即可。

当求多个支路的电压或电流时，可只针对一个电压或电流应用叠加定理，再在原电路中应用基尔霍夫定律求解其余电压或电流。

比如在例 2.9 中，可以先用叠加定理求 I_1，再在图 2.34 中根据 KVL 列方程：

$$20 I_1 + 6 I_3 = 140$$

代入 I_1 得到：

$$I_3 = 10 \text{ A}$$

根据 KCL 列电流方程：

$$I_1 + I_2 - I_3 = 0$$

$$I_2 = 6 \text{ A}$$

【例 2.10】　如图 2.36 所示，已知 $R_1 = 3 \, \Omega$、$R_2 = 4 \, \Omega$、$R_3 = 2 \, \Omega$、$U_S = 9 \text{ V}$、$I_S = 6 \text{ A}$，用叠加定理求 U_3，并计算电阻 R_3 消耗的功率。

图 2.36 例 2.10 电路及分量电路

（a）原电路；（b）分量电路1；（c）分量电路2

【解】（1）画分量电路图，标注分量参考方向，如图 2.36（b）和图 2.36（c）所示。

（2）求分量。

电压源单独作用，有：

$$U'_3 = \frac{R_1}{R_1+R_2+R_3} \cdot U_s = \left(\frac{2}{3+4+2} \times 9\right)V = 2\ V$$

电流源单独作用，有：

$$U''_3 = \frac{R_1}{R_1+R_2+R_3} \cdot I_s \cdot R_3 = \left(\frac{3}{3+4+2} \times 6 \times 2\right)V = 4\ V$$

（3）叠加求总量。

根据叠加定理，有：

$$U_3 = U'_3 + U''_3 = (2+4)V = 6\ V$$

电阻R_3消耗的功率为：

$$P_3 = \frac{U_3^2}{R_3} = \frac{6^2}{2}W = 18\ W$$

叠加定理不适用于功率的计算。在例 2.10 中，电压源单独作用时，电阻 R_3 消耗的功率为 2 W；电流源单独作用时，电阻R_3消耗的功率为 8 W。显然，最终电阻R_3消耗的功率不等于两功率的叠加。

思考题

1. 叠加定理中，不作用的电压源和电流源应如何处置？

2. 功率为什么不能用叠加定理来计算？

3. 用叠加定理求图 2.37 的电路中的电流 I_1 和 I_2。

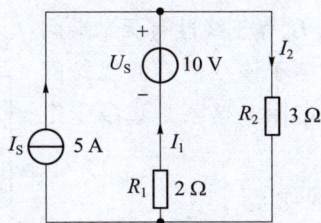

图 2.37 思考题 3 电路

2.7 戴维宁定理和诺顿定理

2.7.1 线性有源二端网络

前面介绍的支路电流法和结点电压法，都需要列方程组，且所有的电流或者结点电压都可以计算出来。

有些电路问题并不需要把所有的电流或电压都计算出来，而只需要确定某一个支路的电压或电流即可。在这种情况下，可将这个待求支路看作负载，将其从电路中独立出来，其余电路由线性元件和独立电源构成线性有源二端网络，给负载支路供电。

不论线性有源二端网络结构如何复杂，对于负载支路而言，都只相当于一个电源。因此，一个线性有源二端网络可以用一个等效电源代替。等效电源的作用效果和线性有源二端网络相同，即当负载相同时，输出相同的电压和电流。从本质上来说，等效电源和线性有源二端网络有相同的外特性。

对图 2.38（a）中的线性电路，只求电阻 R_3 所在支路的电流，可以将 R_3 作为负载支路，将其从电路中断开，其余电路构成线性有源二端网络，如图 2.38（b）所示。

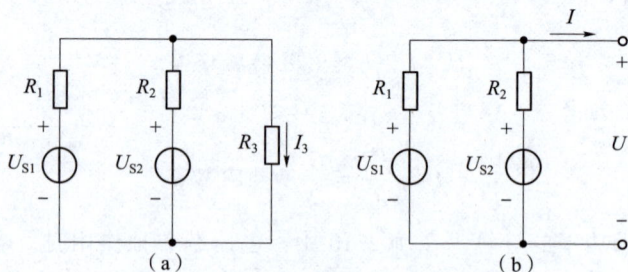

图 2.38 线性电路及线性有源二端网络
(a) 线性电路；(b) 线性有源二端网络

用一个理想电压源和电阻串联的电压源等效代替线性有源二端网络，称为戴维宁定理；用一个理想电流源和电阻并联的电流源等效代替线性有源二端网络，称为诺顿定理。

2.7.2 戴维宁定理

任何一个线性有源二端网络，都可以用一个理想电压源和电阻串联的电压源来等效代替，如图 2.39 所示。理想电压源的电压 U_S 等于线性有源二端网络的开路电压 U_{OC}，串联的电阻 R_0 等于该线性有源二端网络对应的线性无源二端网络的等效电阻，这就是戴维宁定理（Thevenin's theorem）。

用戴维宁定理分析电路的步骤如下：

（1）断开待求支路，得到一个线性有源二端网络，计算线性有源二端网络的开路电压，作为等效电压源的电压；

（2）将线性有源二端网络内部电源置零（除源），得

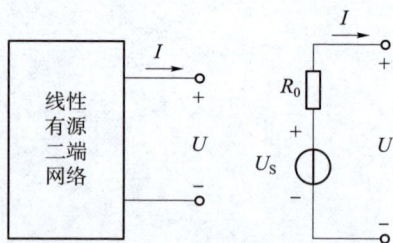

图 2.39 戴维宁定理等效电路

到对应线性无源二端网络，计算线性无源二端网络的等效电阻，作为等效电压源的内阻；

（3）画出原电路的戴维宁定理等效电路，计算所求支路的电流或电压。

【例2.11】求图2.40（a）中线性有源二端网络的戴维宁定理等效电路。

图2.40 例2.11电路

（a）线性有源二端网络；（b）线性无源二端网络；（c）等效电路

【解】（1）求开路电压，在图2.40（a）中，有：

$$2-I_1+I_2=0$$
$$3I_1-30+6I_2=0$$

解方程组得：

$$I_1=\frac{14}{3}\,\text{A}$$

开路电压为：

$$I_2=\frac{8}{3}\,\text{A}$$

$$U_{OC}=3I_1=\left(3\times\frac{14}{3}\right)\text{V}=14\,\text{V}$$

（2）将线性有源二端网络内部电源置零，即电压源用导线代替，电流源用开路代替，得到对应的线性无源二端网络，如图2.40（b）所示。该无源二端网络等效电阻为：

$$R_0=3\,/\!/\,6=\frac{3\times6}{3+6}\,\Omega=2\,\Omega$$

（3）画戴维宁定理等效电路，如图2.40（c）所示。

【例2.12】用戴维宁定理求图2.41（a）的电路中的电流I。

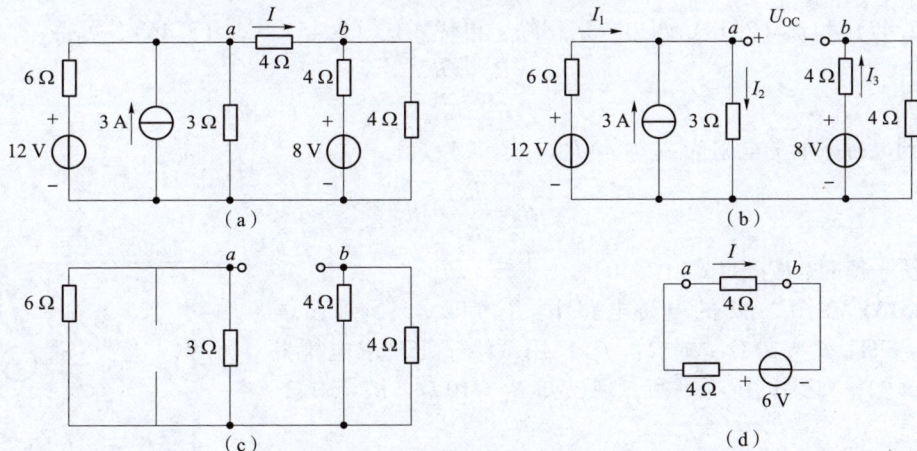

图2.41 例2.12电路及戴维宁定理求解过程

（a）原电路；（b）线性有源二端网络；（c）线性无源二端网络；（d）等效电路

【解】（1）断开负载支路，得到线性有源二端网络，如图2.41（b）所示，求开路电压。方程组为：

$$I_1+3-I_2=0$$
$$6I_1+3I_2-12=0$$
$$4I_3+4I_3-8=0$$

解得：

$$I_1=\frac{1}{3}\,A$$
$$I_2=\frac{10}{3}\,A$$
$$I_3=1\,A$$

开路电压为：

$$U_{OC}=3I_2-4I_3=\left(3\times\frac{10}{3}-4\times1\right)V=6\,V$$

（2）除源，得到对应线性无源二端网络，根据图2.41（c）求等效电压源内阻。得：
$$R_0=(6//3+4//4)\Omega=4\,\Omega$$

（3）画戴维宁定理等效电路，如图2.41（d）所示，求I。得：

$$I=\frac{6}{4+4}A=0.75\,A$$

2.7.3　惠斯通电桥

惠斯通电桥（Wheatstone bridge）是用来测量未知电阻的电路。在应力实验中，其用来测量应力仪的电阻。在图2.42中，R_G是检流计，电阻R_1、R_3、R_4已知，R_2是可变电阻。

当检流计电流为零时，电桥平衡，$I_G=0$，$U_{ab}=0$，即：

$$I_1=I_2 \tag{2.45}$$
$$I_3=I_4 \tag{2.46}$$
$$I_1R_1=I_3R_3 \tag{2.47}$$
$$I_2R_2=I_4R_4 \tag{2.48}$$

式（2.47）和式（2.48）两边分别相除，再代入式（2.45）、式（2.46），可得：

$$\frac{R_1}{R_2}=\frac{R_3}{R_4} \tag{2.49}$$

则达到电桥平衡的电阻为：

$$R_2=\frac{R_1}{R_3}\cdot R_4 \tag{2.50}$$

即电桥平衡时，R_2满足式（2.50）。

【例2.13】在图2.42的电桥电路中，已知$U_S=12\,V$、$R_1=15\,\Omega$、$R_3=5\,\Omega$、$R_4=20\,\Omega$。试求：（1）用戴维宁定理求电桥平衡时的R_2；（2）如果电桥不平衡，现已知$R_G=10\,\Omega$、$R_2=50\,\Omega$，求I_G。

【解】（1）将检流计作为负载从电路中断开，获得线性有源二端网络，如图2.43（a）所示，可得：

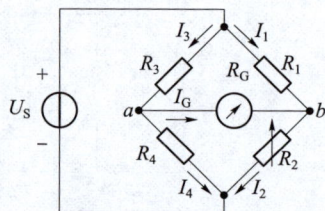
图2.42　惠斯通电桥电路

$$U_{OC} = \frac{R_4}{R_3+R_4} \cdot U_S - \frac{R_2}{R_1+R_2} \cdot U_S$$

电桥平衡时，$I_G = 0$，所以 $U_{OC} = 0$，可得：

$$\frac{R_4}{R_3+R_4} = \frac{R_2}{R_1+R_2}$$

$$\frac{R_1}{R_2} = \frac{R_3}{R_4}$$

$$R_2 = \frac{R_1}{R_3} \cdot R_4$$

代入数值，可得：

$$R_2 = \left(\frac{15}{5} \times 20\right)\Omega = 60\ \Omega$$

（2）电桥不平衡时，可得：

$$U_{OC} = \left(\frac{20}{5+20} \times 12 - \frac{50}{50+15} \times 12\right) V = 0.369\ V$$

除源后得到线性无源二端网络，如图 2.43（b）所示，等效电压源内阻为：

$$R_0 = R_1 /\!/ R_2 + R_3 /\!/ R_4 = (5 /\!/ 20 + 15 /\!/ 50)\Omega = \left(\frac{5 \times 20}{5+20} + \frac{15 \times 50}{15+50}\right)\Omega \approx 15.54\ \Omega$$

戴维宁定理等效电路如图 2.43（c）所示，计算得：

$$I_G = \frac{U_{OC}}{R_0+R_G} = \frac{0.369}{15.54+10} A \approx 0.016\ A$$

图 2.43　例 2.13 的戴维宁定理求解过程
（a）线性有源二端网络；（b）线性无源二端网络；（c）等效电路

2.7.4　负载获得最大功率条件

在图 2.44 的戴维宁定理等效电路中，电压源参数已知，负载电阻 R_L 获得的功率为：

$$P_L = \left(\frac{U_S}{R_0+R_L}\right)^2 \cdot R_L \tag{2.51}$$

P_L 作为 R_L 的函数，负载电阻获得最大功率发生在 $\dfrac{dP_L}{dR_L} = 0$ 的条件下，即：

$$\frac{dP_L}{dR_L} = U_S^2 \cdot \frac{(R_0+R_L)^2 - 2R_L(R_0+R_L)}{(R_0+R_L)^4} = 0$$

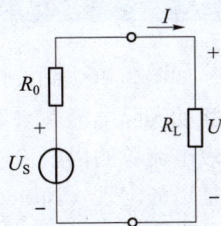

图 2.44　戴维宁定理等效电路

可得：

$$R_{\text{L}} = R_0$$

即当负载电阻 R_{L} 等于等效电压源内阻 R_0 时，负载获得最大功率，称 R_{L} 与 R_0 达到匹配。匹配条件下负载电阻 R_{L} 获得的最大功率为：

$$P_{\text{Lmax}} = \left(\frac{U_{\text{S}}}{R_0 + R_{\text{L}}} \right)^2 R_{\text{L}} = \frac{U_{\text{S}}^2}{4R_0} \tag{2.52}$$

【例 2.14】 在图 2.45（a）的电路中，已知 $U_{\text{S}} = 20$ V、$R_1 = 20\ \Omega$、$R_2 = 30\ \Omega$。求负载电阻 R_{L} 获得最大功率时的电阻值，并求此最大功率。

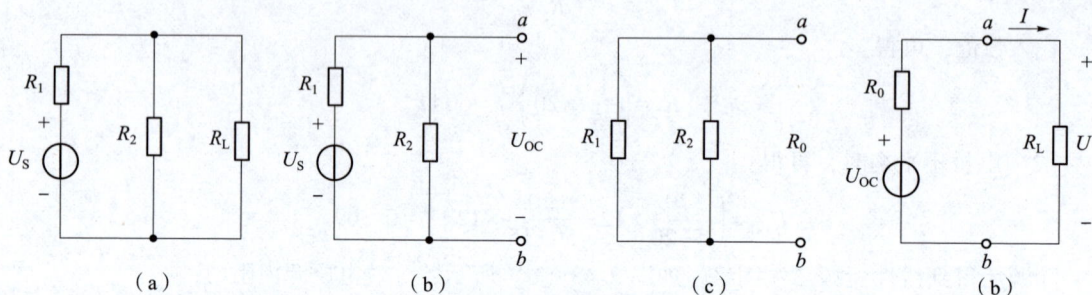

图 2.45　例 2.14 电路

（a）原电路；（b）线性有源二端网络；（c）线性无源二端网络；（d）等效电路

【解】 将负载电阻 R_{L} 所在支路断开，得到线性有源二端网络，如图 2.45（b）所示。其开路电压为：

$$U_{\text{OC}} = \frac{R_2}{R_1 + R_2} \cdot U_{\text{S}} = \left(\frac{30}{20 + 30} \times 20 \right) \text{V} = 12 \text{ V}$$

除源得到线性无源二端网络，如图 2.45（c）所示，其等效电阻为：

$$R_0 = R_1 /\!/ R_2 = (20 /\!/ 30)\ \Omega = \frac{20 \times 30}{20 + 30}\ \Omega = 12\ \Omega$$

R_{L} 为负载的戴维宁定理等效电路如图 2.45（d）所示，当 $R_{\text{L}} = R_0 = 12\ \Omega$ 时，负载获得最大功率，最大功率为：

$$P_{\text{Lmax}} = \frac{U_{\text{OC}}^2}{4R_0} = \frac{12^2}{4 \times 12} \text{W} = 3 \text{ W}$$

在匹配条件下，负载电阻 R_{L} 获得的功率虽然最大，但传递效率却很低。当 $R_{\text{L}} = R_0$ 时，电源发出的功率只有一半供给负载，另一半消耗在线性有源二端网络的内部。因此，匹配条件只适用于小功率信号传递电路。

2.7.5　诺顿定理

如图 2.46 所示，任何一个线性有源二端网络都可以用一个电流为 I_{S} 的理想电流源和电阻 R_0 并联的实际电流源来等效代替。等效电流源的电流 I_{S} 就等于线性有源二端网络两端的短路电流，等效电流源的内阻 R_0 等于线性有源二端网络对应的线性无源二端网络两端之间的等效电阻，这就是诺顿定理（Norton's theorem）。

由图 2.46 的诺顿定理等效电路，可以计算电流：

$$I = \frac{R_0}{R_0 + R_{\text{L}}} I_{\text{S}}$$

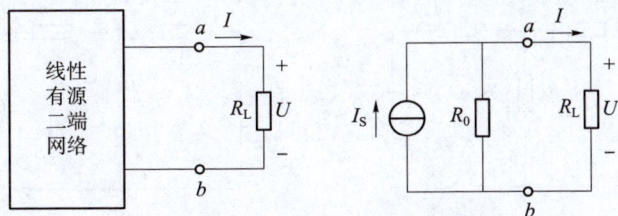

图 2.46 诺顿定理等效电路

【例 2.15】 求图 2.47（a）中线性有源二端网络的诺顿定理等效电路。

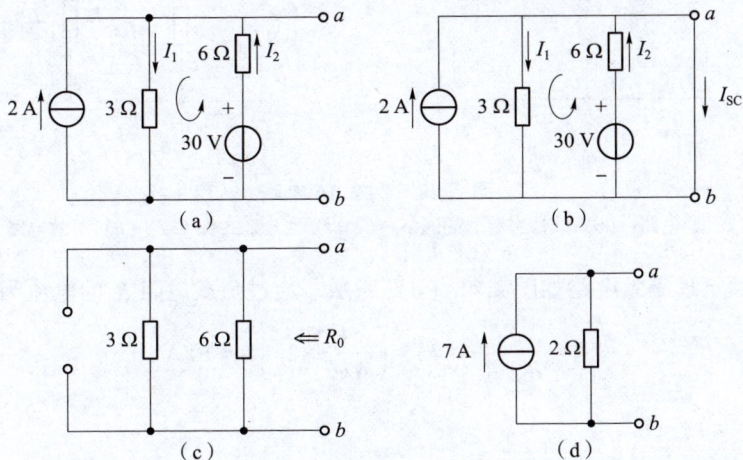

图 2.47 例 2.15 电路

（a）线性有源二端网络；（b）a、b 两端短路；（c）线性无源二端网络；（d）等效电路

【解】 先将 a、b 两端短路，如图 2.47（b）所示，求短路电流 I_{SC}。
根据叠加定理，可得：

$$I_{SC} = \left(2 + \frac{30}{6}\right) A = 7\ A$$

对应的线性无源二端网络如图 2.47（c）所示，等效电阻为：

$$R_0 = (3 /\!/ 6)\,\Omega = \frac{3 \times 6}{3 + 6}\,\Omega = 2\ \Omega$$

线性有源二端网络的诺顿定理等效电路如图 2.47（d）所示。

在画诺顿定理等效电路时，要注意短路电流的参考方向是外电路的电流方向，电流源的参考方向要保证在外电路时要和该方向一致。

【例 2.16】 如图 2.48（a）所示，已知 $U_{S1} = 140\ V$、$U_{S2} = 90\ V$、$R_1 = 20\ \Omega$、$R_2 = 5\ \Omega$、$R_3 = 6\ \Omega$，用诺顿定理求支路电流 I_3。

【解】 断开负载电阻 R_3 所在支路，得到线性有源二端网络，求出 a、b 间的短路电流，如图 2.48（b）所示，可得：

$$I_{SC} = \frac{U_{S1}}{R_1} + \frac{U_{S2}}{R_2} = \left(\frac{140}{20} + \frac{90}{5}\right) A = 25\ A$$

除源，得到对应的线性无源二端网络如图 2.48（c）所示，其等效电阻为：

$$R_0 = R_1 /\!/ R_2 = \frac{20 \times 5}{20 + 5}\,\Omega = 4\ \Omega$$

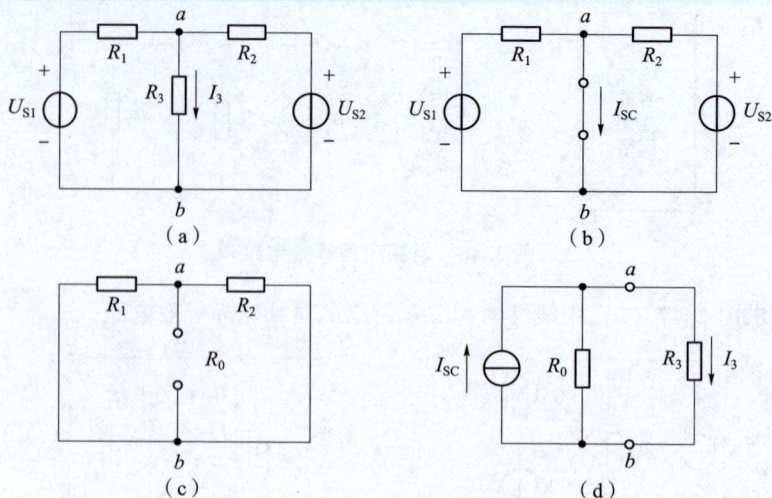

图 2.48　例 2.16 电路

（a）原电路；（b）线性有源二端网络；（c）线性无源二端网络；（d）等效电路

原电路的诺顿定理等效电路如图 2.48（d）所示。通过负载电阻 R_3 的电流为：

$$I_3 = \frac{R_0}{R_0 + R_3} \cdot I_{SC} = \left(\frac{4}{4+6} \times 25\right) A = 10\ A$$

思考题

1. 思考叠加定理和戴维宁定理之间的异同。
2. 思考戴维宁定理和电源等效变换法之间的联系和区别。
3. 任何线性有源二端网络都存在戴维宁等效电路或诺顿等效电路吗？
4. 求图 2.49 中电路的戴维宁定理等效电路。

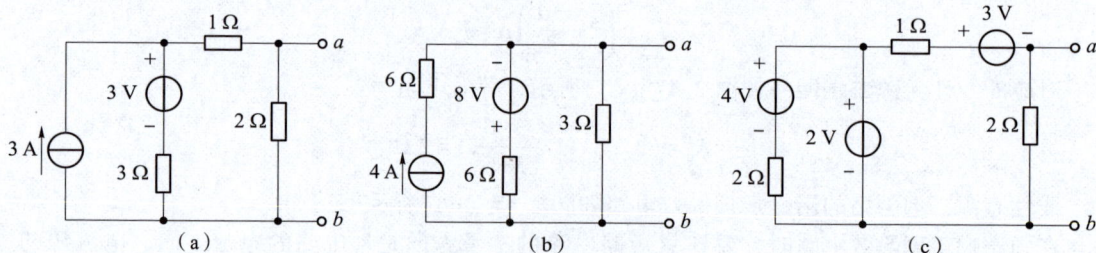

图 2.49　思考题 4 电路

（a）电路 1；（b）电路 2；（c）电路 3

5. 求图 2.50 的电路中负载电阻为何值时，它消耗的功率为最大，并求此最大值。

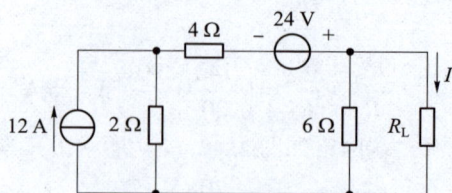

图 2.50　思考题 5 电路

△2.8 非线性电阻电路

如果电阻两端的电压与通过的电流成正比，说明电阻是一个常数，不随电压或电流而变化，称为线性电阻。

如果电阻不是一个常数，而是随着电压或电流发生变化，那么这种电阻称为非线性电阻。非线性电阻两端电压与通过电流的比值不是常数，不能用简单数学公式表示，而是用电压与电流的函数 $U=f(I)$ [或 $I=f(U)$] 来表示。对应的曲线就是非线性电阻的伏安特性曲线（通常是通过实验得到的）。

在实际电路中，非线性电阻很普遍。图 2.51、图 2.52 分别为白炽灯和二极管的伏安特性曲线。非线性电阻的图形符号如图 2.53 所示。

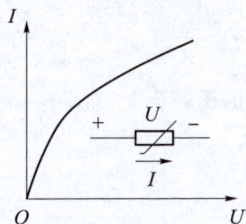

图 2.51 白炽灯的伏安特性曲线　　　图 2.52 二极管的伏安特性曲线　　　图 2.53 非线性电阻符号

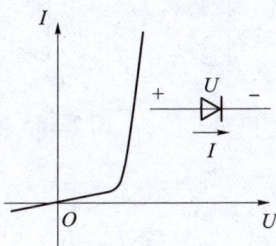

非线性电阻有两种描述方式：静态电阻和动态电阻。

非线性电阻的工作电压、工作电流在伏安特性曲线上对应的点为工作点，用 Q 表示，如图 2.54 所示。非线性电阻在工作点所对应的电压和电流之比为该工作点的静态电阻（或称为直流电阻），即：

$$R = \frac{U}{I} \tag{2.53}$$

由图 2.54 可见，Q 点处的静态电阻正比于 $\tan \alpha$。

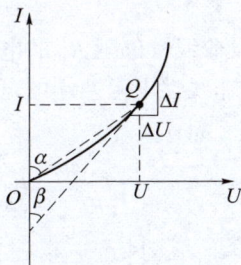

图 2.54 图解静态电阻和动态电阻

动态电阻（或称交流电阻）等于工作点 Q 附近的电压微变量 ΔU 与电流微变量 ΔI 之比的极限，即：

$$r = \lim_{\Delta I \to 0} \frac{\Delta U}{\Delta I} = \frac{\mathrm{d}U}{\mathrm{d}I} \tag{2.54}$$

动态电阻用小写字母 r 表示。由图 2.54 可见，Q 点处的动态电阻正比于 $\tan\beta$。

因为非线性电阻两端的电压与通过的电流不是线性关系，所以不能用欧姆定律来计算。而基尔霍夫定律反映的是电路的结构约束关系，与电路元件的性质无关，可以用来分析非线性电阻电路。

非线性电阻电路的分析方法很多，其中图解法是最常用的方法。下面主要介绍图解法。

图 2.55 为线性电阻 R 和非线性电阻 R_T 串联的电路。如图 2.56 所示，用图解法确定电路的工作点，其中包含非线性电阻 R_T 的伏安特性曲线。分析在电压源 U_S 作用下电路的工作电流 I、电阻的端电压 U_R 和 U_T。

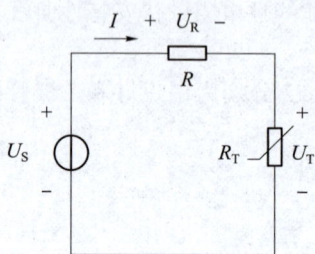

图 2.55 非线性电阻电路   图 2.56 非线性电阻电路的图解法

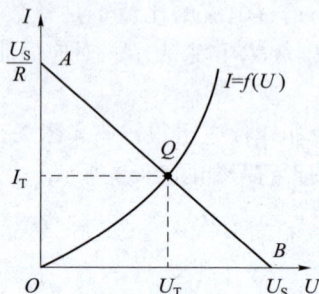

在回路中根据 KVL 列电压方程：

$$IR+U_T=U_S$$

故：

$$U_T=U_S-IR \tag{2.55}$$

显然式（2.55）表示的是一个直线方程，在图 2.56 中画出这条直线，与 U、I 坐标轴的交点分别为 $A\left(0,\dfrac{U_S}{R}\right)$ 和 $B(U_S,0)$，与电阻 R_T 的伏安特性曲线的交点为 Q。Q 点对应的 U_T、I_T 既满足非线性电阻的伏安特性，又满足电路的电压方程。因此，Q 点对应的电压 U_T 即为非线性电阻 R_T 的端电压，对应的电流 I_T 为电路的工作电流。

线性电阻 R 的端电压可由欧姆定律求出，$U_R=I_TR$；或由电压方程求出，$U_R=U_S-U_T$。

当非线性电阻电路比较复杂时，可以将先非线性元件以外的线性有源二端网络变换成戴维宁定理等效电路，再进行分析。

【例 2.17】 在图 2.57 的电路中，设非线性电阻 R_T 的电流与电压的函数为 $I=2U^2$（mA），其中 U 为 R 两端的电压（单位为 V）。求非线性电阻两端的电压 U 和流过的电流 I。

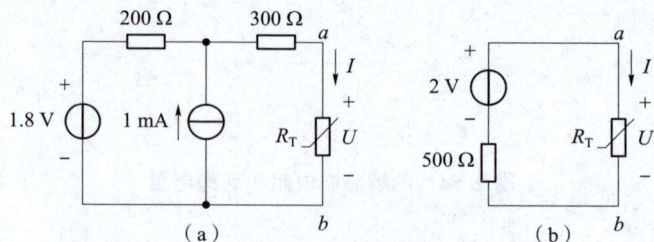

图 2.57 例 2.17 电路

（a）原电路；（b）等效电路

【解】 在图 2.57（a）中，除了非线性电阻 R_T 以外，其余均为线性元件。因此，可将非线性

电阻 R_T 之外的电路等效为一个电压源。

等效电压源电压为：

$$U_{es} = U_{OC} = (0.2 \times 1 + 1.8)V = 2\ V$$

等效电源内阻为：

$$R_0 = (200 + 300)\Omega = 500\ \Omega = 0.5\ k\Omega$$

得到图 2.57（b）中戴维宁定理等效电路。

在该电路中根据 KVL 列电压方程：

$$U = U_S - IR_0 = 2 - 0.5I$$

在负载线上，当 $U = 0$ 时，$I = 4$ mA，负载线交于纵轴点 $A(0, 4)$ 上；当 $I = 0$ 时，$U = U_{es} = 2$ V，负载线交于横轴点 $B(2, 0)$ 上。

负载线与非线性电阻的伏安特性曲线相交于 Q 点，如图 2.58 所示。所以求得非线性电阻两端的电压 $U = 1$ V，通过的电流 $I = 2$ mA。

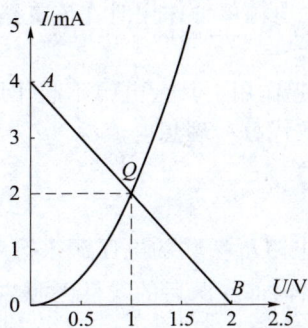

图 2.58 例 2.18 电路的图解法

这道例题也可以通过解析法来联立电压方程和非线性电阻 R 的电压与电流的函数方程求解得到相同的结果。但通常情况下，非线性电阻的伏安特性曲线只是一个近似的描述，采用解析法有时计算比较繁琐。因此，一般先通过实验方法得出非线性电阻的伏安特性数据后，再用图解法进行分析计算比较方便。

思考题

之前介绍的电路分析方法中，哪种方法适用于非线性电阻电路？

本章小结

电路的分析方法对分析和计算复杂电路具有重要意义。本章介绍了以下几种分析方法：

1. 电阻网络等效变换法

可通过电阻串联、并联或串并联等效，使复杂电路变为简单电路。

2. 电源等效变换法

理想电压源与电阻串联的电路和理想电流源与电阻并联的电路，在一定条件下可以进行等效变换（对外电路等效）。

等效变换条件为：

$$I_{es} = \frac{U_{es}}{R_0} \text{或} U_{es} = I_{es} R_0$$

3. 支路电流法

以支路电流为待求量，根据 KCL、KVL 列写方程联立求解。适用于支路数较少的电路计算。

4. 结点电压法

以结点电压为待求量，通过列写结点电压方程并求解各结点电压，进而求取电路中各支路电流和电压的方法。适用于支路数较多，但结点数较少的电路计算。

对于只有两个结点的电路，可以直接应用弥尔曼定理求两个结点间的电压，即：

$$U_{ab} = \frac{\sum I_{aS}}{\sum \dfrac{1}{R}}$$

其中的 I_{aS} 为流入 a 结点的电流源，或者与电压源等效的电流源。

5. 叠加定理

对于线性电路，任何一条支路的电流（或电压），等于各个独立电源单独作用时在该支路中所产生电流（或电压）的代数和。

独立电源单独作用是指在多电源的电路中，假设只有一个电源起作用，其余电源不起作用。对于不起作用电源进行置零处理。理想电压源（$U_S = 0$）用短路等效代替；理想电流源（$I_S = 0$）用开路等效代替。

6. 戴维宁定理

任意线性有源二端网络对外电路可以用一个理想电压源 U_S 与电阻 R_0 串联的电压源来等效。U_S 为该线性有源二端网络的开路电压 U_{OC}，R_0 为该线性有源二端网络内部除源后的线性无源二端网络的等效电阻。

7. 诺顿定理

任意线性有源二端网络对外电路可用一个理想电流源 I_S 与电阻 R_0 并联的电流源来等效。I_S 为该线性有源二端网络的短路电流，R_0 为该线性有源二端网络内部除源后的线性无源二端网络的等效电阻。

习　题

填空题

2-1　在图 2.59 的电路中，已知电压源提供 288 W 功率，则 $R =$ _____ Ω。

2-2　如图 2.60 所示，试求 a、b 两端的等效电阻 $R_{ab} =$ _____ Ω。

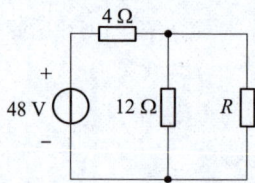

图 2.59　习题 2-1 图　　　　　　图 2.60　习题 2-2 图

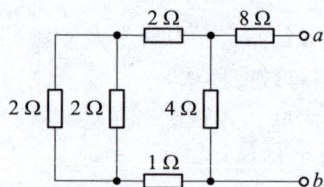

2-3　叠加定理适用于_____电路，可以求解支路上的_____和_____，不能用叠加定理来求支路的_____。不起作用的电压源用_____来代替，而不起作用的电流源用_____来代替。

2-4　当用戴维宁定理求电源等效内阻时，线性无源二端网络是通过将线性有源二端网络内部的电压源用_____来代替，电流源用_____来代替而获得的，这种处理方法和叠加定理中对不起作用电源的处理方法一致，因为从本质上来讲，都是要将对应的电源置零。

2-5　电压源如图 2.61 所示，已知当负载电阻 $R = 6\,\Omega$ 时，$I = 2.5\,\text{A}$；当 $R = 8\,\Omega$ 时，$I = 2\,\text{A}$，则该电压源参数 $U_S =$ _____ V，$R_0 =$ _____ Ω。

2-6　电流源如图 2.62 所示，已知当负载电阻 $R = 6\,\Omega$ 时，$I = 2.5\,\text{A}$；当 $R = 8\,\Omega$ 时，$I = 2\,\text{A}$，

则该电流源参数 $I_S =$ _____ A，$R_0 =$ _____ Ω。该电流源与习题 2-5 中电压源具有相同的外特性，所以对外电路来说，可以等效替换。

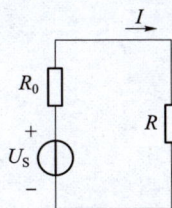

图 2.61　习题 2-5 图

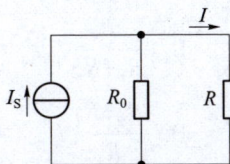

图 2.62　习题 2-6 图

2-7　用结点电压法计算图 2.63 的电路中 A 点电位 $V_A =$ _____ V。若 C 点电位为 +4 V，则 $V_A =$ _____ V。

2-8　如图 2.64 所示，请计算 A 点的电位 $V_A =$ _____ V、B 点的电位 $V_B =$ _____ V 和电流 $I =$ _____ A。

图 2.63　习题 2-7 图

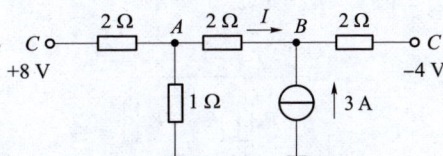

图 2.64　习题 2-8 图

2-9　如图 2.65 所示，电压源单独作用时，$I =$ _____ A，电流源单独作用时，$I =$ _____ A。

2-10　在图 2.66 的线性有源二端网络的戴维宁定理等效电路中，$E =$ _____ V，$R_0 =$ _____ Ω。

图 2.65　习题 2-9 图

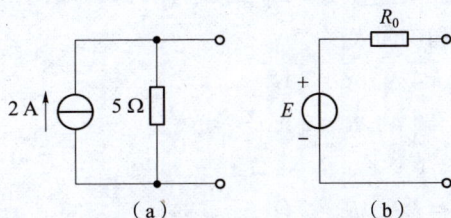

图 2.66　习题 2-10 图

（a）原电路；（b）等效电路

选择题

2-11　在图 2.67 的电路中，当电阻 R_2 增大时，电流 I 将（　　）。

A. 变大　　　　　　B. 不变　　　　　　C. 变小　　　　　　D. 无法确定

2-12　在图 2.68 的电路中，当电阻 R_2 增大时，电压 U 将（　　）。

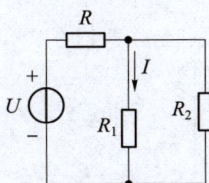

图 2.67　习题 2-11 图

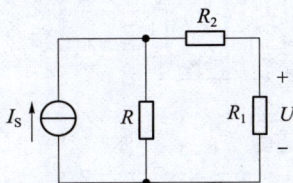

图 2.68　习题 2-12 图

A. 变大　　　　　　B. 不变　　　　　　C. 变小　　　　　　D. 无法确定

2-13　在图 2.69 的电阻并联电路中，电阻 R_2 支路电流 I_2 等于（　　）。

A. $\dfrac{R_2}{R_1+R_2}I$　　　　B. $\dfrac{R_1}{R_1+R_2}I$

C. $\dfrac{R_1+R_2}{R_1}I$　　　　D. $\dfrac{R_1+R_2}{R_2}I$

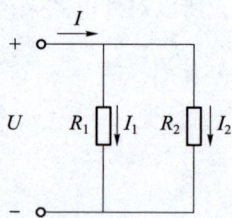

图 2.69　习题 2-13 图

2-14　在图 2.70 的电路中，已知 U 不变，R 增加时，U_{ab}（　　）。

A. 增加　　　　　　B. 不变　　　　　　C. 减小　　　　　　D. 无法确定

2-15　若将图 2.71 中的线性有源二端网络等效为电压源，则 U_S 与 R_0 为（　　）。

A. $U_S=16\,V$，$R_0=4\,\Omega$　　　　　　B. $U_S=30\,V$，$R_0=4\,\Omega$

C. $U_S=40\,V$，$R_0=4\,\Omega$　　　　　　D. $U_S=10\,V$，$R_0=4\,\Omega$

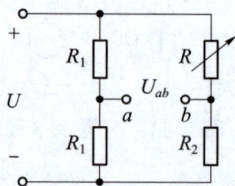

图 2.70　习题 2-14 图　　　　图 2.71　习题 2-15 图

2-16　若将图 2.72 中的线性有源二端网络等效为电流源，其电流 I_S 和内阻 R_0 为（　　）。

A. $I_S=4\,A$，$R_0=2\,\Omega$

B. $I_S=5\,A$，$R_0=2\,\Omega$

C. $I_S=6.5\,A$，$R_0=4\,\Omega$

D. $I_S=3\,A$，$R_0=2\,\Omega$

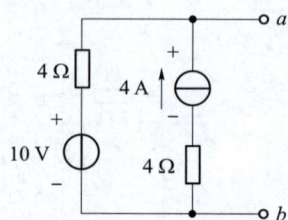

图 2.72　习题 2-16 图

2-17　图 2.73 中的电路可以等效为一个（　　）。

A. 理想电压源　　　　B. 理想电流源

C. 电压源　　　　　　D. 电流源

2-18　图 2.74 中的电路可以等效为一个（　　）。

A. 理想电压源　　　　B. 理想电流源　　　　C. 电压源　　　　D. 电流源

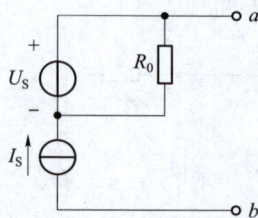

图 2.73　习题 2-17 图　　　　图 2.74　习题 2-18 图

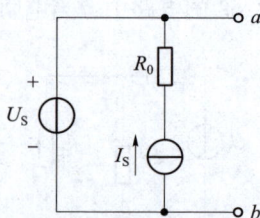

2-19　有一 220 V/1 000 W 的电炉，今欲将其接在 380 V 的电源上使用，可串联的变阻器的参数为（　　）。

A. 100 Ω/3 A
B. 50 Ω/5 A
C. 30 Ω/10 A
D. 20 Ω/5 A

2-20　在图 2.75 的电路中，$U_S>0$、$I_S>0$。当电压源单独作用时，2 Ω 电阻的功率为 2 W；当电流源单独作用时，该电阻的功率也是 2 W。则两电源共同作用时，该电阻的功率为（　　）。

A. 0 W
B. 2 W
C. 4 W
D. 8 W

图 2.75　习题 2-20 图

计算题

2-21　用支路电流法求图 2.76 的电路中各支路电流。

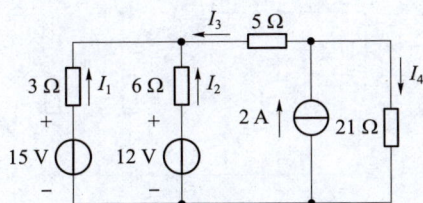

图 2.76　习题 2-21 图

2-22　用电源等效变换法求图 2.77 的电路中的电流 I。

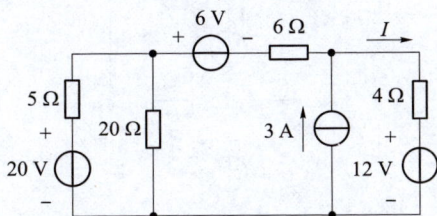

图 2.77　习题 2-22 图

2-23　用结点电压法求图 2.78 的电路中的电流 I。

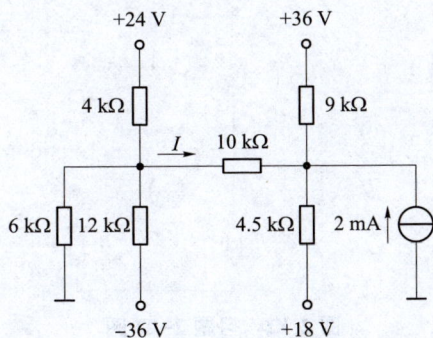

图 2.78　习题 2-23 图

2-24　如图 2.79 所示，试用结点电压法求各支路电流。

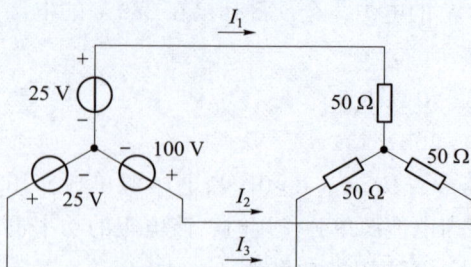

图 2.79 习题 2-24 图

2-25 如图 2.80 所示，已知 $R_1 = 50\ \Omega$、$R_2 = R_3 = 30\ \Omega$、$R_4 = 60\ \Omega$、$U_S = 60\ \text{V}$、$I_S = 3\ \text{A}$，用叠加定理求各支路电流。

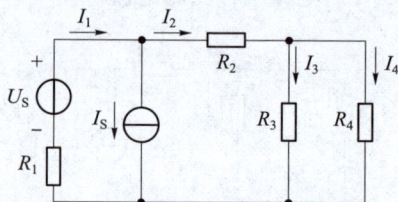

图 2.80 习题 2-25 图

2-26 如图 2.81 所示，已知 $U_S = 4\ \text{V}$、$I_S = 3\ \text{A}$、$R_1 = R_2 = 1\ \Omega$、$R_3 = R_4 = 4\ \Omega$，用叠加定理求电流 I。

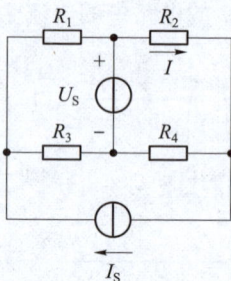

图 2.81 习题 2-26 图

2-27 如图 2.82 所示，已知 $U_{S1} = 18\ \text{V}$、$U_{S2} = 8\ \text{V}$、$R_1 = 2\ \Omega$、$R_2 = 4\ \Omega$、$R_3 = 1\ \Omega$、$I = 2\ \text{A}$，用戴维宁定理求 E_3 的值。

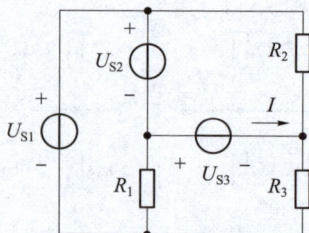

图 2.82 习题 2-27 图

2-28 如图 2.83 所示，已知 $U_S = 10\ \text{V}$、$I_S = 2\ \text{A}$、$R_1 = 2\ \Omega$、$R_2 = 3\ \Omega$、$R_3 = 6\ \Omega$、$R_4 = 5\ \Omega$，用诺顿定理计算电流 I_2。

图 2.83　习题 2-28 图

2-29　如图 2.84 所示，非线性电阻的电流与电压的函数为 $I = 0.2U^2$，试求其工作电流和两端电压。

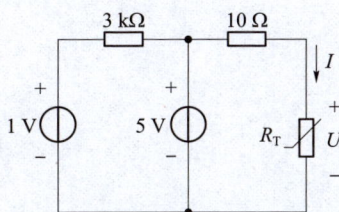

图 2.84　习题 2-29 图

2-30　在图 2.85（a）的电路中，已知 $U_S = 6\text{ V}$、$R_1 = R_2 = 2\text{ k}\Omega$，非线性电阻元件 R_3 的伏安特性曲线如图 2.85（b）所示。试求：（1）非线性电阻 R_3 中的电流 I 及其两端电压 U；（2）Q 点处的静态电阻和动态电阻。

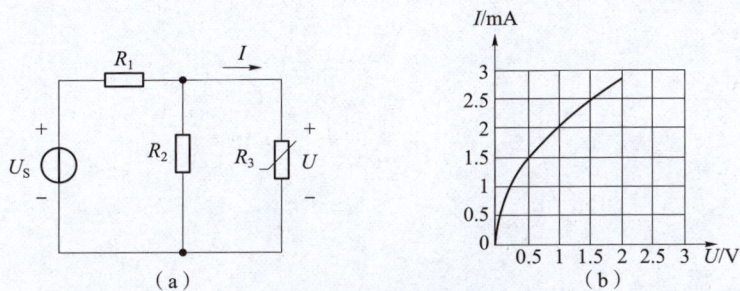

图 2.85　习题 2-30 图
（a）电路；（b）伏安特性曲线

第3章 正弦交流电路

正弦交流电路应用比较广泛，比如，日常工业、企业、家庭用电都是通过正弦电压和电流进行传输的。各种电气设备大部分都是由正弦交流电源驱动的，无线电通信领域也使用正弦交流信号。根据傅里叶变换，一个信号可以用若干正弦交流信号组合而成，因此正弦交流电路分析是复杂信号电路分析的基础。

本章介绍了正弦交流电量及其相量表示，将正弦交流电量和复数建立起联系，将电路分析的数域从直流电路的实数扩展到复数范围。按照从简单到复杂、从特殊到一般的顺序分析正弦交流电路中的电压、电流的相量关系，得到广义欧姆定律。将电路分析的两大基本定律（基尔霍夫定律和欧姆定律）都扩展到复数范围。此外，还介绍了正弦交流电路中的功率（包括有功功率、无功功率和视在功率），功率因数的提高及谐振。

对复杂正弦交流电路，前面介绍的直流电路的分析方法仍然适用，只是所有的运算都由实数扩展到复数范围，在运算的过程中要注意两者的区别。

3.1 正弦交流电量的三要素

在正弦交流电路中，电压和电流都是按正弦规律变化的。例如，在某正弦交流电路中，某元件两端电压为 u_1，回顾第一章的知识，选定该元件电压的参考方向，得到其瞬时值的表达式为：

$$u_1 = 100\sin(314t + 30°)\,\text{V} \tag{3.1}$$

有了瞬时值表达式，在时间域内就可以画出其波形，如图 3.1 中的 u_1 所示。

对于任意正弦交流电量，其瞬时值表达式可以写作：

$$f = F_m\sin(\omega t + \psi) \tag{3.2}$$

F_m、ω、ψ 分别为正弦交流电量的幅值、角频率、初相位，称为正弦交流电量（以下简称为正弦量）的三要素。已知三要素，就可以获得正弦量的瞬时值表达式，同时可以获得其波形。反之，已知正弦量的波形，如图 3.2 所示，可以获得正弦量的三要素，从而获得正弦量的瞬时值表达式。试分析图 3.1 中的 u_2，确定其三要素。

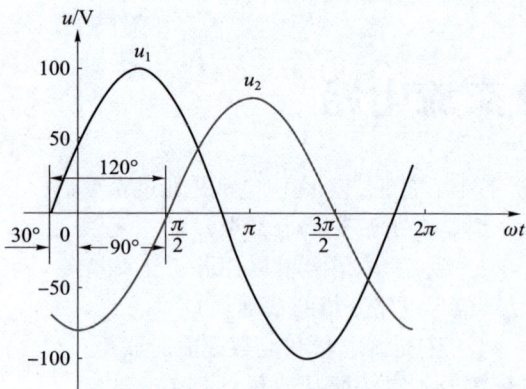

图 3.1　正弦交流电压

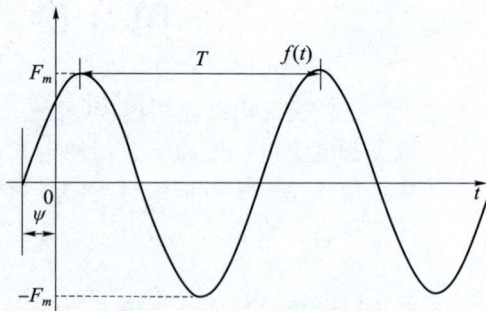

图 3.2　正弦量的波形

3.1.1　幅值和有效值

正弦量瞬时值表达式中的 F_m，是正弦量所能达到的最大值，称为正弦量的幅值，反映了正弦量变化的强度。通常可以用幅值来表示正弦量的大小。幅值用大写字母加下标 m 表示，式 3.1 中电压的幅值为 $U_{1m} = 100\,\text{V}$。

在正弦交流电路中，更多地采用有效值（effective value）来表示正弦量的大小。

有效值的定义：若某周期电量在一个周期内在电阻 R 上所产生的热量，与对应的直流电量在该电阻 R 上产生的热量相等，那么这个直流电量即为该周期电量的有效值。有效值用大写字母表示。电压的有效值用 U 表示，从本质上来说，就是用直流电量来表示交流电量。

根据有效值的定义，电压的有效值为：

$$\frac{U^2}{R} \cdot T = \int_0^T \frac{u^2}{R}\mathrm{d}t$$

$$U = \sqrt{\frac{1}{T}\int_0^T u^2\mathrm{d}t} \tag{3.3}$$

同理可得，电流的有效值为：

$$I = \sqrt{\frac{1}{T}\int_0^T i^2 \mathrm{d}t} \qquad (3.4)$$

从上述电压、电流有效值的定义式可以看出，有效值为均方根（root mean square，RMS）值。

将正弦量的瞬时值表达式代入到有效值的定义式中，正弦交流电压、电流的有效值为：

$$U = \frac{U_{\mathrm{m}}}{\sqrt{2}} \qquad (3.5)$$

$$I = \frac{I_{\mathrm{m}}}{\sqrt{2}} \qquad (3.6)$$

即正弦量的幅值和有效值的比例系数为$\sqrt{2}$，则：

$$U_1 = \frac{U_{1\mathrm{m}}}{\sqrt{2}} = \frac{100}{\sqrt{2}}\ \mathrm{V} = 50\sqrt{2}\ \mathrm{V}$$

即式（3.1）中u_1的有效值为$50\sqrt{2}$ V。

我国工矿企业和家庭常用的电压标准值为 220 V，这个 220 V 为有效值，则幅值为 220×$\sqrt{2}$ V ≈ 311 V。

3.1.2 角频率和频率

正弦量瞬时值表达式中的ω表示正弦量单位时间转过的电角度，称为角频率，单位：弧度/秒（rad/s）。角频率反映了正弦量的变化速度。

正弦函数周期为2π，正弦量转过角度2π所需要的时间为正弦量的周期，单位：秒（s）。即：

$$T = \frac{2\pi}{\omega} \qquad (3.7)$$

单位时间内，正弦量完成周期变化的次数为：

$$f = \frac{1}{T} \qquad (3.8)$$

表示正弦交流电量的频率，单位：赫兹（Hz）。

根据T的定义，可得：

$$f = \frac{\omega}{2\pi} \qquad (3.9)$$

我国交流电网的频率通常为 50 Hz，根据表达式可知，周期为 0.02 s，角频率$\omega = 314$ rad/s，大部分国家都采用这一频率。另外，某些国家和地区采用的交流电网频率为 60 Hz。在无线电技术中，交流信号的频率一般为 kHz 或 MHz 量级。

3.1.3 相位和初相位

1. 相位和初相位

正弦量瞬时值表达式中的$\omega t+\psi$称为相位，反映了正弦量变化的进程，确定了相位后，可知正弦量所处在周期性变化的位置，联合幅值，可确定正弦量的瞬时值。

在$\omega t+\psi$中，$t=0$时，相位为ψ，称为初相位。初相位经常用度（°）来表示，和ωt单位不同，进行计算时要注意转换成相同单位。为保证初相位具有单值性，规定初相位$|\psi| \leqslant 180°$。式

（3.1）中的初相位为30°。已知角频率 $\omega = 314$ rad/s，当 $t = 0.01$ s 时，相位 $\omega t + \psi = \dfrac{7\pi}{6} = 210°$，$u = -50$ V，电压的实际方向和所选择的参考方向相反。

2. 相位差

对于同频率正弦量，可以进行相位比较。例如：

$$u_1 = 100\sin(314t+30°)\ \text{V}$$
$$u_2 = 80\sin(314t-90°)\ \text{V}$$

电压 u_1 和 u_2 之间相位差为：

$$\varphi = (314t+30°) - (314t-90°) = 120°$$

相位差等于初相位的差值，规定相位差 $|\varphi| \leqslant 180°$。

相位差大于零时，称 u_1 超前 u_2 120°，或者 u_2 滞后 u_1 120°。

如果两正弦量 F_1 和 F_2 的相位差小于 0 时，称 F_1 滞后 F_2。

如果两正弦量初相位相同时，则相位差为 0°，称两正弦量同相。图 3.3 中两正弦交流电流 i_1 和 i_2 同相。

如果两正弦量相位差为 180°（或者 -180°），称两正弦量反相。图 3.4 中两正弦交流电流 i_1 和 i_2 反相。

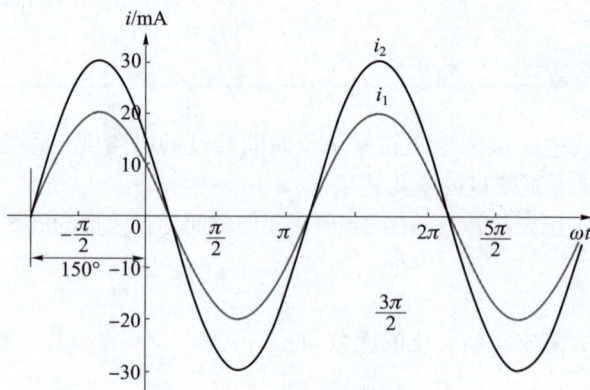

图 3.3　i_1、i_2 同相

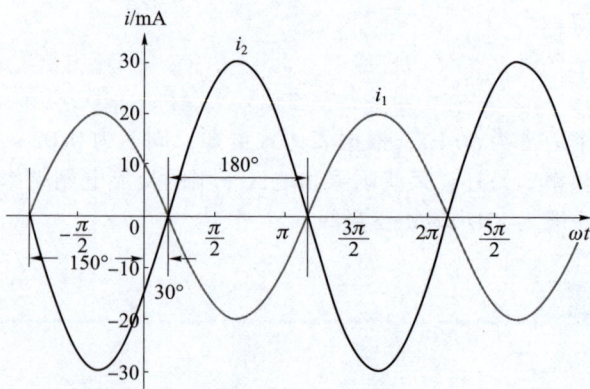

图 3.4　i_1、i_2 反相

【例 3.1】已知两正弦交流电流 $i_1 = 20\sin(100\pi t+150°)$ mA，$i_2 = 30\sin(100\pi t-90°)$ mA。波形如图 3.5 所示，求两者的相位差。

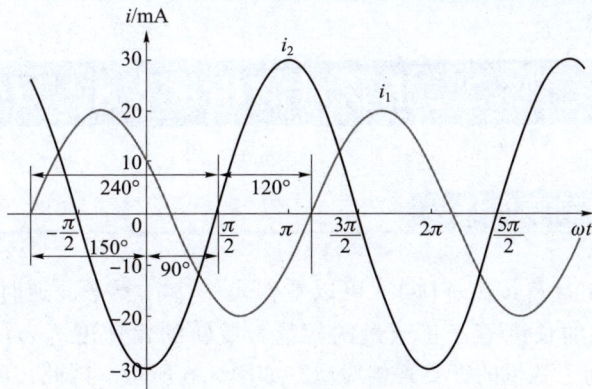

图3.5　例3.1波形

【解】两正弦交流电流的相位差为：

$$\varphi = \psi_1 - \psi_2 = 150° - (-90°) = 240°$$

该角度超出了相位差的主值范围。通过加（或减）360°的整数倍，将其变换到要求区间，在此题中有：

$$\varphi = 240° - 360° = -120°$$

所以i_1滞后$i_2$120°，或者说i_2超前$i_1$120°。

在正弦交流电路中，如果电源（激励）的频率为f，则该电路中的正弦交流电压、电流（响应）的频率都为f，为同频率正弦量。

可以选择其中某正弦量的初相位为0，则该正弦量为参考正弦量。根据正弦量与参考正弦量的相位关系，或者正弦量彼此的相位关系，确定其初相位。

显然，同一元件的电压和电流是同频率正弦量，规定其相位差为：

$$\varphi = \psi_u - \psi_i$$

式中：ψ_u、ψ_i分别为该元件电压和电流的初相位。

思考题

1. 若已知两正弦交流电流的相位分别是45°和-45°，则两者的相位差一定是90°吗？

2. 已知正弦交流电压，$f = 50\ \text{Hz}$，初相位为-150°。当$t = 0.005\ \text{s}$时，$u(0.005) = -26\ \text{V}$。试求该正弦交流电压的幅值，并写出u的瞬时值表达式。

3. 已知同频率正弦量i_1和i_2，$i_1 = 10\sin(2\,000t + 110°)\ \text{A}$，$i_2$幅值是$i_1$幅值的2倍，且$i_2$与$i_1$反相，写出$i_2$的瞬时值表达式。

4. 已知流过某负载电流的有效值和初相位分别是3 A和60°，频率为50 Hz。（1）求该电流的最大值及角频率；（2）写出其瞬时值表达式。

5. 已知某二端网络的电压$u = 311\sin(314t + 45°)\ \text{V}$，电流$i = 10\sin(314t + 30°)\ \text{A}$。（1）求$u$、$i$的有效值、角频率、频率和初相位；（2）求它们的相位差并指出它们的相位关系；（3）画出它们的波形图。

3.2 正弦量的相量表示

3.2.1 正弦量和旋转有向线段

对于任意正弦量 $f(t)=F_\mathrm{m}\sin(\omega t+\psi)$，可以看作是一个在复平面逆时针旋转有向线段（矢量）的虚部。旋转矢量的长度等于正弦量的幅值，旋转的角速度为 ω，初始和实轴的夹角为 ψ。旋转矢量的三要素与正弦量的三要素相对应，如图 3.6 所示。因此，可以用旋转矢量表示正弦量。当 $t=0$ 时，该复数在纵轴的投影，即其虚部为 $f(0)=F_\mathrm{m}\sin\psi$；当 $t=t_1$ 时，矢量转过 ωt_1 角度，复数的虚部为 $f(t_1)=F_\mathrm{m}\sin(\omega t_1+\psi)$；在任意时刻，矢量转过 ωt 角度，复数的虚部为 $f(t)=F_\mathrm{m}\sin(\omega t+\psi)$。

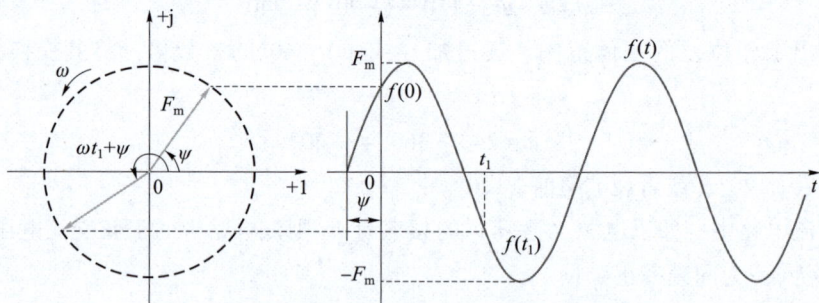

图 3.6 旋转矢量三要素和正弦量三要素一一对应

3.2.2 相量的定义

当正弦交流电路中的激励为正弦量时，所有的响应都为同频率的正弦量，不同电量的区别只在于幅值和初相位。所以在进行电路分析时，可以暂时不考虑角频率（或频率）要素，只用幅值和初相位来描述不同的电量。这样，原本在复平面内旋转的有向线段就变成了固定的有向线段（矢量），即正弦量可以用矢量来表示，矢量又可以用复数来表示，因此，正弦量可以用复数来表示。在电工学中，用来表示正弦量的复数称为相量（phasor）。

若相量的模（即矢量的长度）等于正弦量的幅值，相量的辐角（即矢量的方向）为正弦量的初相位，对应的相量称为幅值相量，用 $\dot{U}_\mathrm{m}$、$\dot{I}_\mathrm{m}$ 来表示。

若相量的模（即矢量的长度）等于正弦量的有效值，相量的辐角（即矢量的方向）为正弦量的初相位，对应的相量称为有效值相量，用 $\dot{U}$、$\dot{I}$ 来表示。

有了相量，就可以用相对简单方便的复数运算替代正弦交流电路中复杂的三角函数运算。在应用相量运算之前，首先要复习复数的相关知识。

3.2.3 复数的表示方法

如图 3.7 所示，在复平面内，水平方向为实轴，垂直方向为虚轴，在电工学中，虚数单位用 j 表示，即：

$$j^2 = -1 \tag{3.10}$$

图 3.7 中的相量在实轴的投影为 a，在虚轴投影为 b，矢量长度为 c，矢量的方向（和实轴的夹角）为 θ。

用复数来表示该相量，其直角坐标形式为：

$$Z = a + jb \tag{3.11}$$

其三角函数形式为：

$$Z = c \cdot \cos\theta + jc \cdot \sin\theta \tag{3.12}$$

$$Z = c \cdot (\cos\theta + j\sin\theta) \tag{3.13}$$

其中，Z 的模为 $c = \sqrt{a^2 + b^2}$，辐角为 $\theta = \arctan\left(\dfrac{b}{a}\right)$。

根据欧拉公式，$e^{j\theta} = \cos\theta + j\sin\theta$，复数的指数形式为：

$$Z = ce^{j\theta} \tag{3.14}$$

复数的极坐标形式为：

$$Z = c\underline{/\theta} \tag{3.15}$$

图 3.7　复平面内的矢量

根据复数的不同表示形式，虚数单位 j 可表示为：

$$j = 0 + j1 = 1\cos 90° + j1\sin 90° = 1\underline{/90°}$$

即，虚数单位 j 是模为 1、辐角为 90° 的复数。

在以上知识的基础上，可以将任意的正弦量转换成对应的幅值相量或者有效值相量。

【例 3.2】 若已知 $u = 220\sqrt{2}\sin(100\pi t + 30°)$ V，试表示其幅值相量和有效值相量。

【解】 幅值相量为 $\dot{U}_m = 220\sqrt{2}\underline{/30°}$ V

有效值相量为 $\dot{U} = 220\underline{/30°}$ V

把正弦量写成对应相量时，$\omega = 100\pi$ 信息被暂时忽略。

若已知幅值相量或有效值相量，则可以确定对应正弦量的幅值和初相位，可以得到对应正弦量的瞬时值表达式。

【例 3.3】 （1）已知 $\dot{I} = 10\underline{/37°}$ A，写出 i 的瞬时值表达式；（2）已知 $\dot{U}_m = 0.5\underline{/-45°}$ mV，写出 u 的瞬时值表达式。

【解】 （1）$i = 10\sqrt{2}\sin(\omega t + 37°)$ A。

（2）$u = 0.5\sin(\omega t - 45°)$ mV。

因为相量缺少频率信息（旋转要素），瞬时值表达式中的角频率 ω 暂时不能确定。

相量是表示正弦量的复数，不包含正弦量的全部信息。因此，要完全确定正弦量的瞬时值，还需要频率或角频率信息。

3.2.4　复数的四则运算

设有两个复数：$Z_1 = a_1 + jb_1 = c_1\underline{/\theta_1}$，$Z_2 = a_2 + jb_2 = c_2\underline{/\theta_2}$（$c_2 \neq 0$）

复数的加减法运算规则如下：

$$Z_1 + Z_2 = a_1 + jb_1 + a_2 + jb_2 = (a_1 + a_2) + j(b_1 + b_2)$$

$$Z_1 - Z_2 = a_1 + jb_1 - (a_2 + jb_2) = (a_1 - a_2) + j(b_1 - b_2)$$

两式可以合并为：

$$Z_1 \pm Z_2 = (a_1 \pm a_2) + j(b_1 \pm b_2) \tag{3.16}$$

复数的加减法运算法则：两个复数相加（减），等于实部和虚部分别相加（减）。

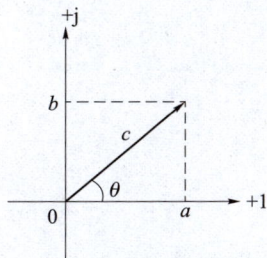

复数的乘法运算法则：两个复数相乘，等于模相乘，辐角相加。则：

$$Z_1 \cdot Z_2 = c_1 \underline{/\theta_1} \cdot c_2 \underline{/\theta_2} = c_1 \cdot c_2 \underline{/(\theta_1 + \theta_2)} \qquad (3.17)$$

复数的除法运算法则：两个复数相除，等于模相除，辐角相减。则：

$$\frac{Z_1}{Z_2} = \frac{c_1 \underline{/\theta_1}}{c_2 \underline{/\theta_2}} = \frac{c_1}{c_2} \underline{/(\theta_1 - \theta_2)} \qquad (3.18)$$

根据复数运算法则，可知：

$$\dot{U}_m = U_m \underline{/\psi_u}$$

$$\dot{U} = U \underline{/\psi_u}$$

$$\frac{\dot{U}_m}{\dot{U}} = \frac{U_m \underline{/\psi_u}}{U \underline{/\psi_u}} = \frac{U_m}{U} \underline{/(\psi_u - \psi_u)} = \sqrt{2}$$

同理可得：

$$\frac{\dot{I}_m}{\dot{I}} = \sqrt{2}$$

即幅值相量是有效值相量的 $\sqrt{2}$ 倍。

【例 3.4】已知两个复数 $A = 5 + j6$，$B = 8 - j3$，求 $A+B$、$A-B$、$A \cdot B$ 和 $\dfrac{A}{B}$。

【解】

$$A + B = 5 + j6 + 8 - j3 = 13 + j3$$

$$A - B = 5 + j6 - (8 - j3) = -3 + j9$$

$$A \cdot B = (5 + j6)(8 - j3) = 58 + j33$$

$$\frac{A}{B} = \frac{5 + j6}{8 - j3} = \frac{\sqrt{61}\,e^{j50.2°}}{\sqrt{73}\,e^{-j20.6°}} = 0.9 e^{j70.8°}$$

3.2.5　相量图

将表示同频率正弦量的相量画在同一复数平面内，就得到相量图。

若已知 $u = 220\sqrt{2}\sin(\omega t + 30°)\,\mathrm{V}$，则 $\dot{U}_m = 220\underline{/-30°}\,\mathrm{V}$，对应的相量图如图 3.8 所示。

相量图中需要标注相量的名称和角度，如果有多个电压（或电流），相量的长度要符合比例关系。

如果有正弦交流电压 $u = 60\sqrt{2}\sin(100\pi t + 30°)\,\mathrm{V}$，电流 $i = 4\sqrt{2}\sin(100\pi t - 30°)\,\mathrm{A}$，则 $\dot{U} = 60\underline{/30°}\,\mathrm{V}$，$\dot{I} = 4\underline{/-30°}\,\mathrm{A}$，对应的相量图如图 3.9 所示。

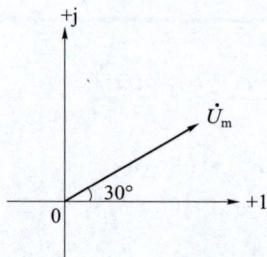

图 3.8　幅值相量的相量图　　　图 3.9　有效值相量的相量图

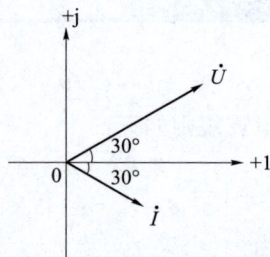

通常，相量图可以只画水平方向的极轴。如果有参考正弦量，其对应的相量极角（辐角）为零，则称其对应的相量为参考相量，此时水平方向的极轴也可以不画。在正弦交流电路分析中，通常会选定参考相量，所以相量图中通常没有坐标轴。假设某电路以电路中的电流有效值相量 $\dot{I}$ 为参考相量画相量图，结果如图 3.10 所示。

参考相量不同，各相量的初相位不同，但各相量之间的相位差是不变的。在图 3.10 中，如果以 $\dot{U}_1$ 为参考相量，则 $\dot{I}$ 滞后 $\dot{U}_1$ 的角度为 ψ_1，$\dot{U}_2$ 超前 $\dot{U}_1$ 的角度为 $\psi_2-\psi_1$，得到的相量图如图 3.11 所示。与图 3.10 相比，相量图整体形状不变，只是发生了旋转。

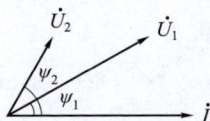

图 3.10 有参考相量的相量图   图 3.11 图 3.10 参考相量发生变化的相量图

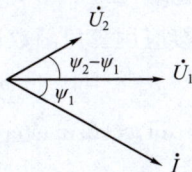

3.2.6 相量形式的基尔霍夫定律

1. 正弦量和相量的表达式关系

相量是表示正弦量的复数，在获得相量的过程中去掉了旋转要素 ω。要建立正弦量和复数两者之间的表达式关系，需加入旋转要素。现在考虑有相量 $\dot{U}=U\underline{/\psi}$，根据复数乘法法则，有：

$$j\dot{U}=1\underline{/90°}\cdot U\underline{/\psi}=U\underline{/(\psi+90°)}$$

因 j 的模为 1，辐角为 90°，所以相乘的结果模不变，辐角在 ψ 的基础上加 90°，即将 $\dot{U}$ 逆时针旋转 90°可得到 $j\dot{U}$，如图 3.12 所示。由此，如果将 $\dot{U}$ 旋转任意角度 θ，则需要将 $\dot{U}$ 乘复数 1 $\underline{/\theta}$，得到图 3.12 中的相量 $\dot{U}\cdot 1\underline{/\theta}$。即：

$$\dot{U}\cdot 1\underline{/\theta}=U\underline{/\psi}\cdot 1\underline{/\theta}=U\underline{/(\psi+\theta)}$$

考虑正弦量的相位为 $\omega t+\psi$，令 $\theta=\omega t$，将使 $\dot{U}\cdot 1\underline{/\theta}$ 随时间变化，在复平面内逆时针旋转起来，此时相量变成旋转相量。即：

图 3.12 从相量图看旋转因子

$$\dot{U}\cdot 1\underline{/\omega t}=U\underline{/\psi}\cdot 1\underline{/\omega t}=U\underline{/(\psi+\omega t)}$$

正弦量是该相量在虚轴的投影，即相量的虚部，所以：

$$u=U_m\sin(\omega t+\psi_u)=\mathrm{Im}(\dot{U}\cdot 1\underline{/\omega t}) \tag{3.19}$$

其中，Im 为取复数的虚部（即矢量在纵轴的投影）运算。由此式建立起正弦量和相量之间的表达式关系，其中 $1\underline{/\omega t}$ 被称为旋转因子。

2. 相量形式的基尔霍夫定律

根据 KVL，可以写成如下的表达式：

$$\sum u=0$$

如果电压是正弦交流电压，可以用相量表示，则得到 KVL 的相量形式为：

$$\sum \dot{U}=0 \tag{3.20}$$

即闭合路径中，沿任一循行方向，电压相量的和为零。

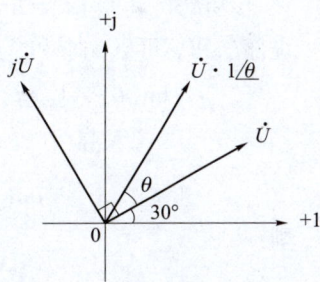

同理可得，KCL 也有相量形式为：

$$\sum \dot{I}_入 = \sum \dot{I}_出 \qquad (3.21)$$

即流入结点电流相量的和等于流出结点电流相量的和。或者：

$$\sum \dot{I} = 0 \qquad (3.22)$$

即流入（出）结点电流相量的和为零。

下面举例简单证明一下：

【例 3.5】 已知 $u_1 = 10\sin \omega t$ V，$u_2 = 6\sin(\omega t - 30°)$ V，$u_3 = 8\sin(\omega t + 60°)$ V，求 $u = u_1 + u_2 + u_3$。

【解】 可以直接应用三角函数运算求正弦函数的和，即：

$$u = u_1 + u_2 + u_3 = 10\sin \omega t + 6\sin(\omega t - 30°) + 8\sin(\omega t + 60°)$$

$$= 10\sin \omega t + 6\sin \omega t \cos 30° - 6\cos \omega t \sin 30° + 8\sin \omega t \cos 60° + 8\cos \omega t \sin 60°$$

$$= (10 + 3\sqrt{3} + 4)\sin \omega t + (4\sqrt{3} - 3)\cos \omega t$$

$$= \sqrt{(10 + 3\sqrt{3} + 4)^2 + (4\sqrt{3} - 3)^2}\sin(\omega t + \psi)$$

其中：

$$\psi = \arctan\left(\frac{4\sqrt{3} - 3}{10 + 3\sqrt{3} + 4}\right) = 11.57°$$

$$u = 19.59\sin(\omega t + 11.57°) \text{ V}$$

或者：

$$u = u_1 + u_2 + u_3 = 10\sin \omega t + 6\sin(\omega t - 30°) + 8\sin(\omega t + 60°)$$

$$\operatorname{Im}(\dot{U}_m \cdot 1\underline{/\omega t}) = \operatorname{Im}(10\underline{/0°} \cdot 1\underline{/\omega t}) + \operatorname{Im}(6\underline{/30°} \cdot 1\underline{/\omega t}) + \operatorname{Im}(8\underline{/60°} \cdot 1\underline{/\omega t})$$

虚部求和。可以先求和，再取虚部：

$$\operatorname{Im}(\dot{U}_m \cdot 1\underline{/\omega t}) = \operatorname{Im}(10\underline{/0°} \cdot 1\underline{/\omega t} + 6\underline{/-30°} \cdot 1\underline{/\omega t} + 8\underline{/60°} \cdot 1\underline{/\omega t})$$

$$\operatorname{Im}(\dot{U}_m \cdot 1\underline{/\omega t}) = \operatorname{Im}[(10\underline{/0°} + 6\underline{/-30°} + 8\underline{/60°}) \cdot 1\underline{/\omega t}]$$

$$\operatorname{Im}(\dot{U}_m \cdot 1\underline{/\omega t}) = \operatorname{Im}[(\dot{U}_{1m} + \dot{U}_{2m} + \dot{U}_{3m}) \cdot 1\underline{/\omega t}]$$

则：

$$\dot{U}_m = \dot{U}_{1m} + \dot{U}_{2m} + \dot{U}_{3m} = 10\underline{/0°} + 6\underline{/-30°} + 8\underline{/60°}$$

可以先做相量和，求出 $\dot{U}_m$，再写出对应的瞬时值表达式。

根据复数加法运算法则，先把复数变成直角坐标形式，即：

$$\dot{U}_m = \dot{U}_{1m} + \dot{U}_{2m} + \dot{U}_{3m} = 10\cos 0° + j10\sin 0° + 6\cos(-30°) + j6\sin(-30°) + 8\cos 60° + j8\sin 60°$$

$$= (10 + 3\sqrt{3} + 4) + j(0 - 3 + 4\sqrt{3})$$

$$= \sqrt{(10 + 3\sqrt{3} + 4)^2 + (4\sqrt{3} - 3)^2} \underline{/\arctan\left(\frac{(4\sqrt{3} - 3)}{(10 + 3\sqrt{3} + 4)}\right)}$$

$$= 19.59\underline{/11.57°} \text{ V}$$

虽然看起来数学运算上难度差不多，但在运算过程中，没有 ωt 可以使运算看起来更简洁。

根据幅值相量得到瞬时值表达式为 $u = 19.59\sin(\omega t + 11.57°)$ V。

【例 3.6】 已知电流 $i_1 = 10\sqrt{2}\sin(200\pi t + 40°)$ mA，$i_2 = 20\sin(200\pi t + 85°)$ mA，求 $i = i_2 - i_1$。

【解】 有效值相量为：

$$\dot{I}_1 = 10\underline{/40°}\ \text{mA}, \quad \dot{I}_2 = 10\sqrt{2}\underline{/85°}\ \text{mA}。$$

$$\dot{I} = \dot{I}_2 - \dot{I}_1 = 10\sqrt{2}\underline{/85°} - 10\underline{/40°}$$

$$= (10\sqrt{2}\cos 85° - 10\cos 40°) + j(10\sqrt{2}\sin 85° - 10\sin 40°)$$

$$= \sqrt{(10\sqrt{2}\cos 85° - 10\cos 40°)^2 + (10\sqrt{2}\sin 85° - 10\sin 40°)^2} \cdot$$

$$\underline{/\left[180° + \arctan\left(\dfrac{10\sqrt{2}\sin 85° - 10\sin 40°}{10\sqrt{2}\cos 85° - 10\cos 40°}\right)\right]}$$

$$= 10\underline{/130°}\ \text{mA}$$

根据有效值相量得到对应的正弦量为：

$$i = 10\sqrt{2}\sin(200\pi t + 130°)\ \text{mA}$$

这里因为 $\dot{I}$ 的实部小于 0，虚部大于 0，可预先判断辐角在 90°～180° 区间，相量图如图 3.13 所示。

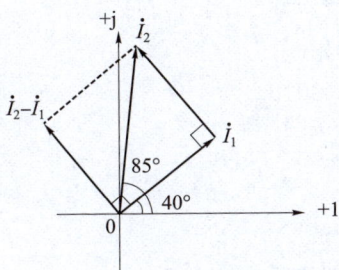

图 3.13　例 3.6 相量图

绘制相量图的过程就是复数运算的过程，两者一一对应。

对于有特殊角度和幅度关系的相量，借助相量图，可以很容易得到准确结果。例如，当例 3.6 中相量做减法时，复数的实部和虚部都是小数；当求模和辐角时，若用数学表达式求解，则可能会因为中间过程取近似值，使最终结果与精确的结果存在差异。在相量图中，利用矢量减法的三角形法则，可以很容易得到相量 $\dot{I}_2$、$\dot{I}_1$ 和 $\dot{I}_2 - \dot{I}_1$ 构成的矢量三角形为等腰直角三角形，则 $\dot{I}_2 - \dot{I}_1$ 的模等于 $\dot{I}_1$ 的模为 10，$\dot{I}_2 - \dot{I}_1$ 在相位上超前 $\dot{I}_1$ 90°，$\dot{I} = \dot{I}_2 - \dot{I}_1 = 10\underline{/130°}$ mA。

对于没有特殊角度关系的相量，准确地绘制相量图便于分析相量之间的关系，但无法得到精确的数值结果。如果要得到精确的数值结果，仍需借助表达式运算。

相量的表达式运算过程更清晰，逻辑性更强，而相量图不能清晰表现计算过程，通常作为辅助手段。

思考题

1. 正弦交流电压 $u_1 = 200\sin(100\pi t - 30°)$ V，$u_2 = 100\sin(200\pi t + 30°)$ V，对应的相量能否画在一个相量图中？

2. 指出下列各式的错误。

（1）$u = 10\sqrt{2}\sin(10\pi t + 20°) = 10\sqrt{2}\underline{/20°}$ V；

（2）$\dot{I}_m = 5\underline{/33°} = 5\sin(\omega t + 33°)$ A；

（3）$\dot{U} = 80e^{-26°}$ V；

（4）$I = 4\underline{/0°}$ A；

（5）$U = 20\underline{/60°}$ V $= 20\sqrt{2}\sin(\omega t + 60°)$ V。

3. 在下列几种表示正弦交流电路基尔霍夫定律的公式中，哪些是正确的？哪些是错误的？

（1）$\sum i = 0$，$\sum u = 0$；

（2）$\sum I = 0$，$\sum U = 0$；

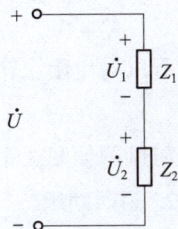

图 3.14　思考题 4 电路

(3) $\sum \dot{I} = 0$，$\sum \dot{U} = 0$。

4. 在图 3.14 的交流电路中，已知 $U_1 = 100 \text{ V}$、$U_2 = 200 \text{ V}$，u_1 比 u_2 超前 $60°$，求总电压 U，并画出相量图（包括各电压）。

3.3 分立元件正弦交流电路

3.3.1 电阻正弦交流电路

对于线性电阻，电压、电流关联参考方向如图 3.15（a）所示，设电阻电流 $i = I_{\mathrm{m}} \sin \omega t$。

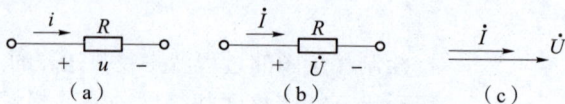

图 3.15 电阻的电压电流关系

（a）u、i 关联参考方向；（b）$\dot{U}$、$\dot{I}$ 关联参考方向；（c）相量图

1. 电压电流的相量关系

根据电阻的伏安关系：

$$u = iR = I_{\mathrm{m}} \sin \omega t \cdot R = I_{\mathrm{m}} R \sin \omega t = U_{\mathrm{m}} \sin \omega t$$

所以电阻的电压和电流是同频率正弦量，即：

$$U_{\mathrm{m}} = R I_{\mathrm{m}}$$

或者：

$$U = RI \tag{3.23}$$

$$\psi_u = \psi_i = 0°$$

$$\varphi = \psi_u - \psi_i = 0° \tag{3.24}$$

由瞬时值表达式，可得幅值相量为：

$$\dot{I}_{\mathrm{m}} = I_{\mathrm{m}} \underline{/0°}$$

$$\dot{U}_{\mathrm{m}} = U_{\mathrm{m}} \underline{/0°}$$

或有效值相量为：

$$\dot{I} = I \underline{/0°}$$

$$\dot{U} = U \underline{/0°}$$

将电压、电流的幅值相量（或有效值相量）做比较，有：

$$\frac{\dot{U}_{\mathrm{m}}}{\dot{I}_{\mathrm{m}}} = \frac{U_{\mathrm{m}} \underline{/0°}}{I_{\mathrm{m}} \underline{/0°}} = \frac{U \underline{/0°}}{I \underline{/0°}} = R$$

所以对电阻，$\dot{U}$、$\dot{I}$ 相量关联参考方向如图 3.15（b）所示，则：

$$\dot{U} = R\dot{I} \tag{3.25}$$

相量图如图 3.15（c）所示。电流初相位为零，可以看作参考相量，电压和电流同相。

2. 瞬时功率

电阻的电压、电流和瞬时功率波形如图 3.16 所示。根据电阻的电压电流关联参考方向，可得任意瞬时功率为：

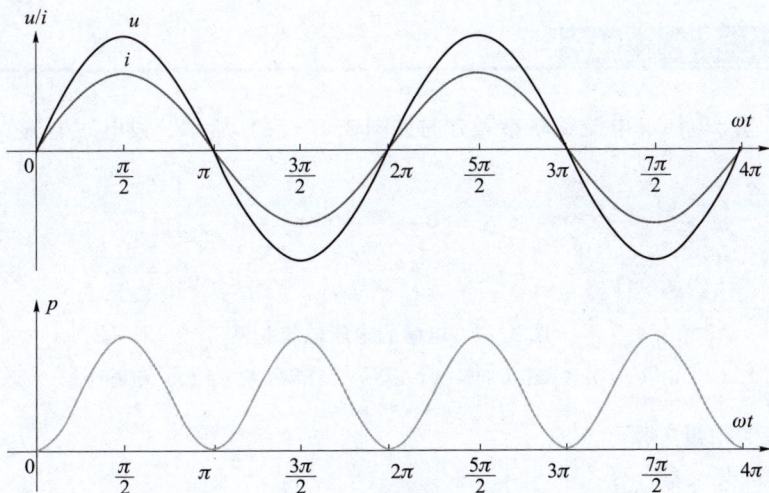

图 3.16　电阻的电压、电流和瞬时功率波形

$$p = ui = U_m \sin \omega t \cdot I_m \sin \omega t = U_m I_m \sin^2 \omega t$$

由于 $\sin^2 \omega t = \dfrac{1}{2}(1 - \cos 2\omega t)$，则：

$$
\begin{aligned}
p &= \frac{1}{2} U_m I_m (1 - \cos 2\omega t) \\
&= \frac{U_m}{\sqrt{2}} \cdot \frac{I_m}{\sqrt{2}} \cdot (1 - \cos 2\omega t) \\
&= UI(1 - \cos 2\omega t)
\end{aligned}
\tag{3.26}
$$

3. 有功功率

瞬时功率在一个周期内的平均值为：

$$P = \frac{1}{T} \int_0^T p\,\mathrm{d}t$$

将 $p = UI(1 - \cos 2\omega t)$ 代入得：

$$P = \frac{1}{T} \int_0^T UI(1 - \cos 2\omega t)\,\mathrm{d}t$$

$$P = UI \tag{3.27}$$

根据电压、电流有效值关系 $U = RI$，有：

$$P = I^2 R = \frac{U^2}{R} \tag{3.28}$$

【例 3.7】已知电阻 $R = 20\ \Omega$，两端电压 $U = 220\ \text{V}$，频率 $f = 50\ \text{Hz}$，求电流 I 及功率 P；当频率 $f = 100\ \text{Hz}$ 时，上述结果是否改变？

【解】

$$I = \frac{U}{R} = \frac{220}{20}\text{A} = 11\ \text{A}$$

$$P = UI = (220 \times 11)\ \text{W} = 2\ 420\ \text{W}$$

上述结果和频率无关，所以当 $f = 100\,\text{Hz}$ 时，结果不变。

3.3.2　电感正弦交流电路

对于线性电感，电压、电流关联参考方向如图 3.17（a）所示，设电感电流 $i = I_m \sin \omega t$。

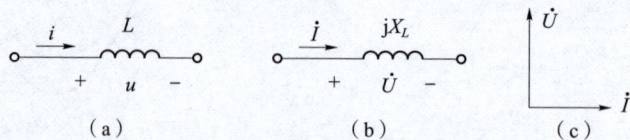

图 3.17　电感的电压电流关系

（a）u、i 关联参考方向；（b）$\dot{U}$、$\dot{I}$ 关联参考方向；（c）相量图

1. 电压电流的相量关系

根据电感的伏安关系，有：

$$u = L\frac{\mathrm{d}i}{\mathrm{d}t} = L\frac{\mathrm{d}I_m \sin \omega t}{\mathrm{d}t} = I_m \omega L\cos \omega t = I_m \omega L\sin(\omega t + 90°) = U_m \sin(\omega t + \psi_u)$$

电感的电压和电流是同频率正弦量，即：

$$U_m = \omega L I_m$$
$$U_m = X_L I_m \tag{3.29}$$

或者：

$$U = X_L I \tag{3.30}$$

其中：

$$X_L = \omega L = 2\pi f L \tag{3.31}$$

反映了电感对电流的抵抗能力，称为感抗。显然，在电压幅值（有效值）相同的情况下，感抗越大，电流越小。电感的感抗和频率成正比，对高频信号电流的抑制能力强，对低频信号电流的抑制能力弱，具有通低频阻高频的作用。在直流情况下，$\omega = 0$，$X_L = 0$，电感相当于导线。则：

$$\psi_u = \psi_i + 90°$$
$$\varphi = \psi_u - \psi_i = 90° \tag{3.32}$$

电感的电压超前电流 90°。

由瞬时值表达式可知，若：

$$\dot{I}_m = I_m \underline{/0°}$$

则：

$$\dot{U}_m = U_m \underline{/90°}$$

或：

$$\dot{I} = I \underline{/0°}$$

$$\dot{U} = U \underline{/90°}$$

将电压、电流的幅值相量（或有效值相量）做比较，有：

$$\frac{\dot{U}_m}{\dot{I}_m} = \frac{U_m \underline{/90°}}{I_m \underline{/0°}} = \frac{U \underline{/90°}}{I \underline{/0°}} = X_L \underline{/90°} = \mathrm{j}X_L$$

所以对电感，$\dot{U}$、$\dot{I}$ 相量关联参考方向如图 3.17（b）所示，则：

$$\dot{U} = (jX_L)\dot{I} \tag{3.33}$$

$$\dot{U} = Z_L\dot{I} \tag{3.34}$$

其中：

$$Z_L = jX_L \tag{3.35}$$

因此，对于电感，其电压、电流的相量关系也符合欧姆定律的形式，其中电感的等效阻抗 Z_L 为纯虚数，称为电抗（reactance）。

以电流相量 $\dot{I}$ 为参考相量，相量图如图 3.17（c）所示。

2. 瞬时功率

根据电感的电压、电流参考方向，可得任意瞬时功率为：

$$p = ui = U_m\cos\omega t \cdot I_m\sin\omega t = \frac{1}{2}U_mI_m\sin 2\omega t \quad p = UI\sin 2\omega t \tag{3.36}$$

电感的电压、电流和瞬时功率波形如图 3.18 所示。在第一个 $\frac{1}{4}T$ 内，电感电流增加，瞬时功率 $p>0$，电感把电能转换成磁场能量储存起来，电感在充电；在第二个 $\frac{1}{4}T$ 内，电感电流减小，瞬时功率 $p<0$，电感把储存的磁场能量转换成电能释放到电路中，电感在放电；在第三个 $\frac{1}{4}$ T 内，电感电流反方向增加，瞬时功率 $p>0$，电感在充电；在第四个 $\frac{1}{4}T$ 内，电感电流绝对值减小，瞬时功率 $p<0$，电感在放电。在一个周期内，电感没有消耗电能，而是与电路进行能量交换。在第二个周期，重复上述过程。

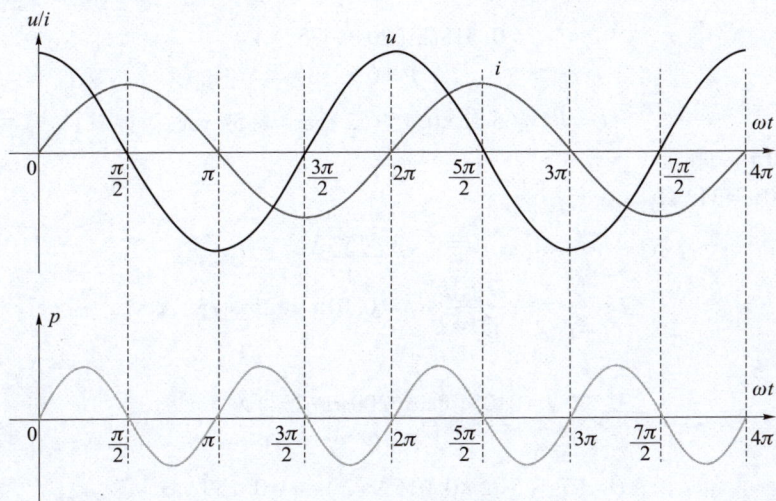

图 3.18　电感的电压、电流和瞬时功率波形

3. 有功功率

瞬时功率在一个周期内的平均值为：

$$P = \frac{1}{T}\int_0^T p\mathrm{d}t$$

将 $p = UI\sin 2\omega t$ 代入上式，则：

$$P = \frac{1}{T}\int_0^T UI\sin 2\omega t\mathrm{d}t$$

$$P = 0 \tag{3.37}$$

电感作为储能元件，并不真正消耗电能，只是和电路进行能量的交换。

4. 无功功率

从电感瞬时功率的波形（图 3.18）可以看出，在一个周期内，有一半时间电感的瞬时功率大于零，电能被传递给电感，并转换成磁场能量储存起来；另外的一半时间内电感的瞬时功率小于零，电感将储存的磁场能量转换成电能释放到电网中去。因此，电感的平均功率为零，在整个周期内并不真正消耗电能，而是和电网进行能量的交换。这部分往复于储能元件的功率称为无功功率。

在式（3.36）中，取 $\sin 2\omega t$ 前面的系数为电感的无功功率，即：

$$Q = UI \tag{3.38}$$

将式（3.31）代入式（3.38），可得：

$$Q = I^2 X_L = \frac{U^2}{X_L} \tag{3.39}$$

无功功率的单位为乏（var）。

【例 3.8】 已知理想线性电感 $L = 0.5$ H。（1）若该电感两端的正弦交流电压 $u = 10\sin(20\pi t + 15°)$ V，求 i、P、Q；（2）若该电感两端的正弦交流电压 $u = 10\sin(200\pi t + 15°)$ V，求 i、P、Q。

【解】 （1）$\omega = 20\pi$ rad/s。

$X_L = \omega L = 10\pi = 31.4\ \Omega$。

$$\dot{U} = 5\sqrt{2}\ \underline{/15°}\ \text{V}$$

$$\dot{I} = \frac{\dot{U}}{Z_L} = \frac{5\sqrt{2}\ \underline{/15°}}{\text{j}31.4}\text{A} = 0.159\sqrt{2}\ \underline{/-75°}\ \text{A}$$

故：

$$i = 0.318\sin(20\pi t - 75°)\ \text{A}$$

$$P = 0$$

$$Q = UI = (5\sqrt{2} \times 0.159\sqrt{2})\ \text{var} = 1.59\ \text{var}$$

（2）$\omega = 200\pi$ rad/s。

$X_L = \omega L = 100\pi = 314\ \Omega$。

$$\dot{U} = 5\sqrt{2}\ \underline{/15°}\ \text{V}$$

$$\dot{I} = \frac{\dot{U}}{Z_L} = \frac{5\sqrt{2}\ \underline{/15°}}{\text{j}314}\text{A} = 0.0159\sqrt{2}\ \underline{/-75°}\ \text{A}$$

故：

$$i = 0.0318\sin(200\pi t - 75°)\ \text{A}$$

$$P = 0$$

$$Q = UI = (5\sqrt{2} \times 0.0159\sqrt{2})\ \text{var} = 0.159\ \text{var}$$

3.3.3 电容正弦交流电路

对于线性电容，电压、电流关联参考方向如图 3.19（a）所示，设电容电压 $u = U_\text{m}\sin \omega t$。

1. 电压电流的相量关系

根据电容的伏安关系，有：

$$i = C\frac{\text{d}u}{\text{d}t} = C\frac{\text{d}U_\text{m}\sin \omega t}{\text{d}t} = U_\text{m}\omega C\cos \omega t = U_\text{m}\omega C\sin(\omega t + 90°) = U_\text{m}\sin(\omega t + \psi_i)$$

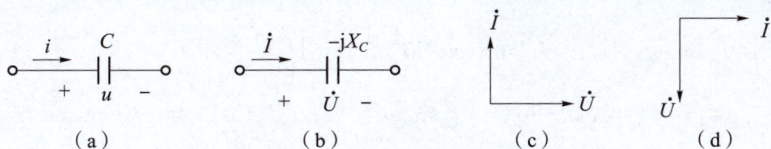

图 3. 19　电容的电压电流关系

（a）u、i 关联参考方向；（b）$\dot{U}$、$\dot{I}$ 关联参考方向；（c）相量图（以 $\dot{U}$ 为参考相量）；（d）相量图（以 $\dot{I}$ 为参考相量）

和电阻、电感相同，电容元件的电压和电流是同频率正弦量。

$$I_m = \omega C U_m$$
$$U_m = X_C I_m \# \tag{3.40}$$

或者

$$U = X_C I \# \tag{3.41}$$

其中

$$X_C = \frac{1}{\omega C} \# \tag{3.42}$$

反映了电容对电流的抵抗能力，称为容抗。显然，在相同的电压幅值（或有效值）情况下，容抗越大，电流越小。电容容抗和频率成反比，因此对高频信号电流的抑制能力越弱，而对低频信号电流的抑制能力强，所以电容具有通高频阻低频的作用。在直流情况下，$\omega = 0$，$X_C = \infty$，电容相当于开路。

$$\psi_i = \psi_u + 90°$$
$$\varphi = \psi_u - \psi_i = -90° \tag{3.43}$$

电容的电压滞后电流 $90°$。

由瞬时值表达式可得：

$$\dot{U}_m = U_m \underline{/0°}$$

$$\dot{I}_m = I_m \underline{/90°}$$

或：

$$\dot{U} = U \underline{/0°}$$

$$\dot{I} = I \underline{/90°}$$

将电压、电流的幅值相量（或有效值相量）做比较，有：

$$\frac{\dot{U}_m}{\dot{I}_m} = \frac{U_m \underline{/0°}}{I_m \underline{/90°}} = \frac{U \underline{/0°}}{I \underline{/90°}} = X_C \underline{/-90°} = -jX_C$$

所以对电容，$\dot{U}$、$\dot{I}$ 相量关联参考方向如图 3. 19（b）所示，则：

$$\dot{U} = (-jX_C)\dot{I} \tag{3.44}$$

$$\dot{U} = Z_C \dot{I} \tag{3.45}$$

其中：

$$Z_C = -jX_C \tag{3.46}$$

电容的电压、电流相量关系也具有欧姆定律的形式，其中电压、电流相量的比例系数 Z_C 是一个纯虚数，称为电抗。

若选择 $\dot{U}$ 为参考相量，相量图如图 3. 19（c）所示。若选择 $\dot{I}$ 为参考相量，相量图如图 3. 19（d）所示。

2. 瞬时功率

设电容电流 $i = I_m \sin \omega t$，则 $u = U_m \sin(\omega t - 90°)$，有：

$$p = ui = U_m \sin(\omega t - 90°) \cdot I_m \sin \omega t = -\frac{1}{2} U_m I_m \sin 2\omega t = -UI \sin 2\omega t$$

电容的电压、电流和瞬时功率波形如图 3.20 所示。同样，电容在整个周期内重复充电、放电的过程并不消耗电能。其分析过程可参考电感瞬时功率的分析。

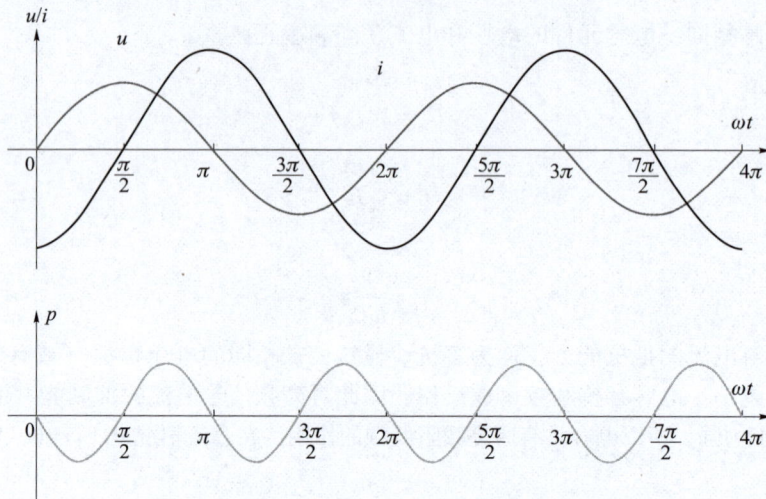

图 3.20　电容的电压、电流和瞬时功率波形

3. 有功功率

瞬时功率在一个周期内的平均值为：

$$P = \frac{1}{T} \int_0^T p\, dt$$

将 $p = UI \sin 2\omega t$ 代入得：

$$P = \frac{1}{T} \int_0^T (-UI \sin 2\omega t)\, dt$$

$$P = 0 \qquad (3.47)$$

同样，作为储能元件，电容并不消耗电能，只和电路进行能量的交换。

4. 无功功率

对于电容，无功功率为：

$$Q = -UI \qquad (3.48)$$

将 $U = X_C I$ 代入可得：

$$Q = -I^2 X_C = -\frac{U^2}{X_C} \qquad (3.49)$$

比较式（3.48）和式（3.38）会发现，电容和电感两者的无功功率符号相反。

【例 3.9】已知理想电容 $C = 20\ \mu F$。（1）若该电容两端的正弦交流电压为 $u = 10\sin(20\pi t + 15°)$ V，求 i、P、Q；（2）若该电容两端的正弦交流电压为 $u = 10\sin(200\pi t + 15°)$ V，求 i、P、Q。

【解】（1）$\omega = 20\pi$ rad/s。

$$X_C = \frac{1}{\omega C} = \frac{1}{20\pi \times 20 \times 10^{-6}} \Omega = 796\ \Omega$$

$$\dot{U} = 5\sqrt{2}\,\underline{/15°}\ \text{V}$$

$$\dot{I} = \frac{\dot{U}}{Z_C} = \frac{5\sqrt{2}\,\underline{/15°}}{-\text{j}796}\text{A} = 0.006\,3\sqrt{2}\,\underline{/105°}\ \text{A}$$

故：

$$i = 0.012\,6\sin(20\pi t + 105°)\ \text{A}$$

$$P = 0$$

$$Q = -UI = (-5\sqrt{2} \times 0.006\,3\sqrt{2})\ \text{var} = -0.063\ \text{var}$$

（2）$\omega = 200\pi\ \text{rad/s}$。

$$X_L = \frac{1}{\omega C} = \frac{1}{200\pi \times 20 \times 10^{-6}}\Omega = 79.6\ \Omega$$

$$\dot{U} = 5\sqrt{2}\,\underline{/15°}\ \text{V}$$

$$\dot{I} = \frac{\dot{U}}{Z_C} = \frac{5\sqrt{2}\,\underline{/15°}}{-\text{j}79.6}\text{A} = 0.063\sqrt{2}\,\underline{/105°}\ \text{A}$$

故：

$$i = 0.126\sin(200\pi t + 105°)\ \text{A}$$

$$P = 0$$

$$Q = -UI = (-5\sqrt{2} \times 0.063\sqrt{2})\ \text{var} = -0.63\ \text{var}$$

思考题

1. 设分立元件的电压电流关联参考方向，判断下列式子是否正确：（1）$u_L = X_L i_L$；（2）$u_R = Ri_R$；（3）$\dot{U}_L = X_L \dot{I}_L$；（4）$\dot{U}_C = -\text{j}X_C I_C$；（5）$I = \omega CU$；（6）$\dot{I} = \dfrac{\dot{U}}{\text{j}\omega C}$；（7）$Q_C = U_C I_C$；（8）$Q_L = I_L^2 X_L$。

2. 1 μF 电容接工频 220 V 交流电源，电流 i 是多少？2.2 μF 电容接工频 220 V 交流电源，电流 i 是多少？3.2 μF 电容接工频 220 V 交流电源，电流 i 是多少？将以上电容接入交流电源的频率改为 100 Hz 时，它们的电流 i 又各为多少？

3. 1 H 电感接工频 220 V 交流电源，电流 i 是多少？5 H 电感接工频 220 V 交流电源，电流 i 是多少？6 H 电感接工频 220 V 交流电源，电流 i 是多少？将以上电感接入交流电源的频率改为 100 Hz 时，它们的电流 i 又各为多少？

4. 一个 47 μF 的电容接到 220 V、50 Hz 的正弦交流电源上，求该电容的容抗和无功功率。

5. 在图 3.21 的电路中，已知 $i = 3\sqrt{2}\sin(314t + 30°)\ \text{A}$、$L = 100\ \text{mH}$，求感抗 X_L 和电压 u。

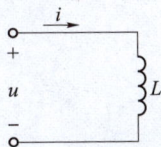

图 3.21 思考题 5 电路

3.4 *RLC* 串联正弦交流电路

3.4.1 电压电流的相量关系

RLC 串联正弦交流电路如图 3.22 所示，根据 KVL 写电压方程，有：

$$u = u_R + u_L + u_C$$

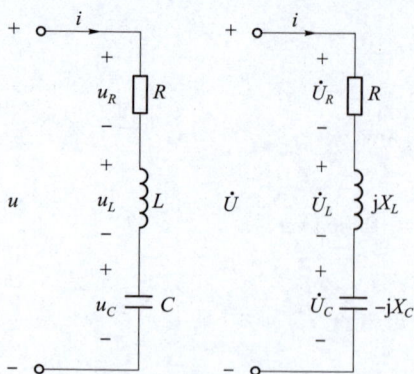

图 3.22　RLC 串联交流电路

将上式写成相量形式，有：

$$\dot{U} = \dot{U}_R + \dot{U}_L + \dot{U}_C$$

代入 R、L、C 电压和电流的相量关系，得：

$$\dot{U} = \dot{I}R + \dot{I}(jX_L) + \dot{I}(-jX_C)$$

$$= \dot{I}[R + jX_L + (-jX_C)]$$

$$= \dot{I}(Z_R + Z_L + Z_C)$$

$$= \dot{I}Z$$

其中：

$$Z = Z_R + Z_L + Z_C, Z = R + j(X_L - X_C) \tag{3.50}$$

$$Z = R + jX \tag{3.51}$$

$$X = X_L - X_C \tag{3.52}$$

Z 的实部为电路中的电阻 R，虚部电抗 X 为感抗和容抗之差，实部和虚部组合称为复数阻抗（以下简称复阻抗）。

在 RLC 串联正弦交流电路中，电压和电流相量成比例，比例系数 Z 与串联电路的参数有关，等于串联各元件的复数参数相加。

变换复阻抗成极坐标形式，即：

$$Z = \sqrt{R^2 + (X_L - X_C)^2} \Big/ \arctan \frac{X_L - X_C}{R} \tag{3.53}$$

同时，设 $\dot{U} = U \underline{/\psi_u}$，$\dot{I} = I \underline{/\psi_i}$，得：

$$Z = \frac{\dot{U}}{\dot{I}} = \frac{U}{I} \underline{/(\psi_u - \psi_i)} \tag{3.54}$$

$$Z = |Z| \underline{/\varphi}$$

对比式 (3.53)、式 (3.54)，有：

$$|Z| = \frac{U}{I} = \sqrt{R^2 + (X_L - X_C)^2} \tag{3.55}$$

$$\varphi = \psi_u - \psi_i = \arctan \frac{X_L - X_C}{R} \tag{3.56}$$

式 (3.55)、式 (3.56) 的第一个等号反映的是复阻抗与电压、电流之间的关系，第二个等号反映的是复阻抗与元件参数之间的关系。

以电流相量 $\dot{I}$ 为参考相量，相量图如图 3.23 所示。当 $R \neq 0$ 时，元件参数 X_L、X_C 的大小关系不同，会导致电压、电流相位关系不同，可以分为以下 3 种情况：$X_L > X_C$，电压超前电流，$\varphi > 0°$，电路呈感性，如图 3.23 (a) 所示；$X_L < X_C$，电压滞后电流，$\varphi < 0°$，电路呈容性，如图 3.23 (b) 所示；$X_L = X_C$，电压电流同相，$\varphi = 0°$，电路呈阻性，如图 3.23 (c) 所示。如果电路中没有电阻，即 $R = 0$，则电路为纯电感或纯电容。

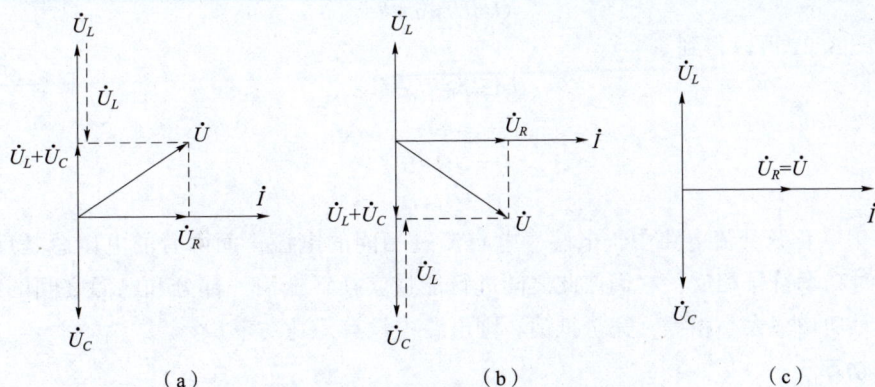

（a）　　　　　　　　　　　（b）　　　　　　　　　　　（c）

图 3.23　*RLC* 串联正弦交流电路相量图

（a）感性电路；（b）容性电路；（c）阻性电路

3.4.2　*RLC* 串联正弦交流电路的功率

1. 瞬时功率

设电流 $i = I_m \sin \omega t$，则电压 $u = U_m \sin(\omega t + \varphi)$，有：

$$p = ui = U_m I_m \sin \omega t \sin(\omega t + \varphi)$$

2. 有功功率 *P* 为：

$$
\begin{aligned}
P &= \frac{1}{T} \int_0^T U_m I_m \sin \omega t \sin(\omega t + \varphi)\,\mathrm{d}t \\
&= \frac{1}{T} \int_0^T U_m I_m \left[\cos \varphi - \cos(2\omega t + \varphi) \right]\,\mathrm{d}t \\
&= U_m I_m \cos \varphi
\end{aligned}
\tag{3.57}
$$

3. 无功功率

瞬时功率表达式为：

$$p = ui = U_m I_m \sin \omega t \sin(\omega t + \varphi)$$

其中：

$$\sin(\omega t + \varphi) = \sin \omega t \cos \varphi + \cos \omega t \sin \varphi$$

代入到 p 表达式，有：

$$
\begin{aligned}
p &= U_m I_m \sin \omega t (\sin \omega t \cos \varphi + \cos \omega t \sin \varphi) \\
&= U_m I_m \cos \varphi \sin^2 \omega t + U_m I_m \sin \varphi \sin \omega t \cos \omega t \\
&= \frac{U_m I_m}{2} \left[\cos \varphi (1 - \cos 2\omega t) + \sin \varphi \sin 2\omega t \right] \\
&= UI \left[\cos \varphi (1 - \cos 2\omega t) + \sin \varphi \sin 2\omega t \right] \\
&= p_R + p_X
\end{aligned}
$$

其中

$$p_R = UI \cos \varphi (1 - \cos 2\omega t)$$

$$p_X = UI \sin \varphi \sin 2\omega t$$

瞬时功率第一项具有电阻瞬时功率的形式，第二项具有储能元件（电感或电容）瞬时功率的形式。第一项瞬时功率全部被电阻消耗，第二项瞬时功率和电路进行能量交换，所以电路的无功功率为：

$$Q = UI\sin\varphi\# \tag{3.58}$$

从相量图 3.21 可以得到

$$U\sin\varphi = U_L - U_C$$

所以：

$$Q = U_L I - U_C I$$
$$Q = Q_L + Q_C \tag{3.59}$$

在 RLC 串联正弦交流电路中，电感、电容流过相同的电流，而两者的电压总是反相的，所以两者的瞬时功率符号相反，它们彼此之间进行能量交换，抵消一部分和电源之间的能量交换。如果两者的无功功率大小相等，完全抵消，则电路中没有无功功率。

4. 视在功率

RLC 串联构成二端网络，其电压和电流有效值的乘积定义为该二端网络的视在功率，用 S 表示，所以：

$$S = UI \tag{3.60}$$

视在功率的单位：伏安（V·A）。

根据式（3.57）和式（3.58）可得：

$$S = \sqrt{P^2 + Q^2} \tag{3.61}$$

【例 3.10】 若 RLC 串联交流电路，如图 3.22 所示，已知 $i = 20\sin(100\pi t + 15°)$ A、$R = 20\ \Omega$、$L = 31.8$ mH、$C = 159\ \mu$F。（1）求 u，并判断电路的性质；（2）求 P、Q 和 S。

【解】（1）$\omega = 100\pi$ rad/s。

$$X_L = \omega L = (100\pi \times 31.8 \times 10^{-3})\ \Omega \approx 10\ \Omega$$

$$X_C = \frac{1}{\omega C} = \frac{1}{100\pi \times 159 \times 10^{-6}}\ \Omega \approx 20\ \Omega$$

$$Z = R + j(X_L - X_C) = [20 + j(10-20)]\ \Omega = (20 - j10)\ \Omega = 10\sqrt{5}\ \underline{/-26.6°}\ \Omega$$

$$\dot{I} = 10\sqrt{2}\ \underline{/15°}\ A$$

$$\dot{U} = \dot{I}Z = (10\sqrt{2}\ \underline{/15°} \times 10\sqrt{5}\ \underline{/-26.6°})\ V = 100\sqrt{10}\ \underline{/-11.6°}\ V$$

$$u = 447\sin(100\pi t - 11.6°)\ V$$

电路为容性。

（2）电路的 P、Q、S 计算如下：

$$P = I^2 R = (10\sqrt{2})^2 \times 20\ W = 4\ 000\ W$$

$$Q = I^2(X_L - X_C) = [(10\sqrt{2})^2 \times (10-20)]\ var = -2\ 000\ var$$

$$S = UI = (100\sqrt{10} \times 10\sqrt{2})\ V\cdot A = 2\ 000\sqrt{5}\ V\cdot A$$

思考题

1. RC 串联电路的相量图如图 3.24 所示。保持电压的有效值 U 不变，当频率增加时，定性地画出相量图，并判断 φ、U_R、U_C 变化趋势。

2. 对 RL 串联电路，做类似上题的分析过程。

3. 在图 3.25 的电路中，已知交流电源的频率为 50 Hz，$R = 200\ \Omega$、$C = 100\ \mu$F，电压表的读数为 100 V，求电源电压的有效值。

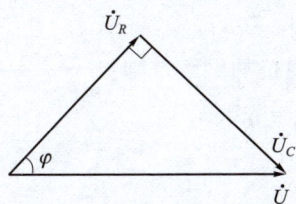

图 3.24　思考题 1 电路

图 3.25　思考题 3 电路

3.5　*RLC* 并联正弦交流电路

RLC 并联正弦交流电路如图 3.26 所示。

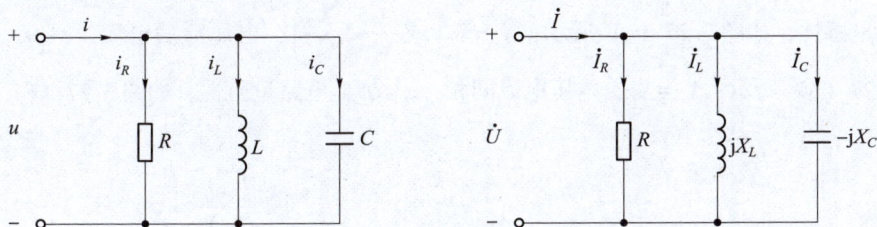

图 3.26　*RLC* 并联正弦交流电路

3.5.1　电压电流的相量关系

根据 KCL 列电流方程为：

$$i = i_R + i_L + i_C$$

其相量形式为：

$$\dot{I} = \dot{I}_R + \dot{I}_L + \dot{I}_C$$

将 *R*、*L*、*C* 电压电流相量关系代入上式，有：

$$\dot{I} = \frac{\dot{U}}{R} + \frac{\dot{U}}{jX_L} + \frac{\dot{U}}{-jX_C} = \dot{U}\left(\frac{1}{R} + \frac{1}{jX_L} + \frac{1}{-jX_C}\right) = \left(\frac{1}{Z_R} + \frac{1}{Z_L} + \frac{1}{Z_C}\right)\cdot\dot{U}$$

$$\dot{I} = \frac{1}{Z}\cdot\dot{U} \tag{3.62}$$

或者写成：

$$\dot{U} = Z\dot{I} \tag{3.63}$$

在 *RLC* 并联正弦交流电路中，电压和电流相量成比例，比例系数 *Z* 与并联电路的参数有关，*Z* 的倒数等于并联元件复数参数倒数之和。即：

$$\frac{1}{Z} = \frac{1}{Z_R} + \frac{1}{Z_L} + \frac{1}{Z_C} = \frac{1}{R} + \frac{1}{jX_L} + \frac{1}{-jX_C} = \frac{1}{R} - j\left(\frac{1}{X_L} - \frac{1}{X_C}\right) = G - j(B_L - B_C) = G - jB$$

其中，$B_L = \dfrac{1}{X_L}$ 称为感纳，$B_C = \dfrac{1}{X_C}$ 称为容纳，$B = B_L - B_C$ 称为电纳。则：

$$Y = \frac{1}{Z} = G - \mathrm{j}B = |Y| \underline{/-\varphi} \tag{3.64}$$

其中，Y 称为复数导纳（以下简称复导纳），是复阻抗的倒数。则：

$$|Y| = \frac{1}{|Z|} = \frac{I}{U} = \sqrt{G^2 + B^2} \tag{3.65}$$

$$\varphi = \psi_u - \psi_i = \arctan \frac{B}{G} = \arctan \frac{\dfrac{1}{X_L} - \dfrac{1}{X_C}}{\dfrac{1}{R}} \tag{3.66}$$

式（3.65）和式（3.66）反映了复导纳（或阻抗）与电压电流相量之间的关系，同时也反映了复导纳（或阻抗）与并联电路元件参数间的关系。

以电压相量 $\dot{U}$ 为参考相量，相量图如图 3.27 所示。当 $R \neq 0$ 时，元件参数 X_L、X_C 的大小关系不同，导致电压、电流相位关系不同，可以分为以下 3 种情况：$X_L < X_C \left(\text{或} \dfrac{1}{X_L} > \dfrac{1}{X_C}\right)$，电压超前电流，$\varphi > 0°$，电路呈感性，如图 3.27（a）所示；$X_L > X_C \left(\text{或} \dfrac{1}{X_L} < \dfrac{1}{X_C}\right)$，电压滞后电流，$\varphi < 0°$，电路呈容性，如图 3.27（b）所示；$X_L = X_C$，电压电流同相，$\varphi = 0°$，电路呈阻性，如图 3.27（c）所示。

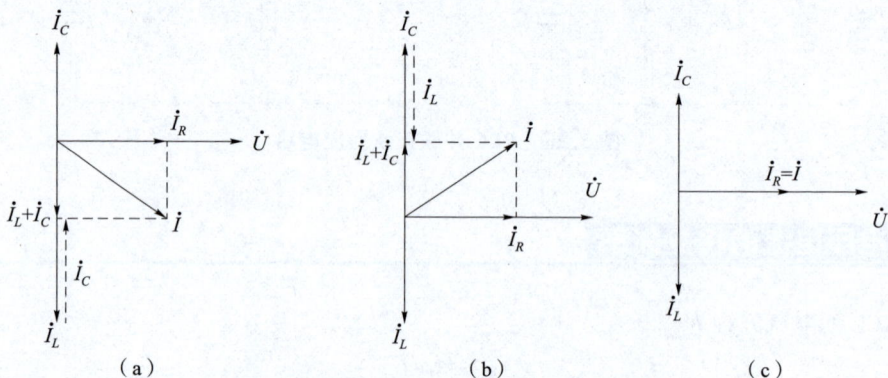

图 3.27　*RLC* 并联正弦交流电路相量图
（a）感性电路；（b）容性电路；（c）阻性电路

3.5.2　*RLC* 并联正弦交流电路的功率

1. 瞬时功率

设电流 $i = I_m \sin \omega t$，则电压 $u = U_m \sin(\omega t + \varphi)$，有：

$$p = ui = U_m I_m \sin(\omega t) \sin(\omega t + \varphi)$$

2. 有功功率

$$P = UI\cos \varphi$$

3. 无功功率

$$Q = UI\sin \varphi$$

从图 3.27 可以得到：

$$I\sin \varphi = I_L - I_C$$

所以：

$$Q = U I_L - U I_C$$
$$= Q_L + Q_C$$

在 RLC 并联正弦交流电路中，电感、电容有相同的电压，而两者的电流总是反相的，所以两者的瞬时功率符号相反，它们彼此之间进行能量交换，抵消一部分和电源之间的能量交换。如果两者的无功功率大小相等，完全抵消，则电路中没有无功功率。

4. 视在功率

与 RLC 串联正弦交流电路一样，根据视在功率的定义，有：

$$S = UI$$

考虑有功功率和无功功率，则：

$$S = \sqrt{P^2 + Q^2}$$

从功率的表达式来看，RLC 并联正弦交流电路和 RLC 串联正弦交流电路并无区别。

【例 3.11】 RLC 并联正弦交流电路，如图 3.26 所示，已知 $i = 20\sin（100\pi t + 15°）$ A、$R = 20\ \Omega$、$L = 31.8$ mH、$C = 159\ \mu F$。（1）求 u，并判断电路的性质；（2）求 P、Q 和 S。

【解】（1）$\omega = 100\pi$ rad/s。

$$X_L = \omega L = (100\pi \times 31.8 \times 10^{-3})\ \Omega \approx 10\ \Omega$$

$$X_C = \frac{1}{\omega C} = \frac{1}{100\pi \times 159 \times 10^{-6}}\ \Omega \approx 20\ \Omega$$

$$Z = \frac{1}{\dfrac{1}{20} + \dfrac{1}{j10} + \dfrac{1}{-j20}}\ \Omega = 10\sqrt{2}\ \underline{/45°}\ \Omega$$

$$\dot{I} = 10\sqrt{2}\ \underline{/15°}\ A$$

$$\dot{U} = (\dot{I}Z = 10\sqrt{2}\ \underline{/15°} \times 10\sqrt{2}\ \underline{/45°})\ V = 200\ \underline{/60°}\ V$$

$$u = 200\sqrt{2}\sin(100\pi t + 60°)\ V$$

电路为感性。

（2）电路的 P、Q、S 计算如下：

$$P = \frac{U^2}{R} = \frac{200^2}{20} = 2\ 000\ W$$

$$Q = P \cdot \tan\varphi = (2\ 000 \times \tan 45°)\ var = 2\ 000\ var$$

$$S = UI = (200 \times 10\sqrt{2})\ V \cdot A = 2\ 000\sqrt{2}\ V \cdot A$$

显然，$S = \sqrt{P^2 + Q^2}$ 计算的结果和 $S = UI$ 计算的结果相等。

思考题

1. 对 RL 并联正弦交流电路，以总电流为参考相量，定性地画出相量图。

2. 对 RC 并联正弦交流电路，以总电流为参考相量，定性地画出相量图。

3. 在并联正弦交流电路中，支路电流是否有可能大于总电流？

4. 在图 3.28 的电路中，已知 $u = 100\sqrt{2}\sin（314t）$ V。开关 S 合向 a、b、c 位置时电流表的读数分别为 1 A、10 A、10 A，求 R、L、C 的值，并计算各元件中的有功功率和无功功率。

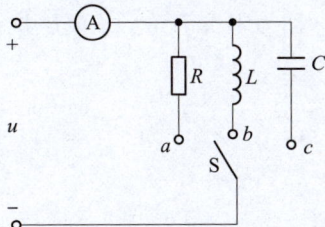

图 3.28　思考题 4 电路

3.6 广义欧姆定律

3.6.1 广义欧姆定律

通过上面的讨论，我们知道，电阻、电压、电流的相量关系为 $\dot{U}=\dot{I}R$。电感的电压电流的相量关系为 $\dot{U}=(j\omega L)\dot{I}=(jX_L)\dot{I}$。电容电压电流的相量关系为 $\dot{U}=\left(\dfrac{1}{j\omega C}\right)\dot{I}=(-jX_C)\dot{I}$。$RLC$ 串联正弦交流电路电压电流的相量关系为 $\dot{U}=(R+jX_L-jX_C)\dot{I}$。复阻抗等于串联的分立元件复数参数的和。$RLC$ 并联正弦交流电路电压电流的相量关系为 $\dot{I}=\left(\dfrac{1}{R}+\dfrac{1}{jX_L}+\dfrac{1}{-jX_C}\right)\dot{U}$，复阻抗的倒数等于并联的分立元件复数参数倒数的和。也就是说，RLC 的串（并）联正弦交流电路，复阻抗的求解方法和电阻电路是相同的。因此，在正弦交流电路中，对于 RLC 串并联混合连接的无源二端网络，总是可以通过上述的串、并联等效，将电压相量和电流相量之间的关系统一写成 $\dot{U}=\dot{I}Z$ 的形式。对于电阻正弦交流电路，$Z=R$ 是一个实数；对于电感正弦交流电路，$Z=jX_L$ 是一个正虚数；对于电容正弦交流电路，$Z=-jX_C$ 是一个负虚数；而对于 RLC 串（并）联正弦交流电路，Z 是一个既有实部又有虚部的复数。

对于任意无源二端网络，其电压相量和电流相量之间的关系可以写作：

$$\dot{U}=\dot{I}Z \tag{3.67}$$

即为广义欧姆定律：

$$\frac{\dot{U}}{\dot{I}}=Z \tag{3.68}$$

$$\frac{U\underline{/\psi_u}}{I\underline{/\psi_i}}=|Z|\underline{/\varphi} \tag{3.69}$$

$$|Z|=\frac{U}{I} \tag{3.70}$$

$$\varphi=\psi_u-\psi_i \tag{3.71}$$

复阻抗的模等于电压电流有效值之比，复阻抗的辐角等于电压和电流的相位差。复阻抗决定了无源二端网络电压相量和电流相量之间的关系。

复阻抗是电阻和电抗的和，即：

$$Z=|Z|\underline{/\varphi}=R+jX \tag{3.72}$$

复阻抗的实部 R 和虚部 X 及 $|Z|$ 构成的三角形如图 3.29 所示，称为阻抗三角形。复阻抗由无源二端网络的元件参数决定。

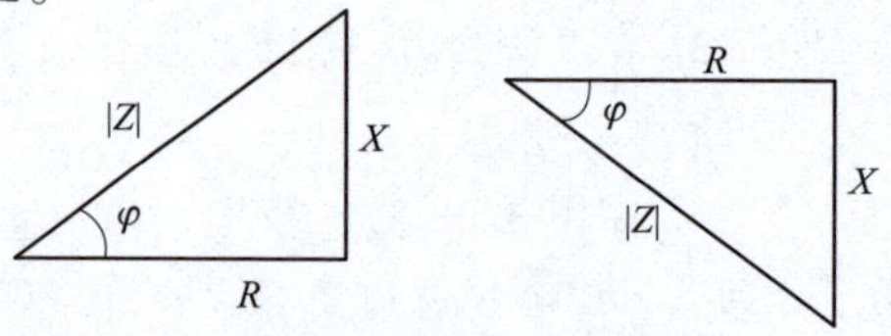

图 3.29 阻抗三角形

（a）$X>0$；（b）$X<0$

3.6.2 复阻抗串联

复阻抗串联电路如图 3.30 (a) 所示，根据 KVL 列电压方程：

$$\dot{U} = \dot{U}_1 + \dot{U}_2 = \dot{I}Z_1 + \dot{I}Z_2 = \dot{I}(Z_1 + Z_2) = \dot{I}Z$$

其中：

$$Z = Z_1 + Z_2$$

复阻抗串联更一般的表达式为：

$$Z = \sum_k Z_k \qquad (3.73)$$

复阻抗串联，可以用一个复阻抗等效代替，如图 3.30 (b) 所示，等效复阻抗等于串联复阻抗之和。

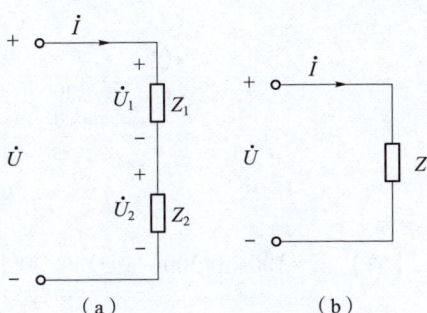

图 3.30 复阻抗串联

(a) 复阻抗串联电路；(b) 等效复阻抗

3.6.3 复阻抗并联

复阻抗并联电路如图 3.31 (a) 所示，根据 KCL 列电流方程：

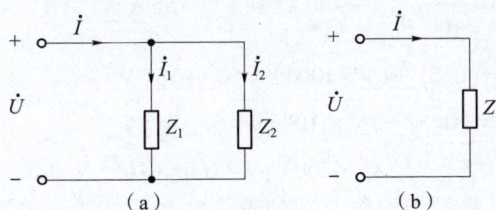

图 3.31 复阻抗并联

(a) 复阻抗并联电路；(b) 等效复阻抗

$$\dot{I} = \dot{I}_1 + \dot{I}_2 = \frac{\dot{U}}{Z_1} + \frac{\dot{U}}{Z_2} = \dot{U}\left(\frac{1}{Z_1} + \frac{1}{Z_2}\right) = \dot{U} \cdot \frac{1}{Z}$$

其中：

$$\frac{1}{Z} = \frac{1}{Z_1} + \frac{1}{Z_2}$$

复阻抗并联更一般的表达式为：

$$\frac{1}{Z} = \sum_k \frac{1}{Z_k} \qquad (3.74)$$

复阻抗并联，可以用一个复阻抗等效代替，如图 3.31 (b) 所示，等效复阻抗的倒数等于并联各复阻抗倒数之和。或者复数导纳并联，可以用一个复数导纳等效代替，等效复导纳等于并联各复数导纳之和，即：

$$Y = \sum_k Y_k \qquad (3.75)$$

在正弦交流电路中，复阻抗的串、并联等效表达式和电阻的串、并联等效表达式相同。

3.6.4 正弦交流电路的分析

在分析正弦交流电路时，可以直接应用基尔霍夫定律的相量形式，同时配合广义欧姆定律得到的方程和电阻电路具有相同的形式，只是把其中的电压、电流、电阻换成复数。

正弦交流电路分析的步骤为：

(1) 把其中的电压和电流都换成相量形式；

(2) 把电容用 $-jX_C\left(X_C = \dfrac{1}{\omega C}\right)$ 表示，电感用 $jX_L(X_L = \omega L)$ 表示，电阻仍然用 R 表示；

(3) 应用第二章的电路分析方法分析正弦交流电路，获得方程，在复数域内求解方程，从而得到所需的结果。

【**例3.12**】 在图 3.32 的电路中，已知 $u_S = 100\sin(200t - 60°)$ V、$R = 100\ \Omega$、$L = 0.5$ H、$C = 25\ \mu$F，求流过电路的电流和通过各元件的电压，并画出相量图。

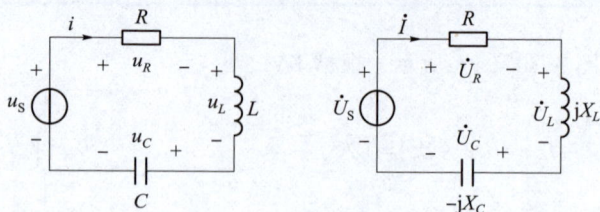

图 3.32　例 3.12 电路

【**解**】 $u_S = 100\sin(200t - 60°)$ V，则 $\omega = 200$ rad/s，$\dot{U}_S = 50\sqrt{2}\ \underline{/-60°}$ V

$$Z_L = jX_L = (j200 \times 0.5)\ \Omega = j100\ \Omega$$

$$Z_C = -jX_C = \left(-j\dfrac{1}{200 \times 25 \times 10^{-6}}\right)\Omega = -j200\ \Omega$$

电路的等效阻抗等于各元件阻抗的和。

$$Z_{eq} = R + Z_L + Z_C = (100 + j100 - j200)\ \Omega = (100 - j100)\ \Omega = 100\sqrt{2}\ \underline{/-45°}\ \Omega$$

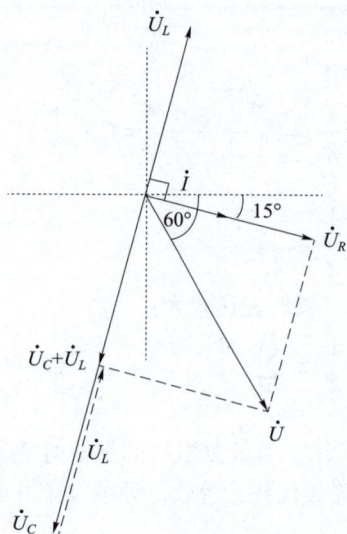

$$\dot{I} = \dfrac{\dot{U}}{Z_{eq}} = \dfrac{50\sqrt{2}\ \underline{/-60°}}{100\sqrt{2}\ \underline{/-45°}}\ \text{A} = 0.5\ \underline{/-15°}\ \text{A}$$

$$\dot{U}_R = \dot{I}R = (0.5\ \underline{/-15°} \times 100)\ \text{V} = 50\ \underline{/-15°}\ \text{V}$$

$$\dot{U}_L = \dot{I}Z_L = (0.5\ \underline{/-15°} \times j100)\ \text{V} = 50\ \underline{/75°}\ \text{V}$$

$$\dot{U}_C = \dot{I}Z_C = [0.5\ \underline{/-15°} \times (-j200)]\ \text{V} = 100\ \underline{/-105°}\ \text{V}$$

图 3.33 为该电路的相量图。互相垂直的水平虚线和竖直虚线表示坐标轴。$\dot{U}$ 的初相位为 $-60°$，$\dot{I}$ 的初相位为 $-15°$。$\dot{U}_R$ 和 $\dot{I}$ 同相，$\dot{U}_L$ 超前 $\dot{I}$ 90°。$\dot{U}_C$ 滞后 $\dot{I}$ 90°，$\dot{U}_L$ 和 $\dot{U}_C$ 两个相量相加，采用了矢量加法的三角形法则，将两个相量首尾相连，从第一个相量的始端指向第二个相量的末端的相量，即为 $\dot{U}_C + \dot{U}_L$。该相量再与 $\dot{U}_R$ 相量加和，采用矢量加法的平行四边形法则，以 $\dot{U}_C + \dot{U}_L$、$\dot{U}_R$ 为邻边的平行四边形，两边所夹的对角线即为总电压 $\dot{U}$ 相量。

图 3.33　例 3.12 电路的相量图

Z 的虚部小于零，阻抗角 φ 为 $-45°$，$\dot{U}$ 在相位上滞后 $\dot{I}$ 45°，该电路为容性。

【**例3.13**】 在图 3.34 的电路中，已知 $\dot{U}_S = 2\ \underline{/0°}$ V、$\dot{I}_S = 4\ \underline{/90°}$ A、$Z_1 = (10 - j6)\ \Omega$、$Z_2 = (4 + j5)\ \Omega$，求 $\dot{I}_2$。

【**解**】 应用支路电流法列方程：

$$-\dot{I}_1 + \dot{I}_2 = \dot{I}_S$$

$$Z_1\dot{I}_1 + Z_2\dot{I}_2 = \dot{U}_S$$

解方程得：

$$\dot{I}_2 = \dfrac{Z_1\dot{I}_S + \dot{U}_S}{Z_1 + Z_2}$$

显然，该结果可以看作各独立电源分别单独作用时，在 Z_2 上

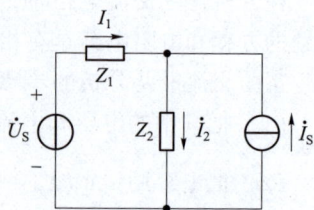

图 3.34　例 3.13 电路

所产生电流的代数和。即，该电路同样可以用叠加定理求解。不论哪种方法，求解过程都和直流电路相同，只是数值变成复数。

代入数值，可得：

$$\dot{I}_2 = 3.40\underline{/61.1°}\ \text{A}$$

3.6.5 正弦交流电路的功率

对于任意线性无源二端网络，由广义欧姆定律，有：

$$\dot{U} = \dot{I}Z$$
$$\varphi = \psi_u - \psi_i$$

φ 值在 $-90° \sim +90°$ 之间。

设 $u = U_m\sin(\omega t + \psi_u)$，$i = I_m\sin(\omega t + \psi_i)$。

1. 瞬时功率

$$p = ui = U_m I_m \sin(\omega t + \psi_u)\sin(\omega t + \psi_i)$$
$$= UI[\cos(\psi_u - \psi_i) - \cos(2\omega t + \psi_u + \psi_i)]$$
$$= UI[\cos\varphi - \cos(2\omega t + \psi_u + \psi_i)]$$

式中：$\varphi = \psi_u - \psi_i$。

2. 有功功率

$$P = \frac{1}{T}\int_0^T p\,\mathrm{d}t$$

将瞬时功率代入得：

$$P = UI\cos\varphi$$

式中：$\cos\varphi$ 称为该无源二端网络的功率因数（power factor），φ 称为功率角（power angle）。

有功功率满足守恒定律，即：

$$P = \sum_k P_k \tag{3.76}$$

电路中总的有功功率等于电路各部分有功功率的总和。

3. 无功功率

$$p = UI[\cos\varphi - \cos(2\omega t + \psi_u + \psi_i)]$$
$$= UI[\cos\varphi - \cos(2\omega t + 2\psi_i + \varphi)]$$
$$= UI[\cos\varphi - \cos(2\omega t + 2\psi_i)\cos\varphi + \sin(2\omega t + 2\psi_i)\sin\varphi]$$
$$= UI\cos\varphi[1 - \cos2(\omega t + \psi_i)] + UI\sin\varphi\sin2(\omega t + \psi_i)$$
$$= p_R + p_X$$

和前面的讨论类似，第一项具有电阻瞬时功率的形式，第二项具有电抗瞬时功率的形式，前者被电阻消耗，后者只和电路进行能量的交换，这部分为无功功率。取这部分瞬时功率的幅值，有：

$$Q = UI\sin\varphi$$

这是该无源二端网络的无功功率。$\sin\varphi$ 有时被称作无功功率因数。

RLC 串（并）联正弦交流电路分析结果表明，无功功率满足守恒定律，即：

$$Q = \sum_k Q_k \tag{3.77}$$

电路中总的无功功率等于电路各部分无功功率的总和。

4. 视在功率

$$S = UI$$

电压与电流有效值的乘积定义为视在功率，单位为伏安（V·A）。

因为 $U = I|Z|$，所以：

$$S = \frac{U^2}{|Z|} = I^2|Z| \tag{3.78}$$

显然，

$$P = UI\cos\varphi$$
$$Q = UI\sin\varphi$$
$$P^2 + Q^2 = U^2I^2 = S^2$$
$$S = \sqrt{P^2 + Q^2} \tag{3.79}$$

有功功率满足守恒定律，无功功率也满足守恒定律，但视在功率不满足守恒定律，因此视在功率不能直接相加，即：

$$S \neq \sum_k S_k$$

P、Q、S 构成的直角三角形如图 3.35 所示，称为功率三角形。同样，等效复阻抗的实部 R、虚部 X、复阻抗的模 $|Z|$ 构成直角三角形，为阻抗三角形，阻抗三角形和功率三角形相似。任意无源二端网络可等效为电阻 R 和电抗 X 串联的复阻抗。等效电阻部分的电压 $\dot{U}_R$、等效电抗部分的电压 $\dot{U}_X$、二端网络的总电压 $\dot{U}$ 也构成直角三角形，如图 3.35 所示，称为电压三角形，它和前面两个三角形也相似。

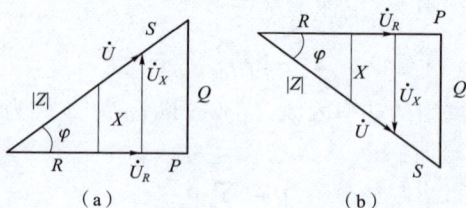

图 3.35 感性电路和容性电路的功率三角形、阻抗三角形和电压三角形
（a）感性电路；（b）容性电路

在电阻和电抗串联的等效电路中，有：

$$P = I^2R = \frac{U_R^2}{R}$$

$$Q = I^2X = \frac{U_X^2}{X}$$

$$S = UI = I^2|Z| = \frac{U^2}{|Z|}$$

5. 复数功率

电压相量和电流相量共轭复数的乘积称为复数功率。其表达式为：

$$S = \dot{U}\dot{I}^* \tag{3.80}$$

其中：

$$S = U\underline{/\psi_u}\,I\underline{/(-\psi_i)} = UI\underline{/(\psi_u - \psi_i)} = UI\underline{/\varphi} = UI\cos\varphi + jUI\sin\varphi = P + jQ$$

$$P = Re(S) \tag{3.81}$$

$$Q = Im(S) \tag{3.82}$$

式中，P、Q 分别为复数功率的实部和虚部。

【例3.14】如图3.36所示，感性负载Z_1和Z_2并联，负载Z_1的$S_1 = 10 \text{ kV} \cdot \text{A}$、$\cos \varphi_1 = 0.5$，负载$Z_2$的$S_2 = 20 \text{ kV} \cdot \text{A}$、$\cos \varphi_2 = 0.707$。求电路的有功功率、无功功率及功率因数。如果$U = 220 \text{ V}$，求电路的总电流$I$。

【解】根据已知条件，可得$\varphi_1 = 60°$，$\varphi_2 = 45°$，所以：

$$\sin \varphi_1 = \frac{\sqrt{3}}{2} = 0.866, \quad \sin \varphi_2 = 0.707$$

$$P_1 = S_1 \cos \varphi_1 = (10 \times 0.5) \text{ kW} = 5 \text{ kW}$$

$$Q_1 = S_1 \sin \varphi_1 = (10 \times 0.866) \text{ kvar} = 8.66 \text{ kvar}$$

$$P_2 = S_2 \cos \varphi_2 = (20 \times 0.707) \text{ kW} = 14.14 \text{ kW}$$

$$Q_2 = S_2 \sin \varphi_2 = (20 \times 0.707) \text{ kvar} = 14.14 \text{ kvar}$$

$$P = P_1 + P_2 = (5 + 14.14) \text{ kW} = 19.14 \text{ kW}$$

$$Q = Q_1 + Q_2 = (8.66 + 14.14) \text{ kvar} = 22.8 \text{ kvar}$$

$$S = \sqrt{P^2 + Q^2} = \sqrt{19.14^2 + 22.8^2} \text{ kV} \cdot \text{A} \approx 29.77 \text{ kV} \cdot \text{A}$$

$$\cos \varphi = \frac{P}{S} = \frac{19.14}{29.77} \approx 0.643$$

$$I = \frac{S}{U} = \frac{29.77 \times 10^3}{220} \text{A} \approx 135 \text{ A}$$

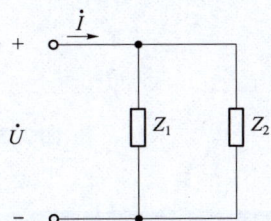

图3.36　例3.14电路

此例中，总视在功率$S = 29.77 \text{ kV} \cdot \text{A} \neq S_1 + S_2 = 30 \text{ kV} \cdot \text{A}$。虽然数值看起来近似相等，但视在功率不能直接相加。

在复阻抗并联电路总复阻抗的阻抗角未知，总电流也未知的情况下，只能先分别求P、Q，再利用式（3.79）来计算S。

【例3.15】无源二端网络如图3.37所示。已知$u = 200 \sin(10t - 35°) \text{ V}$、$i = 5\sqrt{2} \sin(10t + 18°) \text{ A}$，求$P$、$Q$和$S$。

【解】根据已知可得：

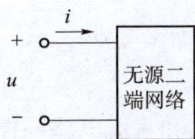

图3.37　例3.15电路

$$\dot{U} = 100\sqrt{2} \underline{/-35°} \text{ V}$$

$$\dot{I} = 5 \underline{/18°} \text{ A}$$

$$S = \dot{U} \dot{I}^* = (100\sqrt{2} \underline{/-35°} \times 5 \underline{/-18°}) \text{ V} \cdot \text{A}$$

$$= (500\sqrt{2} \underline{/-53°}) \text{ V} \cdot \text{A} = (300\sqrt{2} - \text{j}400\sqrt{2}) \text{ V} \cdot \text{A}$$

$$P = Re(S) = 300\sqrt{2} \text{ W}$$

$$Q = \text{Im}(S) = -400\sqrt{2} \text{ var}$$

思考题

1. 当两阻抗串联时，在什么情况下$|Z| = |Z_1| + |Z_2|$？

2. 在图3.38的电路中，已知$R = 400 \ \Omega$、$X_L = 100 \ \Omega$、$X_C = 200 \ \Omega$、$\dot{I} = 0.5 \underline{/0°} \text{ A}$，求电压$\dot{U}$。

3. 在图3.39的电路中，已知$u = 220\sqrt{2} \sin 314t \text{ V}$、$L = 500 \text{ mH}$、$R = 100 \ \Omega$、$Z = (30 + \text{j}40) \ \Omega$，求$u_R$。

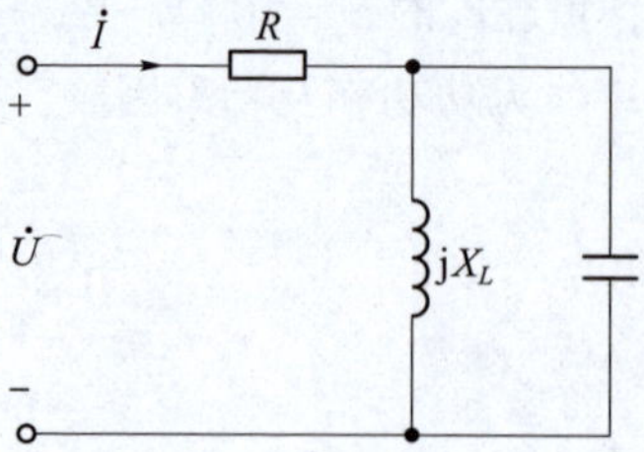

图 3.38　思考题 2 电路 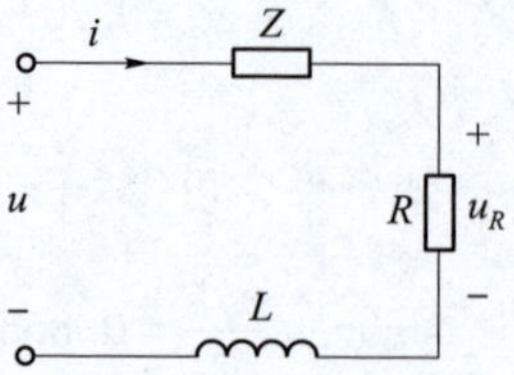　　　　图 3.39　思考题 3 电路

△3.7　戴维宁定理和诺顿定理

3.7.1　戴维宁定理和诺顿定理的应用

在第 2 章，由独立电源和电阻构成的线性有源二端网络可以用理想电压源和电阻串联的电压源等效代替，即戴维宁定理。在稳态正弦交流电路中，我们可以把戴维宁定理应用于由同频率独立电源、无源元件（电阻、电容、电感等）构成的线性有源二端网络，这个网络可以用理想电压源相量和复阻抗串联的电路等效代替，如图 3.40（a）所示。

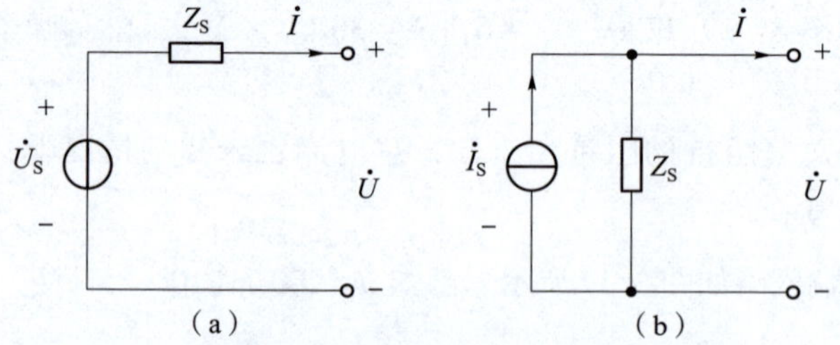

（a）　　　　　　　　　　　　（b）

图 3.40　戴维宁定理和诺顿定理等效电路

（a）戴维宁定理等效电路；（b）诺顿定理等效电路

和直流电路一样，理想电压源的电压等于线性有源二端网络的开路电压，即：

$$\dot{U}_{\mathrm{S}} = \dot{U}_{\mathrm{OC}}$$

等效的内阻抗 Z_{S} 等于对应无源二端网络的等效阻抗。无源二端网络的求法和直流电路一样：电压源电压为零，用导线代替；电流源电流为零，用开路代替。

或者，可以求该二端网络的短路电流 $\dot{I}_{\mathrm{SC}}$，则：

$$Z_{\mathrm{S}} = \frac{\dot{U}_{\mathrm{OC}}}{\dot{I}_{\mathrm{SC}}} \tag{3.83}$$

在正弦交流稳态电路中，除了电源和阻抗为复数外，戴维宁等效电路的概念及求解过程与直流电阻电路完全相同。

同理，我们可以得到在正弦交流稳态电路中线性二端有源网络的诺顿定理等效电路，如图 3.40（b）所示。回顾前面介绍的诺顿定理可知，诺顿定理等效电流源等于该线性有源二端网络的短路电流。

3.7.2　负载最大有功功率

如果有一个线性有源二端网络，如何调整负载阻抗，使负载从该二端网络获得最大的有功功率？首先，将该二端网络画成戴维宁定理等效电路，传输到负载的有功功率大小与负载的阻抗有关：当负载端短路时，因为负载两端的电压为零，所以获得的有功功率为零；当负载端开路时，因为流经负载的电流为零，所以获得的有功功率也为零；当负载为纯无功功率（电感或者电容）时，因为负载的功率因数为零，所以获得的有功功率也为零。

当负载阻抗可以为任意复数时，如果复阻抗实部的电阻 R 数值固定，那么要获得最大的有功功率，就要使整个电路的电流最大、复阻抗的虚部和电源的内阻抗互相抵消。此时整个电路的虚部为零，电路变成了纯电阻电路。对于纯电阻电路，当负载电阻 R 和电源的内阻相等时，获得最大的功率输出。所以负载要获得最大的有功功率，若电源网络的等效内阻抗为：

$$Z_S = R_S + jX_S$$

则负载阻抗为：

$$Z_L = R + jX = R_S - jX_S = Z_S^*$$

即，当负载阻抗等于等效电源内阻抗的共轭复数时，负载获得最大的有功功率。

当负载为纯电阻性时，可以得到：当负载阻抗阻值满足下面的条件时，负载电阻获得最大的有功功率。即：

$$Z_L = R_L = |Z_S| = \sqrt{R_S^2 + X_S^2} \tag{3.84}$$

思考题

证明式（3.84）。

3.8　功率因数的提高

3.8.1　功率因数低的影响

对于储能元件来说，其虽然不消耗有功功率，但仍然有大的电流流过。在工业用电系统中，许多负载为感性负载，电路中有大量的无功功率流动。有：

$$P = UI\cos\varphi$$

则：

$$I = \frac{P}{U\cos\varphi}$$

在有功功率 P 和电源电压 U 相同的情况下，感性负载电路相比于纯电阻性负载电路因数 $\cos\varphi$ 较小，线路上的电流较大，供电系统需要提供更大的电流。因此，功率因数低的感性负载电路的供电线路和变压器需要更高的等级。

较大的电流导致线路的电压降增加，降低电源的供电质量。用户端电压过低会导致用电设备无法正常运行，同时也使线路上的功率损耗增加，有：

$$\Delta P = I^2 r = \left(\frac{P}{U\cos\varphi}\right)^2 r$$

式中：r 为传输线路的电阻和电源内阻之和。

对于电源来说，在容量一定的情况下，有：

$$P = U_N I_N \cos \varphi = S_N \cos \varphi$$

式中：U_N 为电源的额定电压，I_N 为电源的额定电流，S_N 为电源的额定容量。当额定电压 $U_N =$ 6 000 V、额定电流 $I_N = 50$ A 的电源，额定容量为 300 kV·A。若功率因数 $\cos \varphi = 0.8$ 时，则 $P =$ 240 kW；若功率因数 $\cos \varphi = 0.5$ 时，则 $P = 150$ kW。很明显，功率因数较低时，更多的电源容量用于和储能元件能量交换，降低了电源容量的利用率。

3.8.2　提高功率因数的方法

功率因数低是因为感性负载的存在。例如，工业生产中最常用的异步电动机就是感性负载，其功率因数约为 0.6，轻载时更低；普通日光灯也为感性负载，其功率因数只有 0.3~0.6。而感性负载的功率因数之所以低，是因为负载本身有电抗存在，需要一定的无功功率。

对于感性负载，常用的提高功率因数的方法就是并联电容进行补偿，其电路如图 3.41（a）所示。

由前文可知，功率因数为：

$$\cos \varphi = \frac{P}{S} = \frac{P}{\sqrt{P^2 + Q^2}}$$

并联电容补偿掉一部分感性负载和电源之间的能量交换，使无功功率 Q 降低，而有功功率 P 不变，从而提高功率因数，减小线路电流，减小线路压降和功率损耗。在电源容量不变的情况下，可以带动更多的负载。

设感性负载功率角为 φ_1，有功功率为 P，并联电容后电路的功率角为 φ，以电压 $\dot{U}$ 为参考相量，相量图如图 3.41（b）所示。

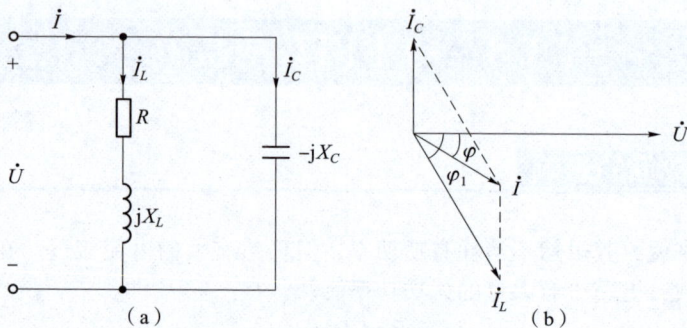

图 3.41　并联电容提高功率因数

（a）并联电容电路；（b）相量图

并联电容后，电路的无功功率守恒，即：

$$Q = UI\sin \varphi = UI_L \sin \varphi_1 - UI_C$$

有功功率不变，即：

$$P = UI\cos \varphi = UI_L \cos \varphi_1$$

故有：

$$P\tan \varphi = P\tan \varphi_1 - U \cdot \frac{U}{X_C} = P\tan \varphi_1 - U^2 \omega C$$

将电路的功率因数从 $\cos\varphi_1$ 提高到 $\cos\varphi$，需要并联的电容的大小为：

$$C=\frac{P}{\omega U^2}(\tan\varphi_1-\tan\varphi) \tag{3.85}$$

从相量图可以看出，并联电容后，因为电路的电压 U 和有功功率 P 不变，总电流的有功分量不变，而电容电流使总电流的无功分量发生变化。如果电容电流恰好和感性负载电流的无功分量相等，即电容的无功功率恰好和感性负载的无功功率互相抵消，则电路总的无功功率为零，电路为阻性，称为完全补偿。

如果电容的无功功率只抵消了一部分感性负载的无功功率（即电容电流小于负载电流的无功分量），那么电路和电源之间仍然存在能量的交换，电路为感性，称为欠补偿。如果电容的无功功率过大（即电容电流大于负载电流的无功分量），那么电路和电源之间的能量交换是用来补充电容的无功功率，电路为容性，称为过补偿。

【例 3.16】 有一个感性负载接于电压为 220 V、频率为 50 Hz 的电源，负载额定功率 $P=$ 10 kW，功率因数 $\cos\varphi_1=0.5$。求（1）现欲将电路的功率因数提高到 0.9，需要并联多大的电容？并联电容后，线路上的电流各为多少？（2）若将功率因数提高到 0.95，又需并联多大的电容？提高到 1，又需并联多大的电容？

【解】（1）$\cos\varphi_1=0.5$，$\varphi_1=60°$，$\tan\varphi_1=\sqrt{3}$；$\cos\varphi=0.9$，$\varphi=25.84°$，$\tan\varphi=0.484$，则：

$$C=\frac{P}{\omega U^2}(\tan\varphi_1-\tan\varphi)=\left[\frac{10\times10^3}{2\pi\times50\times220^2}\times(\sqrt{3}-0.484)\right]F=820.6\ \mu F$$

并联电容前的电流为：

$$I_1=\frac{P}{U\cos\varphi_1}=\frac{10\times10^3}{220\times0.5}A=90.9\ A$$

（2）$\cos\varphi'=0.95$，$\varphi'=\arccos 0.95=18°$，$\tan\varphi'=0.329$，则：

$$C'=\frac{P}{\omega U^2}(\tan\varphi-\tan\varphi')$$

$$=\frac{10\times10^3}{2\pi\times50\times220^2}\times(0.484-0.329)$$

$$=101.9\ \mu F$$

$\cos\varphi''=1$，$\varphi''=\arccos 1=0°$，$\tan\varphi''=0$，则：

$$C'=\frac{P}{\omega U^2}(\tan\varphi'-\tan\varphi'')$$

$$=\frac{10\times10^3}{2\pi\times50\times220^2}\times(0.329-0)$$

$$=216.4\ \mu F$$

当电路的功率因数提高到较高的数值后，在并联电容容值增加较多的情况下，功率因数提高幅度较小。所以后续很少会继续提高功率因数到 1，一般选取合适的电容，使电路处于欠补偿状态。

并联电容后，负载本身的功率因数并不改变，改变的是整个电路的功率因数。

思考题

1. 若要提高感性负载电路的功率因数，则串联电容是否可行？并联电阻是否可行？

2. 感性负载两端并联电容在电容容值增加的过程中，电容电流如何变化？感性负载自身电流如何变化？总电流如何变化？功率 P 如何变化？无功功率 Q 如何变化？功率角 φ 如何变化？请找出不变量和变化量。

3. 在图 3.42 的电路中，已知 $u=380\sqrt{2}\sin 314t$ V、$P=400$ W、$R=100$ Ω。（1）求 L；（2）欲使该电路的功率因数提高到 0.9，求并联的电容的大小。

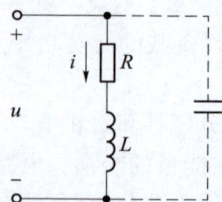

图 3.42　思考题 3 电路

△3.9　谐　　振

在同时含有电容和电感的电路中，可以通过调节电源（或信号源）的频率和元件参数，使这部分电路的电压和电流同相，阻抗角 $\varphi=0°$，电路呈阻性，该现象称为谐振（resonance）。

谐振现象是正弦交流稳态电路中一种特殊的工作状态。它一方面广泛地应用于电工技术和无线电技术；另一方面，在电路中产生很大的过电压或过电流，导致电路元件损坏。因此，研究谐振现象有重要的实际意义。

谐振时，总无功功率为：

$$Q=Q_L+Q_C=0$$

此时，电容和电感进行能量的相互转换，两者完全补偿，电源仅提供电阻消耗的电能。

谐振分为串联谐振（series resonance）和并联谐振（parallel resonance）。

3.9.1　串联谐振

RLC 串联电路如图 3.43 所示，其电路阻抗为：

$$Z=R+j(X_L-X_C)$$

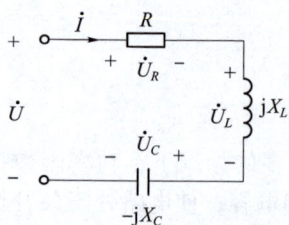

图 3.43　RLC 串联电路

1. 谐振频率

在串联谐振时，电压与电流同相，阻抗角 $\varphi=0°$，电路呈阻性，则：

$$X_L=X_C$$
$$\omega_0 L=\frac{1}{\omega_0 C}$$

谐振角频率为：

$$\omega_0=\frac{1}{\sqrt{LC}} \tag{3.86}$$

谐振频率为：

$$f_0=\frac{1}{2\pi\sqrt{LC}} \tag{3.87}$$

谐振频率 f_0 只和电路中储能元件参数 L 和 C 有关。谐振时，将谐振角频率代入到感（容）抗表达式，可得：

$$X_L = X_C = \sqrt{\frac{L}{C}} = \rho \tag{3.88}$$

式中：ρ 为谐振电路的特性阻抗。

串联谐振时，感（容）抗（特性阻抗）与电阻的比值为：

$$Q = \frac{X_L}{R} = \frac{\rho}{R} = \frac{1}{R}\sqrt{\frac{L}{C}} \tag{3.89}$$

称为电路的品质因数（quality factor），其值只和电路的元件参数 R、L、C 相关。在无线电工程中，对于谐振电路的 Q 值，空载回路一般不超过 100，有载回路多在 50 以下。

2. 串联谐振特点

在 RLC 串联电路中，有：

$$|Z| = \sqrt{R^2 + (X_L - X_C)^2}$$

串联谐振时，$X = X_L - X_C = 0$，$|Z|$ 的最小值为：

$$|Z|_{\min} = R$$

当电压有效值 U 一定时，电路中电流达到极大值，即：

$$I_{\max} = \frac{U}{R}$$

以电流为参考相量，相量图如图 3.44 所示。因谐振时的 $X_L = X_C \gg R$，则有：

$$U_L = U_C \gg U$$

在串联谐振电路中，储能元件电感、电容的电压远远大于电路总电压，所以串联谐振也称为电压谐振。

串联谐振产生的高电压在无线电工程上是十分有用的，因为接收到的无线电信号非常微弱，而通过串联谐振可把信号提高几十乃至几百倍。

但在电力系统中，谐振时的高电压有时会击穿线圈和电容的绝缘层，造成设备的损坏。因此，在电力系统中，应尽量避免串联谐振。

图 3.44 串联谐振时的相量图

3. 谐振曲线

在 RLC 串联电路中，复阻抗与频率的关系如图 3.45 所示，复阻抗计算如下：

$$|Z| = \sqrt{R^2 + \left(\omega L - \frac{1}{\omega C}\right)^2} \tag{3.90}$$

串联谐振时，$\omega = \omega_0$（或 $f = f_0$），电路呈阻性；$\omega < \omega_0$（或 $f < f_0$），容抗较大，电路呈容性；$\omega > \omega_0$（或 $f > f_0$），感抗较大，电路呈感性。

RLC 串联电路的电流为：

$$I = \frac{U}{\sqrt{R^2 + (X_L - X_C)^2}} = \frac{U}{\sqrt{R^2 + \left(\omega L - \frac{1}{\omega C}\right)^2}}$$

当电源电压有效值 U 恒定，元件参数 R、L、C 不变，频率变化时，电路中电流的有效值随

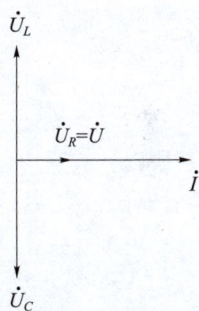

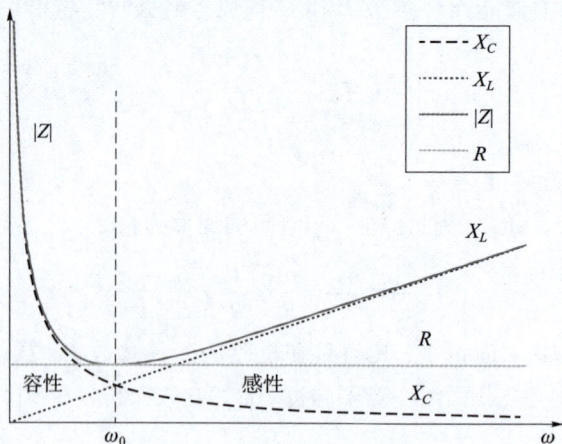

图 3.45　复阻抗与频率的关系

之改变，得到电流有效值 I 与频率 f 的关系曲线，称为电流的谐振曲线，即串联电路的频率特性。将上述电流 I 的表达式进行如下变换：

$$I=\frac{U}{|Z|}=\frac{U}{\sqrt{R^2+\left(\omega L-\frac{1}{\omega C}\right)^2}}=\frac{U}{\sqrt{R^2+\left(\frac{\omega}{\omega_0}\omega_0 L-\frac{\omega_0}{\omega}\frac{1}{\omega_0 C}\right)^2}}$$

$$=\frac{\frac{U}{R}}{\sqrt{1+\left(\frac{\omega_0 L}{R}\right)^2\left(\frac{\omega}{\omega_0}-\frac{\omega_0}{\omega}\right)^2}}=\frac{I_0}{\sqrt{1+Q^2\left(\frac{\omega}{\omega_0}-\frac{\omega_0}{\omega}\right)^2}}$$

(3.91)

所以：

$$\frac{I}{I_0}=\frac{1}{\sqrt{1+Q^2\left(\frac{\omega}{\omega_0}-\frac{\omega_0}{\omega}\right)^2}}=\frac{1}{\sqrt{1+Q^2\left(\frac{f}{f_0}-\frac{f_0}{f}\right)^2}}$$

式中：I 为电路电流；I_0 为谐振时的电流；Q 为品质因数；ω 为信号源角频率；ω_0 为谐振角频率。

图 3.46 为 RLC 串联电路的频率特性曲线。

当 $f=f_0$ 时，电路中的电流有效值最大；当电源频率 f 相对于谐振频率 f_0 减小或者增大时，$|Z|$ 增大，电流减小；当电源频率 f 偏离谐振频率 f_0 时，电流 I 值明显下降。只在谐振频率的最临近处，电路中的电流值较大。这种能把谐振频率附近的电流选择放大出来的性能就称为电路的选频特性，又称为电路的选择性。谐振电路的选频特性常用"通频带"来衡量。按照规定，当电流 I 下降到谐振电流 I_0 的 $1/\sqrt{2}$ 时，所覆盖的频率范围称为谐振电路的通频带。在图 3.46中，通频带宽 $\Delta f=f_H-f_L$，其中 f_H 称为上限频率，f_L 称为下限频率。

当 U、L、C、f_0 不变，但 R 变化导致 Q 不同，此时电流的谐振曲线如图 3.47 所示。

通频带越窄小，谐振曲线越尖锐，电路的选择性就越强。而谐振曲线的尖锐程度与品质因数 Q 有关，Q 值越高，谐振曲线越尖锐，电路的选频特性越强。但是谐振电路的通频带宽度并不一定越窄越好，而是应符合所要传输的信号对通频带宽度的要求，以保证信号的稳定性和正确性。

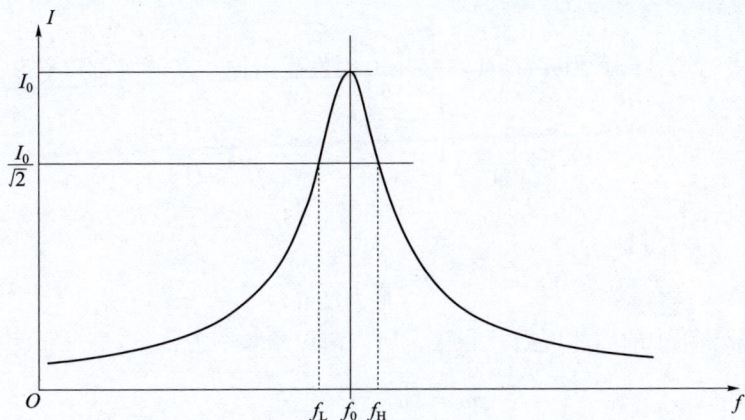

图 3.46 *RLC* 串联电路的频率特性曲线

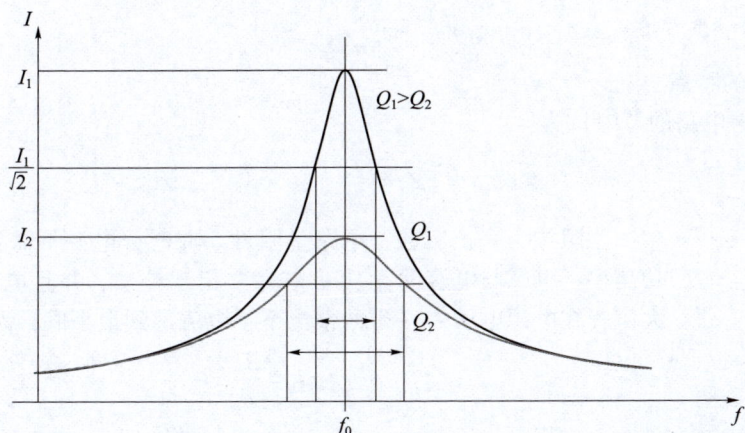

图 3.47 *U*、*L*、*C*、*f*₀ 不变，改变 *R* 的频率特性时电流的谐振曲线

3.9.2 并联谐振

在并联电路中，当电源电压与总电流同相时，电路呈现纯阻性，这种状态称为并联谐振。由电容与电感线圈并联的并联谐振电路如图 3.48 所示。

该电路的阻抗 *Z* 为：

$$Z = \frac{(R+j\omega L)\dfrac{1}{j\omega C}}{R+j\omega L+\dfrac{1}{j\omega C}} = \frac{R+j\omega L}{1-\omega^2 LC+j\omega RC}$$

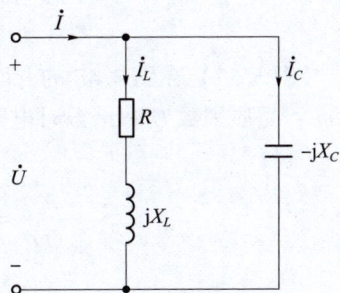

图 3.48 并联谐振电路

分子分母同时乘以 $R-j\omega L$，有：

$$Z = \frac{R^2+\omega^2 L^2}{R-\omega^2 RLC+\omega^2 RLC+j\omega L\left(\omega^2 LC-1+\dfrac{R^2 C}{L}\right)}$$

1. 谐振频率

根据阻抗 Z 表达式可得，当 $\omega^2 LC - 1 + \dfrac{R^2 C}{L} = 0$ 时发生谐振，其谐振角频率为：

$$\omega_0 = \frac{1}{\sqrt{LC}} \sqrt{1 - \frac{CR^2}{L}} = \frac{1}{\sqrt{LC}} \sqrt{1 - \frac{1}{Q^2}}$$

其中：

$$Q = \frac{1}{R} \sqrt{\frac{L}{C}}$$

因为实际谐振电路中的品质因数 Q 很高，所以谐振角频率为：

$$\omega_0 = 2\pi f_0 \approx \frac{1}{\sqrt{LC}}$$

并联谐振的频率为：

$$f_0 \approx \frac{1}{2\pi\sqrt{LC}}$$

2. 并联谐振的特点

并联谐振时，电路的总阻抗为：

$$Z_0 = \frac{L}{RC}$$

总阻抗为一正实数，电路呈阻性。此时，电源不需要向电路提供无功功率，电感与电容间无功功率完全相互补偿，并且电路的 $|Z|$ 达到最大值，在电源电压 U 一定的情况下，电流达到最小值，为：

$$I = I_0 = \frac{U}{Z_0} = \frac{U}{\dfrac{L}{RC}}$$

并联谐振时，电感电流与电容电流近似相等，且都是总电流的 Q 倍，即：

$$I_L = I_C = QI$$

并联谐振时，各并联支路的电流近似相等，是总电流的 Q 倍，远大于总电流。因此，并联谐振又称为电流谐振。并联谐振时的相量图如图 3.49 所示。

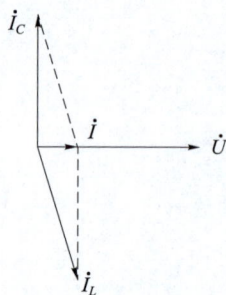

图 3.49 并联谐振时的相量图

【例 3.17】 在图 3.48 的并联电路中，已知 $L = 0.25 \text{ mH}$、$R = 25\ \Omega$、$C = 85 \text{ pF}$，试求谐振角频率 ω_0、品质因数 Q 和谐振时电路的阻抗 Z_0。

【解】

$$\omega_0 \approx \frac{1}{\sqrt{LC}} = \frac{1}{\sqrt{0.25 \times 10^{-3} \times 85 \times 10^{-12}}} \text{rad/s} = 6.86 \times 10^6 \text{ rad/s}$$

$$f_0 = \frac{\omega_0}{2\pi} = \frac{6.86 \times 10^6}{2\pi} \text{Hz} \approx 1\ 100 \text{ kHz}$$

$$Q = \frac{1}{R} \sqrt{\frac{L}{C}} = \frac{1}{25} \times \sqrt{\frac{0.25 \times 10^{-3}}{85 \times 10^{-12}}} \approx 68.6$$

$$Z_0 = \frac{L}{RC} = \frac{0.25 \times 10^{-3}}{25 \times 85 \times 10^{-12}} \Omega = 117.6 \text{ k}\Omega$$

本章小结

本章介绍了正弦交流电路的基本概念、基本理论和基本分析方法，和直流电路的相关知识点相对应，相当于将交、直流电路的知识都统一了起来。在正弦交流电路中，引入了复数来进行电路的计算，因此需要注意思维方式的转变。

1. 正弦的三要素

正弦的三要素包括幅值、角频率、初相位。

2. 正弦量的相量表示

将复数和正弦量建立联系，用复数表示正弦量，电路分析从实数扩展到复数范围。

本章介绍了复数相量的不同表示形式及其相互转换方法，并讲解了复数的四则运算。这部分内容是本章的数学基础，应熟练掌握，灵活应用。此外，还引入了基尔霍夫定律的相量形式。

3. 分立元件正弦交流电路

（1）电压与电流的关系（如瞬时值表达式、相量表达式、波形图、相量图）。

（2）功率关系（如瞬时功率、有功功率、无功功率）。

分立元件正弦交流电路的相关内容如表 3.1 所示。

表 3.1　分立元件正弦交流电路的相关内容

内容	元件		
	电阻 R	电感 L	电容 C
基本关系	$u=iR$	$u=L\dfrac{\mathrm{d}i}{\mathrm{d}t}$	$i=C\dfrac{\mathrm{d}u_c}{\mathrm{d}t}$
有效值关系	$U=RI$	$U=X_L I$	$U=X_c I$
相量式	$\dot{U}=R\dot{I}$	$\dot{U}=(\mathrm{j}X_L)\dot{I}=Z_L\dot{I}$	$\dot{U}=(-\mathrm{j}X_c)\dot{I}$
电阻或电抗	R	$X_L=\omega L$	$X_c=\dfrac{1}{\omega C}$
相位关系	u 与 i 同相	u 超前 i 90°	u 滞后 i 90°
相量图			
有功功率	$P=UI=I^2R=\dfrac{U^2}{R}$	$P=0$	$P=0$
无功功率	$Q=0$	$Q=UI=I^2X_L=\dfrac{U^2}{X_L}$	$Q=-UI=-I^2X_c=\dfrac{U^2}{X_c}$

4. *RLC* 串、并联正弦交流电路

对 *RLC* 串、并联的无源二端网络，在正弦交流激励的情况下，其电压相量与电流相量之间的关系可以写作：

$$\dot{U} = Z\dot{I}$$

即为广义欧姆定律。其中，复阻抗 Z 的计算方法与直流电路中电阻的串、并联等效计算方法相同，但电感和电容需要用对应的复数参数 jX_L 和 $-jX_C$ 来参与计算。

至此，电路分析两个基本定律：基尔霍夫定律和欧姆定律都推广到复数范围。

在分析计算时，电压、电流的有效值关系也是在相量关系的基础上得到的，要应用正确的变量形式和表达式形式，才能得到正确的结果。

无源二端网络的功率：有功功率 $P = UI\cos\varphi$；无功功率 $Q = UI\sin\varphi$；视在功率 $S = UI = \sqrt{P^2 + Q^2}$。

5. 复阻抗的串、并联

在广义欧姆定律的基础上，获得复阻抗的串、并联等效结果如下：

复阻抗串联的等效阻抗为：

$$Z = \sum_{k=1}^{n} Z_k$$

复阻抗并联的等效阻抗为：

$$\frac{1}{Z} = \sum_{k=1}^{n} \frac{1}{Z_k}$$

6. 正弦交流电路的分析

在正弦交流电路中，元件采用复数参数，正弦量应用相量表示，直流电路的分析方法都可以应用。例如戴维宁定理、叠加定理等仍然适用于交流电路的分析。

7. 功率因数的提高

（1）在 *RLC* 正弦交流电路中，电压 u 与电流 i 之间存在着相位差 φ，$\cos\varphi$ 称为电路的功率因数。

（2）功率因数低的危害：供电电路功率因数低会造成线路压降增大，功率损耗大，电源利用率降低。

（3）提高功率因数的方法：在感性负载两端并联适当容量的电容，以提高整个电路的功率因数（感性负载本身的功率因数和工作状态不变），减小线路电流，降低线路的功率损耗。

（4）并联电容的取值：$C = \dfrac{P}{\omega U^2}(\tan\varphi_1 - \tan\varphi)$。其中，$\varphi_1$ 和 φ 分别是提高前和提高后的功率因数角。

8. 谐振

本章介绍了谐振的概念、谐振的不同类型及其特点，并给出了计算电路谐振频率和角频率的公式，以及谐振的频率特性等。

习 题

填空题

3-1 已知某正弦交流电压的周期为 10 ms，有效值为 220 V，在 $t = 0$ 时正处于由正值过渡

为负值的零值点，则其表达式可写作 $u =$ _____ V。

3-2 已知电容 $C = 314~\mu F$，它在 $f = 100~Hz$ 的正弦交流电路中所呈现的容抗 $X_C =$ _____ Ω。

3-3 在图 3.50 的正弦交流电路中，已知 $R = X_L = 10~\Omega$、$\cos\varphi = 0.707$，则 X_C 为 _____ Ω。

3-4 在图 3.51 的正弦交流电路中，已知 $Z = (40 + j30)~\Omega$、$X_L = 10~\Omega$、$U_2 = 200~V$，则 $U =$ _____ V。

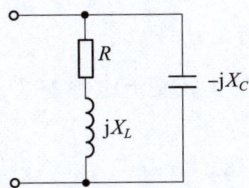

图 3.50 习题 3-3 图   图 3.51 习题 3-4 图

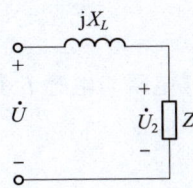

3-5 在 RL 并联的正弦交流电路中，已知 $R = 40~\Omega$、$X_L = 30~\Omega$，电路的无功功率 $Q = 480~var$，则视在功率 S 为 _____ V·A。

3-6 在图 3.52 的正弦交流电路中，已知 $I_1 = 10~A$、$I_C = 8~A$，总功率因数为 1，则 I 为 _____ A。

3-7 在图 3.53 的正弦交流电路中，已知 $R = X_L = X_C = 1~\Omega$，则电压表的读数为 _____ V。

图 3.52 习题 3-6 图   图 3.53 习题 3-7 图

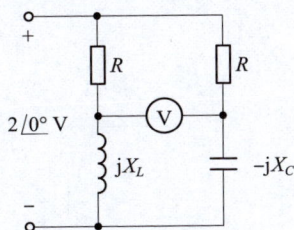

3-8 在 RL 串联的正弦交流电路中，若 $R = 4~\Omega$、$X_L = 3~\Omega$、电路的无功功率 $Q = 30~var$，则有功功率 P 为 _____ W。

3-9 在图 3.54 的正弦交流电路中，电压有效值 $U_{AB} = 50~V$、$U_{AC} = 78~V$，则 X_L 为 _____ Ω。

3-10 在图 3.55 的 RLC 串联的正弦交流电路中，若总电压 u、电容电压 u_C 及 RL 两端电压 u_{RL} 的有效值均为 100 V，且 $R = 10~\Omega$，则电流有效值 I 为 _____ A。

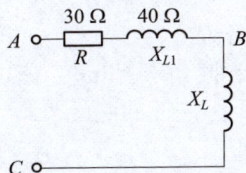

图 3.54 习题 3-9 图   图 3.55 习题 3-10 图

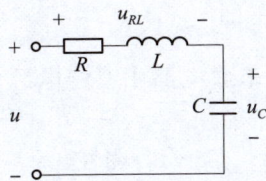

选择题

3-11 已知 $u_1 = 220\sqrt{2}\sin 314t~V$，$u_2 = 110\sqrt{2}\sin(314t - 60°)~V$，则两者间的相位差 $\psi_1 - \psi_2$ 为（　　）。

A. $314t - 60°$ B. $60°$ C. $-60°$ D. $314t + 60°$

3-12 已知电流相量 $\dot{I}=(4+j3)$ A，则它对应的正弦交流电流的瞬时值 $i=$（　　）。

A. $5\sin(\omega t+53.1°)$ A

B. $5\sqrt{2}\sin(\omega t+36.9°)$ A

C. $5\sin(\omega t+36.9°)$ A

D. $5\sqrt{2}\sin(\omega t+53.1°)$ A

3-13 若正弦交流电压 $u=U_m\sin(\omega t+\psi)$，则下列各相量表示式中，正确的是（　　）。

A. $\dot{U}=Ue^{j\psi}$

B. $U=\sqrt{2}Ue^{j\psi}$

C. $\dot{U}=Ue^{j(\omega t+\psi)}$

D. $\dot{U}=Ue^{j(\omega t)}$

3-14 若将 100 Ω 电阻与电感 L 串接到 $f=50$ Hz 的正弦交流电源 $\dot{U}$ 上，且 $\dot{U}_R$ 比 $\dot{U}$ 滞后 30°，则电感系数 L 为（　　）。

A. 275.8 mH

B. 183.8 mH

C. 551.6 mH

D. 84.5 mH

3-15 如图 3.56 所示，已知电流 $i=5\sin(314t+30°)$ A，电压 $u=4\sin(314t+60°)$ V，则其复阻抗 Z 应为（　　）。

A. $0.8\underline{/30°}$ Ω

B. $0.8\underline{/-30°}$ Ω

C. $1.25\underline{/-90°}$ Ω

D. $1.25\underline{/90°}$ Ω

3-16 在图 3.57 的电路中，已知等效复阻抗 $Z=2\sqrt{2}\underline{/45°}$ Ω，则 R、X_L 分别为（　　）。

A. 4 Ω，4 Ω

B. $2\sqrt{2}$ Ω，$2\sqrt{2}$ Ω

C. $\frac{\sqrt{2}}{2}$ Ω，$\frac{\sqrt{2}}{2}$ Ω

D. $\sqrt{2}$ Ω，$\sqrt{2}$ Ω

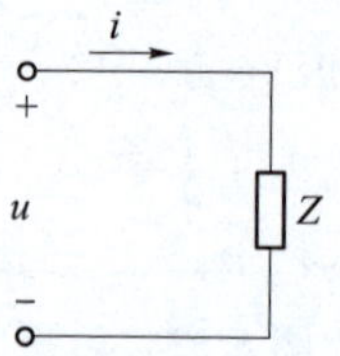

图 3.56　习题 3-15 图 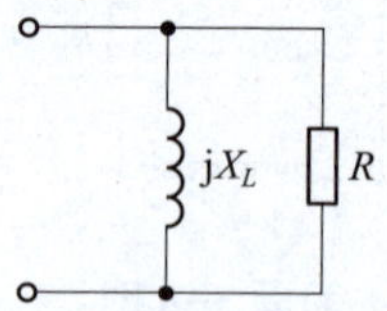　　　图 3.57　习题 3-16 图

3-17 提高感性电路的功率因数通常采用的措施是（　　）。

A. 给感性负载串联电容

B. 在感性负载两端并联电阻

C. 给感性负载串联电阻

D. 在感性负载两端并联电容

3-18 正弦交流电路的视在功率 S、有功功率 P 与无功功率 Q 的关系为（　　）。

A. $S^2=P^2+(Q_L-Q_C)^2$

B. $S^2=P^2+(Q_L+Q_C)^2$

C. $S=P+Q_L+Q_C$

D. $S=P+Q_L-Q_C$

3-19 在 RLC 串联电路中，若电源角频率 ω 小于谐振角频率 ω_0，该电路呈现的性质为（　　）。

A. 感性　　　B. 阻性　　　C. 容性　　　D. 无法确定

3-20 将正弦电压 $u=30\sin(\omega t+60°)$ 施加于 $Z=(5+j5)$ Ω 的阻抗上，则通过该阻抗的电流 $i=$ _____。

A. $3\sqrt{2}\sin(\omega t+105°)$ A

B. $6\sin(\omega t+105°)$ A

C. $3\sqrt{2}\sin(\omega t+15°)$ A

D. $6\sin(\omega t+15°)$ A

计算题

3-21 写出下列正弦量的有效值相量，并画出它们的相量图，分别说明各组内两个电量的超前、滞后关系。

（1）$i_1 = 10\sqrt{2}\sin(2\,513t+45°)\,A$，$i_2 = 8\sqrt{2}\sin(2\,513t-15°)\,A$；

（2）$u_1 = -\sqrt{2}\cos(1\,000t-120°)\,V$，$i_2 = 10\sqrt{2}\sin(1\,000t-140°)\,A$。

3−22 在图 3.58 的电路中，已知 $u_S = 15\sqrt{2}\sin(\omega t+30°)\,V$，电路为感性，$R = 3\,\Omega$、$\omega L = 3.5\,\Omega$、$\dfrac{1}{\omega C} = 3\,\Omega$。求电流表 A、$A_1$ 和 A_2 的读数。

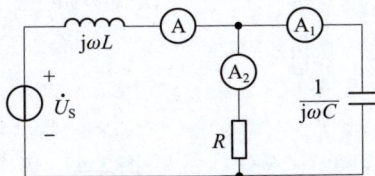

图 3.58　习题 3−22 图

3−23 两个电路参数如图 3.59 所示，试求两个电路中的电流 $\dot{I}$。

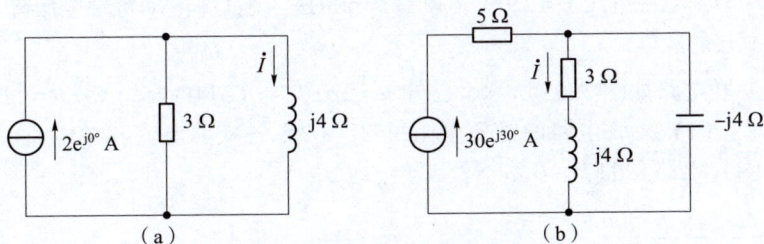

图 3.59　习题 3−23 图
（a）电路 1；（b）电路 2

3−24 在图 3.60 的电路中，已知 $I_1 = I_2 = 10\,A$，$U = 100\,V$，u、i 同相。试求 I、R、X_L 及 X_C。

3−25 在图 3.61 的电路中，已知 $R = 8\,\Omega$、$X_L = 6\,\Omega$、$I_1 = I_2 = 0.2\,A$。求：（1）u、i 的有效值；（2）电路功率因数 $\cos\varphi$ 及功率 P。

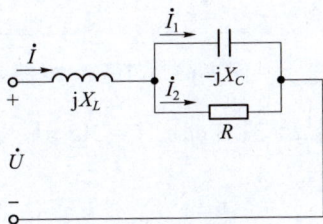

图 3.60　习题 3−24 图　　图 3.61　习题 3−25 图

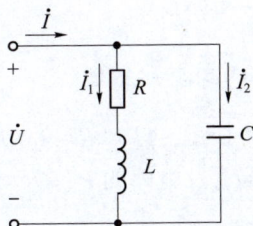

3−26 图 3.62 为 3 个阻抗串联电路，已知 $\dot{U} = 220\angle30°\,V$，$Z_1 = (2+j6)\,\Omega$，$Z_2 = (3+j4)\,\Omega$、$Z_1 = (3-j4)\,\Omega$。求：（1）电路的等效复阻抗 Z，电流 $\dot{I}$ 和电压 $\dot{U}_1$、$\dot{U}_2$ 和 $\dot{U}_3$；（2）画出电压、电流相量图；（3）计算电路的有功功率 P、无功功率 Q 和视在功率 S。

3−27 有一盏 40 W 的日光灯，使用时灯管与镇流器（可近似地把镇流器看作纯电感）串联在电压为 220 V、频率为 50 Hz 的电源上，如图 3.63 所示。已知灯管工作时属于纯电阻负载，灯管两端的电压等于 110 V。求：（1）镇流器的感抗与电感；（2）此时电路的功率因数；（3）若将功率因数提高到 0.8，应并联的电容的大小。

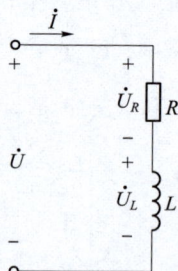

图 3.62　习题 3-26 图　　　　图 3.63　习题 3-27 图

3-28　为了降低单相电动机的转速，可以采用降低电动机两端电压的方法来实现。为此，可在电路中串联一个感抗为 X'_L 的电感，如图 3.64 所示。已知当电动机转动时，绕组的电阻为 200 Ω、电抗为 280 Ω、电源电压 $U = 220$ V、频率 $f = 50$ Hz。现欲将电动机端电压降低为 $U_1 = 180$ V，求感抗 X'_L 及其电感 L' 的数值。

3-29　RLC 并联电路如图 3.65 所示，已知 $u = 220\sqrt{2}\sin(314t + 45°)$ V、$R = 11$ Ω、$L = 35$ mH、$C = 144.76\ \mu\text{F}$。求：（1）并联电路的等效复阻抗 Z；（2）各支路电流和总电流；（3）画出电压和电流相量图；（4）电路总的 P、Q 和 S。

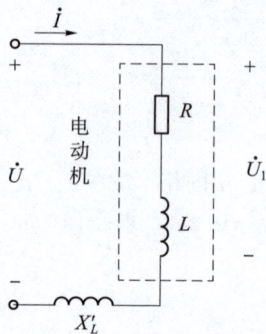

图 3.64　习题 3-28 图

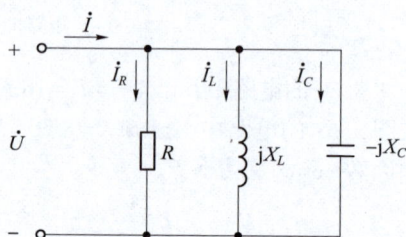

图 3.65　习题 3-29 图

3-30　如图 3.66 所示，已知 $R = R_1 = R_2 = 10$ Ω，$L = 31.8$ mH、$C = 318\ \mu\text{F}$、$f = 50$ Hz、$U = 10$ V，求并联支路的端电压 U_{ab} 及电路的 P、Q、S 和 $\cos\varphi$。

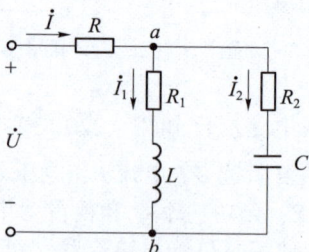

图 3.66　习题 3-30 图

3-31　学校教学楼装有 220 V/40 W 白炽灯 20 只、220 V/40 W 日光灯 100 只，日光灯的功率因数为 0.5。求：（1）电源向电路提供的电流 $\dot{I}$，并画出电压和电流的相量图（设电源电压 $\dot{U} =$

$220\underline{/0°}$ V）；（2）全部照明灯点亮 4 h 共消耗的电能（kW·h）。

3-32　如图 3.67 所示，已知 $U=220$ V、$f=50$ Hz、$R_1=10$ Ω、$X_1=10\sqrt{3}$ Ω、$R_2=5$ Ω、$X_2=5\sqrt{3}$ Ω。求：（1）电流表的读数和电路的功率因数 $\cos\varphi$；（2）欲使电路的功率因数提高到 0.866，需并联的电容的大小；（3）并联电容后电流表的读数。

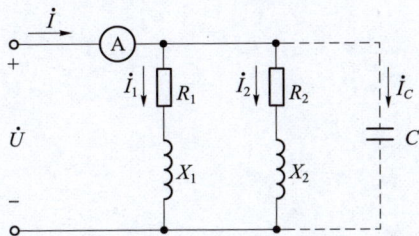

图 3.67　习题 3-32 图

3-33　某照明电源的额定容量为 10 kVA、额定电压为 220 V、频率为 50 Hz，接有 40 W/220 V、功率因数为 0.5 的白炽灯 120 只。求：（1）日光灯的总电流是否超过电源的额定电流？（2）当并联电容将电路的功率因数提高到 0.9，还可接入 40 W/220 V 白炽灯的数量。

第4章　三相交流电路

　　由于三相制在技术上和经济上的优越性，电力系统在发电、输电和配电系统以及大功率用电设备中一般都采用三相制。照明和一些其他生活用电所需的单相电源也是取自三相电源中的某一相。

4.1 三相电源

4.1.1 三相电源的产生

三相交流电路（以下简称三相电路）中的电源是三相交流发电机，其原理图如图 4.1（a）所示。在三相发电机中，转子（rotor）上的励磁线圈内通有直流电流，使转子成为一个电磁铁。在定子（stator）内侧面、空间相隔 120° 的槽内，分别装有 3 个完全相同的线圈 U_1-U_2、V_1-V_2、W_1-W_2，每相绕组是相同的，如图 4.1（b）所示。转子与定子间磁场被设计成正弦分布。当转子以角速度 ω 转动时，3 个线圈中便感应出频率相同、幅值相等、相位互差 120° 的 3 个电压 u_1、u_2 和 u_3，称为对称三相电压，如图 4.1（c）所示。三相电压的参考方向均由各线圈的始端经其内部指向末端，即由 U_1 指向 U_2，V_1 指向 V_2，W_1 指向 W_2。

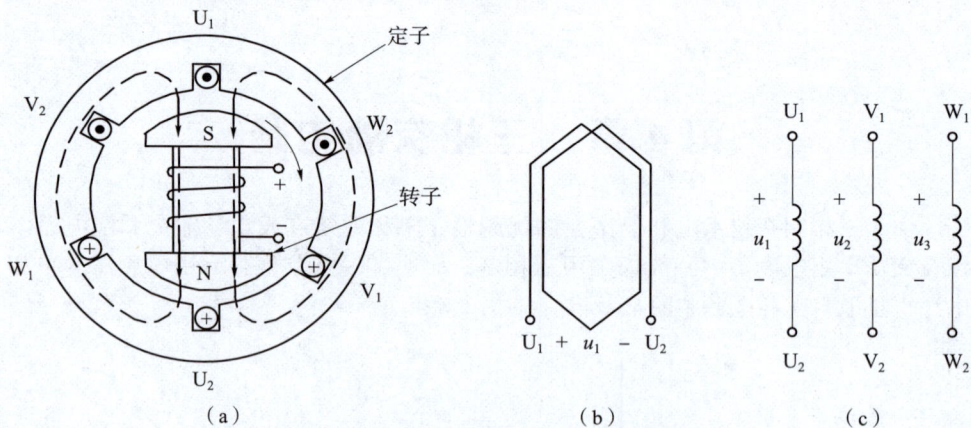

图 4.1 三相交流发电机结构示意图
（a）原理图；（b）单向绕组；（c）对称三相电压

假定三相交流发电机的初始位置如图 4.1 所示，产生的电压幅值为 U_m，频率为 ω，有效值为 U。如果以 U 相为参考，则可得出：

$$u_1(t) = U_m \sin \omega t \text{ V}$$
$$u_2(t) = U_m \sin(\omega t - 120°) \text{ V} \tag{4.1}$$
$$u_3(t) = U_m \sin(\omega t + 120°) \text{ V}$$

用相量可表示为：

$$\dot{U}_1 = U \underline{/0°} \text{ V}$$
$$\dot{U}_2 = U \underline{/-120°} \text{ V} \tag{4.2}$$
$$\dot{U}_3 = U \underline{/120°} \text{ V}$$

其对应的波形与相量图如图 4.2 所示。

由于对称三相电源大小相等、频率相同，相位互差 120°，故对称三相电压瞬时值之和及相量和均为零，即：

$$u_1 + u_2 + u_3 = 0 \tag{4.3}$$

或：

$$\dot{U}_1+\dot{U}_2+\dot{U}_3=0 \tag{4.4}$$

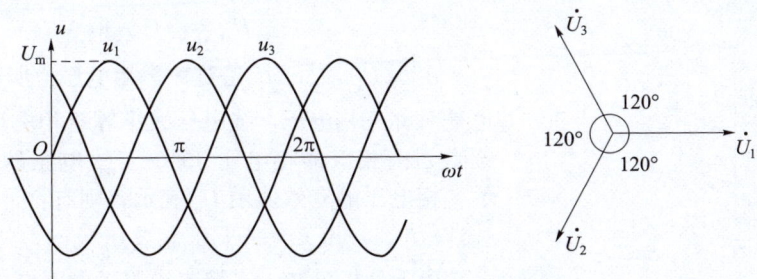

图4.2　三相交流电的波形与相量图

对称三相电压达到正或负最大值的先后次序称为相序（phase sequence）。如上述的对称三相电压 u_1、u_2 和 u_3 依次达到最大值，则 $U\rightarrow V\rightarrow W\rightarrow U$ 称为正相序；反之 $U\rightarrow W\rightarrow V\rightarrow U$ 则为逆相序。

相序是三相交流电应用中一个特别要注意的问题。本书中若无特别说明，均为正相序。

4.1.2　三相电源的连接

1. 三相电源的星形连接

通常，将对称三相电源的3个绕组的末端 U_2、V_2、W_2 连在一起。从首端 U_1、V_1、W_1 引出3根线，这种连接称为三相电源的星形连接，如图4.3所示。

将 U_2、V_2、W_2 连接在一起的点称为三相电源的中性点（neutral point）。

从中性点引出的导线称为中线（neutral line）或零线，用 N 表示，从首端 U_1、V_1、W_1 引出的3根线（L_1、L_2、L_3）称为相线（phase line）或端线，俗称火线。

在图4.3中，具有中线的三相四线制用符号 Y_0 表示；如果不引出中线，则称三相三线制，用符号 Y 表示。

每根相线与中线之间的电压，即每相定子绕组的电压，称为相电压（phase voltage），参考方向由相线指向中线。

每两根相线之间的电压称为线电压（line voltage）。根据 KVL，可得到：

$$u_{12}=u_1-u_2$$
$$u_{23}=u_2-u_3 \tag{4.5}$$
$$u_{31}=u_3-u_1$$

用相量表示为：

$$\dot{U}_{12}=\dot{U}_1-\dot{U}_2$$
$$\dot{U}_{23}=\dot{U}_2-\dot{U}_3 \tag{4.6}$$
$$\dot{U}_{31}=\dot{U}_3-\dot{U}_1$$

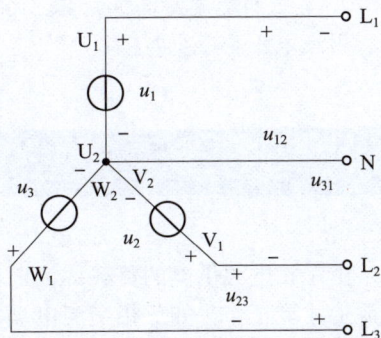

图4.3　三相电源的星形连接

即当星形连接时，线电压等于相应的相电压之差。

相电压和线电压的相量图如图4.4所示。

根据相量图可得：

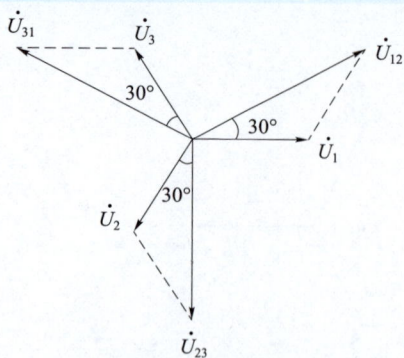

图 4.4 相电压和线电压的相量图

$$\dot{U}_{12} = \sqrt{3}\,\dot{U}_1 \underline{/30°}\,\text{V}$$
$$\dot{U}_{23} = \sqrt{3}\,\dot{U}_2 \underline{/30°}\,\text{V} \qquad (4.7)$$
$$\dot{U}_{31} = \sqrt{3}\,\dot{U}_3 \underline{/30°}\,\text{V}$$

由于 $\dot{U}_1$、$\dot{U}_2$、$\dot{U}_3$ 是对称三相电压，所以 $\dot{U}_{12}$、$\dot{U}_{23}$、$\dot{U}_{31}$ 也是对称三相电压。线电压大小等于相电压的 $\sqrt{3}$ 倍，且相位上超前相应的相电压 30°。若线电压的有效值用 U_L 表示，相电压的有效值用 U_P 表示，则有：

$$U_L = \sqrt{3}\,U_P$$

由上分析可知，三相四线制供电系统（Y_0 接法）可供给两种电压：相电压和线电压。对于三相三线制（Y 接法），电源只能供给一种电压，后面将会分析这种接法。此外，它只适用于对称三相负载的情况。

2. 三相电源的三角形连接

三相电源通常采用星形连接，在一些情况下也可采用三角形连接，如煤矿井下照明等。

图 4.5 中的电路是三相电源的三角形连接。其中，每相绕组的首端依次与另一相绕组的末端连接在一起，形成闭合回路，然后从 3 个连接点引出 3 根供电线，这样就构成了三相三线制的交流电源。

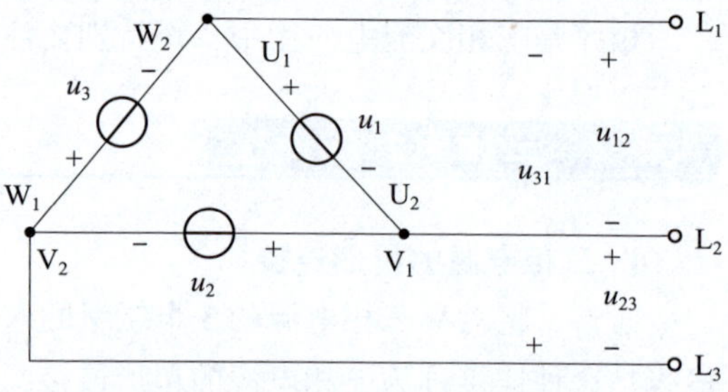

由于三角形连接的三相电源的线电压等于相电压，所以电源提供给负载的为一组对称电压，即：

$$\dot{U}_{12} = \dot{U}_1,\ \dot{U}_{23} = \dot{U}_2,\ \dot{U}_{31} = \dot{U}_3 \qquad (4.8)$$

且

$$\dot{U}_1 + \dot{U}_2 + \dot{U}_3 = 0 \qquad (4.9)$$

图 4.5 三相电源的三角形连接

当三相电源对称并且连接正确时，电源内部无环流。如果接错，将形成很大的环流，可能造成事故。在实际生产中，发电机通常采用星形连接，很少采用三角形连接。

思考题

1. 星形连接的对称三相电源，相电压 $u_2 = 220\sqrt{2}\sin 314t$ V，试写出 $\dot{U}_2$ 和 $\dot{U}_{12}$ 的表达式。

2. 某三相交流发电机，其三相绕组连接成三角形时的线电压为 10.5 kV，若将它连接成星形，则线电压是多少？

4.2 三相负载

由三相电源供电的负载称为三相负载。三相负载一般可分为两类：一类负载必须接在三相电源上才能工作，如三相交流电动机、大功率三相电阻炉等。这类负载的特点是三相的阻抗相等，称为对称三相负载；另一类负载如电灯、家用电器等，只需由单相电源供电即可工作，但为了使三相电源供电均衡，负载实际上是大致平均分配到三相电源的三相上。这类负载三相的阻抗一般不可能相等，称为不对称三相负载。三相负载接线图如图 4.6 所示。

三相负载的连接方式也有星形连接和三角形连接两种。

三相负载采用哪种连接方式，应根据电源电压和负载额定电压的大小来决定。原则上，应使负载的实际相电压等于其额定相电压。

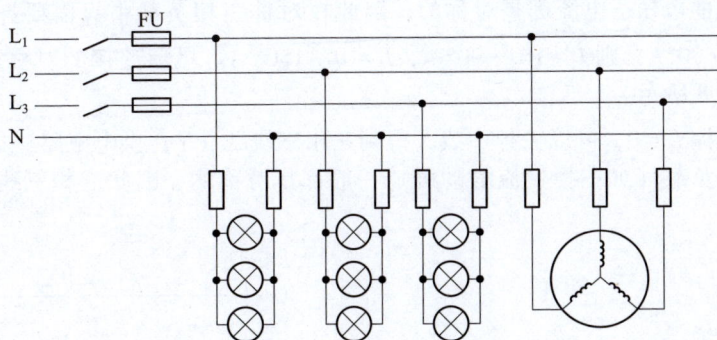

图 4.6　三相负载接线图

4.2.1　三相负载的星形连接

三相负载的星形连接的三相四线制电路（Y_0）如图 4.7 所示。三相负载的末端联结在一起，形成负载的中性点 N'，N' 与三相电源的中性点 N 相连，三相负载的首端分别接到电源 3 根端线上。

三相负载采用 Y_0 连接时，每相负载的相电压等于电源的相电压。

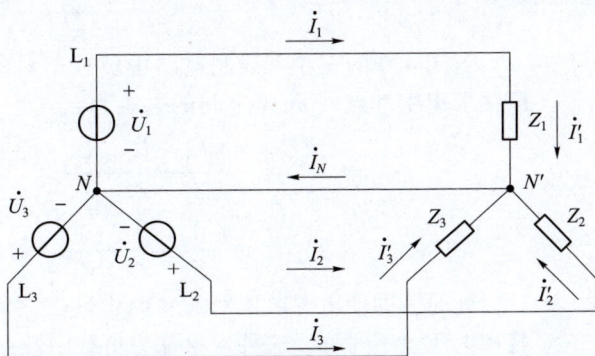

图 4.7　三相负载的星形连接（Y_0）

三相电路中，流过端线的电流称为线电流（line current），其有效值用 I_L 表示；流过负载的电流称为相电流（phase current），其有效值用 I_P 表示。显然，各线电流就是对应的相电流，即：

$$\dot{I}_1 = \dot{I}_1', \ \dot{I}_2 = \dot{I}_2', \ \dot{I}_3 = \dot{I}_3' \tag{4.10}$$

设 $\dot{U}_1$ 为参考相量，根据欧姆定律，可得相电流：

$$\dot{I}_1 = \frac{\dot{U}_1}{Z_1}$$

$$\dot{I}_2 = \frac{\dot{U}_2}{Z_2}$$

$$\dot{I}_3 = \frac{\dot{U}_3}{Z_3} \tag{4.11}$$

中线电流为：

$$\dot{I}_N = \dot{I}_1 + \dot{I}_2 + \dot{I}_3$$

当三相负载的 $Z_1 = Z_2 = Z_3 = Z = |Z| \underline{/\varphi}$ 时，称该负载为对称三相负载。

对称三相负载的电压、电流都是对称的，因此在对称三相负载中只需要计算一相即可。例如，计算知 $\dot{I}_1 = 10 \underline{/30°}$ A，则 $\dot{I}_2 = 10 \underline{/-90°}$ A，$\dot{I}_3 = 10 \underline{/150°}$ A。星形连接的对称三相负载的电压、电流相量图如图4.8所示。

此时，中线电流 $\dot{I}_N = 0$，可以去掉中线，得到三相三线制（Y）供电电路，如图4.9所示。在实际生产中，三相负载（如三相交流电动机）一般都是对称的，因此三相三线制电路在工业生产中较为常见。

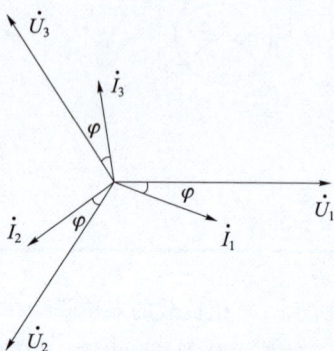

图 4.8　星形连接的对称三相负载
的电压、电流相量图

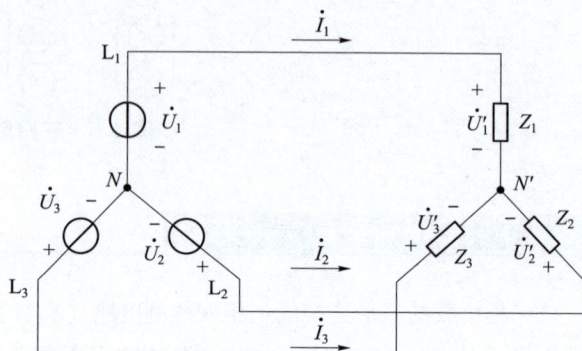

图 4.9　三相三线制电路（Y）

图 4.10　电源与负载
各相电压相量图

若图4.9的三相三线制电路中负载不对称，则可以根据结点电压法求出中性点 N' 和 N 之间的电压为：

$$\dot{U}_{N'N} = \frac{\dfrac{\dot{U}_1}{Z_1} + \dfrac{\dot{U}_2}{Z_2} + \dfrac{\dot{U}_3}{Z_3}}{\dfrac{1}{Z_1} + \dfrac{1}{Z_2} + \dfrac{1}{Z_3}} \quad (\neq 0) \tag{4.12}$$

此时，即使电源电压对称，两中性点之间的电压也不为零，负载相电压也不对称。这种现象称为负载中性点位移。图4.10中画出了电源与负载各相电压相量图。

【例4.1】如图4.7所示，已知电源的线电压 $U_L = 380$ V，每相负载对称，且 $Z = 22 \underline{/15°}$ Ω。求各线电流。

【解】因为负载对称，只需计算一相（例如 L_1 相）即可。设其初相位为0°，则：

$$U_1 = \frac{U_{12}}{\sqrt{3}} = \frac{380}{\sqrt{3}} \text{V} = 220 \text{ V}$$

即：

$$\dot{U}_1 = 220 \underline{/0°}$$

则：

$$\dot{I}_1 = \frac{\dot{U}_1}{Z} = \frac{220 \underline{/0°}}{22 \underline{/15°}} = 10 \underline{/-15°} \text{ A}$$

其他两相电流利用对称性得：

$$\dot{I}_2 = 10 \underline{/-135°} \text{ A}$$

$$\dot{I}_3 = 10 \underline{/105°} \text{ A}$$

【例 4.2】 如图 4.11 所示，3 个完全相同的白炽灯与相电压有效值为 220 V 的对称三相电源相连，试分析：（1）图 4.11（a）中 a 点发生断路（开关 S 打开）后，2 相和 3 相白炽灯的工作状态如何？（2）图 4.11（b）中 1 相白炽灯发生负载中性点短路故障（开关 S 闭合）后，2 相和 3 相白炽灯的工作状态如何？

图 4.11 例 4.2 图
（a）电路 1；（b）电路 2

【解】（1）图 4.11（a）中，当开关 S 打开后，加在 2 相和 3 相白炽灯上的电压为线电压 $U_{23} = 380$ V。因为白炽灯完全相同，由分压公式可知，其两端电压相等，均为 190 V，小于白炽灯正常工作的额定电压 220 V。因此，2 相和 3 相白炽灯的灯光都会变暗。

（2）图 4.11（b）中，开关 S 闭合后，加在 2 相和 3 相白炽灯上的电压分别为 $U_{21} = 380$ V 和 $U_{31} = 380$ V，均超过了白炽灯正常工作的额定电压 220 V。因此，白炽灯的灯光会变亮，长时间异常工作可能会损坏白炽灯。

由上例可得出以下结论：

（1）当不对称三相负载 Y 连接时，负载相电压不再对称，且负载电阻越大，负载承受的电压越高。

（2）中线的作用是保证星形连接的三相不对称负载的相电压对称。

（3）当照明三相负载不对称时，必须采用三相四线制供电方式，且中性线（指干线）内不允许接熔断器或刀闸开关。

4.2.2 三相负载的三角形连接

在实际电路中，有的负载是三角形连接的，例如绕线式异步电动机。三相负载的三角形连接如图 4.12 所示。

因为每相负载接于两根相线之间，所以负载相电压分别等于电源线电压。通常，电源的线电压是对称的，因此在三角形连接时，不论负载对称与否，其相电压仍是对称的（在忽略电源内阻抗及线路阻抗时），每相仍可看作一单相电路分别计算。于是可求得各相电流如下：

$$\dot{I}_{12} = \frac{\dot{U}_1}{Z_{12}} = \frac{\dot{U}_{12}}{Z_{12}}$$

$$\dot{I}_{23} = \frac{\dot{U}_2}{Z_{23}} = \frac{\dot{U}_{23}}{Z_{23}}$$

$$\dot{I}_{31} = \frac{\dot{U}_3}{Z_{31}} = \frac{\dot{U}_{31}}{Z_{31}}$$

设各线电流和负载相电流的参考方向如图 4.12 所

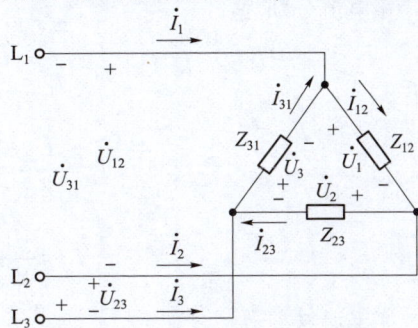

图 4.12 三相负载的三角形连接

示。根据 KCL，可得电流相量式：

$$\dot{I}_1 = \dot{I}_{12} - \dot{I}_{31}, \dot{I}_2 = \dot{I}_{23} - \dot{I}_{12}, \dot{I}_3 = \dot{I}_{31} - \dot{I}_{23}$$

当三相负载对称时，相电流 $\dot{I}_{12}$、$\dot{I}_{23}$、$\dot{I}_{31}$ 对称。显然，此时线电流 $\dot{I}_1$、$\dot{I}_2$、$\dot{I}_3$ 也是对称的。以相电流 $\dot{I}_{12}$ 为参考相量，相量图如图 4.13 所示。

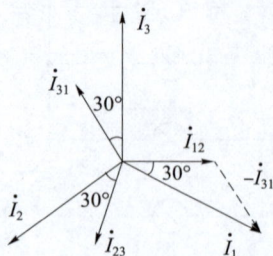

可得到线电流：

$$\dot{I}_1 = \sqrt{3}\dot{I}_{12}\angle{-30°}$$
$$\dot{I}_2 = \sqrt{3}\dot{I}_{23}\angle{-30°}$$
$$\dot{I}_3 = \sqrt{3}\dot{I}_{31}\angle{-30°} \qquad (4.13)$$

显然，线电流的有效值为相电流有效值的 $\sqrt{3}$ 倍，即 $I_L = \sqrt{3}I_P$，且线电流分别滞后相应的相电流 30°。

图 4.13　当对称三相负载三角形连接时线电流和相电流的相量图

【例 4.3】 在图 4.12 的电路中，已知线电压 $\dot{U}_{12} = 100\angle{0°}$ V，各相负载阻抗相同，均为 $Z = j5$ Ω。求电路中的相电流及线电流。

【解】 由于是对称三相电路，因此，相电流和线电流均为对称的。

相电流为：

$$\dot{I}_{12} = \frac{\dot{U}_{12}}{Z} = \frac{100\angle{0°}}{5\angle{90°}}A = 20\angle{-90°} \text{ A}$$

利用对称性，写出：

$$\dot{I}_{23} = [20\angle{(-90°-120°)}]A = 20\angle{150°} \text{ A}$$
$$\dot{I}_{31} = [20\angle{(-90°+120°)}]A = 20\angle{30°} \text{ A}$$

线电流为：

$$\dot{I}_1 = \sqrt{3}\dot{I}_{12}\angle{-30°} = [\sqrt{3}\times20\angle{(-90°-30°)}]A = 20\sqrt{3}\angle{-120°} \text{ A}$$

利用对称性，写出：

$$\dot{I}_2 = [20\sqrt{3}\angle{(-120°-120°)}]A = 20\sqrt{3}\angle{120°} \text{ A}$$
$$\dot{I}_3 = [20\sqrt{3}\angle{(-120°+120°)}]A = 20\sqrt{3}\angle{0°} \text{ A}$$

【例 4.4】 电路如图 4.12 所示，已知电源线电压 $U_L = 380$ V、各相负载阻抗 $Z_{12} = Z_{23} = 10$ Ω、$Z_{31} = (12+j16)$ Ω，求三相电路中的相电流和线电流。

【解】 以电源线电压为参考相量，即有：

$$\dot{U}_{12} = 380\angle{0°} \text{ V}, \dot{U}_{23} = 380\angle{-120°} \text{ V}, \dot{U}_{31} = 380\angle{120°} \text{ V}$$

相电流分别为：

$$\dot{I}_{12} = \frac{\dot{U}_{12}}{Z_{12}} = \frac{380\angle{0°}}{10}A = 38\angle{0°} \text{ A}$$

$$\dot{I}_{23} = \frac{\dot{U}_{23}}{Z_{23}} = \frac{380\angle{-120°}}{10}A = 38\angle{-120°} \text{ A}$$

$$\dot{I}_{31} = \frac{\dot{U}_{31}}{Z_{31}} = \frac{380\angle{120°}}{12+j16}A = 19\angle{67°} \text{ A}$$

线电流分别为：

$$\dot{I}_1 = \dot{I}_{12} - \dot{I}_{31} = (38\angle{0°} - 19\angle{67°})A = (30.58-j17.49)A = 35.2\angle{-30°} \text{ A}$$

$$\dot{I}_2 = \dot{I}_{23} - \dot{I}_{12} = (38\underline{/-120°} - 38\underline{/0°})\,\text{A} = (-57 - j32.9)\,\text{A} = 65.8\underline{/-150°}\,\text{A}$$

$$\dot{I}_3 = \dot{I}_{31} - \dot{I}_{23} = (19\underline{/67°} - 38\underline{/-120°})\,\text{A} = (26.42 + j50.40)\,\text{A} = 56.9\underline{/62.34°}\,\text{A}$$

思考题

1. 已知某三相四线制照明电路的相电压为 220 V，3 个相的照明灯组分别由 34 只、45 只、56 只白炽灯并联组成，每只白炽灯的功率都是 100 W。求 3 个相的线电流和中性线电流的有效值。

2. 在图 4.14 的三相电路中，已知 $R = X_C = X_L = 25\,\Omega$，接于线电压为 220 V 的对称三相电源上。求各相线电流有效值。

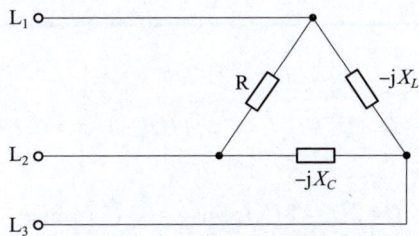

图 4.14　思考题 2 电路

4.3　三相功率

4.3.1　三相总瞬时功率

三相电路的瞬时功率等于各相电路瞬时功率的和，即：

$$p = p_1 + p_2 + p_3 = u_1 i_1 + u_2 i_2 + u_3 i_3$$

如果三相负载对称，则有：

$$p = p_1 + p_2 + p_3 = 3U_p I_p \cos\varphi = P \quad (\text{证明略})$$

式中：U_p 为相电压有效值；I_p 为相电流有效值；φ 为相电压超前相电流的角度（负载的阻抗角）。

这就说明在对称三相电路中，瞬时功率表现为与时间无关的常量，其值等于有功功率的数值，因此对称三相电路是供用电平稳的电路。

4.3.2　三相有功功率

无论三相负载是否对称，也无论三相负载是星形连接还是三角形连接，三相电路的总有功功率等于每相有功功率之和，即：

$$P = P_1 + P_2 + P_3 = U_1 I_1 \cos\varphi_1 + U_2 I_2 \cos\varphi_2 + U_3 I_3 \cos\varphi_3$$

在对称三相电路中，上式进一步简化为：

$$P = 3P_p = 3U_p I_p \cos\varphi \tag{4.14}$$

在实际应用中，考虑到负载的线电压和线电流易于测量，而且三相负载铭牌上标的额定值也是线电压和线电流。所以通常将式（4.14）用线电压和线电流表示。

123

对于星形连接的对称三相负载有：

$$U_{\mathrm{L}}=\sqrt{3}\,U_{\mathrm{P}}\,,I_{\mathrm{L}}=I_{\mathrm{P}}$$

对于三角形连接的对称三相负载有：

$$U_{\mathrm{L}}=U_{\mathrm{P}}\,,I_{\mathrm{L}}=\sqrt{3}\,I_{\mathrm{P}}$$

代入式（4.14），可得：

$$P=\sqrt{3}\,U_{\mathrm{L}}I_{\mathrm{L}}\cos\varphi \tag{4.15}$$

式中：U_{L}、I_{L} 分别是线电压和线电流；$\cos\varphi$ 仍是每相负载的功率因数。

4.3.3　三相无功功率

三相电路总的无功功率有类似结论，即：

$$Q=Q_1+Q_2+Q_3=U_1I_1\sin\varphi_1+U_2I_2\sin\varphi_2+U_3I_3\sin\varphi_3$$

在对称三相电路中，有：

$$Q=3Q_{\mathrm{P}}=3U_{\mathrm{P}}I_{\mathrm{P}}\sin\varphi=\sqrt{3}\,U_{\mathrm{L}}I_{\mathrm{L}}\sin\varphi \tag{4.16}$$

4.3.4　三相视在功率

视在功率、有功功率和无功功率的关系为：

$$S=\sqrt{P^2+Q^2}$$

三相电路总视在功率为：

$$S=\sqrt{P^2+Q^2}=\sqrt{(P_1+P_2+P_3)^2+(Q_1+Q_2+Q_3)^2} \tag{4.17}$$

其中，各相的视在功率为：

$$S_1=\sqrt{P_1^2+Q_1^2}\,,S_2=\sqrt{P_2^2+Q_2^2}\,,S_3=\sqrt{P_3^2+Q_3^2}$$

如果三相负载对称，则：

$$S=3S_{\mathrm{P}}=3U_{\mathrm{P}}I_{\mathrm{P}}=\sqrt{3}\,U_{\mathrm{L}}I_{\mathrm{L}} \tag{4.18}$$

显然，当电路不对称时，有：

$$S\neq S_1+S_2+S_3$$

4.3.5　三相功率因数

三相电路的功率因数为：

$$\cos\varphi=\frac{P}{S}$$

对称三相电路的功率因数与单相电路的功率因数相同；不对称三相电路的功率因数与单相电路的功率因数无对应关系。

【例4.5】如图4.15所示，负载为星形连接的三相电路，已知三相电源的线电压 $U_{\mathrm{L}}=380$ V，各相阻抗分别为 $Z_1=10\underline{/53°}\ \Omega$、$Z_2=20\underline{/45°}\ \Omega$、$Z_3=5\underline{/37°}\ \Omega$，求三相有功功率 P。

【解】由 $U_{\mathrm{L}}=380$ V，可得相电压：

$$U_{\mathrm{P}}=220\ \mathrm{V}$$

分别计算各相电流和功率如下：

$$I_1 = \frac{U_P}{|Z_1|} = \frac{220}{10}\text{A} = 22 \text{ A}$$

$$P_1 = U_1 I_1 \cos \varphi_1 = (220 \times 22 \times \cos 53°) \text{kW} = 2.91 \text{ kW}$$

$$I_2 = \frac{U_P}{|Z_2|} = \frac{220}{20}\text{A} = 11 \text{ A}$$

$$P_2 = U_2 I_2 \cos \varphi_2 = (220 \times 11 \times \cos 45°) \text{kW} = 1.71 \text{ kW}$$

$$I_3 = \frac{U_P}{|Z_3|} = \frac{220}{5}\text{A} = 44 \text{ A}$$

$$P_3 = U_3 I_3 \cos \varphi_3 = (220 \times 44 \times \cos 37°) \text{kW} = 7.73 \text{ kW}$$

所以三相电路的有功功率为：

$$P = P_1 + P_2 + P_3 = 10.35 \text{ kW}$$

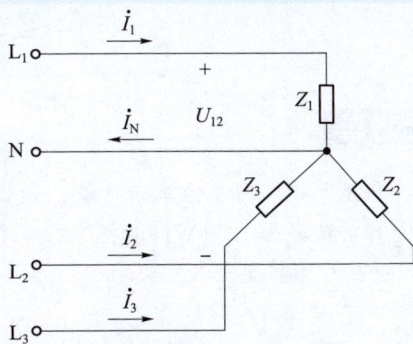

图 4.15　例 4.5 电路

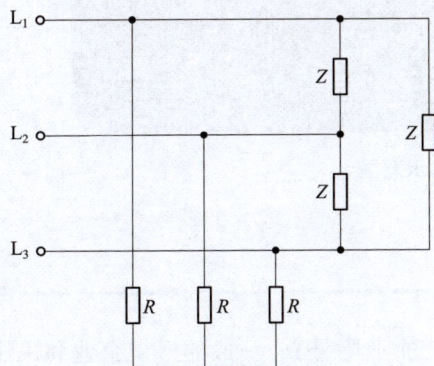

【例 4.6】有一三角形连接的对称三相负载，每相负载阻抗 $|Z| = 100 \text{ Ω}$，功率因数 $\cos \varphi = 0.8$，电源线电压 $U_L = 380 \text{ V}$。试求负载的有功功率 P、无功功率 Q 和视在功率 S。

【解】当负载三角形连接时，负载两端的相电压等于电源的线电压。

每相负载阻抗为：

$$Z = 100 \underline{/37°} \text{ Ω}$$

因此，相电流为：

$$I_P = \frac{U_L}{|Z|} = \frac{380}{100}\text{A} = 3.8 \text{ A}$$

线电流为：

$$I_L = \sqrt{3} I_P = 6.58 \text{ A}$$

有功功率为：

$$P = \sqrt{3} U_L I_L \cos \varphi = (\sqrt{3} \times 380 \times 6.58 \times 0.8) \text{W} = 3\,465 \text{ W}$$

无功功率为：

$$Q = \sqrt{3} U_L I_L \sin \varphi = (\sqrt{3} \times 380 \times 6.58 \times 0.6) \text{var} = 2\,599 \text{ var}$$

视在功率为：

$$S = \sqrt{3} U_L I_L = (\sqrt{3} \times 380 \times 6.58) \text{V} \cdot \text{A} = 4\,331 \text{ V} \cdot \text{A}$$

【例 4.7】有一台三相电阻加热炉，功率因数 $\cos \varphi_1 = 1$，采用星形连接；另有一台三相交流电动机，功率因数 $\cos \varphi_2 = 0.8$，采用三角形连接，如图 4.16 所示。二者共同由线电压为 380 V 的三相电源供电，它们消耗的有功功率分别为 75 kW 和 36 kW。求电源的线电流。

【解】电阻炉的功率因数 $\cos \varphi_1 = 1$、$\varphi_1 = 0°$，故无功功率为 $Q_1 = 0$。

电动机的功率因数 $\cos \varphi_2 = 0.8$、$\varphi_2 = 36.9°$，故无功功率为：

$$Q_2 = P_2 \tan \varphi_2 = (36 \times \tan 36.9°) \text{kvar} = 27 \text{ kvar}$$

电源有功功率为：

$$P = P_1 + P_2 = (75 + 36) \text{kW} = 111 \text{ kW}$$

电源无功功率为：

$$Q = Q_1 + Q_2 = (0 + 27) \text{kvar} = 27 \text{ kvar}$$

电源视在功率为：

$$S = \sqrt{P^2 + Q^2} = \sqrt{(111^2 + 27^2)} \text{ kV} \cdot \text{A} = 114 \text{ kV} \cdot \text{A}$$

故线电流为：

图 4.16　例 4.7 电路

$$I_L = \frac{S}{\sqrt{3}\,U_L} = \frac{114\times10^3}{\sqrt{3}\times380}A = 173\ A$$

思考题

有 3 个相同的感性单相负载，额定电压为 380 V，功率因数为 0.8，在此电压下单相负载消耗的有功功率为 1.5 kW。若把它接到线电压为 380 V 的对称三相电源上，试问应采用什么连接方法？负载的阻抗是多少？

△4.4　供电配电系统简介

4.4.1　电力系统概述

电能的生产、传输和供配通过电力系统实现的。

电力系统是由发电厂、送变电线路、供配电所和用电等环节组成的电能生产与消耗系统，也可以说，发电厂、电力网与用户共同构成了电力系统。电力系统将自然界的一次能源通过发电动力装置转化成电能，再经输电、变电和配电将电能供应给各用户。

电力系统的主体结构包括发电系统、输电系统和配电系统。发电系统指各类发电厂、发电站，它将一次能源转换成电能；输电系统和配电系统由电源的升压变电所、输电线路、负荷中心变电所、配电线路等构成，其功能是将电源发出的电能升压到一定等级后输送到负荷中心变电所，再降压至一定等级后，经配电线路输送给用户。电力系统的总体架构示意图如图 4.17 所示。

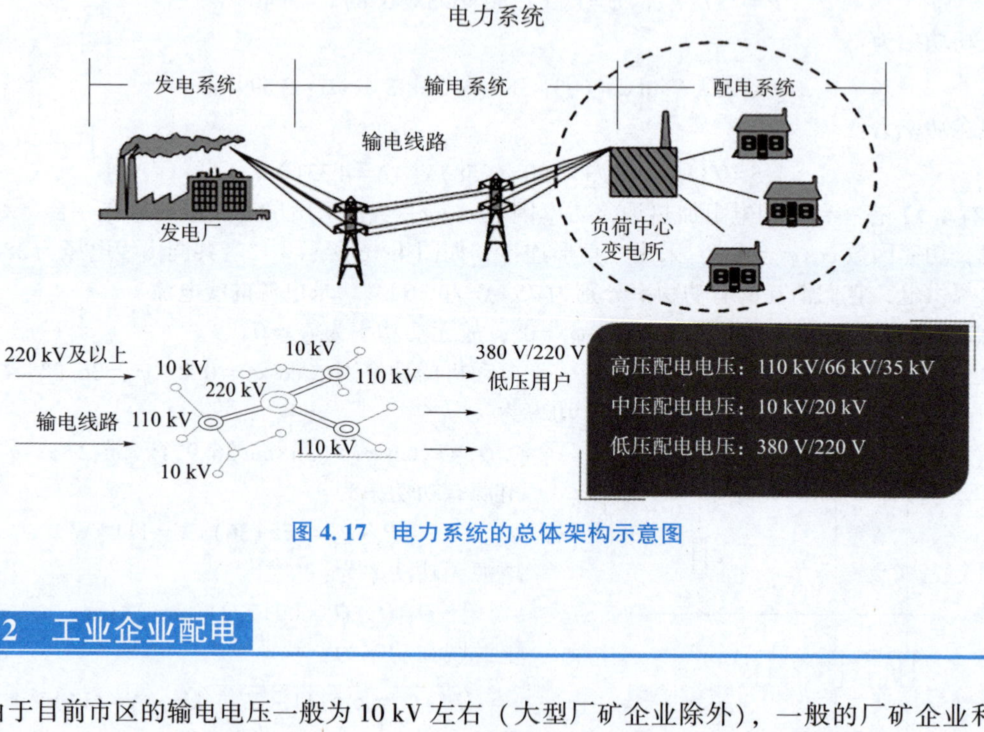

图 4.17　电力系统的总体架构示意图

4.4.2　工业企业配电

由于目前市区的输电电压一般为 10 kV 左右（大型厂矿企业除外），一般的厂矿企业和民用建筑所在区域都必须设置降压变电所，将电压降为 380 V/220 V，再引出若干条供电线到各个用电点（车间或建筑物）的配电箱上，然后由配电箱将电能分配给各用电设备。这种低压供电系统的供电线路主要有放射式和树干式两种。

放射式供电线路如图 4.18 所示。其特点是从配电变压器低压侧引出若干条支线，分别向各用电点直接供电。这种供电方式不会因其中某一支线发生故障而影响其他支线的供电，供电的可靠性高，而且也便于操作和维护。但其配电导线用量大，投资费用高。在用电点较分散，每个用电点的用电量较大，且变电所又居于各用电点的中央时，采用这种供电方式比较有利。

树干式供电线路如图 4.19 所示。其特点是从配电变压器低压侧引出若干条干线，沿干线再引出若干条支线供电给用电点。这种供电方式在某一干线出现故障或需要检修的情况下，停电的面积大，供电的可靠性较低。但其配电导线的用量较少，投资费用较低，接线灵活性较大。在用电点比较集中，各用电点居于变电所同一侧时，采用这种供电方式比较合适。

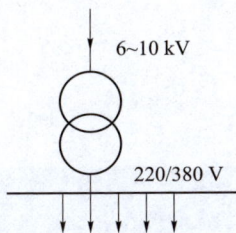

图 4.18 放射式供电线路 　　　图 4.19 树干式供电线路

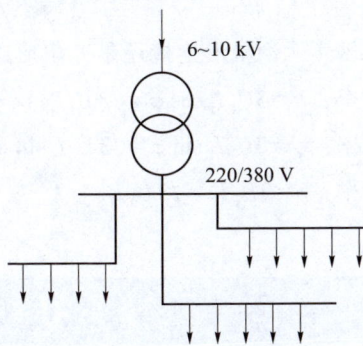

思考题

1. 电力系统的作用是什么？
2. 介绍一下电力系统的主体结构。

本章小结

1. 三相电源
（1）对称三相电压指 3 个频率相同、幅值相同、相位互差 120° 的正弦电压。
（2）相序：三相电源达到正或负最大值的先后次序称为相序。
（3）三相电源的两种连接方式：星形连接和三角形连接。
2. 三相负载
（1）三相负载分类：对称三相负载和不对称三相负载。
（2）三相负载应根据电源电压和负载的额定电压确定连接方式（星形或三角形），构成三相四线制（有中线）或三相三线制（无中线）电路。

对称星形连接的三相负载可采用三相三线制，其线电流等于相电流。不管负载对称不对称，如果采用三相四线制，则线电压都是相电压的 $\sqrt{3}$ 倍，且线电压超前相应相电压 30°。

当三相负载三角形连接时，线电压等于相电压。当三相负载对称时，线电流是相电流的$\sqrt{3}$倍，且线电流落后相应相电压30°。

如果三相负载对称，则只需计算其中一相，其他两相可由对称性得出；如果负载不对称，则需要逐相计算。

（3）中线的作用：保持负载中性点和电源中性点电位一致，从而在三相负载不对称时，使负载的相电压仍然是对称的。

3. 三相功率

三相电路的总有功功率和无功功率等于每相有功功率和无功功率之和，即：

$$P=P_1+P_2+P_3$$
$$Q=Q_1+Q_2+Q_3$$

视在功率、有功功率和无功功率的关系为：

$$S=\sqrt{P^2+Q^2}$$

对称三相负载（无论星形连接还是三角形连接）的功率计算如下：

（1）有功功率：$P=3U_pI_p\cos\varphi=\sqrt{3}\,U_LI_L\cos\varphi$。

（2）无功功率：$Q=3U_pI_p\sin\varphi=\sqrt{3}\,U_LI_L\sin\varphi$。

（3）视在功率：$S=3U_pI_p=\sqrt{3}\,U_LI_L$。

习　题

填空题

4-1　有一三相交流电动机，每相的等效电阻 $R=29\ \Omega$，等效感抗 $X_L=21.8\ \Omega$，绕组连接成三角形接于 $U_L=220\ \text{V}$ 的三相电源上，则每相绕组电流为_____ A。

4-2　不对称三相负载接于三相四线制电源上，如图4.20所示。若电源线电压为220 V，当 M 点和 D 点都断开时，U_3为_____ V。

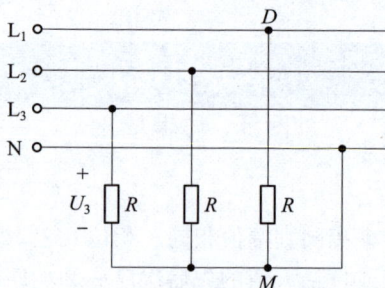

图4.20　习题4-2图

4-3　当三相交流发电机的3个绕组接成星形时，若线电压 $u_{23}=380\sqrt{2}\sin\omega t$ V，则 L$_1$ 的相电压瞬时值表达式 $u_1=$_____ V。

4-4　在负载不变的情况下，星形连接比三角形连接时的总功率_____（填相同、小、大或不一定）。

4-5　在某星形连接的对称三相负载电路中，已知线电压 $u_{12}=380\sqrt{2}\sin\omega t$ V，线电流 $i_1=$

$20\sqrt{2}\sin(\omega t+50°)$ A，则每相复阻抗 $Z=|Z|\underline{/\varphi}=$ _____。

4-6 在负载为三角形连接的对称三相电路中，若线电压 $\dot{U}_{12}=380\underline{/0°}$ V，线电流 $\dot{I}_1=2\sqrt{3}\underline{/15°}$ A，则负载的功率因数为_____。

4-7 对称三相感性负载连接成星形，若线电压为 6 kV、线电流为 10 A、三相有功功率为 60 kW，则无功功率为_____ kvar。

4-8 在图 4.21 的电路中，已知表 V_1 的读数为 380 V，则其他各表读数为：V_2_____，A_1_____，A_2_____，A_3_____。

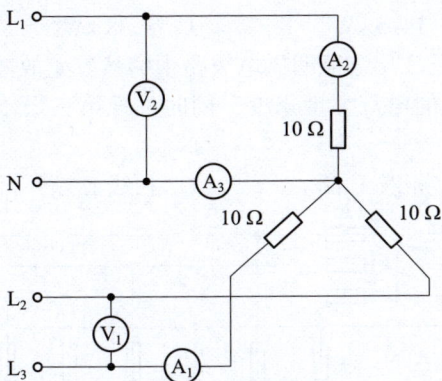

图 4.21 习题 4-8 图

4-9 某三角形连接的纯电容负载接于对称三相电源上，已知各相容抗 $X_C=6$ Ω，线电流为 10 A，则三相视在功率为_____ V·A。

4-10 有一对称三相负载连接成三角形接于线电压 $U_L=220$ V 的三相电源上，已知负载相电流为 20 A、功率因数为 0.5，则负载从电源所取用的有功功率 $P=$_____ W。

选择题

4-11 某对称三相电源的电压分别为 $u_1=20\sin(314t+15°)$ V，$u_2=20\sin(314t-105°)$ V，$u_3=20\sin(314t+135°)$ V，当 $t=20$ s 时，该三相电压之和为（   ）。

A. 20 V　　B. $\dfrac{20}{\sqrt{2}}$ V　　C. 0 V　　D. $20\sqrt{2}$ V

4-12 在图 4.22 的三相四线制照明电路中，各相负载电阻不等。如果中性线在"×"处断开，后果是（   ）。

A. 各相电灯中电流均为零
B. 各相电灯中电流不变
C. 各相电压重新分配，有的不能正常发光或烧坏灯丝
D. 各相电灯中电流相等

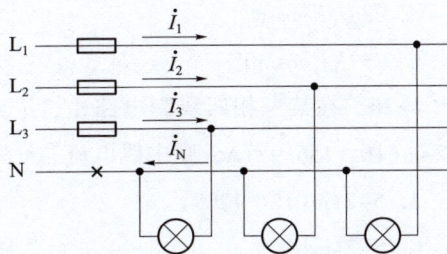

图 4.22 习题 4-12 图

4-13 在三相电路中，三相负载对称的条件是（   ）。

A. $|Z_1|=|Z_2|=|Z_3|$　　B. $\varphi_1=\varphi_2=\varphi_3$
C. $Z_1=Z_2=Z_3$　　D. Z_1、Z_2、Z_3 任意两个相等

4-14 在三相四线制供电线路中，已知星形连接的三相负载中 L_1 相为纯电阻、L_2 相为纯电

感、L_3 相为纯电容，通过每相负载的电流均为 10 A，则中线电流为（　　）A。

A. 30　　　　　　　B. 10　　　　　　　C. 7. 32　　　　　　　D. 17. 32

4-15　某三相电热电器，每相负载的电阻为 55 Ω、额定电流为 4 A、电源电压为 380 V，则三相电热电器用作（　　）。

A. 三角形连接

B. 星形连接

C. 星形、三角形连接均可

D. 不能在该电源上使用

4-16　3 个 $R = 10$ Ω 的电阻三角形连接，已知线电流 $I_L = 22$ A，则该三相负载的有功功率 $P =$（　　）。

A. 4. 84 kW　　　　B. 14. 5 kW　　　　C. 8. 38 kW　　　　D. 8. 38 kW

4-17　如图 4.23 所示，某三层楼照明供电线路中突然发生故障，第二层和第三层楼的所有电灯都暗淡下来，而第一层楼的电灯亮度未变，同时发现第三层楼的电灯比第二层楼的电灯还要暗些。原来是（　　）。

A. 相线 L_1 断　　　B. 相线 L_2 断　　　C. 相线 L_3 断　　　D. 中性线 "×" 处断

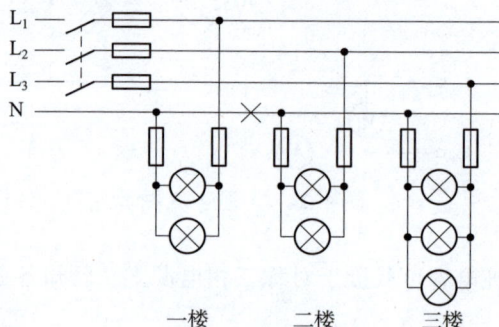

图 4.23　习题 4-17 图

4-18　对称三相电路的无功功率 $Q = \sqrt{3}\, U_L I_L \sin \varphi$，式中角 φ 为（　　）。

A. 线电压与线电流的相位差

B. 负载阻抗的阻抗角

C. 负载阻抗的阻抗角与 30° 之和

D. 相电压与线电流的相位差

4-19　某三相对称电路的线电压 $u_{12} = \sqrt{2}\, U_L \sin(\omega t + 30°)$ V，线电流 $i_1 = \sqrt{2}\, I_L \sin(\omega t + \varphi)$ A，负载连接成星形，每相复阻抗 $Z = |Z| \underline{/\varphi}$。该三相电路的有功功率表达式为（　　）。

A. $\sqrt{3}\, U_L I_L \cos \varphi$

B. $\sqrt{3}\, U_L I_L \cos(30° + \varphi)$

C. $\sqrt{3}\, U_L I_L \cos 30°$

D. $\sqrt{3}\, U_L I_L \cos(30° - \varphi)$

4-20　在某三相四线制电路中，$i_1 = 5\sqrt{2} \sin(10t + 36. 9°)$ A，$i_2 = 5\sqrt{2} \sin(10t - 83. 1°)$ A，$i_3 = 5\sqrt{2} \sin(10t + 156. 9°)$ A，则中线电流 $i_N =$（　　）A。

A. $5\sqrt{2} \sin(10t - 120°)$

B. $5\sqrt{2} \sin(10t + 120°)$

C. $5\sqrt{2} \sin 10t$

D. 0

计算题

4-21　有一对称三相负载，已知每相负载的电阻 $R = 8$ Ω、容抗 $X_C = 6$ Ω。如果将负载连接成星形接入线电压 $U_L = 380$ V 的三相四线制电源上，求相电压、相电流和线电流的有效值。

4-22　对称三相负载星形连接，其电源线电压为 380 V、线电流为 10 A、功率为 5 700 W，求负载的功率因数、电路的无功功率和视在功率。

4-23　对称三相负载三角形连接，已知电源线电压为 380 V、每相电流为 38 A、功率因数

$cos\ \varphi = 0.6$，求三相电路的有功功率、无功功率和视在功率。

4-24 对称三相电源，线电压 $U_L = 380$ V，对称三相感性负载三角形连接，若测得线电流 $I_L = 17.3$ A，三相有功功率 $P = 9.12$ kW，求每相负载的电阻和感抗。

4-25 额定电压为 220 V 的 3 个单相负载，$R = 12\ \Omega$，$X_L = 16\ \Omega$，由三相四线制电源供电，已知线电压 $u_{12} = 380\sqrt{2}\sin(314t + 30°)$ V。（1）负载应如何连接？（2）求负载的线电流 i_{L1}、i_{L2} 和 i_{L3}。

4-26 试证明在三相电路中，接在同一三相电源上的一组对称三相负载三角形连接时的线电流是星形连接时线电流的 3 倍。

4-27 有一台三相异步电动机，其绕组连接成三角形接于线电压为 380 V、频率为 50 Hz 的电源上，从电源所取用的功率是 11.43kW，功率因数为 0.87。（1）试求该电动机的相电流、线电流；（2）如果在电源线上接入一组三角形连接的电容以提高功率因数，每相电容 $C = 20\ \mu$F，求此时电源输出的线电流和提高后的功率因数。

4-28 一台三相异步电动机的输出功率为 4 kW、功率因数 $\lambda = 0.85$、效率 $\eta = 0.85$、额定相电压为 380 V、供电线路为三相四线制、线电压为 380 V。（1）该电动机应采用何种接法？（2）求负载的线电流和相电流；（3）求每相负载的等效复阻抗。

4-29 如图 4.24 所示。线电压 $U_L = 220$ V 的对称三相电源上接有两组对称三相负载，一组是接成三角形的感性负载，每相功率为 4.84 kW，功率因数为 0.8；另一组是接成星形的电阻负载，每相阻值为 10 Ω。求各组负载的相电流及总的线电流。

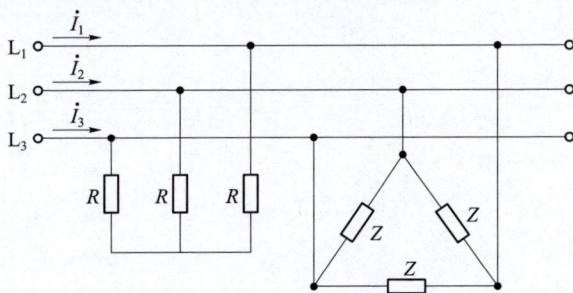

图 4.24 习题 4-29 图

第5章 电路暂态过程的分析

　　自然界中任何形式的能量都不会突然变化，能量储存或释放要有一个过程。电路也一样，当电路含有储能元件（电感和电容）时，电路中的电压或电流就不能突然增大或减小，而是需要一个过渡过程。因过渡过程持续时间较短，也称暂态过程。本章主要分析在一阶 *RC* 电路和 *RL* 电路的暂态过程，电路的电压和电流随时间变化的规律，以及影响暂态过程快慢的电路时间常数，最后归纳出三要素法求解一阶线性电路响应的方法。

5.1 暂态过程分析中的基本概念

5.1.1 稳态与暂态过程

当电路经历了长时间的运行，其中的电压、电流等量处于稳定值时，这种状态称为稳定状态，简称稳态。

在电路分析中，常将电路的接通、切断、短路、电路接线方式的突然改变、电源的突然变化及电路参数的突然改变等，称为换路。

换路后，电路需要经过一定的短暂时间才能过渡到稳态；也就是说需要有一个从一种稳态变化到另一种稳态的过渡过程，称暂态过程。

5.1.2 暂态过程产生的原因

电路在换路后为什么会有暂态过程呢？这是因为电路元件中能量的储存和释放是需要一定的时间。当电路中有储能元件（电容或电感），并且换路的结果将引起电容中的电场能或电感中的磁场能发生变化时，电路中就会出现暂态过程。可见，换路是引起暂态过程的外因，而电容中的电场能和电感中的磁场能不能突变则是引起暂态过程的内因。

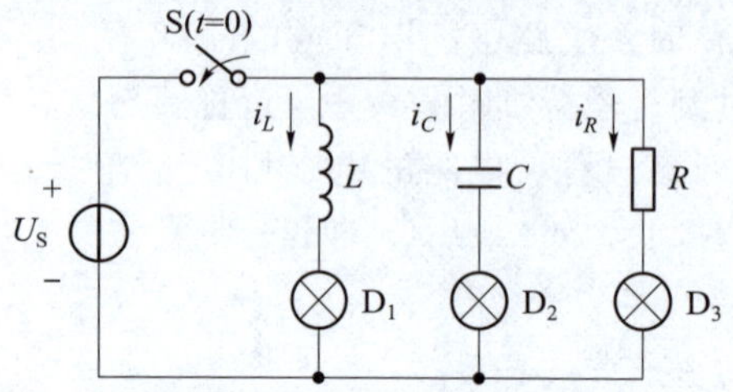

图 5.1 暂态过程实验电路

暂态过程实验电路如图 5.1 所示，假设开关 S 原处于断开状态，灯泡 D_1、D_2、D_3 都不亮。

当开关 S 闭合后，电路发生换路。出现以下现象。

（1）灯泡 D_1 由暗逐渐变亮，最后亮度达到稳定。

（2）灯泡 D_2 在开关闭合的瞬间突然闪亮，随着时间的延迟逐渐暗下去，直到完全熄灭。

（3）灯泡 D_3 在开关闭合的瞬间立即变亮，而且亮度稳定不变。

分析如下。

（1）灯泡 D_1 与电感串联，接通电源后，因电感电流不能突变，灯泡的电流只能由零逐渐上升到最大。因此，灯泡 D_1 由暗逐渐变亮，最后亮度达到稳定。

（2）灯泡 D_2 与电容串联，电源接通后，因电容两端的电压不能突变，只能从零逐渐上升到电源电压。那么灯泡 D_2 两端的电压必然从电源电压逐渐降低到了零，所以灯泡 D_2 在开关闭合的瞬间突然闪亮，随着时间的延迟逐渐暗下去，直到完全熄灭。

（3）灯泡 D_3 与电阻串联，电源接通后电路直接进入稳态，通过灯泡 D_3 的电流瞬间达到稳定值。所以灯泡 D_3 在开关闭合的瞬间立即变亮，而且亮度稳定不变。

利用电路暂态可获得特定波形的电信号，如锯齿波、三角波、尖脉冲等，广泛应用于电子电路。另外，暂态开始的瞬间可能产生过电压、过电流，导致电气设备或元件损坏，必须积极避免。

思考题

1. 当理想电阻与直流电源接通时，有没有暂态过程？这时电阻中电压和电流的波形是什么样的？

2. 含电容或电感的电路在换路时是否一定会产生暂态过程?

3. 为什么说暂态过程分析问题的实质是储能元件吸收与释放能量的过程?

5.2　换路定则和初始值与稳态值的计算

5.2.1　换路定则

换路使电路的状态发生改变。为了研究方便，通常把换路的瞬间用 $t=0$ 表示，换路前一瞬间用 $t=0_-$ 表示，换路后一瞬间用 $t=0_+$ 表示。

由于物体所具有的能量不能突变，换路瞬间电感和电容储存的能量不能突变。根据电感中储存有 $W=\frac{1}{2}Li^2$ 的能量，电容中储存有 $W=\frac{1}{2}Cu^2$ 的能量，可知电感中的电流和电容上的电压都不能突变，称为换路定则。换路定则的数学表达式为：

$$i_L(0_+)=i_L(0_-) \tag{5.1}$$
$$u_C(0_+)=u_C(0_-) \tag{5.2}$$

换路定则仅适用于换路瞬间，用来确定电容上电压和电感中电流的初始值。

5.2.2　初始值的计算

换路后瞬间，电路中各元件的电压或电流值称为初始值。

初始值的计算步骤如下：

（1）电容电压和电感电流初始值的计算。

① 由换路前（$t=0_-$）的等效电路求出 $u_C(0_-)$、$i_L(0_-)$，即上一稳态的稳态值；

② 再根据换路定则求出 $u_C(0_+)$、$i_L(0_+)$。

（2）画出换路后（$t=0_+$）的等效电路，根据直流电路的分析方法求出其他电压和电流的初始值；

注意：在画换路后的等效电路时，若换路前储能元件储有能量，即 $u_C(0_-)=U_0$、$i_L(0_-)=I_0$，则在 $t=0_+$ 的等效电路中，电容用理想电压源来代替，其电压值为 U_0；电感用理想电流源来代替，其电流值为 I_0。若换路前储能元件无储能，则电容元件视作短路、电感元件视作开路。

换路瞬间，除电容电压与电感电流不能突变外，其他电量均可以突变。

【例5.1】如图5.2所示，$U_S=10\text{ V}$、$R_1=1\text{ k}\Omega$、$R_2=4\text{ k}\Omega$，电路在换路前处于稳态，求开关S打开后瞬间电容电压和电流的初始值 $u_C(0_+)$、$i_C(0_+)$。

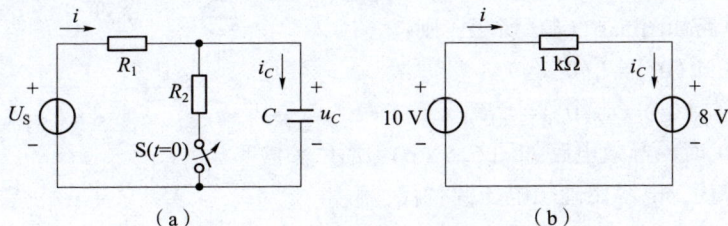

图 5.2　例 5.1 电路

（a）原电路；（b）$t=0_+$ 时等效电路

【解】（1）由图 5.2（a）可知，$t=0_-$ 时电容处于开路状态，求得：

$$u_C(0_-)=\left(\frac{10}{1+4}\times4\right)\text{V}=8\text{ V}$$

由换路定则得：

$$u_C(0_+)=u_C(0_-)=8\text{ V}$$

（2）画出 $t=0_+$ 时，等效电路如图 5.2（b）所示，电容用 8 V 理想电压源替代，解得：

$$i_C(0_+)=\frac{10-8}{1}\text{ mA}=2\text{ mA}$$

注意：电容电流在换路瞬间发生了跃变，即 $i_C(0_-)\neq i_C(0_+)$。

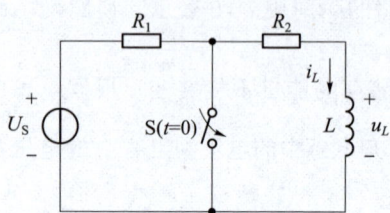

【例 5.2】 如图 5.3 所示，$U_S=12$ V、$R_1=2$ kΩ、$R_2=4$ kΩ，电路在换路前处于稳态，当 $t=0$ 时开关闭合，求电感电压初始值 $u_L(0_+)$。

【解】（1）首先由图 5.3（$t=0_-$ 时）电路求电感电流，此时电感处于短路状态，如图 5.4（a）所示。

有：

$$i_L(0_-)=\frac{12}{2+4}\text{mA}=2\text{ mA}$$

由换路定则得：

$$i_L(0_+)=i_L(0_-)=2\text{ A}$$

（2）画出 $t=0_+$ 时，等效电路如图 5.4（b）所示，解得：

$$u_L(0_+)=(-2\times4)\text{V}=-8\text{ V}$$

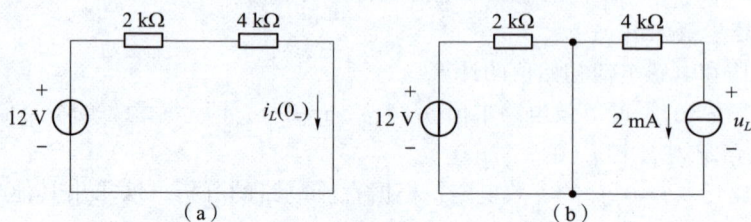

图 5.3　例 5.2 电路

图 5.4　例 5.2 等效电路

（a）$t=0_-$时等效电路；（b）$t=0_+$时等效电路

注意：电感电压在换路瞬间发生了跃变，即 $u_L(0_-)\neq u_L(0_+)$。

【例 5.3】 图 5.5 中电路原处于稳定状态，当 $t=0$ 时闭合开关，求电感电压 $u_L(0_+)$ 和电容电流 $i_C(0_+)$。

【解】（1）把图 5.5（$t=0_-$ 时）电路中的电感短路，电容开路，等效电路如图 5.6（a）所示，则：

$$i_L(0_+)=i_L(0_-)=I_S$$
$$u_C(0_+)=u_C(0_-)=I_SR$$

图 5.5　例 5.3 电路

（2）画出 $t=0_+$ 时，等效电路如图 5.6（b）所示，电感用理想电流源替代，电容用理想电压源替代，解得：

$$i_C(0_+)=I_S-\frac{RI_S}{R}=0$$

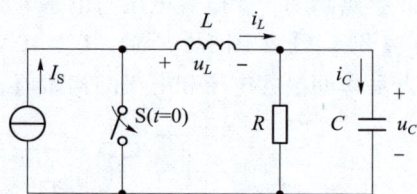

图 5.6 例 5.3 等效电路

（a）$t=0_-$ 时等效电路；（b）$t=0_+$ 时等效电路

$$u_L(0_+) = -I_S R$$

【例 5.4】 在图 5.7 的电路中，已知 $i_L(0_-)=0$、$u_C(0_-)=0$，求在开关闭合后瞬间所标各电流、电压的初始值。

【解】（1）结合题意，根据换路定则可得：

$$i_L(0_+) = i_L(0_-) = 0 \ \text{A}$$

$$u_C(0_+) = u_C(0_-) = 0 \ \text{V}$$

（2）画出 $t=0_+$ 时，等效电路如图 5.8 所示，解得：

$$u_L(0_+) = u_1(0_+) = 20 \ \text{V}$$

$$u_2(0_+) = 0 \ \text{V}$$

$$i_C(0_+) = i(0_+) = \frac{20}{10}\text{A} = 2 \ \text{A}$$

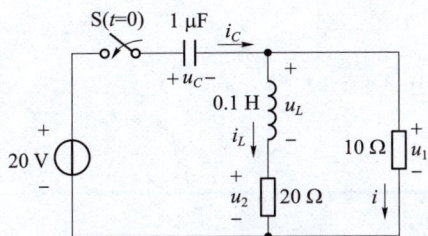

图 5.7 例 5.4 电路图

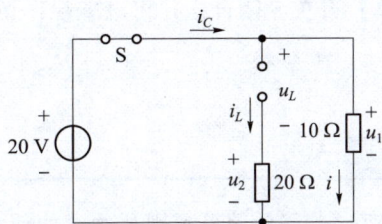

图 5.8 例 5.4 $t=0_+$ 时等效电路

5.2.3 稳态值的计算

当暂态过程结束后，电路处于新的稳态，这时电路中各元件的电流、电压的值为新的稳态值，它也是分析一阶线性电路暂态过程电压、电流变化规律的重要因素之一。

求解稳态值的步骤和求解初始值的方法类似，方法如下：

（1）首先画出 $t \to \infty$ 等效电路，其中电容元件以开路代替，电感元件以短路代替。

（2）用直流电路的分析方法求出 $t \to \infty$ 等效电路中各电压和电流的稳态值。

注意：求解初始值和稳态值的区别在于求初始值的关键是应用换路定则，而求解稳态值的关键在于电路处于稳态。求初始值 $u_C(0_+)$ 和 $i_L(0_+)$ 也使用稳态的概念，但等效电路中的开关位于未动作前的触点，而 $t \to \infty$ 的等效电路的开关位于已动作后的触点。

【例 5.5】 电路如图 5.9 所示，开关 S 在 $t=0$ 时闭合，求电路达到稳态时电容两端的电

压 $u_c(\infty)$。

【解】 开关 S 闭合，并将电容视作开路，则：

$$u_c(\infty) = \left(\frac{20}{10+10} \times 10\right) \text{V} = 10 \text{ V}$$

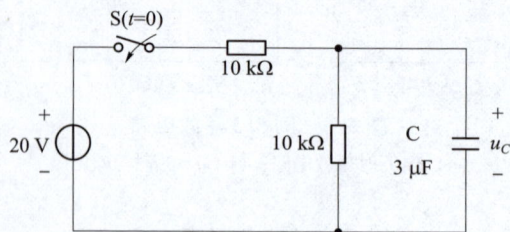

图 5.9　例 5.5 电路

【例 5.6】 电路如图 5.10 所示，开关 S 在 $t=0$ 时闭合，求电路达到稳态时的电感电流 $i_L(\infty)$。

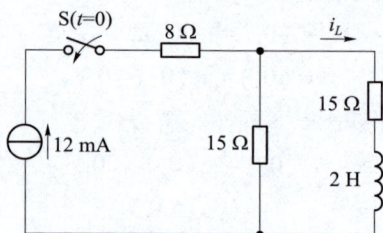

图 5.10　例 5.6 电路

【解】 开关 S 闭合，并将电感视作短路，则：

$$i_L(\infty) = \left(12 \times \frac{15}{15+15}\right) \text{mA} = 6 \text{ mA}$$

思考题

1. 何谓换路？换路定则所阐述的问题的实质是什么？
2. 当换路时，电感中的哪个物理量不能跃变？而电容上的哪个物理量不能跃变？
3. 在直流稳态电路中，电容、电感有怎样的特性？

5.3　RC 电路的暂态过程分析

研究暂态过程常采用数学分析法和实验分析法两种方法。本章只介绍数学分析法（也称为经典法），即通过求解电路的微分方程来确定电路中电压和电流在暂态过程随时间变化的规律。

下面将 RC 电路暂态过程按照产生响应原因的不同分 3 种情况进行分析，它们分别为零输入响应、零状态响应和全响应。

5.3.1　*RC* 电路的零输入响应

RC 电路的零输入响应（zero input response）是指当输入信号为零时，由电容初始储能（即初始值）在电路中产生的响应，如图 5.11 所示。在开关 S 切换位置前，电容 *C* 已充满电。在 $t = 0$ 时，开关 S 从 1 位合到 2 位，电容储存的能量将通过电阻以热能形式释放出来。

分析 *RC* 电路的零状态响应，就是分析它的放电过程。根据 KVL 可得：

$$u_R + u_C = 0$$

即：

$$Ri + u_C = 0$$

由于 $i = C\dfrac{\mathrm{d}u_C}{\mathrm{d}t}$，代入上式得：

$$RC\frac{\mathrm{d}u_C}{\mathrm{d}t} + u_C = 0 \qquad (5.3)$$

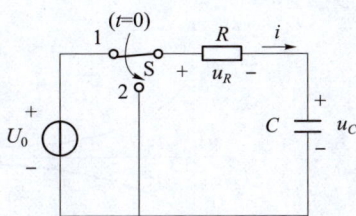

图 5.11　*RC* 零输入响应电路

式（5.3）是一个一阶线性齐次常微分方程。其解为：

$$u_C(t) = u_C' + u_C''$$

式中：u_C' 为通解；u_C'' 为特解，常取稳态值，称为稳态分量，它等于 $t \to \infty$ 时的电容电压值，即 $u_C'' = 0$。

u_C' 属于过渡过程中出现的量，称为自由分量或暂态分量，即：

$$u_C' = A\mathrm{e}^{pt}$$

式中：p 是特征方程式的根（简称特征根），可以由式（5.3）的特征方程求得，即：

$$RCp + 1 = 0$$

特征根为：

$$p = -\frac{1}{RC} = -\frac{1}{\tau}$$

式中：$\tau = RC$，称为时间常数。

因此：

$$u_C(t) = u_C' + u_C'' = A\mathrm{e}^{-\frac{t}{\tau}}$$

积分常数 A 需由初始条件确定。由于初始值 $u_C(0_+) = U_0$，可求得积分常数 $A = U_0$。

所以，微分方程的解为：

$$u_C = U_0\mathrm{e}^{-\frac{t}{\tau}} \ (t \geqslant 0) \qquad (5.4)$$

这就是 *RC* 电路零输入响应电压 u_C，其响应电流为：

$$i = C\frac{\mathrm{d}u_C}{\mathrm{d}t} = -\frac{U_0}{R}\mathrm{e}^{-\frac{t}{\tau}} \ (t \geqslant 0) \qquad (5.5)$$

由以上表达式可以看出，电容上的电压和电流都是按照同样的指数规律衰减的，如图 5.12 所示。

它们的衰减快慢与时间常数 τ 有关，τ 的单位是秒（s）。

时间常数 τ 的大小反映了电路暂态过程快慢，是暂态过程特性中一个非常重要的量。τ 越大，暂态过程越慢，持续的时间长；τ 越小，暂态过程越快，持续的时间越短，如图 5.13 所示。$t=0$，$t=\tau$，$t=2\tau$，$t=3\tau$，…时刻电容上电压的值列于表 5.1。

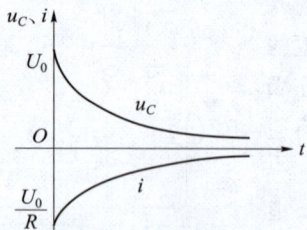

图 5.12　RC 电路零输入响应电压和电流变化曲线

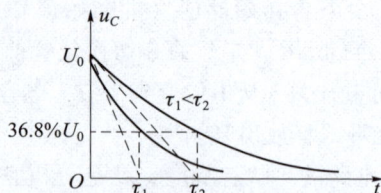

图 5.13　不同 τ 值的电压衰减差别

表 5.1　u_C（t）随时间衰减情况

t	0	τ	2τ	3τ	4τ	5τ	…	∞
$U_0 \mathrm{e}^{-\frac{t}{\tau}}$	U_0	$U_0 \mathrm{e}^{-1}$	$U_0 \mathrm{e}^{-2}$	$U_0 \mathrm{e}^{-3}$	$U_0 \mathrm{e}^{-4}$	$U_0 \mathrm{e}^{-5}$	…	$U_0 \mathrm{e}^{-\infty}$
u_C	U_0	$0.368 U_0$	$0.135 U_0$	$0.050 U_0$	$0.018 U_0$	$0.007 U_0$	…	0

当 $t=\tau$ 时，$u_c(t)=U_0 \mathrm{e}^{-1}=0.368 U_0$，电容电压下降为初始值的 36.8%。所以，$\tau$ 的物理意义就是当电容电压下降为初始值的 36.8% 时所需要的时间。

从上表可见，在理论上要经过无穷长（$t \to \infty$）的时间，电容电压才能达到稳态。但工程上一般认为，经过（$3\sim 5$）τ，暂态过程结束，电路达到稳态。

在放电过程中，电容不断释放能量并为电阻所消耗，最后，原来储存在电容中的电场能量全部被电阻吸收而转换成热能。即：

$$W_R = \int_0^\infty i^2 R \mathrm{d}t = \int_0^\infty \left(\frac{U_0}{R} \mathrm{e}^{-\frac{t}{RC}}\right)^2 R \mathrm{d}t = \frac{U_0^2}{R}\left(-\frac{RC}{2}\mathrm{e}^{-\frac{2t}{RC}}\right)\Big|_0^\infty = \frac{1}{2}CU_0^2$$

5.3.2　RC 电路的零状态响应

RC 零状态响应电路如图 5.14 所示，开关 S 在 $t=0$ 时闭合，RC 电路与直流电压 U_s 接通。如果电容 C 原来没有充电，即初始条件 $u_C(0_-)=0$，则 RC 电路处于零状态。这时，电路中的电压和电流是仅由外施激励引起的。这种响应称为 RC 电路的零状态响应（zero state response）。

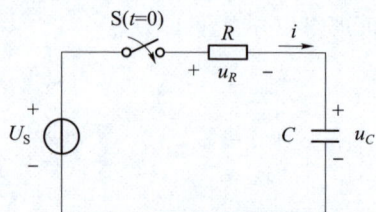

图 5.14　RC 零状态响应电路

分析 RC 电路的零状态响应，就是分析它的充电过程。根据 KVL 可得：

$$u_R + u_C = U_s$$

又因为 $u_R = Ri$、$i = C\dfrac{\mathrm{d}u_C}{\mathrm{d}t}$，所以得电路微分方程：

$$RC\frac{\mathrm{d}u_C}{\mathrm{d}t} + u_C = U_s$$

这是一个一阶线性非齐次常微分方程，解为：

$$u_C(t) = U_s + A\mathrm{e}^{-\frac{t}{RC}}$$

由于电容上电压不能突变，且 u_c 的初始值为 $u_c(0_+)=u_c(0_-)=0$，可求得积分常数 $A=-U_S$，则：

$$u_c(t)=U_S-U_Se^{-\frac{t}{RC}}=U_S(1-e^{-\frac{t}{\tau}})\ (t\geq0)\qquad(5.6)$$

从上式可以得出电流为：

$$i=C\frac{\mathrm{d}u_c}{\mathrm{d}t}=\frac{U_S}{R}e^{-\frac{t}{\tau}}\ (t\geq0)\qquad(5.7)$$

电容上的电压和电流都是按照同样的指数规律变化的，如图 5.15 所示。

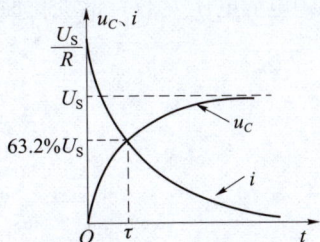

图 5.15　RC 电路零状态响应电压和电流变化曲线

由图 5.15 可见，电容电压 u_c 随时间按指数规律增长，最后趋于稳定值 U_S；充电电流 i_c 随时间指数规律从 $i_c(0_+)=U_S/R$ 值逐渐衰减为零，此时充电结束。

【例 5.7】 图 5.16（a）中电路原已稳定，$t=0$ 时开关 S 闭合，求换路后电压 u_c 的变化规律。

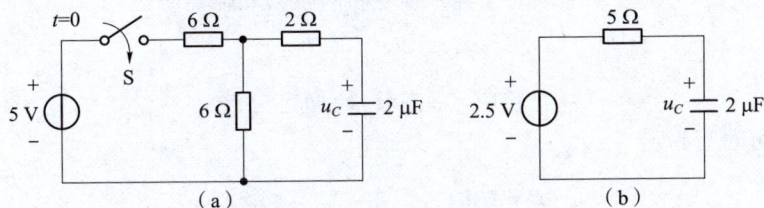

图 5.16　例 5.7 电路

（a）原电路；（b）戴维宁定理等效电路

【解】 换路前电容无储能，由换路定则可得：

$$u_c(0_+)=u_c(0_-)=0$$

换路后的戴维宁定理等效电路如图 5.16（b）所示，因此：

$$\tau=RC=(5\times2\times10^{-6})\,\mathrm{s}=10^{-5}\,\mathrm{s}$$

代入式（5.6），得：

$$u_c(t)=2.5(1-e^{-10^5t})\,\mathrm{V}$$

5.3.3　RC 电路的全响应

如果 RC 电路处于非零初始状态，且同时受到外施激励，则该电路的响应称为 RC 电路的全响应（complete response）。

RC 全响应电路如图 5.17（a）所示，电路中已充电的电容经过电阻接到直流电压源上，设 $u_c(0_-)=U_0$，开关 S 闭合后，由 KVL 列出方程：

$$RC\frac{\mathrm{d}u_c}{\mathrm{d}t}+u_c=U_S$$

解为：

$$u_c(t)=U_S+Ae^{-\frac{t}{\tau}}\ (t\geq0)$$

将初始条件 $u_c(0_+)=u_c(0_-)=U_0$ 代入上式，得：

$$A=U_0-U_S$$

因此，全响应为：

$$u_c(t)=U_S+Ae^{-\frac{t}{\tau}}=U_S+(U_0-U_S)e^{-\frac{t}{\tau}}\ (t\geq0)\qquad(5.8)$$

电容电压 $u_C(t)$ 的变化曲线如图 5.17（b）所示。

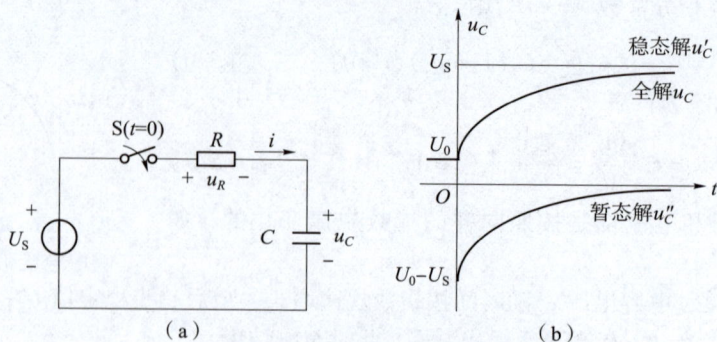

图 5.17 RC 全响应电路及电压变化曲线

（a）RC 全响应电路；（b）电压变化曲线

全响应可表示为：

$$全响应=稳态分量+暂态分量$$

式（5.8）可改写为：

$$u_C(t)=U_S\left(1-e^{-\frac{t}{\tau}}\right)+U_0e^{-\frac{t}{\tau}}\ (t\geqslant0)。$$

因此，全响应又可表示为：

$$全响应=零状态响应+零输入响应$$

此种分解形式可用叠加定理来描述，如图 5.18 所示。

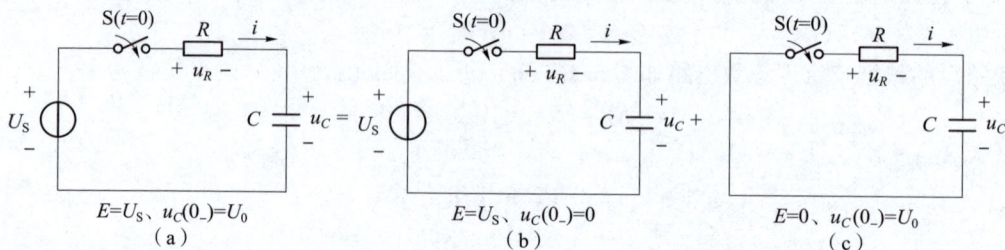

图 5.18 RC 全响应叠加定理分析电路

（a）RC 全响应电路；（b）RC 零状态响应电路；（c）RC 零输入响应电路

思考题

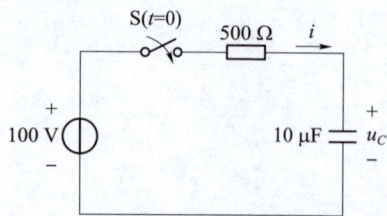

图 5.19 思考题 3 电路

1. 如果换路前电容 C 处于零状态，则当 $t=0$ 时，$u_C(0)=0$，而当 $t\rightarrow\infty$ 时，$i_C(\infty)=0$。可否认为当 $t=0$ 时，电容相当于短路，当 $t\rightarrow\infty$ 时，电容相当于开路？如果换路前 C 不是处于零状态，上述结论是否成立？

2. 在 RC 电路中，如果串联了电流表，换路前最好将电流表短接，这是为什么？

3. 图 5.19 中电路在 $t=0$ 时，开关 S 闭合。已知 $u_C(0_-)=0$，试求当电容充电至 80 V 时所花费的时间 t。

5.4 *RL* 电路的暂态过程分析

电阻和电感构成的 *RL* 电路的暂态过程，同样按照零输入响应、零状态响应和全响应 3 种情况进行分析。

5.4.1 *RL* 电路的零输入响应

RL 零输入响应电路如图 5.20 所示，换路前（即开关 S 断开）电路已处于稳态，电感中流过的电流为：

$$i_L(0_+) = i_L(0_-) = \frac{U_S}{R_1 + R} = I_0$$

当 $t = 0$ 时，S 闭合，则 *RL* 电路被短接，求换路后的响应电流 i_L 和 u_L。由 KVL 列出当 $t \geq 0$ 时电路的微分方程为：

$$u_R + u_L = 0$$

而 $u_R = R i_L$，$u_L = L \dfrac{\mathrm{d} i_L}{\mathrm{d} t}$，电路的微分方程为：

$$L \frac{\mathrm{d} i_L}{\mathrm{d} t} + R i = 0 \, (t \geq 0)$$

这也是一个一阶齐次微分方程。令微分方程的通解为：

$$i_L(t) = A \mathrm{e}^{pt}$$

可以得到特征方程：

$$Lp + R = 0,$$

其特征根为：

$$p = -\frac{R}{L} = -\frac{1}{\tau}$$

根据初始值 $i_L(0_+) = I_0$，代入上式可得 $A = I_0$。
因此，电感电流为：

$$i_L(t) = I_0 \mathrm{e}^{pt} = \frac{U_S}{R_1 + R} \mathrm{e}^{-\frac{t}{L/R}} \, (t \geq 0) \qquad (5.9)$$

电感上电压为：

$$u_L(t) = L \frac{\mathrm{d} i_L}{\mathrm{d} t} = -R I_0 \mathrm{e}^{-\frac{t}{L/R}} \, (t \geq 0) \qquad (5.10)$$

从式（5.9）、式（5.10）可得到如下结论。

（1）电感上电压和通过的电流是随时间按同一指数规律变化的，如图 5.21 所示。

（2）电压和电流变化快慢与时间常数 $\tau = \dfrac{L}{R}$ 有关，τ 单位为 s。

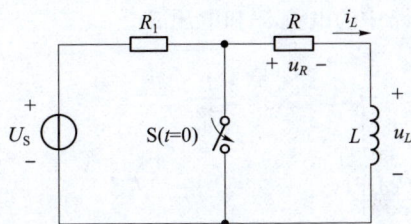

图 5.20 *RL* 零输入响应电路

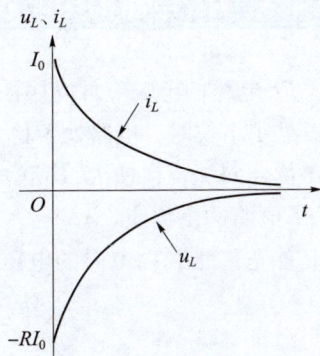

图 5.21 *RL* 电路零输入响应
电压和电流的变化曲线

（3）在暂态过程中，电感释放的能量被电阻全部消耗，即：

$$W_R = \int_0^\infty i^2 R \mathrm{d}t = \int_0^\infty (I_0 \mathrm{e}^{-\frac{t}{L/R}})^2 R \mathrm{d}t$$

$$= I_0^2 R \left(-\frac{L/R}{2} \mathrm{e}^{-\frac{2t}{RC}} \right) \Big|_0^\infty = \frac{1}{2} L I_0^2$$

5.4.2　RL 电路的零状态响应

RL 电路在初始状态为零时对外施激励的响应，称为 RL 电路的零状态响应。RL 零状态响应电路如图 5.22 所示。设 $i_L(0_-) = 0$，开关 S 在 $t = 0$ 时闭合，RL 电路与恒定电压 U_s 接通。求此时电路中的电流 i_L 和电压 u_L。

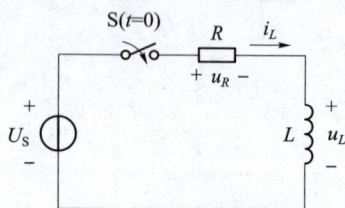

图 5.22　RL 零状态响应电路

回路电压方程为：

$$u_R + u_L = U_\mathrm{s}$$

把 $u_L = L \dfrac{\mathrm{d}i_L}{\mathrm{d}t}$、$u_R = Ri_L$ 代入上式，得微分方程：

$$L \frac{\mathrm{d}i_L}{\mathrm{d}t} + Ri_L = U_\mathrm{s}$$

电流 i_L 的通解为：

$$i_L = i_L' + i_L'' = \frac{U_\mathrm{s}}{R} + A\mathrm{e}^{-\frac{Rt}{L}}$$

初始条件为 $i_L(0_+) = 0$，可得积分常数 $A = -\dfrac{U_\mathrm{s}}{R}$。

因此：

$$i_L = \frac{U_\mathrm{s}}{R}(1 - \mathrm{e}^{-\frac{Rt}{L}}) \tag{5.11}$$

$$u_L(t) = L\frac{\mathrm{d}i_L}{\mathrm{d}t} = U_\mathrm{s}\mathrm{e}^{-\frac{Rt}{L}} = U_\mathrm{s}\mathrm{e}^{-\frac{t}{\tau}} \quad (t \geqslant 0) \tag{5.12}$$

u_L、i_L 随时间按同一指数规律变化，如图 5.23 所示。

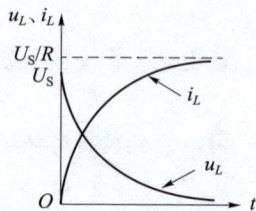

图 5.23　电感的电压和电流的变化曲线

5.4.3　RL 电路的全响应

RL 电路的全响应可以用图 5.24 中的电路来说明。开关 S 处于 1 位时，电路处于稳定状态。当 $t = 0$ 时，开关 S 从 1 位合向 2 位，使 RL 串联电路又与电压 U 接通，这就是 RL 电路的全响应。

首先，列出 $t \geqslant 0$ 时的电压方程为：

$$u_R + u_L = U$$

即：

$$Ri_L + L\frac{\mathrm{d}i_L}{\mathrm{d}t} = U$$

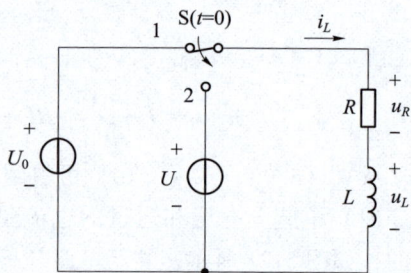

图 5.24　RL 全响应电路

其形式与零状态响应相同。所以，微分方程的解为：

$$i_L = \frac{U}{R} + A\mathrm{e}^{-\frac{t}{\tau}}$$

根据换路定则：

$$i_L(0_+) = i_L(0_-) = \frac{U_0}{R}$$

确定积分常数 A

$$A = \frac{U_0}{R} - \frac{U}{R}$$

因此，电流 i_L 为：

$$i_L = \frac{U}{R} + \left(\frac{U_0}{R} - \frac{U}{R}\right)\mathrm{e}^{-\frac{t}{\tau}} = \frac{U}{R}(1 - \mathrm{e}^{-\frac{t}{\tau}}) + \frac{U_0}{R}\mathrm{e}^{-\frac{t}{\tau}}$$

全响应可以表示为：

全响应 = 零状态响应 + 零输入响应

【例 5.8】如图 5.25 所示，电路在换路前已处于稳态。当开关从 1 位置合到 2 位置后，试求电流 i_L，并画出它们的变化曲线。

【解】应用戴维宁定理，得换路后的等效电路如图 5.26 所示。

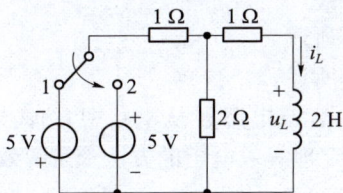

图 5.25　例 5.8 电路　　　　　　图 5.26　例 5.8 等效电路

有：

$$R_{\mathrm{eq}} = (1 /\!/ 2 + 1)\,\Omega = \frac{5}{3}\,\Omega$$

$$U_{\mathrm{S}} = \left(5 \times \frac{2}{3}\right)\mathrm{V} = \frac{10}{3}\,\mathrm{V}$$

$$\tau = \frac{L}{R_{\mathrm{eq}}} = \frac{6}{5}\,\mathrm{s}$$

则电流 $i_L(t)$ 为：

$$i_L(t) = (2 - 4\mathrm{e}^{-\frac{5}{6}t})\,\mathrm{A}\,(t \geqslant 0)$$

思考题

1. 如果换路前电感 L 处于零状态，则当 $t = 0$ 时，$i_L(0) = 0$，而当 $t \to \infty$ 时，$u_L(\infty) = 0$。可否认为当 $t = 0$ 时，电感相当于开路，当 $t \to \infty$ 时，电感相当于短路？

2. 如果换路前 L 不是处于零状态，思考题 1 中的结论是否成立？

3. 如图 5.27 所示，当 $t = 0$ 时，开关断开，则当 $t \geqslant 0$ 时，$8\,\Omega$ 电阻的电流 i 的表达式是什么？

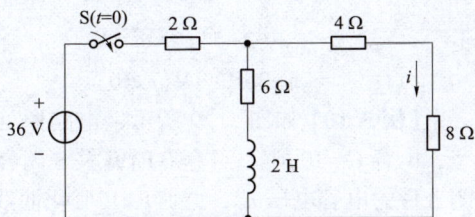

图 5.27　思考题 3 电路

5.5　一阶线性电路的三要素法

当电路中只含有一个储能元件（或可以等效为一个储能元件）时，描述电路的电压或电流微分方程为一阶线性常系数微分方程，这种电路被称为一阶线性电路。

求解一阶线性电路，除了列微分方程的方法（经典法）以外，还有一种简单有效的方法，就是三要素法。

所谓的三要素法，就是对待求的电路响应变量，先求出其初始值、稳态值及时间常数，再代入公式（5.13）中，即

$$f(t)=f(\infty)+[f(0_+)-f(\infty)]\mathrm{e}^{-\frac{t}{\tau}} \tag{5.13}$$

式（5.13）是分析一阶线性电路暂态过程中任意变量的一般公式。式中：$f(t)$ 是暂态过程中待求的电流或电压，$f(0_+)$ 是初始值，$f(\infty)$ 是稳态值，τ 是时间常数。由此可见，只要求得 $f(0_+)$、$f(\infty)$ 和 τ 这 3 个要素，便可直接写出一阶线性电路的响应。与前面求解微分方程的方法相比，三要素法更易于学习和掌握。

三要素法求解一阶线性电路响应的具体步骤如下：

（1）确定初始值。稳态值的计算方法如 5.2.2 节所述。

（2）确定稳态值。稳态值的计算方法如 5.2.3 节所述。

（3）计算时间常数 τ。将换路后的储能元件（电容或电感）从电路中拿掉，其余部分电路是一个电阻线性有源二端网络，可以利用求解戴维宁定理等效电阻的方法求解等效电阻 R_0。对于一阶 RC 电路，$\tau=R_0C$；对于一阶 RL 电路，$\tau=L/R_0$。

（4）将上述三要素代入式（5.13），写出电压或电流的表达式。

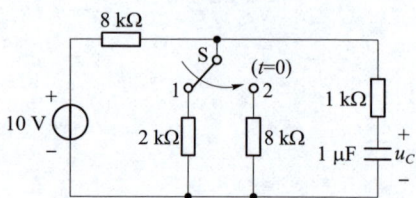

图 5.28　例 5.9 电路

【例 5.9】如图 5.28 所示，换路前已处于稳态。当 $t=0$ 时，S 由位置 1 拨到位置 2，计算换路后的 $u_C(t)$。

【解】应用三要素法求电容电压 $u_C(t)$。

初始值为：

$$u_C(0_+)=u_C(0_-)=2\ \text{V}$$

稳态值为：

$$u_C(\infty)=5\ \text{V}$$

时间常数为：

$$\tau=R_0C=\left(1+\frac{8\times8}{8+8}\right)\text{k}\Omega\times1\ \mu\text{F}=5\times10^{-3}\ \text{s}$$

则：

$$u_C(t)=u_C(\infty)+[u_C(0_+)-u_C(\infty)]\mathrm{e}^{-\frac{t}{\tau}}$$
$$=[5+(2-5)\mathrm{e}^{-\frac{t}{0.005}}]\ \text{V}$$
$$=(5-3\mathrm{e}^{-200t})\ \text{V}\ (t\geqslant0)$$

【例 5.10】如图 5.29 所示，电路原处于稳定状态，电容 $C=10\ \mu\text{F}$，当 $t=0$ 时开关 S 闭合。求开关闭合后的电容电压 u_C，并画出其变化曲线。

【解】这是 RC 电路全响应问题，应用三要素

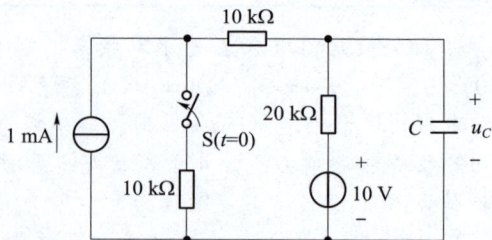

图 5.29　例 5.10 电路

法分析。

初始值为：
$$u_C(0_+) = u_C(0_-) = (20 \times 10^3 \times 1 \times 10^{-3} + 10) \text{ V} = 30 \text{ V}$$

稳态值为：
$$u_C(\infty) = \left(\frac{10 \times 10^3}{10 \times 10^3 + 10 \times 10^3 + 20 \times 10^3} \times 1 \times 10^{-3} - \frac{10}{10 \times 10^3 + 10 \times 10^3 + 20 \times 10^3} \right) \times 20 \times 10^3 + 10$$
$$= 10 \text{ V}$$

时间常数为：
$$\tau = R_0 C = [(10 \times 10^3 + 10 \times 10^3) /\!/ (20 \times 10^3) \times 10 \times 10^{-6}] \text{ s} = 0.1 \text{ s}$$

电容电压为：
$$u_C(t) = u_C(\infty) + [u_C(0_+) - u_C(\infty)] e^{-\frac{t}{\tau}}$$
$$= [10 + (30 - 10) e^{-10t}] = (10 + 20 e^{-10t}) \text{ V} \ (t \geqslant 0)$$

电容电压随时间的变化曲线如图 5.30 所示。

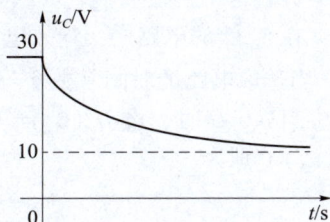

图 5.30　例 5.30 电压 u_C 变化曲线

【例 5.11】 如图 5.31 所示，当开关 S 断开时，电路已处于稳态。在 $t = 0$ 时，突然闭合开关 S，求电路中的电流 i_L。

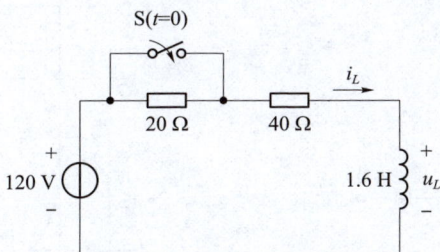

图 5.31　例 5.11 电路

【解】 这是 RL 电路全响应问题，应用三要素法分析。

由开关 S 闭合前的电路求得电流的初始值为：
$$i_L(0_+) = i_L(0_-) = \frac{120}{20 + 40} \text{ A} = 2 \text{ A}$$

由开关闭合后的电路，求得电流的稳态值和时间常数分别为：
$$i_L(\infty) = \frac{120}{40} \text{ A} = 3 \text{ A}$$
$$\tau = \frac{L}{R_0} = \frac{1.6}{40} \text{ s} = 0.04 \text{ s}$$

电感电流为：
$$i_L(t) = i_L(\infty) + [i_L(0_+) - i_L(\infty)] e^{-\frac{t}{\tau}} = [3 + (2 - 3) e^{-\frac{t}{0.04}}] \text{ A} = (3 - e^{-25t}) \text{ A} \ (t \geqslant 0)$$

思考题

1. 什么是全响应？

2. 任何一阶线性电路的全响应可以由它的零输入响应和零状态响应求得，这是基于什么原理？

3. 在一阶线性电路中，R 一定，而 C 或 L 越大，换路时的暂态过程进行得越快还是越慢？

5.6 微分电路与积分电路

5.6.1 RC 微分电路

在 5.32 的电路中，输入电压 u_1 为矩形脉冲，如图 5.33（a）所示，脉冲宽度为 t_p，幅度为 U。当选取电路的时间常数 $\tau = RC \ll t_p$ 时，分析输入电压 u_1 与输出电压 u_2 之间的关系。

当 $u_1 = U$ 时，设 $U_C(0_-) = 0$，此时相当于 RC 电路的零状态响应。响应电流 i 和响应电压 $u_2(u_R)$ 分别为：

$$i = \frac{U}{R}e^{-\frac{t}{\tau}}$$

$$u_2 = Ri = Ue^{-\frac{t}{\tau}}$$

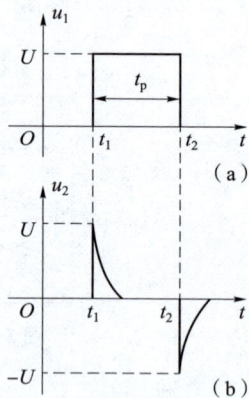

图 5.33 微分电路的输入输出电压波形
（a）输入电压 u_1 波形；（b）输出电压 u_2 波形

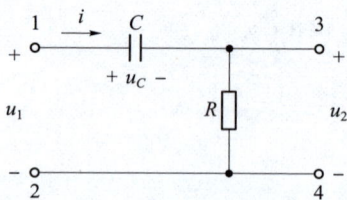

图 5.32 微分电路

充电电流 i 在 R 上形成的波形与图 5.33（b）中 u_2 的波形一致，是因为 $\tau \ll t_p$，动态过程进行得很快的缘故。

由于 τ 很小，即 R 和 C 很小，电阻 R 上的电压就远小于电容 C 上的电压 u_C，因此：

$$u_1 = u_C + u_2 \approx u_C$$

则：

$$u_2 = iR = RC\frac{\mathrm{d}u_C}{\mathrm{d}t} \approx RC\frac{\mathrm{d}u_1}{\mathrm{d}t} \qquad (5.14)$$

上式表明，输出电压 u_2 与输入电压 u_1 之间近似存在着微分关系，所以图 5.32 中的电路称为微分电路（differential circuit）。

5.6.2 RC 积分电路

如果将微分电路的两个元件位置对调，即输出电压取自电容 C，同时调整参数 R 和 C，使 $\tau(RC) \gg t_p$，就组成了积分电路（integrating circuit），如图 5.34 所示。

由于 $\tau \gg t_p$，电容 C 的充放电进行得很缓慢，在 $u_1 = U$ 期间，当电容 C 未能充满电荷时，u_1

又由 U 突然下降到零，电容 C 通过电阻 R 放电也非常缓慢。u_1 和 u_2 波形如图 5.35 所示。

因为 τ 很大，$u_C \ll u_R$（R 很大），故：

$$u_1 = u_R + u_2 \approx u_R = -Ri$$

则：

$$i \approx \frac{u_1}{R}$$

所以：

$$u_2 = u_C = \frac{1}{C}\int i\,\mathrm{d}t \approx \frac{1}{RC}\int u_1\,\mathrm{d}t \qquad (5.15)$$

上式表明，输出电压 u_2 与输入电压 u_1 对时间的积分近似成正比。

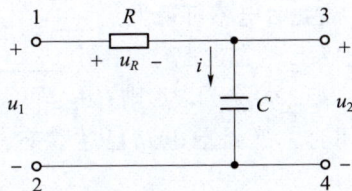

图 5.34　积分电路

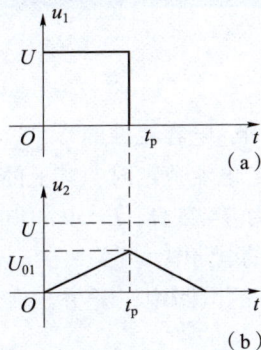

图 5.35　积分电路输入输出电压波形

（a）输入电压 u_1 波形；（b）输出电压 u_2 波形

本章小结

（1）电路的状态及参数改变都称为换路。

（2）暂态过程产生的外因是换路，内因是电容中的电场能和电感中的磁场能不能突变。

（3）换路瞬间电感中的电流和电容上的电压都不能突变，称为换路定则。即：

$$i_L(0_+) = i_L(0_-),\ u_C(0_+) = u_C(0_-)$$

（4）初始值的计算。

根据换路定则确定电容电压和电感电流的初始值，由 0_+ 时刻等效电路计算其他电流和电压的初始值。若换路前储能元件有能量，则换路后的时刻等效电路中，电容相当于理想电压源，电压为 $u_C(0_-) = u_0$，电感相当于理想电流源，电流为 $i_L(0_-) = I_0$。

（5）稳态值的计算。

稳态等效电路中，电容相当于开路，电感相当于短路，以此为前提计算稳态值。

（6）输入激励信号为零时的响应叫做零输入响应；储能元件初始储能为零时的响应叫做零状态响应；既有输入激励信号又有非零初始条件的响应叫做全响应。

任意变量的全响应都可分解为零输入响应和零状态响应。

（7）用经典法求解一阶线性电路暂态过程的步骤如下：

①列出微分方程式；

②求出微分方程的特解和通解；

③由初始条件确定积分系数，写出暂态过程的全解。

（8）三要素法是分析一阶线性电路暂态过程的简便方法：求出换路后的初始值 $f(0_+)$、稳态值 $f(\infty)$ 及时间常数 τ，直接写出全响应表达式为：

$$f(t)=f(\infty)+[f(0_+)-f(\infty)]e^{-\frac{t}{\tau}}$$

习　题

填空题

5-1　在换路瞬间，电容元件的_____不能跃变。

5-2　当电感中的电流恒定时，其上的电压为零，故此时电感可视为_____。

5-3　工程上认为 $R=25\ \Omega$、$L=50\ \text{mH}$ 的串联电路中发生暂态过程时将持续_____ms。

5-4　在图 5.36 的电路中，开关 S 在 $t=0$ 瞬间闭合，若 $u_C(0_-)=4$ V，则 $i(0_+)=$ _____A。

5-5　在图 5.37 的电路中，开关 S 在 $t=0$ 瞬间闭合，换路前电路已达稳态，则 $i_2(0_+)=$ _____A。

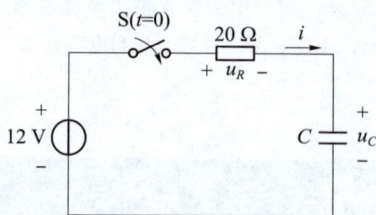

图 5.36　习题 5-4 图　　　　图 5.37　习题 5-5 图

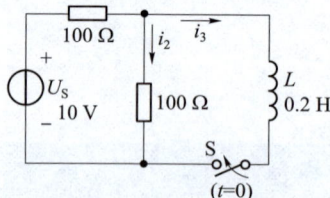

5-6　在图 5.38 的电路中，$R_1=6\ \text{k}\Omega$、$R_2=3\ \text{k}\Omega$、$C=1\ 000\ \mu\text{F}$，开关 S 闭合后电路的时间常数为_____s。

5-7　在图 5.39 的电路中，当 $t=0$ 时刻开关 S 断开，换路前电路已达稳态，则 $i_C(0_+)=$ _____A。

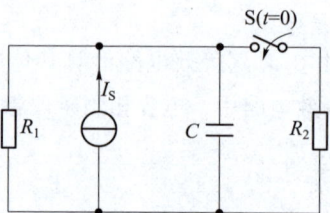

图 5.38　习题 5-6 图　　　　图 5.39　习题 5-7 图

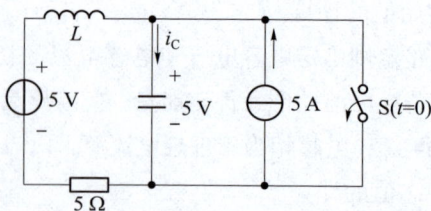

5-8　在图 5.40 的电路中，当 $t=0$ 时刻开关 S 断开，换路前电路已达稳态，则 $u_L(0_+)=$ _____V。

5-9　在图 5.41 的电路，已知开关 S 闭合后 $u_C = 10\left(1 - e^{-100t}\right)$ V，则图中电阻 $R =$ _____ Ω。

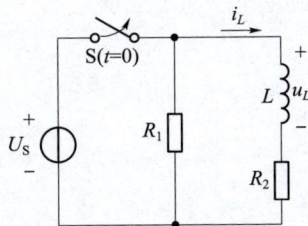

图 5.40　习题 5-8 图　　　　图 5.41　习题 5-9 图

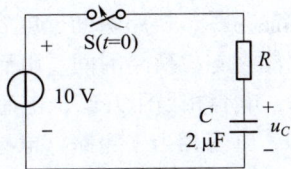

5-10　已知某电路暂态过程的全响应为 $u_C(t) = \left(15 - 8e^{-10t}\right)$ V，可知零输入响应为 _____，零状态响应为 _____。

选择题

5-11　如图 5.42 所示，电路在换路前处于稳态，在 $t=0$ 瞬间将开关 S 闭合，则 i 为（　　）。

A. 0 A　　　　　　B. 0.6 A

C. 0.3 A　　　　　D. 0.4 A

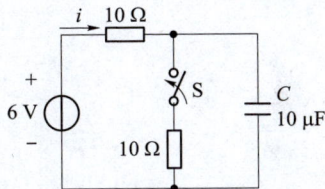

图 5.42　习题 5-11 图

5-12　换路定则适用于换路瞬间，下列描述正确的是（　　）。

A. $i_L(0_-) = i_L(0_+)$　　B. $u_L(0_-) = u_L(0_+)$

C. $i_C(0_-) = i_C(0_+)$　　D. $u_R(0_-) = u_R(0_+)$

5-13　RC 电路的初始储能为零，在 $t=0$ 时由外加激励所引起的响应称为（　　）。

A. 暂态响应　　　B. 零输入响应　　　C. 零状态响应　　　D. 全响应

5-14　如图 5.43 所示，电路在换路前处于稳态，则闭合开关 S 瞬间 $i_L(0_+)$ 和 $i(0_+)$ 分别为（　　）。

A. 4.5 A，1.5 A　　B. 4.5 A，4.5 A

C. 3 A，1.5 A　　　D. 3 A，3 A

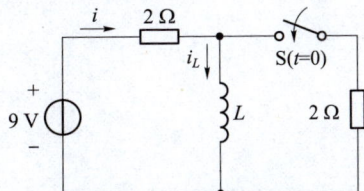

图 5.43　习题 5-14 图

5-15　如图 5.44 所示，开关 S 闭合后，一阶线性电路的时间常数为（　　）。

A. $R_1 C$　　　　　　B. $(R_1 + R_2)C$

C. $(R_1 + R_2)C$　　　D. $(R_1 /\!/ R_2)C$

5-16　如图 5.45 所示，$U_S = 20$ V、$R_1 = R_2 = 10\ \Omega$、$L = 1$ H，其零状态响应电流 $i(t) =$（　　）A。

A. $2\left(1 - e^{-5t}\right)$　　B. $2\left(1 - e^{-0.2t}\right)$　　C. $2\left(1 - e^{-0.1t}\right)$　　D. $\left(1 - e^{-10t}\right)$

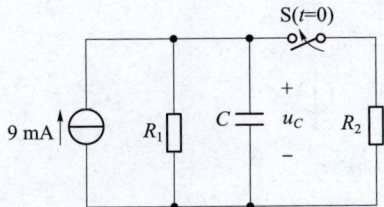

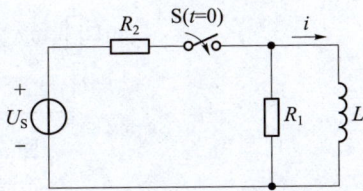

图 5.44　习题 5-15 图　　　　图 5.45　习题 5-16 图

5-17 关于 *RL* 电路的时间常数，下面说法正确的是 (   )。

A. 与 *R*、*L* 成正比
B. 与 *R*、*L* 成反比
C. 与 *R* 成反比，与 *L* 成正比
D. 与 *R* 成正比，与 *L* 成反比

5-18 下列关于电感电容的说法正确的是 (   )。

A. 若初始储能为零，换路瞬间，电容相当于开路
B. 若初始储能为零，换路瞬间，电感相当于短路
C. 直流稳态，电容相当于开路，电感相当于短路
D. 直流稳态，电容相当于短路，电感相当于开路

5-19 如图 5.46 所示，开关 S 原已合在 *a* 位置上，电路达稳定，在 *t* = 0 时，开关 S 合到 *b* 位置，此时流经电容的电流以及电路的时间常数是 (   )（假设电容电流参考方向向下）。

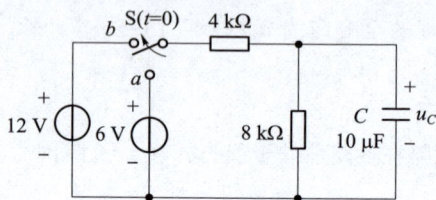

图 5.46　习题 5-19 图

A. −1 mA，0.04 s
B. −1.5 mA，0.027 s
C. 1.5 mA，0.027 s
D. 2 mA，0.08 s

5-20 如图 5.47 所示，电路在 *t* = 0 时开关 S 闭合，换路后 $u_C(t)$ 为 (   ) V。

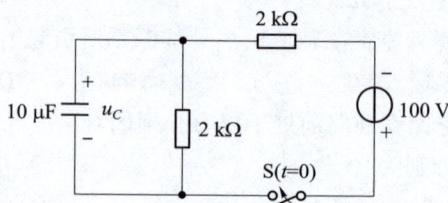

图 5.47　习题 5-20 图

A. $-100(1-e^{-100t})$
B. $-50+50e^{-50t}$
C. $-50(1-e^{-100t})$
D. $-50(1+e^{-50t})$

计算题

5-21 在图 5.48 的电路中，已知开关 S 闭合前电路为稳态，当 *t* = 0 时，将开关 S 闭合。求 u_C 和 *i* 的初始值和稳态值。

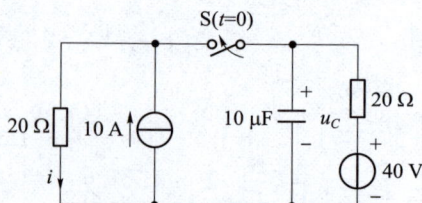

图 5.48　习题 5-21 图

5-22 在图 5.49 所示电路中，开关 S 闭合前电路已处于稳态。试确定开关 S 闭合后电压 u_L，电流 i_L、i_1、i_2 的初始值和稳态值。

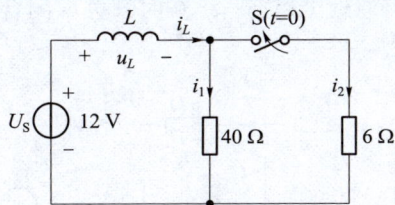

图 5.49　习题 5-22 图

5-23　如图 5.50 所示。已知 $R_1 = R_2 = R_3 = 3\ \text{k}\Omega$、$C = 103\ \text{pF}$、$U = 12\ \text{V}$，S 未打开前 $u_C(0_-) = 0\ \text{V}$，当 $t = 0$ 时断开开关 S，求换路后的 u_C。

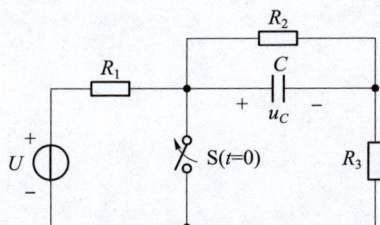

图 5.50　习题 5-23 图

5-24　如图 5.51 所示，电路在开关 S 断开时已处于稳态，当 $t = 0$ 时开关 S 闭合，用三要素法求换路后的响应 $u_C(t)$ 和 $u_2(t)$。

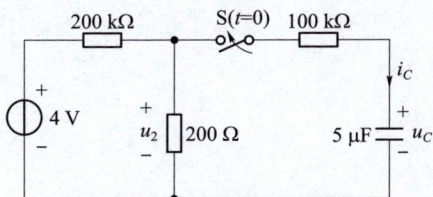

图 5.51　习题 5-24 图

5-25　如图 5.52 所示，电路处于稳态，$t = 0$ 时开关闭合，试用三要素法求 u_C。

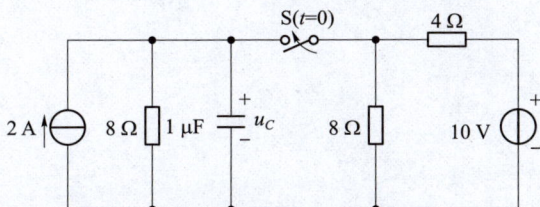

图 5.52　习题 5-25 图

5-26　如图 5.53 所示，电路原已处于稳态，试用三要素法求开关 S 闭合后的响应 u_L。

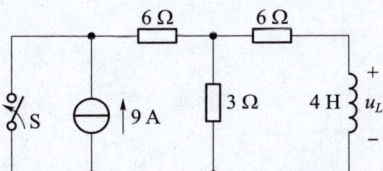

图 5.53　习题 5-26 图

5-27 如图 5.54 所示，电路原处于稳态，$t=0$ 时开关 S 闭合，求开关闭合后各支路的电流的变化规律。

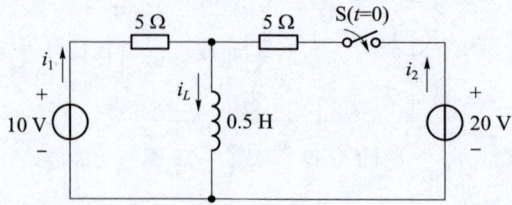

图 5.54 习题 5-27 图

第6章　磁路与变压器

　　在很多电气设备中，如变压器、电动机和电磁铁等，不仅有电路的问题，同时还有磁路（magnetic circuit）的问题。因此，对于它们的研究仅从电路的角度去分析是不够的，还必须对磁路进行分析。

　　本章首先介绍磁路的基本知识，其次讲述交流铁芯线圈电路，然后再分析变压器的基本结构、工作原理和基本应用，最后简要介绍电磁铁。

6.1 磁路及其分析方法

6.1.1 磁场的基本物理量

磁场是由电流产生的,磁场的情况可形象地用磁力线来描述。对磁场进行分析和计算时常用以下几个基本物理量。

1. 磁感应强度 B

磁感应强度(magnetic induction)是描述介质中实际的磁场强弱和方向的物理量,是一个矢量。其大小可以用与磁场方向垂直的单位长度导体通以单位电流时该点受到的安培力 F 来衡量,即:

$$B = \frac{F}{I \times l} \tag{6.1}$$

经过某点磁力线的切线方向,即该点的磁感应强度 B 方向。磁感应强度与产生该磁场的电流之间的方向关系符合右手螺旋定则。

磁感应强度 B 的单位是特斯拉(Tesla),用符号 T 表示,$1\ \text{T} = 1\ \text{Wb/m}^2$。

如果各点磁感应强度大小相等、方向相同,这样的磁场称为均匀磁场,也称匀强磁场。

2. 磁通 Φ

磁感应强度 B(如果不是均匀磁场,则取 B 的平均值)与垂直于磁场方向的面积 S 的乘积,称为通过该面积的磁通 Φ(magnetic flux),即:

$$\Phi = BS \quad \text{或} \quad B = \Phi/S \tag{6.2}$$

由上式可见,磁感应强度在数值上可以看成与磁场方向相垂直的单位面积所通过的磁通,故又称为磁通密度。

在国际单位制中,磁通的单位是韦伯(Weber),符号 Wb,$1\ \text{Wb} = 1\ \text{V} \cdot \text{s}$。

3. 磁导率 μ

磁导率(permeability)是一个用来表示媒介质导磁性能的物理量,用字母 μ 表示,单位是亨利/米(H/m)表示。不同的媒介质有不同的磁导率。实验测定,真空中的磁导率是一个常数,用 μ_0 表示,即:

$$\mu_0 = 4\pi \times 10^{-7}\ \text{H/m}$$

为了便于比较各种物质的导磁性能,把任一物质的磁导率 μ 与真空磁导率 μ_0 的比值称为相对磁导率,用 μ_r 表示,即:

$$\mu_r = \frac{\mu}{\mu_0} \tag{6.3}$$

相对磁导率只是一个比值,它表明在其他条件相同的情况下,媒介质的磁感应强度是真空中的多少倍。

4. 磁场强度 H

磁场中各点的磁感应强度 B 与磁导率 μ 有关,计算比较复杂。为方便计算,引入磁场强度(magnetic field strength)这个辅助物理量,用字母 H 表示。磁场强度是一个矢量,代表电流 I 本身所产生的磁场的强弱,其数值并非介质中某点磁场强弱的实际值,单位为安/米(A/m)。磁场中某点的磁场强度等于该点的磁感应强度与媒介质的磁导率的比值,用公式表示为:

$$H = \frac{B}{\mu} \tag{6.4}$$

或：

$$B = \mu H$$

磁场强度 H 与产生磁场的电流之间的关系由安培环路定理确定，即磁场中任何闭合回路磁场强度的线积分，等于通过这个闭合路径内电流的代数和，即：

$$\oint H \cdot dl = \sum_{k=1}^{n} I_k$$

其中，当电流参考方向与闭合路径的方向符合右手螺旋定则时，电流前取正号，反之则取负号。

6.1.2 磁性材料的磁性能与分类

按导磁性能不同，物质大体上分为磁性材料和非磁性材料两大类。非磁性材料对磁场强弱的影响很小，它们的磁导率与真空的磁导率近似相等，为一常数。只有铁、钴、镍以及这些金属的合金具有很高的磁导率，通常把这一类物质称为磁性材料。磁性材料具有以下几个性能：

1. 强磁化性

无论磁性材料还是非磁性材料，在无外磁场的环境中都不显磁性。一旦有外界磁场，磁性材料就会显示很强的磁性，即磁性材料被磁化了。为什么磁性材料具有被磁化的特性，而非磁性材料却没有呢？这要用磁畴理论来解释。

一块磁性材料可以分成许多磁畴，磁畴的磁矩取向各不相同，排列杂乱无章，磁性互相抵消，对外不呈现宏观的磁性。若将磁性材料置于外磁场中，则许多磁畴的磁矩受外磁场的作用会改变其自身方向，最终变到与外磁场方向接近或一致。于是对外呈现很强的磁性，如图6.1所示。

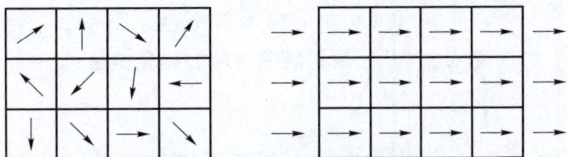

图6.1 磁畴的磁化现象

磁性材料的强磁化性被广泛地应用于电工设备中，如电动机、变压器及各种铁磁元件的线圈中都放有铁芯。在这种具有铁芯的线圈中，通入不大的励磁电流，便可以产生足够大的磁通和磁感应强度。这就解决了既要磁通大，又要励磁电流小的矛盾。利用优质的磁性材料，可使同一容量发电机的质量和体积大大减小。

非磁性材料没有磁畴结构，所以不具有磁化的特性。

2. 磁饱和性

磁性材料在磁化过程中，磁感应强度 B 随外磁场的磁场强度 H 变化的曲线称为磁化曲线（magnetization curve），如图6.2（a）所示。从 B–H 磁化曲线可以看出，当有磁性材料存在时，B 与 H 不成正比，而是非线性的。因此，磁性材料的磁导率 μ 不是常数，而是随磁场强度 H 而变化，如图6.2（b）所示。

因为磁通 Φ 与磁感应强度 B 成正比，而产生磁通的励磁电流 I 与磁场强度 H 成正比，所以在有磁性材料的情况下，Φ 与 I 不成正比。

从图 6.2（a）中磁化曲线的后半段可以看出，随着磁场强度增强，磁感应强度变化趋于缓慢。这是因为当外磁场（或励磁电流）增大到一定值时，全部磁畴的磁矩方向都转向与外磁场的方向一致，此时磁化磁场的磁感应强度达到饱和值。也就是说磁饱和性是指磁感应强度 B 不可能随外磁场的磁场强度 H 变化而无限增长。

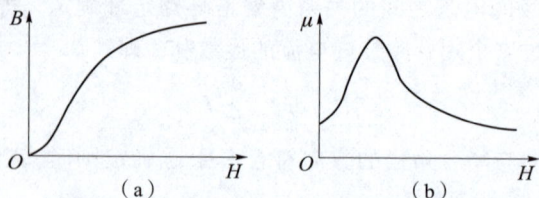

图 6.2　B 与 H 和 μ 与 H 的关系曲线
（a）B–H 磁化曲线；（b）μ–H 曲线

磁性材料不同，其磁化曲线也不同。几种常见磁性材料的磁化曲线如图 6.3 所示。

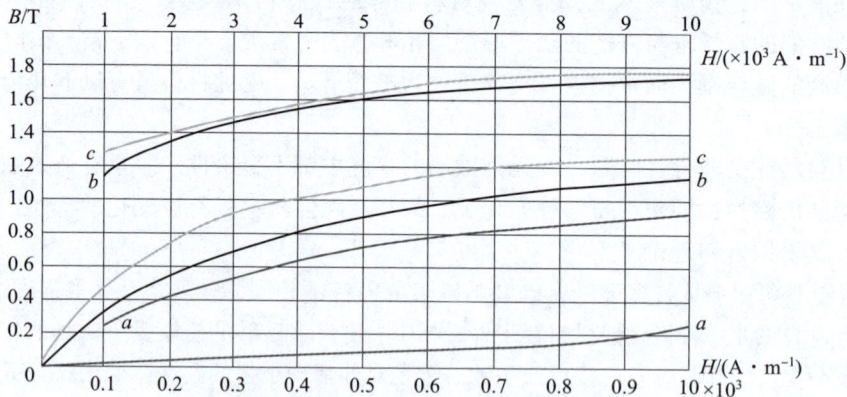

a—铸铁；b—铸钢；c—硅钢片。

图 6.3　几种常见磁性材料的磁化曲线

3. 磁滞性

所谓磁滞，就是在外磁场的磁场强度 H 发生正负周期性变化（如线圈中通以交变电流）的过程中，磁性材料中磁感应强度 B 的变化总是落后于外磁场的变化。磁性材料反复磁化后，可得到磁滞回线（hysteresis loop），如图 6.4 所示。

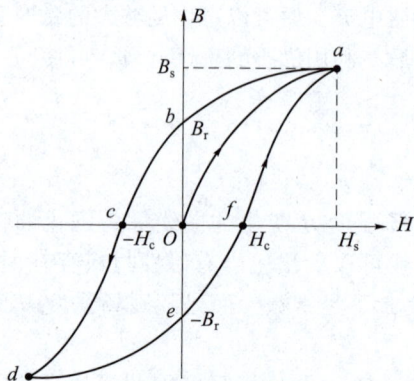

图 6.4　磁滞回线

当外磁场的磁场强度 $H=0$ 时，磁性材料的磁感应强度 B 并不为零，而为某一特定值 B_r，把这时的磁感应强度值称为剩磁。永久磁铁的磁性由剩磁产生，但有时又需要去掉剩磁。例如，在平面磨床上的工件加工完毕后，由于电磁吸盘有剩磁，工件仍然会被吸附。为此，应施加反方向的外磁场，即通过反向去磁电流，去掉剩磁，才能将工件取下，使 $B=0$。当加反向外磁场的磁场强度为 H_c 时，磁性材料的 $B_r=0$，把 H_c 的大小称为矫顽磁力。

由于磁性材料的成分和制造工艺不同，形成的磁滞回线形状也不同。一般将磁性材料分为硬磁材料、软磁材料和矩磁材料 3 类。

（1）硬磁材料

硬磁材料包括碳钢、钨钢、钴钢及铁镍合金等。这类材料的磁滞回线较宽，剩磁和矫顽磁力都较大，适宜作永久磁铁，如图6.5（a）所示。

（2）软磁材料。

软磁材料包括软铁、硅钢、坡莫合金（铁镍合金）、铁氧体等。这类材料的磁滞回线窄长，磁导率很高，矫顽磁力较小，易磁化，剩磁和磁滞损耗较小，常用来制造交流发电机、变压器和继电器等的铁芯，如图6.5（b）所示。

（3）矩磁材料

矩磁材料包括镁锰铁氧体、某些铁镍合金等。这类材料的磁滞回线接近矩形，可用于计算机和控制系统中的记忆元件、开关元件和逻辑元件，如图6.5（c）所示。

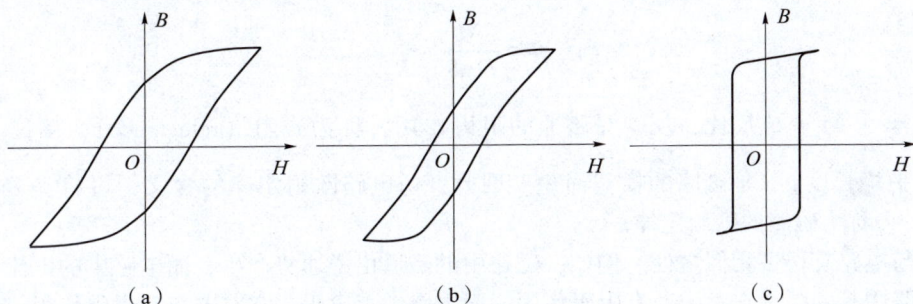

图6.5　磁滞回线
（a）硬磁材料；（b）软磁材料；（c）矩磁材料

6.1.3　磁路的基本定律

为了使较小的励磁电流产生足够大的磁感应强度（或磁通），通常把变压器、电动机的铁磁材料做成一定形状的铁芯，使其形成一个磁通的路径，并使绝大部分磁通通过这一路径而闭合。这种磁通的路径称为磁路。交流接触器和电动机的磁路如图6.6所示。

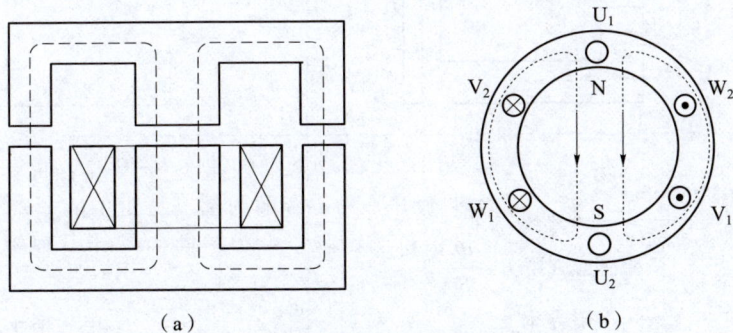

图6.6　交流接触器和电动机的磁路
（a）交流接触器的磁路；（b）电动机的磁路

磁路实质上是局限在一定路径内的磁场，故磁路问题本质上就成了局限于一定路径内的磁场问题。

1. 磁路欧姆定律

磁路的欧姆定律是磁路中最基本的定律。图6.7中的磁路称为均匀磁路，即材料相同且截面

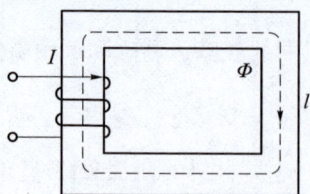

图 6.7　均匀磁路

相等的磁路。在这种磁路中，各点的磁场强度 H 大小相等。根据磁场的安培环路定理，有：

$$\oint H \cdot \mathrm{d}l = H\oint \mathrm{d}l = \sum I$$

则：

$$Hl = NI \tag{6.5}$$

式中：线圈匝数 N 与电流 I 的乘积称为磁通势（magnetomotive force），是产生磁通 Φ 的原因，单位为 A，用字母 F 表示，即：

$$F = NI$$

将 $H = \dfrac{B}{\mu}$ 和 $B = \dfrac{\Phi}{S}$ 代入式（6.5），可得：

$$\Phi = \frac{NI}{l/\mu S} = \frac{F}{R_{\mathrm{m}}} \tag{6.6}$$

式中：$R_{\mathrm{m}} = \dfrac{l}{\mu S}$ 与 Φ 成反比，反映对磁通的阻碍作用，称为磁阻（reluctance），单位为 H^{-1}；l 是磁路的平均长度；S 是磁路的横截面积。因此，仿电路欧姆定律的含义，可将 Φ 称为磁流。式（6.6）便称为磁路的欧姆定律。

磁路与电路有很多相似之处。例如，磁路中的磁通由磁通势产生，而电路中的电流由电动势产生；磁路中有磁阻，它对磁通有阻碍作用，而电路中有电阻，它对电流有阻碍作用；磁路中磁阻与磁导率、磁路截面积成反比，与磁路平均长度成正比，而电路中的电阻与电导率、电路导线截面积成反比，与电路导线长度成正比。它们之间对应关系见表6.1。

表 6.1　磁路与电路对照表

比较项目	比较对象	
	磁　路	电　路
基本结构		
基本物理量	磁通势 $F = NI$ 磁通 Φ 磁感应强度 $B = \dfrac{\Phi}{S}$ 磁导率 μ 磁阻 $R_{\mathrm{m}} = \dfrac{l}{\mu S}$	电动势 E 电流 I 电流密度 $J = \dfrac{I}{S}$ 电导率 γ 电阻 $R = \dfrac{l}{\gamma S}$
欧姆定律	$\Phi = \dfrac{F}{R_{\mathrm{m}}}$	$I = \dfrac{E}{R}$

2. 磁路的基尔霍夫第一定律

图 6.8 中是一个典型的具有分支的磁路。当线圈通有电流后，产生的磁通设为 Φ_1，在结点 A 处分为两条并联支路，其磁通分别为 Φ_2 和 Φ_3。

忽略漏磁，根据磁通连续性原理，在磁路分支处应满足：

$$\Phi_1 = \Phi_2 + \Phi_3$$

或：

$$\Phi_1 - \Phi_2 - \Phi_3 = 0 \qquad (6.7)$$

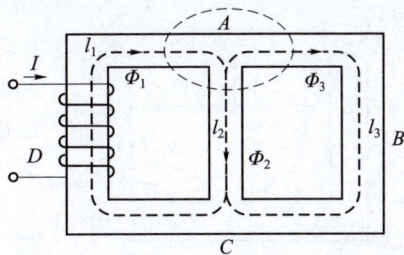

图 6.8　分支磁路

式（6.7）就是磁路的基尔霍夫第一定律，它表明在磁路任一分支处，磁通的代数和恒等于零。

3. 磁路的基尔霍夫第二定律

当磁路由不同的材料构成时，可以将整个磁路按照材料以及截面积的不同来进行分段，每段内磁感应强度和磁场强度处处相等。安培环路定律可写成：

$$\sum NI = \sum Hl \qquad (6.8)$$

式中：Hl 通常称为某段磁路的磁压降。该式表明，任意闭合磁路的总磁通势恒等于各段磁路磁压降的代数和。这就是磁路的基尔霍夫第二定律。

例如，在图 6.8 所示的 $ABCDA$ 磁路中，有：

$$NI = H_1 l_1 + H_3 l_3$$

△6.1.4 直流磁路的计算

用直流电流励磁的磁路称为直流磁路。直流磁路中的磁通在稳态下不随时间变化，因此不会在直流励磁线圈中产生感应电动势，对励磁电流没有制约作用。

研究磁路计算的目的是找出磁通与磁通势之间的相互关系。直流磁路的计算包括两类问题：一是已知磁路的结构和所需的磁通，求产生磁通的磁通势；二是已知磁路结构和磁通势，求磁路中的磁通。

由于磁性材料的磁导率是非线性的，所以不论哪一类问题的求解都必须借助于材料的标准磁化曲线（B-H 磁化曲线）。已知磁通求磁通势可以应用安培环路定理求解；而已知磁通势求磁通则需应用试探法。

若磁路是由几段材料串联（其中一段是气隙）而成的，且已知磁通、各段的材料及尺寸，可按下面的步骤来求磁通势：

（1）由于磁路中通过同一磁通，但因各段截面不同，磁感应强度也就不同，可分别计算为：

$$B_1 = \frac{\Phi}{S_1}, B_2 = \frac{\Phi}{S_2}, \cdots$$

（2）根据各段磁性材料的磁化曲线 $B = f(H)$，查出与上述 B_1，B_2，$\cdots$ 相对应的磁场强度 H_1，H_2，$\cdots$。

在计算气隙或其他非磁性材料的磁场强度 H_0 时，可直接应用下式计算：

$$H_0 = \frac{B_0}{\mu_0} = \frac{B_0}{4\pi \times 10^{-7} \text{ H/m}} \qquad (6.9)$$

（3）计算各段磁路的磁压降 Hl。

（4）求出总的磁通势为：

$$F = NI = H_1 l_1 + H_2 l_2 + \cdots = \sum (Hl) \qquad (6.10)$$

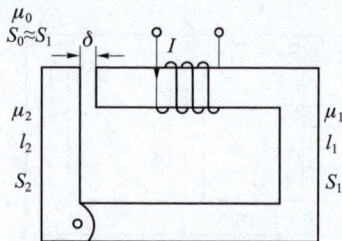

图 6.9　典型磁路举例

【例 6.1】 计算图 6.9 中电磁铁磁路，已知 $S_1 = S_2 = 12$ cm^2、$l_1 = 45$ cm、$l_2 = 15$ cm、$\delta = 0.2$ cm，μ_1 为铸钢磁导率、μ_2 为硅钢片磁导率。试求：（1）当磁通 $\Phi = 0.001\,2$ Wb 时，需要加多大的磁通势？（2）若气隙用铸钢填充，产生同样的磁通所需磁通势为多少？

【解】（1）由于三段磁路的截面相同，磁感应强度必然相等，即：

$$B_1 = B_2 = B_0 = \frac{\Phi}{S} = \frac{0.001\,2}{0.001\,2}\text{ T} = 1\text{ T}$$

从图 6.3 中磁化曲线上查得：

$$H_1 = 650\text{ A/m}, H_2 = 400\text{ A/m}$$

气隙中的磁场强度 H_0 为：

$$H_0 = \frac{B_0}{\mu_0} = \frac{1}{4\pi \times 10^{-7}}\text{A/m} = \frac{10^7}{4\pi}\text{ A/m}$$

磁通势为：

$$F = NI = H_1 l_1 + H_2 l_2 + H_0 \delta = \left(650 \times 0.45 + 400 \times 0.15 + \frac{10^7}{4\pi} \times 0.002\right)\text{A}$$

$$= (292.5 + 60 + 1\,592.4)\text{A} = 1\,944.9\text{ A}$$

（2）若气隙被铸钢填充，则磁通势为：

$$F = NI = H_1(l_1 + \delta) + H_2 l_2 = [650 \times (0.45 + 0.002) + 400 \times 0.15]\text{A}$$

$$= (293.8 + 60)\text{A} = 368.9\text{ A}$$

计算结果说明，气隙虽小，但对磁路的影响非常大。有些磁路不存在气隙（如变压器磁路），而有些磁路无法去掉气隙（如电动机磁路），但要尽量减小气隙的尺寸。

【例 6.2】 有一环形铁芯线圈，其内径为 10 cm，外径为 15 cm，铁芯材料为铸钢，磁路中含有气隙，其长度为 0.2 cm。设线圈中通有 1 A 的电流，如要得到 0.9 T 的磁感应强度，试求线圈匝数。

【解】 磁路的平均长度为：

$$l = \left[\left(\frac{10 + 15}{2}\right)\pi\right]\text{cm} = 39.2\text{ cm}$$

查图 6.3 中磁化曲线得：

$$H_l = 500\text{ A/m}$$

于是：

$$H_l l_l = [500 \times (39.2 - 0.2) \times 10^{-2}]\text{A} = 195\text{ A}$$

气隙中的磁场强度为：

$$H_0 = \frac{B_0}{\mu_0} = \frac{0.9}{4\pi \times 10^{-7}}\text{A/m} = 7.2 \times 10^5\text{ A/m}$$

则：

$$H_0 \delta = (7.2 \times 10^5 \times 0.2 \times 10^{-2})\text{A} = 1\,440\text{ A}$$

总磁通势为：

$$NI = \sum(Hl) = H_l l_l + H_0 \delta = (195 + 1440)\text{A} = 1\,635\text{ A}$$

线圈匝数为：

$$N = \frac{NI}{I} = \frac{1\,635}{1} = 1\,635$$

1. 磁路的基本物理量有哪些？
2. 磁性材料的磁导率为什么不是常数？
3. 磁性材料按其磁滞回线的形状可分为几类？各有什么用途？
4. 若磁路的结构固定，磁路的磁阻是否固定？即磁路的磁阻是否是线性？
5. 当直流电流通过电路时会在电阻中产生功率损耗，当恒定磁通通过磁路时会不会产生功率损耗？

6.2　交流铁芯线圈电路

铁芯线圈分直流铁芯线圈和交流铁芯线圈两种。直流铁芯线圈，如直流电动机的励磁线圈、电磁吸盘及各种直流电器的线圈等，因为励磁电流是直流，产生的磁通是恒定的，因此在线圈和铁芯中不会感应出电动势。在一定电压 U 下，线圈中的电流 I 只与线圈本身的电阻 R 有关，功率损耗也只有 RI^2。而交流铁芯线圈存在电磁关系，其电压、电流关系及功率损耗等几个方面和直流铁芯线圈有所不同，比较复杂，如变压器、交流电动机和其他交流电气设备中的铁芯线圈等。

6.2.1　电磁关系

如图 6.10 所示，当铁芯线圈中通入交流电流 i 时，会在铁芯线圈中产生交变磁通。其参考方向可用右手螺旋定则确定。绝大部分磁通穿过铁芯闭合，称为主磁通 Φ；少量磁通由空气中穿过，称为漏磁通 Φ_σ。

根据电磁感应定律，交变磁通 Φ 和 Φ_σ 要在线圈中产生两个感应电动势，即主磁感应电动势 e 和漏磁感应电动势 e_σ。其电磁关系可表示如下：

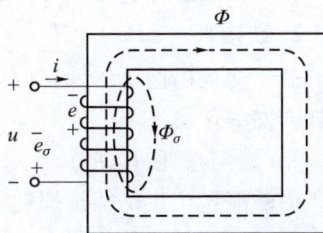

图 6.10　交流铁芯线圈电路

$$u \to i(Ni) \begin{cases} \Phi \longrightarrow e = -N\dfrac{\mathrm{d}\Phi}{\mathrm{d}t} \\[2mm] \Phi_\sigma \longrightarrow e_\sigma = -N\dfrac{\mathrm{d}\Phi_\sigma}{\mathrm{d}t} = -L_\sigma\dfrac{\mathrm{d}i}{\mathrm{d}t} \end{cases}$$

因为漏磁通经过空气闭合，励磁电流 i 和 Φ_σ 之间呈线性关系，因此铁芯线圈的漏磁电感 $L_\sigma = \dfrac{N\Phi_\sigma}{i}$ 为常数。

6.2.2　电压与磁通的关系

由基尔霍夫定律，交流铁芯线圈电路的电压关系为：

$$u = iR + (-e_\sigma) + (-e) = iR + L_\sigma\frac{\mathrm{d}i}{\mathrm{d}t} + (-e)$$

当 u 是正弦交流电压时，上式可用相量表示为：

$$\dot{U} = \dot{I}R + (-\dot{E}_\sigma) + (-\dot{E}) = \dot{I}(R + jX_\sigma) + (-\dot{E}) \quad\quad (6.11)$$

式中：$X_\sigma = \omega L_\sigma$ 称为漏磁感抗，R 是线圈的等效电阻。

设主磁通 $\Phi = \Phi_m \sin \omega t$，则：

$$e = -N\frac{d\Phi}{dt} = -N\frac{d(\Phi_m \sin \omega t)}{dt} = -N\omega\Phi_m \cos \omega t = 2\pi f N \Phi_m \sin(\omega t - 90°) \quad (6.12)$$

主磁感应电动势 e 的有效值为：

$$E = \frac{E_m}{\sqrt{2}} = \frac{2\pi f N \Phi_m}{\sqrt{2}} = 4.44 f N \Phi_m \quad\quad (6.13)$$

由于主磁通 Φ 远大于漏磁通 Φ_σ，因此线圈的电阻 R 和漏磁感抗 X_σ 较小，因而它们的压降 $\dot{I}(R + jX_\sigma)$ 也较小，与主磁感应电动势相比，可忽略不计。于是：

$$\dot{U} = \dot{I}(R + jX_\sigma) + (-\dot{E}) \approx -\dot{E}$$

因此：

$$U \approx E = 4.44 f N \Phi_m = 4.44 f N B_m S \quad\quad (6.14)$$

式中：f 为交流电的频率；N 为线圈匝数；Φ_m 为磁通的最大值；B_m 为磁感应强度的最大值；S 为铁芯截面积。

6.2.3 功率损耗

交流铁芯线圈的功率损耗主要有铜损耗（copper loss）和铁损耗（iron loss）两种。

1. 铜损耗（ΔP_{Cu}）

在交流铁芯线圈中，线圈电阻 R 上的功率损耗称为铜损耗，用 ΔP_{Cu} 表示。则：

$$\Delta P_{Cu} = I^2 R$$

式中：R 为线圈的电阻；I 为线圈中电流的有效值。

2. 铁损耗（ΔP_{Fe}）

处于交变磁通下的铁芯内的功率损耗称为铁损耗，用 ΔP_{Fe} 表示。铁损耗由磁滞损耗与涡流损耗两部分组成。

1）磁滞损耗（ΔP_h）

由磁滞所产生的能量损耗称为磁滞损耗（ΔP_h）。磁滞损耗转化为热能，引起铁芯发热。

可以证明，单位体积内的磁滞损耗正比于磁滞回线的面积和磁场交变的频率 f。

减少磁滞损耗的措施就是选用磁滞回线狭小的磁性材料制作铁芯。因此，变压器和电动机中经常使用硅钢等磁滞损耗较低的材料。

2）涡流损耗（ΔP_e）

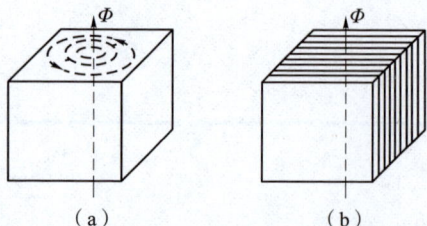

交变磁通 Φ 穿过铁芯，使铁芯内部产生感应电动势，并形成旋涡形的电流，称为涡流，如图 6.11（a）所示。由涡流引起的电能损耗，称为涡流损耗，用 ΔP_e 表示。减小涡流损耗常用的方法有两种：一是在铁芯材料使用硅钢，使其电阻率提高；二是把铁芯沿磁场方向剖分为许多薄片，相互绝缘后再叠装成铁芯，如图 6.11（b）所示。当然，涡流在某些场合也可加以利用，如可利用涡流的热效应冶炼金属。

图 6.11 涡流和薄片叠装成的铁芯
（a）涡流；（b）薄片叠装成的铁芯

在交变磁通的作用下，铁芯内的这两种损耗合称为铁损耗，即 $\Delta P_{Fe}=\Delta P_h+\Delta P_e$。铁损耗差不多与铁芯内磁感应强度的最大值 B_m 的平方成正比，故 B_m 不宜选得过大。

综上所述，交流铁芯线圈电路的有功功率为：

$$P=UI\cos\varphi=I^2R+\Delta P_{Fe} \tag{6.15}$$

思考题

1. 额定电压一定的交流铁芯线圈，如果加上与额定电压大小相同的直流电压会有什么后果？

2. 若图 6.10 中的交流铁芯线圈，电压的有效值不变，而将铁芯的平均长度增加一倍，试问铁芯中的主磁通最大值 Φ_m 是否变化（分析时可忽略漏阻抗)？如果是直流铁芯线圈，铁芯中的主磁通 Φ 的大小是否变化？

3. 两个匝数相同（$N_1=N_2$）的铁芯线圈，分别接到电压值相等（$U_1=U_2$）但频率不同（$f_1>f_2$）的两个交流电源上时，试分析两个线圈中的主磁通 Φ_{1m} 和 Φ_{2m} 的相对大小（分析时可忽略线圈的漏阻抗）。

6.3　变压器

变压器是根据电磁感应原理制成的一种静止的电气设备，具有变换电压、电流、阻抗等作用，被广泛应用于电力系统、测量系统、电子线路和电子设备中。

目前，使用的变压器种类繁多、用途各异，但是它们的基本结构和工作原理都是相同的。

6.3.1　变压器的基本结构

变压器由铁芯、绕组和冷却系统等几个主要部分构成。除此之外，变压器还有许多辅助装置，如油箱、油枕、接线柱、瓷瓶等。

1. 铁芯

铁芯是变压器的主磁路，又是绕组的支撑骨架。为了减少铁芯内的磁滞和涡流损耗，通常由含硅量为 5%、厚度为 0.35 mm 或 0.5 mm、两平面涂绝缘漆或经氧化膜处理的硅钢片叠装而成。

按绕组套入铁芯的形式，变压器分为芯式和壳式两种，如图 6.12 所示。

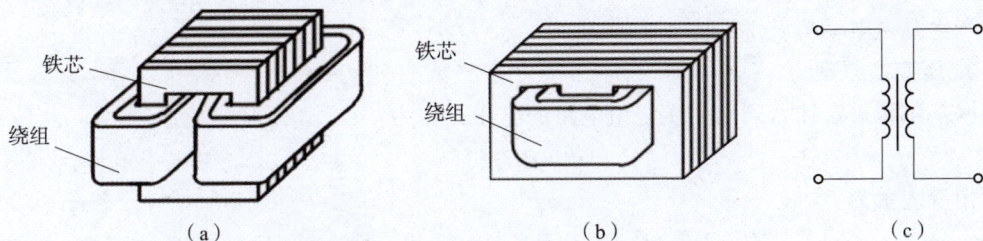

图 6.12　变压器的结构和符号
(a) 芯式变压器；(b) 壳式变压器；(c) 符号

芯式变压器的绕组套在铁芯的两个铁芯柱上，如图 6.12 (a) 所示。此种结构比较简单，有较多的空间装设绝缘，装配容易，适用于容量大、电压高的变压器，一般的电力变压器均采用芯式结构。

壳式变压器的铁芯包围着绕组的上下和两个侧面，如图6.12（b）所示。这种结构的机械强度高，铁芯容易散热，但外层绕组的铜线用量较多，制造也较为复杂，小型干式变压器多采用这种结构形式。

变压器的符号如图6.12（c）所示。

2. 绕组

变压器的绕组由绝缘导线绕制而成，是变压器的导电部分。变压器的绕组分为一次绕组和二次绕组。与电源相连的绕组称为一次绕组（或称原边绕组、初级绕组），与负载相连的绕组称为二次绕组（或称副边绕组、次级绕组）。

3. 冷却系统

变压器一般都有一个外壳，起到保护绕组、散热和屏蔽的作用。当变压器工作时，铁芯和绕组都要发热，为防止变压器过热，必须采用适当的冷却方式。小容量的变压器可以直接散热到空气中，称为空气自冷式变压器。较大容量的变压器一般采用油冷式变压器，具有冷却系统。大容量变压器通常都是三相变压器。

6.3.2 变压器的工作原理

变压器输入与输出之间无电的联系，而是靠磁路把输入和输出两侧耦合起来的。能量的传输或信号的传递都要经过电→磁→电的转换过程。通过改变输入与输出绕组的匝数比来满足各种不同的要求。

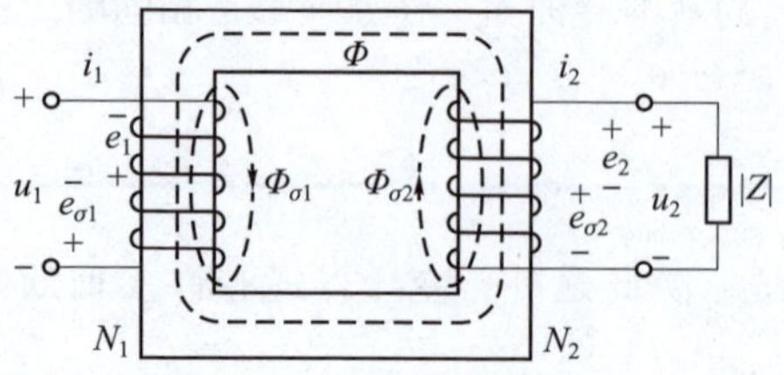

图 6.13 变压器的原理图

变压器的原理图如图6.13所示。假设一次绕组、二次绕组的匝数分别为 N_1 和 N_2，当在一次绕组上接入正弦交流电压 u_1 时，一次绕组中便有电流 i_1 通过。

一次绕组的磁通势 $N_1 i_1$ 产生的磁通绝大部分通过铁芯而闭合，从而在二次绕组中感应出电动势。如果二次绕组接有负载，那么二次绕组中就有电流 i_2 通过。二次绕组的磁通势 $N_2 i_2$ 也会产生磁通，其绝大部分也通过铁芯而闭合。因此，铁芯中的磁通是一个由一次、二次绕组的磁通势共同作用产生的合成磁通，称为主磁通，用 Φ 表示。主磁通穿过一次绕组和二次绕组，在其中分别感应出的电动势分别为 e_1 和 e_2。此外，一次、二次绕组的磁通势还分别产生漏磁通 $\Phi_{\sigma 1}$ 和 $\Phi_{\sigma 2}$，从而在各自的绕组中分别产生漏磁电动势 $e_{\sigma 1}$ 和 $e_{\sigma 2}$。

1. 电压变换原理

根据基尔霍夫定律，列出一次绕组电路的电压方程为：

$$u_1 = R_1 i_1 - e_1 - e_{\sigma 1}$$

用相量表示为：

$$\dot{U}_1 = \dot{I}_1 R_1 + (-\dot{E}_{\sigma 1}) + (-\dot{E}_1) = \dot{I}_1 (R_1 + jX_{\sigma 1}) + (-\dot{E}_1) \tag{6.16}$$

式中：R_1 和 $X_{\sigma 1} = \omega L_{\sigma 1}$ 分别为一次绕组的电阻和漏磁通引起的漏磁感抗。

由于一次绕组的电阻 R_1 和漏磁感抗 $X_{\sigma 1}$ 较小，其压降 $\dot{I}_1 (R_1 + jX_{\sigma 1})$ 也较小，因此与主磁感应电动势 E_1 相比，可忽略不计。于是：

$$\dot{U}_1 \approx -\dot{E}_1$$

进一步可得：

$$U_1 \approx E_1 = 4.44fN_1\Phi_m = 4.44fN_1B_mS \qquad (6.17)$$

同理可得二次绕组电路电压与感应电动势的有效值为：

$$U_2 \approx E_2 = 4.44fN_2\Phi_m = 4.44fN_2B_mS \qquad (6.18)$$

当变压器空载时：

$$I_2 = 0, E_2 = U_{20}$$

式中：U_{20} 是空载时二次绕组的端电压。

因此，空载时一次、二次绕组电压之比为：

$$\frac{U_1}{U_{20}} \approx \frac{E_1}{E_2} = \frac{4.44fN_1B_mS}{4.44fN_2B_mS} = \frac{N_1}{N_2} = K \qquad (6.19)$$

式中：K 称为变压器的变比，即一次、二次绕组的匝数比。由此可见，在电源电压不变情况下，改变一次、二次绕组的匝数比，就可以得到不同的输出电压，以满足不同用电设备的要求。

变比 K 是在变压器铭牌上注明的变压器的重要参数之一，它表示一次、二次绕组的额定电压之比。需要注意的是，所谓二次绕组的额定电压，是指一次绕组加上额定电压时二次绕组的空载电压。

2. 电流变换原理

由变压器电源电压 $U_1 \approx E_1 = 4.44fN_1\Phi_m$ 可知，如果电源电压 U_1、一次绕组的匝数 N_1 和频率 f 不变时，主磁通 Φ_m 也不变。也就是说，在空载时，由励磁电流建立的磁通势与在有载时，由一次绕组电流、二次绕组电流共同建立的磁通势近似相等，即：

$$N_1\dot{I}_1 + N_2\dot{I}_2 \approx N_1\dot{I}_0 \qquad (6.20)$$

式中：$\dot{I}_0$ 为变压器的空载励磁电流。由于铁芯的磁导率很高，空载励磁电流很小，所以 $N_1\dot{I}_0$ 远小于 $N_1\dot{I}_1$ 和 $N_2\dot{I}_2$，可以忽略不计。整理可得：

$$N_1\dot{I}_1 \approx -N_2\dot{I}_2$$

式中：负号表明 $\dot{I}_1$ 与 $\dot{I}_2$ 的相位相反。若只考虑 $\dot{I}_1$ 与 $\dot{I}_2$ 的数值关系，则有：

$$\frac{I_1}{I_2} \approx \frac{N_2}{N_1} = \frac{1}{K} \qquad (6.21)$$

式（6.21）表明，变压器一次、二次绕组的电流之比近似等于它们匝数比的倒数。改变一次、二次绕组的匝数，就可以改变一次、二次绕组的电流，这就是变压器的电流变换原理。

变压器的额定电流 I_{1N} 和 I_{2N} 是指按规定工作方式（长时连续工作、短时工作或间歇工作）运行时，一次、二次绕组允许通过的最大电流。它们是根据绝缘材料允许温度确定的。

二次绕组的额定电压与额定电流的乘积称为变压器的额定容量，即：

$$S_N = U_{2N}I_{2N} \approx U_{1N}I_{1N} \qquad (6.22)$$

在大功率场合应用的变压器多为三相变压器，其原理图和实物图如图 6.14 所示。三相变压器的铁芯有 3 条同样的芯柱连接在上、下轭之间，每条芯柱上叠绕一相高压绕组和低压绕组。各相高压绕组的始端和末端分别用 U_1、V_1、W_1 和 U_2、V_2、W_2 表示，低压绕组则用 u_1、v_1、w_1 和 u_2、v_2、w_2 表示。

三相变压器的高、低压绕组均可接成星形（Y）或三角形（△）。我国采用的绕组的连接方式有：Y/Y_0、$Y/\triangle$、$Y_0/\triangle$ 等几种（其中，分子表示高压绕组的连接方式，分母表示低压绕组的连接方式，Y_0 表示中点有引出线）。

工厂供电用三相变压器常用的连接方式如图 6.15 所示。

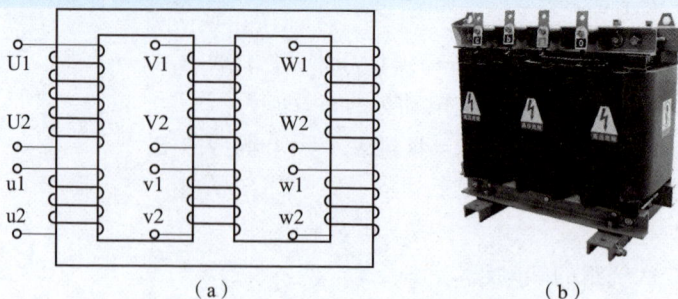

图 6.14　三相变压器原理图和实物图
（a）原理图；（b）实物图

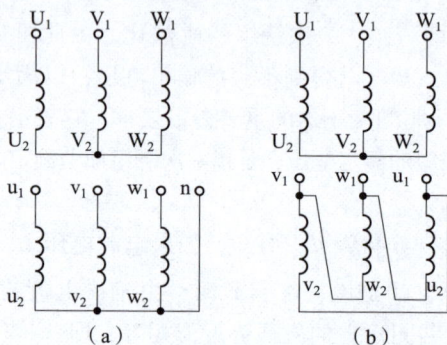

图 6.15　三相变压器常用的连接方式
（a）Y/Y$_0$ 连接；（b）Y/△连接

【例 6.3】某三相变压器接法为 Y/Y$_0$，额定电压为 6 kV/0.4 kV，其负载是功率为 50 kW、线电压为 380 V 的白炽灯，求一次侧电流 I_1 和二次侧电流 I_2。

【解】因为白炽灯是纯电阻元件，所以 $\cos\varphi=1$。

$$I_2 = \frac{P_2}{\sqrt{3}\,U_2\cos\varphi_2} = \frac{50\times10^3}{\sqrt{3}\times380\times1}\text{A} \approx 76\text{ A}$$

$$I_1 = \frac{U_{2N}}{U_{1N}}I_2 \approx \left(\frac{400}{6\,000}\times76\right)\text{A} = 5.06\text{ A}$$

3. 阻抗变换原理

如图 6.16（a）所示，当负载阻抗模 $|Z|$ 变化时，I_2 变化，I_1 也随之变化。$|Z|$ 对 I_1 的影响可以用一个接于原边的等效阻抗 $|Z'|$ 来代替，如图 6.16（b）所示。

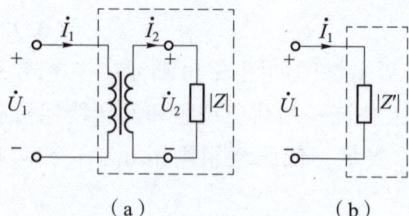

图 6.16　负载阻抗的等效变换
（a）变换前；（b）变换后

从图 6.16 可得：

$$|Z'| = \frac{U_1}{I_1} = \frac{\frac{N_1}{N_2}U_2}{\frac{N_2}{N_1}I_2} = \left(\frac{N_1}{N_2}\right)^2\frac{U_2}{I_2} = \left(\frac{N_1}{N_2}\right)^2|Z|$$

即：

$$|Z'| = \left(\frac{N_1}{N_2}\right)^2|Z| = K^2|Z| \tag{6.23}$$

由此可见，变压器具有阻抗变换作用。在电子技术中，常利用变压器的阻抗变换作用来达到阻抗匹配的目的。例如，在收音机、扩音机中，扬声器（喇叭）的阻抗一般为几欧或十几欧，而其功率输出级要求负载与信号源内阻相等时，才能使负载获得最大输出功率。实现阻抗匹配的方法，就是在电气设备功率输出级和负载（如喇叭）之间接入一个输出变压器，通过选择适当的变比，就能获得所需要的阻抗。

【例 6.4】 在图 6.17（a）的电路中，已知信号源电动势 $e = (20\sqrt{2}\sin\omega t)$ V，内阻 $R_0 = 200\ \Omega$，负载电阻 $R_L = 8\ \Omega$。试求：（1）当负载电阻 R_L 直接与信号源连接时，信号源输出功率 P 为多少？（2）为使负载电阻获得最大功率，需要利用变压器进行阻抗匹配，此时变压器的变比 K 为多少？信号源最大输出功率是多少？

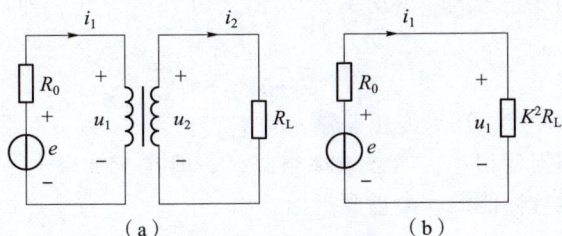

图 6.17 例 6.4 电路

（a）原电路；（b）现电路

【解】（1）负载电阻 R_L 直接接于电源，获得功率为：

$$P = \left(\frac{E}{R_0 + R_L}\right)^2 R_L = \left[\left(\frac{20}{200+8}\right)^2 \times 8\right] \text{W} = 0.074\ \text{W}$$

（2）要使负载电阻获取最大功率，阻抗必须匹配，如图 6.17（b）所示，即：

$$K^2 R_L = R_0$$

$$K = \sqrt{\frac{R_0}{R_L}} = \sqrt{\frac{200}{8}} = 5$$

输出最大功率为：

$$P_{\max} = \left(\frac{E}{R_0 + R_L'}\right)^2 R_L' = \left[\left(\frac{20}{200+200}\right)^2 \times 200\right] \text{W} = 0.5\ \text{W}$$

即信号源最大输出功率为 0.5 W，0.5 W≫0.074 W。可见，经变压器阻抗匹配后，输出功率增大了许多。

6.3.3 变压器的基本应用

1. 变压器的外特性

根据对变压器原理的分析，当变压器一次侧电压 U_1 不变时，二次侧的空载电压 U_{20} 基本不变；当二次绕组连接负载时，随着二次绕组电流 I_2 的增加（负载增加），一次、二次绕组阻抗上的电压降升高，使二次绕组的端电压 U_2 相应发生变化。当电源电压 U_1 与负载的功率因数 $\cos\varphi_2$ 一定时，称 U_2 随 I_2 的变化关系为变压器的外特性，一般用外特性曲线来表示，如图 6.18 所示。

通常希望电压 U_2 变动越小越好。从空载到额定负载，二次绕组电压的变化程度用电压变化率用 ΔU 来表示，即：

$$\Delta U = \frac{U_{20} - U_2}{U_{20}} \times 100\% \qquad (6.24)$$

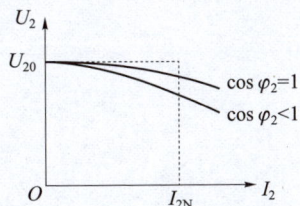

图 6.18 变压器的外特性曲线

电压变化率反映变压器供电电压平衡能力，是表征变压器运行性能的重要数据之一。在一般的变压器中，由于其电阻和漏磁感抗均很小，电压变化率是不大的，约为 5%。

2. 变压器的损耗和效率

与交流铁芯线圈一样，变压器的功率损耗包括铁芯中的铁损耗 ΔP_{Fe} 和绕组上的铜损耗 ΔP_{Cu} 两部分。铁损耗的大小与铁芯内磁感应强度的最大值 B_m 有关，与负载大小无关；而铜损耗则正比于电流平方且与负载大小有关。所以变压器的损耗主要由铜损耗决定，而铁损耗基本上是一个常数。

变压器的效率定义为变压器的输出功率 P_2 与输入功率 P_1 之比，即：

$$\eta = \frac{P_2}{P_1} = \frac{P_2}{P_2 + \Delta P_{Fe} + \Delta P_{Cu}} \tag{6.25}$$

式中：P_2 为变压器的输出功率，P_1 为变压器输入功率。

通常，变压器的功率损耗很小，所以效率很高，一般在 95% 以上。效率反映了变压器运行的经济性，它是变压器运行性能的一个重要指标。

3. 特种变压器

1）自耦变压器

自耦变压器（auto transformer）的一次绕组和二次绕组是共用的，它们之间不仅有磁的耦合，还有电的联系。实验室中的调压器就是一种可改变二次绕组匝数的自耦变压器，其外观图和原理电路图如图 6.19 所示。

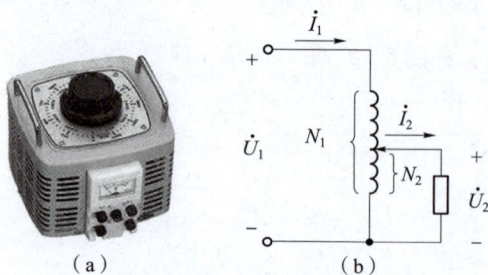

图 6.19 自耦变压器外观图和原理电路图
（a）外观图；（b）原理电路图

从图中可以看出，自耦变压器和普通变压器一样，一次绕组和二次绕组的电压比和电流比为：

$$\frac{U_1}{U_2} = \frac{N_1}{N_2} = K$$

$$\frac{I_1}{I_2} = \frac{N_2}{N_1} = \frac{1}{K}$$

使用自耦变压器时，要注意变压器的额定电流，防止负载电流过大而烧坏绕组局部线圈。同时，二次侧输出电压虽可调低，但仍与一次侧高压电路直通，也具有同样高电位，使用时要特别注意安全。

2）电压互感器

电压互感器（voltage transformer）的作用是将电气设备上的高电压变换成低电压（一般电压互感器的二次侧电压都设计在 100 V 以内），再供给测量仪表。这样既保证了电气设备和工作人员的安全，又有利于仪表的标准化，其原理图如图 6.20 所示。

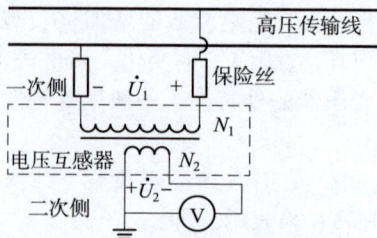

图 6.20 电压互感器原理图

电压互感器实质上就是降压变压器，因此其主要结构和工作原理与降压变压器（$N_1 > N_2$）相似。

根据变压器原理，有：

$$U_1 = \frac{N_1}{N_2}U_2 = KU_2$$

为了安全起见，互感器外壳、铁芯及二次绕组的一端要接地。

3）电流互感器

电流互感器（current transformer）主要用来扩大测量交流电流表的量程，也是为了将测量仪表与高电压隔开，以保证人身与设备安全，其原理图如图6.21所示。

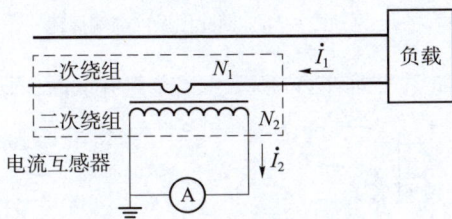

图6.21　电流互感器原理图

电流互感器的一次绕组的匝数很少（只有一匝或几匝），它串联在被测电路中。二次绕组的匝数较多，它与电流表或其他仪表及继电器的电流线圈相连接。

根据变压器原理，有：

$$I_1 = \frac{N_2}{N_1}I_2$$

可见，利用电流互感器可将大电流变换为小电流，电流表的读数乘上变换系数即为被测大电流。在实际应用中，为安全起见，电流互感器的二次绕组要接地。

4）钳形电流表

钳形电流表的原理图如图6.22所示。

钳形电流表是测量导线中交流电流的一种测量工具，它可以不断开电路，随时随地测量线路中电流的大小。钳形电流表利用电流互感器的原理。当测量时，将钳口打开，并夹住被测导线，这时被测导线就是一次绕组，二次绕组绕在铁芯上并与电流表接通。放开手柄后，铁芯闭合，穿过铁芯的被测电路导线就成为电流互感器的一次线圈，其中流过的电流在二次线圈中感应出电流，从而使二次线圈相连接的电流表产生指示，测出被测线路的电流。

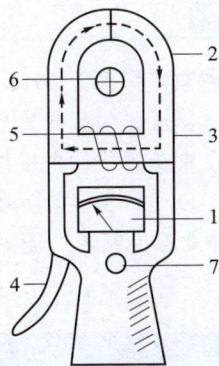

1—电流表；2—电流互感器；3—铁芯；
4—手柄；5—二次绕组；6—被测导线；
7—量程开关。

图6.22　钳形电流表的原理图

4. 变压器绕组的极性

当变压器有多个一次绕组或二次绕组时，可将绕组串联以提高电压，将绕组并联以增大电流。但是，在连接时必须注意变压器绕组的极性，接线错误会损坏变压器。

变压器一次、二次绕组中感应电动势瞬时极性相同的端点称为同名端。原理图如图6.23（a）所示，一个多绕组变压器的1端和3端是同名端，显然2端和4端也是同名端，常用"＊""△"或"·"作为同名端的标记，其简化图及同名端标记如图6.23（b）所示。

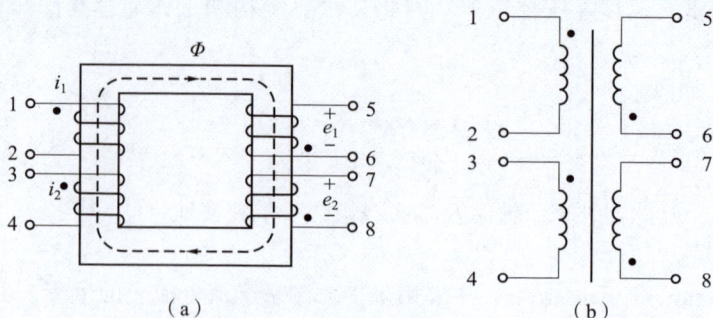

图 6.23　多绕组变压器

(a) 原理图；(b) 简化图及同名端标记

当绕组串联时，接线方法如图 6.24 (a) 所示；当绕组并联时，接线方法如图 6.24 (b) 所示。

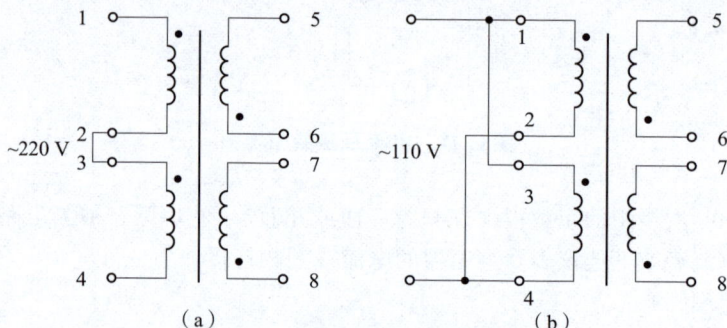

图 6.24　变压器绕组的正确连接

(a) 绕组串联；(b) 绕组并联

思考题

1. 将额定频率为 50 Hz 的变压器用于 25 Hz 的交流电路中，可能会发生什么情况？

2. 当变压器的负载发生变化时，变压器的电流及铁芯中的磁通将如何变化？

3. 在求变压器的电压比时，为什么一般都用空载时一次、二次绕组电压之比来计算？

4. 一台变压器容量为 10 kV · A，铁损耗为 300 W，满载时铜损耗为 400 W。当负载变化使得变压器的电流为额定电流的 0.8 倍时，其铁损耗 ΔP_{Fe} 和铜损耗 ΔP_{Cu} 应为多少？

6.4　电磁铁

电磁铁是利用通电的铁芯线圈吸引衔铁或保持某种机械零件、工件在固定位置的一种电气设备，是电流磁效应的一个应用。电磁铁可分为线圈、铁芯、衔铁 3 个部分，其结构如图 6.25 所示。铁芯和衔铁一般用软磁材料制成，线圈绕在铁芯上，铁芯位置固定。当线圈通电时，铁芯和衔铁被磁化，成为极性相反的两块磁铁，它们之间产生电磁吸力。当吸力大于弹簧的反作用力时，衔铁开始向着铁芯方向运动。当线圈中的电流小于某一定值或供电中断时，电磁吸力小于弹簧的反作用力，衔铁将在反作用力的作用下返回原来的释放位置。

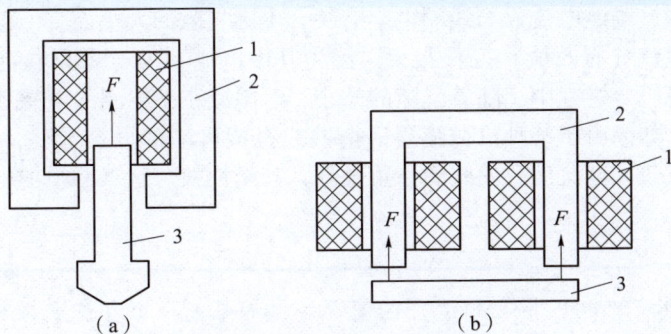

1—线圈；2—铁芯；3—衔铁。

图 6.25　电磁铁结构

（a）电磁铁 1；（b）电磁铁 2

当电磁铁绕组通电后，铁芯吸引衔铁的力称为电磁吸力，其大小与气隙的截面积 S_0 及气隙中磁感应强度 B_0 的平方成正比。计算电磁吸力的基本公式为：

$$F = \frac{10^7}{8\pi} B_0^2 S_0 \qquad (6.26)$$

式中：B_0 的单位是 T；S_0 的单位是 m^2；F 的单位是 N。

交流电磁铁中通入的励磁电流是交变的，故磁场也是交变的，设 $B_0 = B_m \sin \omega t$。

则电磁吸力为：

$$f = \frac{10^7}{8\pi} B_m^2 S_0 \sin^2 \omega t = \frac{10^7}{8\pi} B_m^2 S_0 \frac{1 - \cos 2\omega t}{2} = F_m \frac{1 - \cos 2\omega t}{2}$$
$$= \frac{1}{2} F_m - \frac{1}{2} F_m \cos 2\omega t \qquad (6.27)$$

式中：$F_m = \frac{10^7}{8\pi} B_m^2 S_0$ 是电磁吸力的最大值。在计算时只考虑吸力的平均值，有：

$$F = \frac{1}{T} \int_0^T f \mathrm{d}t = \frac{1}{2} F_m = \frac{10^7}{16\pi} B_m^2 S_0 \qquad (6.28)$$

由式（6.28）可知，吸力在零与最大值 F_m 之间脉动，吸力曲线如图 6.26 所示。因此，衔铁以 2 倍电源频率颤动，产生噪声，同时可能导致触点容易损坏。为了消除这种现象，在磁极的部分端面上套一个分磁环，如图 6.27 所示。这样，在分磁环中便产生感应电流，以阻碍磁通的变化，使在磁极两部分中的磁通 Φ_1 与 Φ_2 之间产生相位差，从而使磁极各部分的吸力不会同时降为零，这就消除了衔铁的颤动，当然也就除去了噪声。

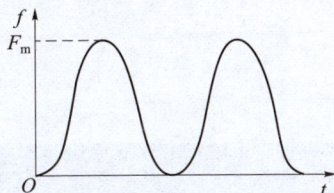

图 6.26　交流电磁铁的吸力曲线

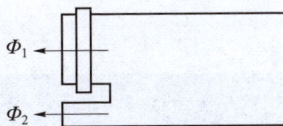

图 6.27　分磁环

在交流电磁铁中，为了减小铁损耗，其铁芯由钢片叠成；而在直流电磁铁中，铁芯是用整块软钢制成的。

交、直流电磁铁除有上述的不同外，在使用时还应该知道，它们在吸合过程中电流和电磁吸力的变化情况也是不一样的。

在直流电磁铁中，励磁电流仅与线圈电阻有关，不因气隙的大小而变。但在交流电磁铁的吸合过程中，线圈中电流（有效值）变化很大。因为其中电流不仅与线圈电阻有关，更主要的还与线圈感抗有关。在吸合过程中，随着气隙的减小，磁阻减小，线圈的电感和感抗增大，从而电流逐渐减小。因此，如果由于某种机械障碍，衔铁或机械可动部分被卡住，通电后衔铁吸合不上，线圈中就会流过较大电流而致使线圈严重发热，甚至烧毁。这点必须加以注意。

思考题

1. 在电压相等（交流电压指有效值）的情况下，如果把一个直流电磁铁接入交流电使用，或者把一个交流电磁铁接入直流电使用，将会产生什么后果？

2. 交流电磁铁在吸合过程中，气隙减小。试问磁路磁阻、线圈电感、线圈电流、铁芯中磁通的最大值以及电磁吸力（平均值）将有何变化（增大、减小，不变或近于不变）？

3. 当交流电磁铁通电后，若衔铁长期被卡住而不能吸合，会引起什么后果？

本章小结

1. 磁路
人为设计的磁通闭合路径。

2. 磁场的基本物理量
磁感应强度 B、磁通 Φ、磁导率 μ、磁场强度 H。

3. 磁路欧姆定律

磁路欧姆定律：$\Phi = \dfrac{F}{R_\mathrm{m}}$。

4. 交流铁芯线圈电路电压与磁通的关系
$$U \approx E = 4.44 fN\Phi_\mathrm{m} = 4.44 fNB_\mathrm{m}S$$

5. 变压器的工作原理

电压变换原理：$\dfrac{U_1}{U_{20}} \approx \dfrac{N_1}{N_2} = K$

电流变换原理：$\dfrac{I_1}{I_2} \approx \dfrac{N_2}{N_1} = \dfrac{1}{K}$

阻抗变换原理：$|Z'| = \left(\dfrac{N_1}{N_2}\right)^2 |Z| = K^2 |Z|$

习　　题

填空题

6-1　二次绕组的额定电压与额定电流的乘积称为变压器的_____。

6-2　已知某交流铁芯线圈电路的等效电阻 $R_0 = 4\ \Omega$、电流 $I = 2\ \mathrm{A}$、涡流损耗为 31 W，总功率损耗为 80 W，那么磁滞损耗为_____ W。

6-3 在交流铁芯线圈中，铜损耗会使_____发热，而铁损耗会使_____发热。

6-4 在电源电压不变的情况下，当负载增加时，二次侧电流会增大，那么变压器铁芯中的工作主磁通 Φ 将如何变化_____？

6-5 高、低压绕组中有一部分是公共绕组的变压器称为_____。

6-6 已知变压器一次绕组匝数为 1 000，二次绕组匝数为 100，负载 $R_L = 2\ \Omega$，则一次侧得到的等效阻抗 $R'_L = $_____ Ω。

6-7 变压器是既能变换电压、电流，又能变换_____的电气设备。

6-8 铭牌里给出的变压器容量是二次绕组的额定_____。

6-9 已知某变压器一次绕组匝数为 100，二次匝数为 30，则其变比 K 为_____，若已知当前二次绕组电流为 5 A，则此时一次绕组电流为_____ A。

6-10 为求铁芯线圈的铁损耗，先将它接在直流电源上，从而测得线圈的电阻为 1.75 Ω；然后接在交流电源上，测得电压 $U = 120$ V、功率 $P = 70$ W、电流 $I = 2$ A，则铁损耗为_____，功率因数为_____。

选择题

6-11 磁性物质的磁导率 μ 不是常数，因此（　　）。

A. B 与 H 不成正比　　　　　　　　　B. Φ 与 B 不成正比

C. Φ 与 I 成正比　　　　　　　　　　D. B 与 H 成正比

6-12 在交流铁芯线圈中，如果将铁芯面积减小，其他条件都不变，则磁通势（　　）。

A. 变大　　　　　B. 不变　　　　　C. 变小　　　　　D. 不定

6-13 如图 6.28 所示，变压器一次绕组匝数 N_1，二次绕组匝数分别为 N_2、N_3。若两者都能达到阻抗匹配。则 N_2/N_3 为（　　）。

A. 2/3　　　　　　　　　　　　　　B. 1/4

C. 1/3　　　　　　　　　　　　　　D. 1/5

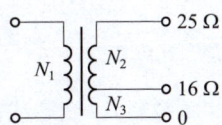

图 6.28　习题 6-13 图

6-14 磁饱和现象的存在使磁路问题的分析成为（　　）问题。

A. 线性　　　　　　　　　　　　　　B. 常数

C. 非线性　　　　　　　　　　　　　D. 无解

6-15 若阻抗为 8 Ω 的负载经过变压器变换后，其等效阻抗 512 Ω，则该变压器的变比为（　　）。

A. 64　　　　　　B. 8　　　　　　C. 32　　　　　　D. 16

6-16 当变压器负载减小时，一次绕组和二次绕组的电流 I_1 和 I_2 的变化情况为（　　）。

A. 同时增加　　B. 同时减小　　C. I_1 增加、I_2 减小　　D. I_1 减小、I_2 增大

6-17 一台单相变压器的额定容量为 50 kV·A，额定电压为 10 kV/230 V，空载电流为额定电流的 3%，则空载电流为（　　）A。

A. 0.15　　　　　B. 6.51　　　　　C. 1.7　　　　　D. 3.17

6-18 当变压器空载运行时，从电源输入的功率等于（　　）。

A. 铜损耗　　　　B. 铁损耗　　　　C. 铜损耗+铁损耗　　　D. 零

6-19 当交流电磁铁线圈通电时，衔铁吸合后较吸合前的电磁铁的电磁吸力（　　）。

A. 增大　　　　　B. 减少　　　　　C. 保持不变　　　D. 先增大后减小

6-20 在交流电磁铁在通电正常吸合过程中，下列说法正确的是（　　）

A. 磁阻减小，电流逐渐减小　　　　　B. 磁阻减小，电流逐渐增大

C. 磁阻增大，电流逐渐增大　　　　　D. 磁阻增大，电流逐渐减小

计算题

6-21　如图 6.29 所示，一个铸钢制成的均匀螺线环，已知其截面积 $A = 2$ cm²、平均长度 $l = 40$ cm、线圈匝数 $N = 800$ 匝，要求 $F = 2×10^{-4}$ Wb，铸钢材料的 $B-H$ 磁化曲线数据见表 6.2。求线圈中的电流 I。

表 6.2　铸钢材料的 $B-H$ 磁化曲线数据

B/T	0.5	0.6	0.7	0.8	0.9	1.0	1.2	1.3	1.4
$H/(A \cdot m^{-1})$	380	470	550	680	800	920	1 280	1 570	2 080

6-22　如图 6.30 所示，两个线圈绕在同一个磁路上，已知 $N_1 = 3\,000$ 匝、$R_1 = 30$ Ω，$N_2 = 4\,000$ 匝、$R_2 = 40$ Ω，两个线圈串联或并联接到 $U = 115$ V 的直流电源上，且两个线圈的磁通势方向一致。求两种连接方式下磁路的总磁通势。

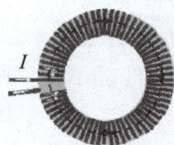

图 6.29　习题 6-21 图

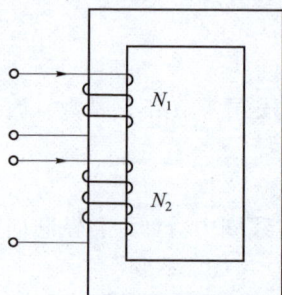

图 6.30　习题 6-22 图

6-23　一铁芯线圈，当加上 12 V 直流电压时，电流为 1 A；当加上 110 V 交流电压时，电流为 2 A，消耗的功率为 88 W。求在后一种情况下线圈的铜损耗、铁损耗和功率因数。

6-24　如图 6.31 所示，已知变压器一次绕组 $N_1 = 550$ 匝，$U_1 = 220$ V。二次绕组有两个，电压 $U_2 = 30$ V，负载功率为 36 W；电压 $U_3 = 12$ V，负载功率为 24 W，两个都是纯电阻负载。试求：（1）二次绕组的匝数 N_2 和 N_3；（2）二次侧电流 I_2、I_3；（3）一次侧电流 I_1。

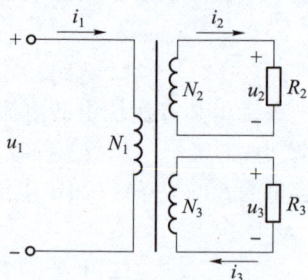

图 6.31　习题 6-24 图

6-25　有一额定容量为 2 kV·A、电压为 380 V/110 V 的单相变压器。（1）求变压器一次、二次侧的额定电流；（2）若负载为 110 V、25 W、$\cos \varphi = 0.8$ 的小型单相电动机，问当满载运行时可接入多少个这样的电动机？

6-26　有一信号源的电动势 $E = 1.5$ V，内阻抗 $R_0 = 300$ Ω，负载阻抗 $R_L = 75$ Ω。欲使负载获得最大功率，必须在信号源和负载之间接一阻抗匹配变压器，使变压器的输入阻抗等于信号源的内阻抗，如图 6.32 所示。问：变压器的变压比、一次、二次侧的电流各为多少？

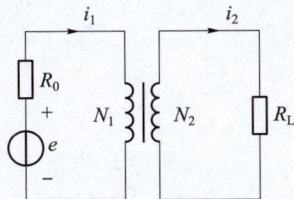

图 6.32 习题 6-26 图

6-27 某单相变压器的额定电压为 10 000 V/230 V,接在 10 000 V 的交流电源上向一感性负载供电,电压变化率为 0.03。求变压器的电压比及空载和满载时的二次侧电压。

6-28 一变压器容量为 10 kV·A,铁损耗为 300 W,满载时铜损耗为 400 W。求该变压器在满载情况下向功率因数为 $\cos\varphi_2 = 0.8$ 的负载供电时,输入和输出的有功功率及效率。

6-29 某三相变压器 $S_N = 50$ kV·A,$U_{1N}/U_{2N} = 10\,000$ V/400 V,Y/△连接,向 $\lambda_2 = \cos\varphi_2 = 0.9$ 的感性负载供电,满载时二次绕组的线电压为 380 V。求:(1) 满载时一次、二次绕组的线电流和相电流;(2) 输出的有功功率。

第7章 交流电动机

电机是完成机械能与电能相互转换的设备。把机械能转换为电能的电机称为发电机；把电能转换为机械能的电机称为电动机。

按使用电源的种类不同，电动机可分为交流电动机和直流电动机。交流电动机按其工作特点又分为同步电动机和异步电动机。其中，异步电动机由于结构简单、运行可靠、制造容易、价格低廉、坚固耐用、有较高的效率和良好的工作特性等优点，在工、农业生产中得到广泛应用。异步电动机按电源的相数不同，又分为三相异步电动机和单相异步电动机。其中，三相异步电动机主要用作机床、水泵、通风机、起重机等设备的动力装置；单相异步电动机主要用作医疗器械、家用电器等设备的动力装置。

本章主要介绍三相异步电动机的构造、转动原理、电路分析、电磁转矩与机械特性、启动、调速、制动及铭牌数据，然后简单介绍一下单相异步电动机和三相同步电动机。

7.1 三相异步电动机的构造

三相异步电动机的拆分结构图如图 7.1 所示。它由定子（静止部分）和转子（旋转部分）构成。电动机转子和定子之间没有任何电气上的连接，能量传递全靠电磁感应作用，将定子从电源吸取的电能转换成转子上输出的机械能。

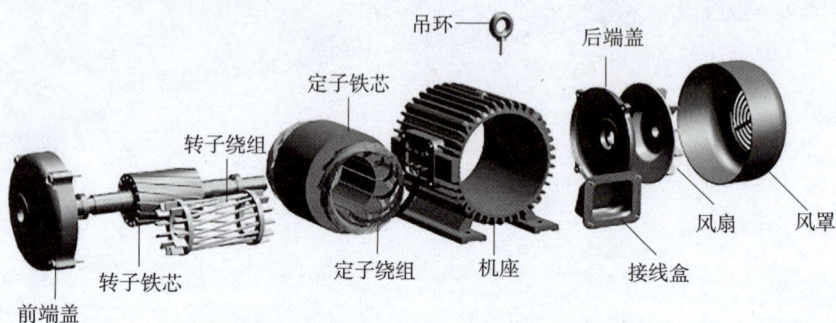

图 7.1　三相异步电动机的拆分结构图

7.1.1　定子

三相异步电动机的定子主要由机座和装在机座内的定子铁芯、定子绕组等组成，如图 7.2 所示。

1. 机座

机座通常由铸铁或铸钢制成，是整个电动机的支撑部分。为了加强散热能力，其外表面有散热筋。

2. 定子铁芯

定子铁芯呈圆筒状，装于机座内，它是电动机主磁通磁路的一部分，如图 7.3（a）所示。为了减小铁芯损耗，它是由厚度为 0.5 mm、片间用绝缘漆绝缘的硅钢片叠装压紧而成，如图 7.3（b）所示。定子铁芯圆周内表面沿轴向有均匀分布的直槽，用以嵌放定子绕组。为了增加散热面积，当定子铁芯比较长时，沿轴线方向上每隔一定距离有一条通风沟。

图 7.2　三相异步电动机定子结构

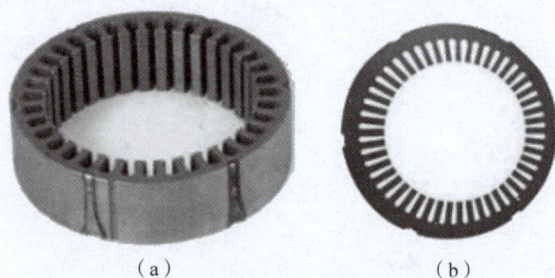

图 7.3　定子铁芯及冲片示意图
（a）定子铁芯；（b）定子冲片

3. 定子绕组

定子绕组（stator winding）由空间位置相差 120°电角度、对称排列的结构完全相等的三相绕组组成，如图 7.4 所示。为了产生多对磁极的旋转磁场，每相绕组可以由多个线圈串联组成。每相绕组的各个导体按照一定的规律分散嵌放在定子铁芯槽内。

三相定子绕组要与交流电源相接。为此，将三相定子绕组的首、末端都引到固定在电动机外壳的接线盒上。盒内有 6 个接线柱，分别标注字母 U_1、U_2、V_1、V_2、W_1、W_2，这是我国电动机生产厂家统一使用的标记。这 6 个接线端在接电源之前，相互间必须正确连接。连接方法有星形连接和三角形连接两种，如图 7.5 所示。

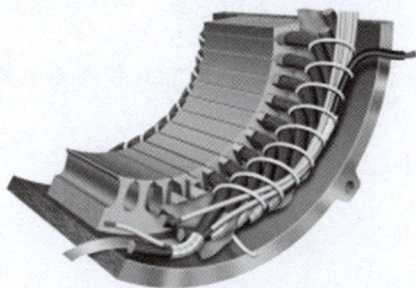

图 7.4 定子绕组

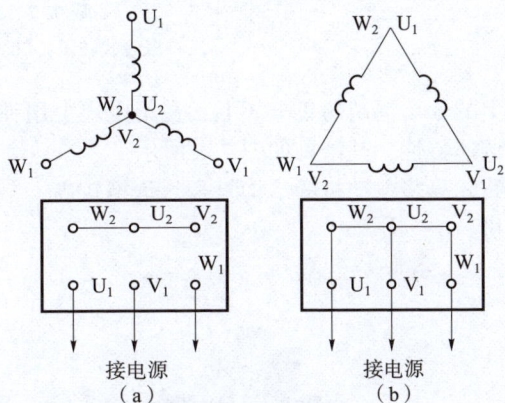

图 7.5 定子绕组的星形连接和三角形连接

（a）星形连接；（b）三角形连接

7.1.2 转子

三相异步电动机的转子由转子铁芯、转子绕组等构成。

转子铁芯是圆柱形的，由硅钢片叠成，如图 7.6 所示。其外圆周表面冲有均匀分布的槽，槽内安置转子绕组。转轴固定在铁芯中央。

转子绕组是自成闭路的短路线圈，转子绕组不需外接电源供电，其电流是由电磁感应作用产生的。

根据转子绕组构造上的不同，转子可分为鼠笼式转子和绕线式转子两种。

1. 鼠笼式转子

鼠笼式转子是在铁芯槽内放置铜条，铜条两端用铜制短路环焊接起来。如果将定子铁芯去掉，其形状如鼠笼，所以称之为鼠笼式转子，如图 7.7（a）所示。中、小型鼠笼式异步电

图 7.6 硅钢片叠成的转子铁芯

动机的转子通常采用铸铝鼠笼式转子，通过压力浇铸或离心浇铸的方法将转子槽中的导体、短路环以及端部的风扇铸造在一起，与转子铁芯形成一个整体，如图 7.7（b）所示。

鼠笼式转子的优点是构造简单、价格便宜、运行安全可靠、使用方便，因此使用广泛。

2. 绕线式转子

绕线式转子是在铁芯的槽中嵌放三相绕组，三相绕组一般连成星形，绕组的 3 根端线分别装

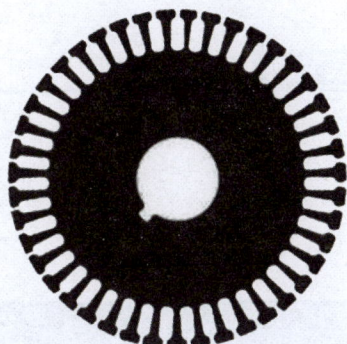

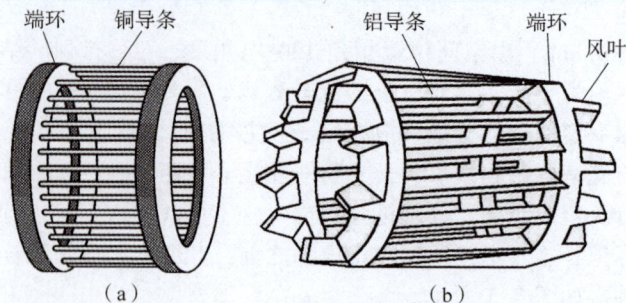

图 7.7　转子

（a）鼠笼式转子；（b）铸铝鼠笼式转子

在转轴上的 3 个铜制的集电环上，在集电环上用弹簧压着电刷与外电路连接，以便改善电动机的启动和调速特性，其结构如图 7.8 所示。

绕线式异步电动机的结构复杂、价格较高，一般用于对启动和调速性能有较高要求的场所，如起重机。

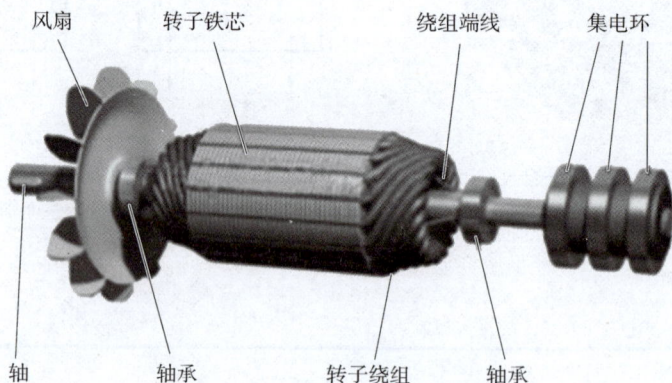

图 7.8　绕线式转子的结构

思考题

1. 有一台三相异步电动机，怎样根据其结构上的特点判断出它是鼠笼式还是绕线式？
2. 试比较三相异步电动机和变压器结构上的相同与不同之处。
3. 定子铁芯与转子铁芯有何不同？

7.2　三相异步电动机的转动原理

当三相异步电动机三相定子绕组通入三相对称的交流电流时，就会在定子和转子之间的气隙中产生一个旋转磁场。依靠这个旋转磁场，可将定子的电能传递给转子。因此，要了解三相异步电动机的工作原理，首先要了解旋转磁场的有关问题。

7.2.1 旋转磁场

1. 旋转磁场的产生

三相异步电动机的定子绕组嵌放在定子铁芯槽内，按一定规律将其连接成对称三相结构。三相绕组 U_1-U_2、V_1-V_2、W_1-W_2 在空间互成 $120°$，连接成星形。当三相绕组接至对称三相电源时，三相绕组中便通入对称三相电流 i_1、i_2、i_3，分别为：

$$i_1 = I_m \sin \omega t$$
$$i_2 = I_m \sin(\omega t - 120°)$$
$$i_3 = I_m \sin(\omega t + 120°)$$

电流的参考方向和随时间变化的波形图如图 7.9 所示。

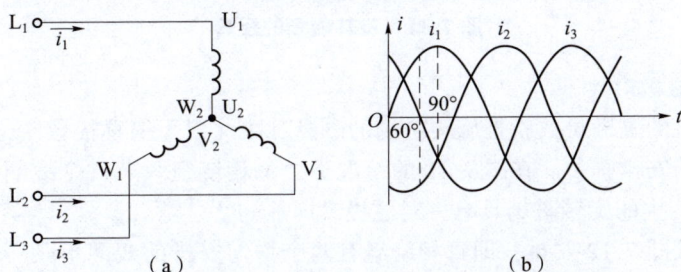

图 7.9 电流的参考方向和随时间变化的波形图
（a）电流的参考方向；（b）电流随时间变化的波形图

为了分析方便，选几个不同的时刻根据电流的实际方向进行讨论，并假定当电流从线圈的首端流入，从尾端流出时为正。首端用"⊗"表示，尾端用"⊙"表示。

当 $\omega t = 0°$ 时，定子绕组中的电流方向如图 7.10（a）所示。这时 $i_1 = 0$，i_2 是负的，其方向与参考方向相反，即自 V_2 到 V_1；i_3 是正的，其方向与参考方向相同，即自 W_1 到 W_2。按右手螺旋定则可得到各个导体中电流所产生的合成磁场的方向。可以看出，在图 7.10（a）中，是一个具有两个磁极的磁场，上面是 N 极，下面是 S 极，即磁极对数 $p = 1$。

同理，可以画出当 $\omega t = 60°$、$\omega t = 90°$ 时的磁场分布情况，分别如图 7.10（b）和图 7.10（c）所示。通过分析可以看出，当三相定子绕组中通入对称三相电流时，产生的合成磁场在空间内是旋转的。

当三相电流变化一个周期时，三相电流所产生的合成磁场正好转了一圈。

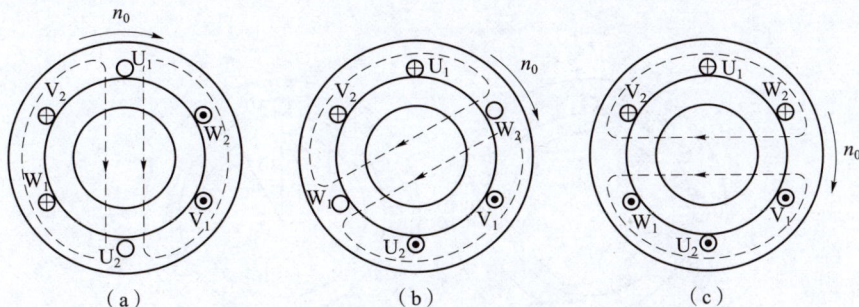

图 7.10 三相电流产生的旋转磁场（$p = 1$）
（a）$\omega t = 0°$；（b）$\omega t = 60°$；（c）$\omega t = 90°$

2. 旋转磁场的转向

由图 7.10 可见，当通入定子三相绕组的电流相序为 L_1、L_2、L_3 时，旋转磁场的方向为顺时针。如果将与三相电源相连接的电动机 3 根导线中的任意 2 根的对调一下，则定子电流的相序随之改变，旋转磁场的旋转方向也发生改变，电动机就会反转，如图 7.11 所示。

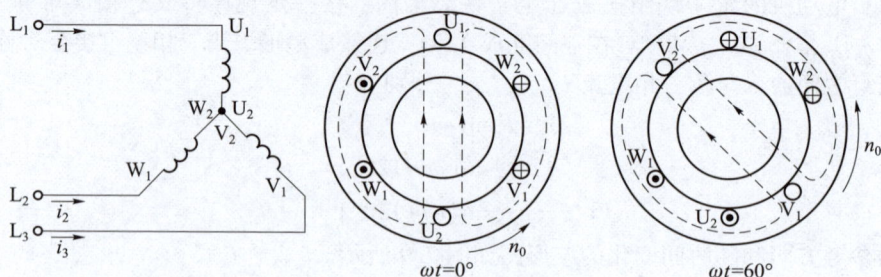

图 7.11　旋转磁场的反转

3. 旋转磁场的磁极对数

三相异步电动机的磁极对数就是旋转磁场的磁极对数（以下简称极数）。旋转磁场的磁极对数和三相定子绕组的安排有关。在图 7.10 的情况下，每相绕组只有一个线圈，三相绕组的始端之间相差 120°，则产生的旋转磁场具有一对磁极，即 $p=1$。

若将定子绕组按图 7.12 安排，即每相绕组有两个均匀安排的线圈串联，三相绕组的始端之间只相差 60° 的空间角，则产生的旋转磁场具有两对磁极，即 $p=2$，如图 7.13 所示。

同理，如果要产生三对磁极，即 $p=3$ 的旋转磁场，则每相绕组必须有均匀安排 3 个线圈串联，三相绕组的始端之间相差 40° 的空间角。

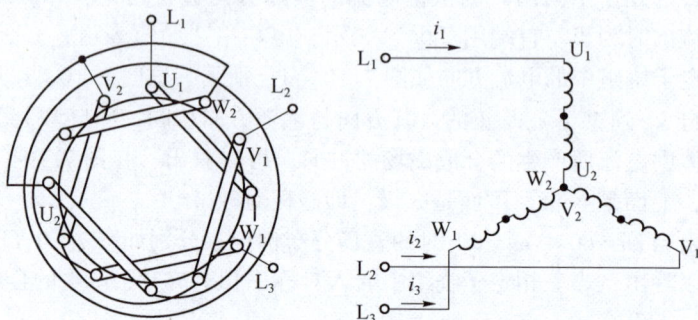

图 7.12　产生两对磁极旋转磁场的定子绕组分布及其连线

图 7.13　三相电流产生的旋转磁场（$p=2$）

4. 旋转磁场的转速

由图 7.10 可知,当旋转磁场具有一对磁极,即磁极对数 $p = 1$ 时,电流每变化一周,磁场也在空间旋转了一周。设三相交流电的频率为 f_1,则每分钟变化 $60f_1$ 次,旋转磁场的转速为 $n_0 = 60f_1$。

由图 7.13 可知,当定子铁芯内圆周上具有两对磁极,即磁极对数 $p = 2$ 时,若电流也从 $\omega t = 0°$ 变到 $\omega t = 60°$,则磁场在空间仅旋转了 $30°$。因此,当电流每变化一个周期,磁场在空间旋转了半个周期,旋转磁场的转速为:

$$n_0 = \frac{60f_1}{2}$$

同理,在三对磁极的情况下($p = 3$),电流变化一个周期,磁场在空间仅旋转了 $\frac{1}{3}$ 个周期,即旋转磁场的转速为:

$$n_0 = \frac{60f_1}{3}$$

所以,当旋转磁场具有 p 对磁极时,磁场的旋转速度(即同步转速)为:

$$n_0 = \frac{60f_1}{p} \tag{7.1}$$

式中:f_1 三相交流电频率,p 为磁极对数。

可见,同步转速 n_0 的大小不仅与电流频率 f_1 有关,还与磁极对数 p 有关。其中 f_1 是由三相异步电动机的供电电源频率决定,而 p 与三相定子绕组的安排有关。如果一台电动机的 f_1 和 p 不变,则同步转速 n_0 为常数。接在工频电源上不同磁极对数 p 对应的同步转速 n_0(r/min)如表 7.1 所示。

表 7.1 工频电源上不同磁极对数 p 对应的同步转速 n_0

磁极对数 p	1	2	3	4	5	6
同步转速 n_0/(r·min^{-1})	3 000	1 500	1 000	750	600	500

7.2.2 转动原理

图 7.14 是三相异步电动机的转动原理示意图。如果在三相定子绕组中通入三相电流,则定子内部产生一个方向为顺时针、转速为 n_0 的旋转磁场。这时转子导体与旋转磁场之间存在着相对运动,因而在转子导体中产生感应电动势,可以用右手定则确定其感应电动势的方向。由于转子绕组是闭合的,于是感应电动势在转子导体中产生感应电流。转子导体中的感应电流与旋转磁场相互作用,产生电磁力 F,其方向用左手定则确定。电磁力 F 作用在转子上,形成电磁转矩 M,使转子转动。由图 7.14 可见,转子顺旋转磁场的旋转方向转动。电动机的定子和转子之间只有磁的耦合而无电的联系,能量的传递依靠电磁感应作用,故这种异步电动机实际上就是感应电动机。

由图可见,电磁转矩与旋转磁场的转向是一致的,故转子旋转的方向与旋转磁场的方向相同。但电动机转子的转速 n 必须低于旋转磁

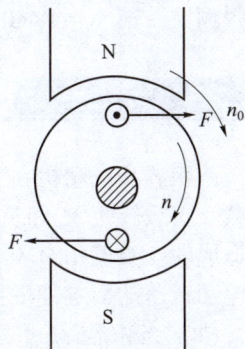

图 7.14 三相异步电动机的转动原理示意图

场转速 n_0。如果转子转速达到 n_0，那么转子与旋转磁场之间就没有相对运动，转子导体将不切割磁力线，于是转子导体中不会产生感应电动势和转子电流，也不可能产生电磁转矩。所以，电动机转子不可能维持在转速 n_0 状态下运行。可见，电动机只有在转子转速 n 低于同步转速 n_0 时，才能产生电磁转矩并驱动负载稳定运行。因此，这种电动机称为三相异步电动机。

7.2.3　转差率

三相异步电动机的转子转速 n 与旋转磁场的同步转速 n_0 之差是保证电动机工作的必要条件。这两个转速之差与同步转速之比称为转差率，用 s 表示，即：

$$s = \frac{n_0 - n}{n_0} \quad 或 \quad s = \frac{n_0 - n}{n_0} \times 100\% \tag{7.2}$$

由于电动机的转速 $n < n_0$，且 $n > 0$，故转差率在 $0 \sim 1$ 范围内，即 $0 < s < 1$。对于常用的电动机，在额定负载时的额定转速很接近同步转速，所以它的额定转差率 s_N 很小，为 $0.01 \sim 0.09$，有时也用百分数来表示。

【例7.1】　一台三相异步电动机接到工频电源上，额定转速 $n_N = 2\,970\ \text{r/min}$。求该电动机的磁极对数 p、同步转速 n_0 和转差率 s_N。

【解】　在 $f_1 = 50\ \text{Hz}$ 条件下，该电动机的额定转速 $n_N = 2\,970\ \text{r/min}$，$n_N$ 略低于 n_0（由表7.1可知，该电动机同步转速 $n_0 = 3\,000\ \text{r/min}$）。

根据式（7.1）可得电动机磁极对数为：

$$p = \frac{60 f_1}{n_0} = \frac{60 \times 50}{3\,000} = 1$$

根据式（7.2）可得额定转差率为：

$$s_N = \frac{n_0 - n_N}{n_0} = \frac{3\,000 - 2\,970}{3\,000} = 0.01$$

【例7.2】　有一台四极三相异步电动机，在 $f_1 = 50\ \text{Hz}$ 条件下，带额定负载时转差率 $s_N = 0.04$。求该电动机的额定转速。

【解】　异步电动机的磁极对数 $p = 2$，则同步转速为：

$$n_0 = \frac{60 f_1}{p} = \left(\frac{60 \times 50}{2} \right)\ \text{r/min} = 1\,500\ \text{r/min}$$

由

$$s_N = \frac{n_0 - n_N}{n_0} = \frac{1\,500 - n_N}{1\,500} = 0.04$$

可得额定转速 $n_N = 1\,440\ \text{r/min}$。

7.2.4　转矩平衡

三相异步电动机在工作时，电磁转矩 M 是原动转矩，它使电动机转子旋转，用来驱动机械负载。空载转矩 M_0 和负载转矩 M_L 之和构成阻转矩 M_2。由于空载转矩是由风阻、摩擦等环境因素造成的，数值相对较小，一般可以忽略不计，也就是说 M_2 近似等于 M_L。M 与 M_2 之间的关系对电动转速的影响如下：

（1）当 M 与 M_2 平衡，即 $M = M_2$ 时，电动机以某一转速稳定运行。
（2）当 $M > M_2$ 时，电动机加速，转速上升。
（3）当 $M < M_2$ 时，电动机减速，转速下降。

7.2.5　功率传递

三相异步电动机在工作时，从电源获得的有功功率 P_1 为：

$$P_1 = 3U_{1P}I_{1P}\cos\varphi = \sqrt{3}\,U_{1L}I_{1L}\cos\varphi$$

式中：U_{1P} 和 I_{1P} 定子绕组的相电压和相电流；U_{1L} 和 I_{1L} 为定子绕组的线电压和线电流；$\cos\varphi$ 为三相异步电动机的功率因数。

电动机输出的机械功率 P_2 为：

$$P_2 = M_2\Omega = \frac{2\pi}{60}M_2 n$$

式中：Ω 为转子的旋转角速度。

P_1 与 P_2 之差是电动机的功率损耗 ΔP，它包括铜损耗 ΔP_{Cu}（电路损耗）、铁损耗 ΔP_{Fe}（磁路损耗）和机械损耗 ΔP_{Me}，即：

$$\Delta P = P_1 - P_2 = \Delta P_{Cu} + \Delta P_{Fe} + \Delta P_{Me}$$

电动机的效率 η 为：

$$\eta = \frac{P_2}{P_1} \times 100\%$$

思考题

1. 在三相异步电动机的三相绕组中通入直流电流能产生旋转磁场吗？通入单相交流电流产生什么磁场？

2. 什么是三相电源的相序？改变三相异步电动机的三相电源的相序，电动机的工作情况有何改变？

3. 某些国家的工业标准频率为 60 Hz，在这种频率下的三相异步电动机在 $p=1$ 和 $p=2$ 时的同步转速是多少？

4. 为什么三相异步电动机工作时转子转速一定小于同步转速？

7.3　三相异步电动机的电路分析

三相异步电动机的定子绕组和转子绕组之间只有磁的耦合，而无电的联系，能量的传递依靠电磁感应作用，这与变压器一次、二次绕组之间的电磁关系相似。从电磁关系看，定子绕组相当于变压器的一次绕组，而转子绕组通常短接，相当于二次绕组。图 7.15 为三相异步电动机的每相等效电路图。

在图 7.15 中，E_1 和 E_2 分别为旋转磁场在定子绕组和转子绕组上产生的感应电动势，R_1 和 R_2 分别为定子绕组和转子绕组上的电阻，X_1 和 X_2 分别为定子磁路和转子磁路漏磁通产生的感抗，N_1 和 N_2 分别为定子绕组和转子绕组的匝数。

下面进一步分析三相异步电动机的每相等效电路，来获得电磁转矩与电源电压、电动机转速以及电动机转子电路有关参数之间的关系。

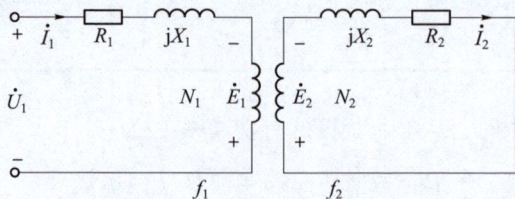

图 7.15 三相异步电动机的每相等效电路

7.3.1 定子电路

旋转磁场每极磁通 Φ 与定子绕组和转子绕组交链，在定子绕组产生感应电动势的有效值为：

$$E_1 = 4.44 f_1 N_1 \Phi \tag{7.3}$$

式中：Φ 为旋转磁场每极磁通，f_1 为电源频率，它与旋转磁场的关系为

$$f_1 = p \frac{n_0}{60}$$

如果忽略定子绕组的电阻和漏磁感抗，则每相定子绕组的感应电动势 E_1 与其外加电源电压 U_1 平衡，于是有：

$$U_1 \approx E_1 = 4.44 f_1 N_1 \Phi \tag{7.4}$$

$$\Phi = \frac{E_1}{4.44 f_1 N_1} \approx \frac{U_1}{4.44 f_1 N_1} \tag{7.5}$$

从上式可知，当外加电压不变时，定子绕组感应电动势基本不变，旋转磁场的每极磁通也基本不变。

7.3.2 转子电路

当三相异步电动机转子静止不动时，旋转磁场与转子的相对转速就是同步转速。当电动机转子以转速 n 转动时，旋转磁场与转子的相对转速为 $n_2 = n_0 - n$。与定子情况相同，转子感应电动势、电流的频率 f_2 为：

$$f_2 = p \frac{n_2}{60} = p \frac{n_0 - n}{60} = \frac{n_0 - n}{n_0} \cdot \frac{p n_0}{60} = s f_1 \tag{7.6}$$

当转子静止时，转差率 $s=1$、$f_2 = f_1$，此时电动机转子电路相当于变压器的次级绕组，转子感应电动势有效值为：

$$E_{20} = 4.44 f_2 N_2 \Phi = 4.44 f_1 N_2 \Phi \tag{7.7}$$

式中：N_2 为转子每相绕组匝数。

电动机启动后，转差率 s 也随之逐渐减少。因此，转子感应电动势、电流的频率 f_2 便不再等于 f_1，而是随着转速的升高而降低。

此时转子绕组的感应电动势的有效值也随之降低，有：

$$E_2 = 4.44 s f_1 N_2 \Phi = s E_{20} \tag{7.8}$$

可见，转子电动势的有效值和频率都与转差率有关。当电动机启动时，$n=0$、$s=1$、$f_2 = f_1 = 50\ \text{Hz}$，转子电动势 E_{20} 较高；当电动机在额定工作情况下运行时，$n = n_N$、$s_N = 0.01 \sim 0.09$、$f_2 = 0.5 \sim 4.5\ \text{Hz}$，转子电流的频率很低。

转子电路除了电阻 R_2 外，还存在漏磁电感 L_2 和相应的漏磁感抗 X_2。转子电路的频率 f_2 随转

差率 s 变化，因此，感抗 $X_2 = 2\pi f_2 L_2$ 也随 s 而变化。设当 $n=0$ 时，感抗为 $X_{20} = 2\pi f_1 L_2$，则：

$$X_2 = 2\pi f_2 L_2 = 2\pi s f_1 L_2 = s X_{20} \tag{7.9}$$

转子绕组中电流为：

$$I_2 = \frac{E_2}{\sqrt{R_2^2 + X_2^2}} = \frac{s E_{20}}{\sqrt{R_2^2 + (s X_{20})^2}} \tag{7.10}$$

转子电路功率因数为：

$$\cos \varphi_2 = \frac{R_2}{\sqrt{R_2^2 + X_2^2}} = \frac{R_2}{\sqrt{R_2^2 + (s X_{20})^2}} \tag{7.11}$$

由式（7.10）和式（7.11）可知，电动机转子电流 I_2 和功率因数 $\cos \varphi_2$ 都与转差率 s 有关，它们随转差率变化的关系曲线如图7.16所示。由图可见，转子电流 I_2 随转差率 s 的增大而增大，当 $s=1$，即转子静止时，I_2 最大；转子电路功率因数 $\cos \varphi_2$ 随转差率 s 的增大而减小，当 $s=1$，即转子静止时，$\cos \varphi_2$ 最低。

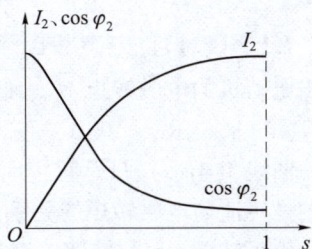

图 7.16　I_2、$\cos \varphi_2$ 与 s 的关系

思考题

1. 三相异步电动机的电磁转矩是怎样产生的？与哪些因素有关？
2. 三相异步电动机转子电路中的电动势、电流、频率、电阻、电抗和功率因数与转差率有什么关系？
3. 三相异步电动机的转子电路断开（$i_2 = 0$）后，其能否启动运行？为什么？

7.4　三相异步电动机的电磁转矩与机械特性

电磁转矩是三相异步电动机最重要的物理量之一，而机械特性则反映了电动机机械方面的性能。

7.4.1　电磁转矩

三相异步电动机的电磁转矩 M 是由旋转磁场的每极磁通 Φ 与转子电流 I_2 相互作用产生的，但因为转子电路是感性的，所以转子电路中的感应电动势与转子电流之间有相位差 φ_2，即转子电路的功率因数 $\cos \varphi_2 < 1$。电磁转矩对外做机械功，输出有功功率，所以电磁转矩与电流有功分量成正比。于是得出电动机的电磁转矩为：

$$M = K_m \Phi I_2 \cos \varphi_2 \tag{7.12}$$

式中：K_m 为转矩系数，它是一常数，与电动机的结构有关。

将式（7.5）、式（7.10）、式（7.11）代入式（7.12），合并整理常数可得电磁转矩的另一种表达式，即：

$$M = K'_m \frac{s R_2 U_1^2}{R_2^2 + (s X_{20})^2} \tag{7.13}$$

式中：K'_m 是由电动机结构和电源频率决定的常数。

式（7.13）更为明确地表明了电动机的电磁转矩 M 与电源电压 U_1、转差率 s 等外部条件及

转子电阻 R_2、转子感抗 X_{20} 之间的关系。可以看出，电磁转矩 M 是转差率 s 的函数，在某一个 s 值下，电磁转矩 M 还与电源电压 U_1 的平方成正比。可见，当电源电压波动时，对三相异步电动机的影响很大，这是三相异步电动机的不足之处。

7.4.2 机械特性

在式（7.13）中，当电源电压 U_1 及频率 f_1 一定，且转子电阻 R_2 和感抗 X_{20} 为常数时，三相异步电动机的电磁转矩 M 只随转差率 s 变化，电磁转矩与转差率之间的关系可用图 7.17 中曲线 $M=f(s)$ 来表示。

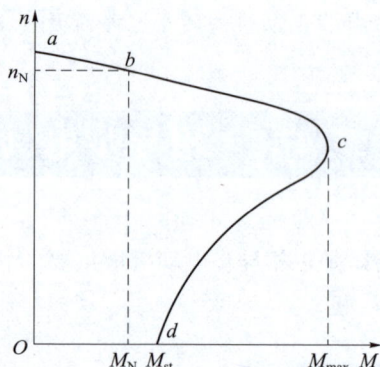

曲线 $M=f(s)$ 只是间接地表示了电磁转矩与转速的关系，但在实际应用中，需要更直接了解的是转速与电磁转矩的关系。

由于转差率 s 与转速 n 有如下关系：

$$s=\frac{n_0-n}{n_0}$$

则：

$$n=(1-s)n_0 \tag{7.14}$$

在图 7.17 中，将坐标轴 s 换成坐标轴 n，把坐标轴 M 平行右移到 $s=1$（$n=0$）处，再按顺时针方向旋转 $90°$，即可得到图 7.18 中曲线 $n=f(M)$。

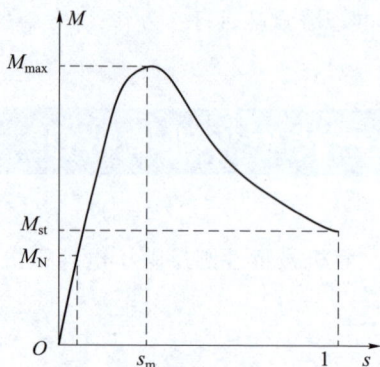

图 7.17　曲线 $M=f(s)$　　　　图 7.18　曲线 $n=f(M)$

当三相异步电动机定子绕组加上对称三相额定电压，而定子和转子电路都不存在任何外加阻抗时，所得到的机械特性称为三相异步电动机的自然机械特性。

自然机械特性曲线上 b、c、d 点代表了三相异步电动机的 3 个重要工作状态，并对应了如下 3 个转矩：

1. 额定转矩 M_N

三相异步电动机的额定转矩 M_N 是电动机带额定负载，即在额定工作状态时输出的电磁转矩，其对应于图 7.18 中机械特性曲线上的 b 点处三相异步电动机的工作状态。

由于电动机在电磁转矩与轴上的负载转矩相等时才能稳定运行，如果忽略其本身的风阻摩擦损耗，电磁转矩近似等于输出转矩。于是额定负载转矩可从电动机铭牌数据给出的额定功率 P_N（注意：电动机铭牌数据给出的功率是输出到转轴上的机械功率，而不是电动机消耗的电功率）和额定转速 n_N 求得：

$$M_N = \frac{P_N \times 10^3}{\omega_N} = \frac{60}{2\pi} \frac{P_N \times 10^3}{n_N} = 9\,550 \frac{P_N}{n_N} \quad (7.15)$$

式中：功率的单位是 kW，转速的单位是 r/min，转矩的单位是 N·m。

通常三相异步电动机的有载运行一般都工作在图 7.18 的 *ac* 段。当电动机机械负载增加时，电动机的转速开始下降，此时电磁转矩增大，这是因为旋转磁场与转子的相对速度加大，导致转子电流 I_2 增大。当电磁转矩增加到与负载转矩相等时，电动机将在新的稳定状态下运行，这时转速略低于原来转速。

【例 7.3】一台三相异步电动机，额定功率 $P_N = 6$ kW，额定转速 $n_N = 1\,890$ r/min。求 M_N。

【解】$M_N = 9\,550 \frac{P_N}{n_N} = \left(9\,550 \frac{6}{1\,890}\right)$ N·m $= 30.3$ N·m。

2. 最大转矩 M_{max}

最大转矩 M_{max} 表示三相异步电动机可能产生的最大电磁转矩，其对应于图 7.18 中机械特性曲线上的 *c* 点处三相异步电动机的工作状态。从图中可以看出，*c* 点是一个临界点，所以 *c* 点对应的转差率为 s_m 称为临界转差率。

将式（7.13）对 *s* 求导数，并令其为零，即可求出：

$$s = s_m = \frac{R_2}{X_{20}} \quad (7.16)$$

再将 s_m 代入式（7.13）得到最大转矩 M_{max} 的表达式：

$$M_{max} = K'_m \frac{U_1^2}{2X_{20}} \quad (7.17)$$

可见，最大转矩 M_{max} 与 U_1^2 成正比，与转子电阻 R_2 无关；s_m 与 R_2 有关，R_2 越大，s_m 也越大。M_{max} 在不同 U_1 及 R_2 的情况下与转速 n 的关系曲线分别如图 7.19 和图 7.20 所示。

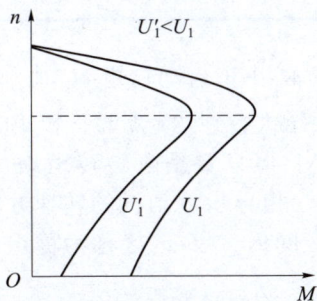

图 7.19 R_2 不变，U_1 变化时的曲线 $n = f(M)$

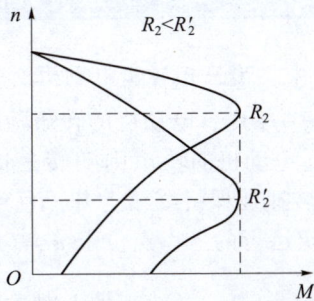

图 7.20 U_1 不变，R_2 变化时的曲线 $n = f(M)$

当三相异步电动机的负载转矩大于最大转矩 M_{max} 时，电动机就带不动负载了，发生所谓的"闷车"的现象。"闷车"后电动机的电流马上升高为额定电流的数倍，电动机剧烈发热，以致烧坏。电动机的最大转矩 M_{max} 一般大于额定转矩 M_N，即电动机有一定的过载能力。

电动机的最大转矩 M_{max} 与额定转矩 M_N 之比称为过载系数，用 λ 表示。即：

$$\lambda = \frac{M_{max}}{M_N} \quad (7.18)$$

其表示电动机短时过载能力。

一般，三相异步电动机的 λ 在 1.8~2.2 之间，而冶金、起重等特殊三相异步电动机的 λ 在

2.2~3.0 之间。

应该指出，当电动机在 $M_N<M<M_{max}$ 的情况下运行时，为过载状态。过载状态下电动机只能短时运行，否则电流太大、温升过高会使电动机绝缘老化、寿命缩短。

3. 启动转矩 M_{st}

启动转矩 M_{st} 是电动机接通电源瞬间，转子尚未启动时的电磁转矩，其对应于图 7.18 中机械特性曲线上的 d 点处三相异步电动机的工作状态。当电动机的启动转矩大于静止时其轴上的负载转矩时，电动机沿着机械特性曲线很快进入稳定运行状态；当启动转矩小于负载转矩时，电动机不能启动，此时与"闷车"情况相同。

在电动机启动时，$n=0$、$s=1$，将 $s=1$ 代入式（7.13）可得：

$$M_{st}=K_m' \frac{R_2 U_1^2}{R_2^2+X_{20}^2}$$ (7.19)

由上式可以看出，三相异步电动机的启动转矩同电源电压 U_1 的平方及转子电阻 R_2 有关。当 U_1 降低时，启动转矩 M_{st} 会减小。当转子电阻 R_2 变化时，最大转矩 M_{max} 没有变化（最大转矩同 R_2 无关），但启动转矩 M_{st} 会变化。分析如下：

当 $R_2<X_{20}$ 时，$s_m<1$，R_2 增加时，M_{st} 增加；

当 $R_2=X_{20}$ 时，$s_m=1$，$M_{st}=M_{max}$，启动转矩最大；

当 $R_2>X_{20}$ 时，$s_m>1$，R_2 增加时，M_{st} 减小。

通常将机械特性上的启动转矩与额定转矩之比称为启动系数，表示为：

$$\lambda_{st}=\frac{M_{st}}{M_N}$$ (7.20)

一般，三相异步电动机的 λ_{st} 值在 1.4~2.2 之间。

7.4.3 三相异步电动机的运行分析

在图 7.18 中，当三相异步电动机所带的负载转矩 M_L 小于启动转矩 M_{st} 时，电动机可带负载启动。从 d 点→c 点，电动机的转矩随转速的上升而增大，到达 c 点时，转矩为最大值 M_{max}。拐过 c 点以后，电动机的转矩则随转速的上升而减小，但只要是电磁转矩 M 大于负载转矩 M_L，电动机的转速还保持继续上升，直到 $M=M_L$ 时，三相异步电动机的转速才稳定下来。所以，电动机稳定运行的工作点位于 $n=f(M)$ 曲线 ac 区间内。故 ac 区称为稳定工作区，cd 区为不稳定工作区。

如果负载突然增加，或电源电压突然降低使得 $M_L>M_{max}$，则电动机转速迅下降，进入 cd 段。三相异步电动机的电磁转矩随转速的下降而减小，导致电动机迅速停止运转。这时电动机中的电流立即升高为额定电流的数倍，如果没有保护措施及时切断电源，电动机将可能被烧毁。

【例 7.4】某三相异步电动机，额定功率 $P_N=45\,kW$，额定转速 $n_N=2\,970\,r/min$，$\lambda=\dfrac{M_{max}}{M_N}=$

2.2，$\lambda_{st}=\dfrac{M_{st}}{M_N}=2.0$。若 $M_L=200\,N \cdot m$，试问在以下情况下该电动机能否带此负载：（1）长期运行；（2）短期运行；（3）直接启动。

【解】（1）电动机的额定转矩为：

$$M_N=9\,550\frac{P_N}{n_N}=\left(9\,550\times\frac{45}{2\,970}\right)N \cdot m=145\,N \cdot m$$

由于 $M_N<M_L$，故不能带此负载长期运行。

（2）电动机的最大转矩为：

$$M_{max}=2.2M_N=(2.2\times145)\,N\cdot m=319\,N\cdot m$$

由于 $M_{max}>M_L$，故可以带此负载短时运行。

（3）电动机的启动转矩为：

$$M_{st}=2.0M_N=(2.0\times145)\,N\cdot m=290\,N\cdot m$$

由于 $M_{max}>M_L$，故可以带此负载直接运行。

思考题

1. 三相异步电动机在负载转矩恒定时，若电源电压下降，其电流是增大还是减小？

2. 三相异步电动机在短时过载运行时，过载越多，允许的过载时间越短，为什么？

3. 某三相异步电动机的额定转速为 1 460 r/min，当负载转矩为额定转矩的一半时，估算该电动机的转速。

7.5　三相异步电动机的启动

当三相异步电动机接入三相电源时，电动机由静止状态加速到稳定运行状态，这个过程称为启动过程，简称启动。

在刚启动瞬间，转子转速 $n=0$，接入三相电源的定子绕组产生的旋转磁场以同步转速 n_0 切割转子导体，在其中产生很大的感应电动势和电流，从而使定子电流也很大，一般是额定电流的 5~7 倍。由于启动时间短，这样大的启动电流还不至于引起电动机过热，但若频繁启动，不仅会使电动机温度升高，还会因电磁力的频繁冲击影响电动机使用寿命。同时，过大的启动电流会引起电网电压下降，影响接在同一电网的其他用电设备的正常运行。

启动时的转子漏电抗（sX_{20}）很大，使转子电路的功率因数很低，所以启动转矩并不大，只是额定转矩的 0.95~2 倍。

研究三相异步电动机启动的目的，就是要减小启动电流，增大启动转矩，改变其启动性能，同时力求启动设备简单、经济，操作方便。

下面分别介绍鼠笼式和绕线式三相异步电动机的启动方法。

7.5.1　鼠笼式三相异步电动机的启动

1. 直接启动

直接启动就是利用电气设备将电动机直接接到额定电压上的启动方法，又称全压启动。这种启动方法的优点是简单、经济，启动快；缺点是由于启动电流很大，启动瞬间会造成电网电压的突然下降。一般情况下，当电动机容量小于 10 kW 或其容量不超过电源变压器容量的 15%~20%时，可以直接启动。

2. 降压启动

若电动机不能满足直接启动的条件，且启动电流又太大，则要采用降压启动的方法。常用的降压启动方法如下：

1）串接电阻或电抗器降压启动

如图 7.21 所示，定子电路串入电阻 R 或电抗器 X_L（开关 Q_2 断开）以限制启动电流。待电动机转速升高、电流下降后，再去掉串接的电阻或电抗器（开关 Q_2 闭合），使电动机在额定电压下工作。

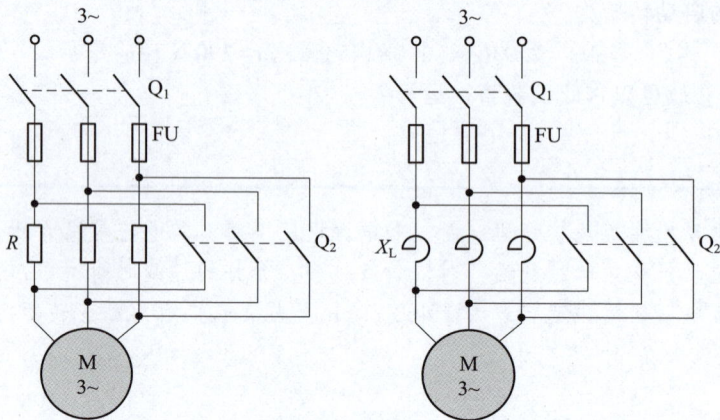

图 7.21　串接电阻或电抗器降压启动

2）星形–三角形换接启动

图 7.22（a）是星形–三角形换接启动的原理接线图。启动时，先合上电源开关 Q_1，然后开关 Q_2 向下闭合，电动机的定子绕组构成星形连接。此时，每相绕组上的启动电压只有它的额定电压的 $1/\sqrt{3}$。当电动机达到一定转速后，再将开关 Q_2 向上闭合，使电动机定子绕组换接为三角形，电动机在额定电压下运行。

图 7.22（b）是定子绕组的两种接法，其中 $|Z|$ 为定子每相绕组的等效阻抗。

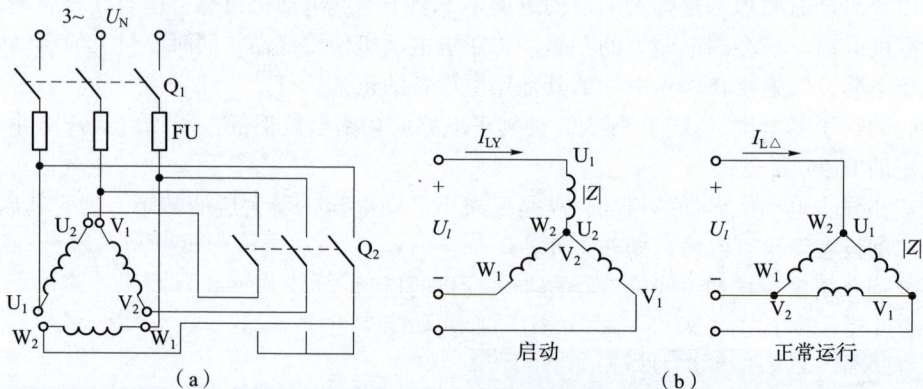

图 7.22　星形–三角形换接启动

（a）星形–三角形换接启动电路；（b）定子绕组的两种接法

当定子绕组星形连接（即降压启动）时，定子线电流与相电流相等，即：

$$I_{LY}=I_{PY}=\frac{U_{PY}}{|Z|}=\frac{\frac{U_L}{\sqrt{3}}}{|Z|}$$

当定子绕组三角形连接（即直接启动）时，定子线电流等于 $\sqrt{3}$ 倍的相电流，即：

$$I_{L\triangle} = \sqrt{3} I_{P\triangle} = \sqrt{3}\frac{U_L}{|Z|}$$

比较以上两式，可得两种启动方式下定子线电流的关系为：

$$\frac{I_{LY}}{I_{L\triangle}} = \frac{1}{3}$$

即采用星形启动时，其电流仅为三角形直接启动时的 1/3。

由于转矩和电压的平方成正比，所以启动转矩也只有三角形直接启动时的 $\left(\frac{1}{\sqrt{3}}\right)^2 = \frac{1}{3}$。因此，该启动方法只适用于空载或轻载启动。

3）自耦降压启动

自耦降压启动是利用自耦变压器进行降压启动，其电路如图7.23所示。当电动机启动时，自耦变压器的高压侧接电网，低压侧接电动机，用以降低加在定子绕组上的启动电压。待电动机启动后，再将自耦变压器从电源脱离，从而使电动机在全压下正常运行。

应该注意采用自耦变压器降压启动时，在减小启动电流的同时，启动转矩也会减小。如果选择的自耦变压器的降压比为 $K = \frac{U}{U_N}$（$K<1$），则启动电流和启动转矩都为直接启动的 K^2 倍。

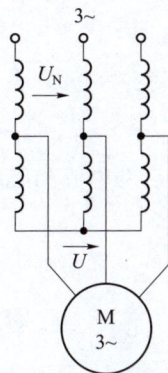

图 7.23　自耦降压启动电路

7.5.2　绕线式三相异步电动机的启动

对鼠笼式三相异步电动机，无论采用哪种降压启动方法来限制启动电流，启动转矩都会随之减少。而有些生产机械（如桥式起重机、卷扬机等）总是满载启动或重载启动，不仅要求限制启动电流，还要求有足够大的启动转矩以带动较重的负载，这时就要应用绕线式三相异步电动机了。

绕线式三相异步电动机转子的三相绕组连成星形，如图7.24所示。三相绕组的首端分别接到3个集电环上，并通过集电环和电刷与外部的可调电阻相连接。当启动绕线式三相异步电动机时，在转子电路内串入电阻，R_2 增大，启动电流减小。三相异步电动机的最大转矩与 R_2 无关，但适当增加 R_2 可增加启动转矩。可见，这种动方法改善了绕线式三相异步电动机的启动性能，加快了启动过程。转子电阻 R_2 不同的 $M=f(s)$ 曲线如图7.25所示。

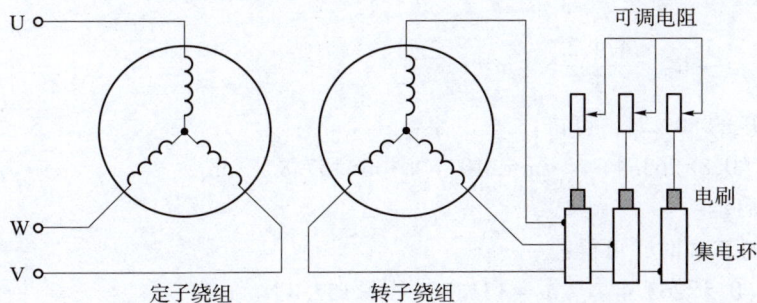

图 7.24　绕线式三相异步电动机转子电路接线图

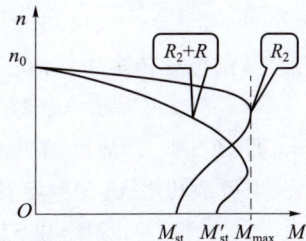

图 7.25　转子电阻 R_2 不同的 $M=f(s)$ 曲线

由于增加了 R_2，绕线式三相异步电动机的机械特性也跟着变软。电动机启动结束后，随着转速的上升，应逐段切除启动电阻。

【例7.5】某三相异步电动机的额定数据如下：$P_N = 4$ kW、$U_N = 380$ V、$\eta_N = 0.845$、$I_N = 8.8$ A、$I_{st}/I_N = 5.8$、$M_{st}/M_N = 2.2$、$n_N = 1\,440$ r/min。试求：（1）额定转矩 M_N 和功率因数 $\cos \varphi_N$；（2）星形-三角形启动时启动电流和启动转矩。

【解】（1）额定转矩与功率因数为：

$$M_N = 9\,550 \frac{P_N}{n_N} = \left(9\,550 \times \frac{4}{1\,440}\right) N \cdot m = 26.53\ N \cdot m$$

$$\cos \varphi_N = \frac{P_N}{\sqrt{3} U_N I_N \eta_N} = \frac{4 \times 10^3}{\sqrt{3} \times 380 \times 8.8 \times 0.845} = 0.82$$

（2）启动电流和启动转矩为：

$$I_{st} = \frac{1}{3} \times 5.8 \times I_N = \left(\frac{1}{3} \times 5.8 \times 8.8\right) A = 17.01\ A$$

$$M_{st} = \frac{1}{3} \times 2.2 M_N = \left(\frac{1}{3} \times 2.2 \times 26.53\right) N \cdot m = 19.46\ N \cdot m$$

【例7.6】一台 40 kW 的三相异步电动机，其额定相电压 $U_{NP} = 380$ V，额定功率因数 $\cos \varphi_N = 0.88$，额定效率 $\eta_N = 0.9$，起动转矩与额定转矩之比 $M_{st}/M_N = 1.8$，起动电流与额定电流之比 $I_{st}/I_N = 7$，额定转速 $n_N = 1\,450$ r/min，现接到电压为 380 V 的三相电源上，试求：（1）该电动机应做何种接法？（2）直接启动时的启动电流和启动转矩是多少？（3）采用星形-三角形换接启动时的启动电流和启动转矩是多少？（4）当负载转矩为额定转矩 M_N 的 80% 和 50% 时，电动机能否启动？

【解】（1）按题意，该电动机应做三角形连接。

（2）直接启动时启动电流和启动转矩如下：

$$I_N = \frac{P_N}{\sqrt{3} U_N \cdot \cos \varphi_N \cdot \eta_N} = \left(\frac{40 \times 10^3}{\sqrt{3} \times 380 \times 0.88 \times 0.9}\right) A = 76.7\ A$$

$$I_{st} = 7 I_N = (7 \times 76.7) A = 536.9\ A$$

$$M_N = 9\,550 \frac{P_N}{n_N} = \left(9\,550 \times \frac{40}{1\,450}\right) N \cdot m = 263.4\ N \cdot m$$

$$M_{st} = 1.8 M_N = (1.8 \times 263) N \cdot m = 474.2\ N \cdot m$$

（3）星形-三角形换接启动时启动电流和启动转矩如下：

$$I_{stY} = \frac{1}{3} I_{st} = \frac{536.9}{3} A = 178.9\ A$$

$$M_{stY} = \frac{1}{3} M_{st} = \frac{474.2}{3} N \cdot m = 158.1\ N \cdot m$$

（4）负载转矩 M_L 为额定转矩的 80% 时，可得：

$$M_L = 0.8 M_N = (0.8 \times 263.4)\ N \cdot m = 210.7\ N \cdot m > 157.8\ N \cdot m$$

即 $M_L > M_{stY}$，故电动机不能启动。

当负载转矩 M_L 为额定转矩的 50% 时，可得：

$$M_L' = 0.5 M_N = (0.5 \times 263.4) N \cdot m = 131.7\ N \cdot m < 157.8\ N \cdot m$$

即 $M_L' < M_{stY}$，故电动机可以启动。

思考题

1. 额定电压为 220 V/380 V、三角形/星形连接的三相异步电动机，当电源电压为多少伏时可采用星形–三角形换接启动？

2. 星形–三角形换接启动和自耦降压启动的共同点是启动电流减小，那么启动转矩减小吗？

3. 三相异步电动机在空载和满载两种情况下，启动转矩和启动电流是否相同？

4. 绕线式三相异步电动机采用串接电阻降压启动时，所串联电阻越大，启动转矩是否越大？

7.6　三相异步电动机的调速

三相异步电动机的调速就是指在负载不变的情况下，人为改变电动机的转速，以满足生产过程的要求。

由于三相异步电动机，特别是鼠笼式三相异步电动机，具有结构简单、坚固耐用、维护需求少和价格低廉等优点，再加上近年来现代控制技术和电力电子技术的发展，使交流电动机调速性能可以和直流电动机的调速性能相媲美。因此，以前要求采用直流调速的地方如今基本上采用交流调速。

三相异步电动机的转速公式为：

$$n = (1-s)\,n_0 = (1-s)\frac{60f_1}{p}$$

可见，改变三相异步电动机转速的方法包括：改变磁极对数 p、改变转差率 s 和改变电源频率 f_1。

7.6.1　变频调速

变频调速是通过改变三相异步电动机定子绕组的供电电源的频率 f_1 来改变同步转速 n_0。如果能均匀地改变供电电源的频率 f_1，则电动机的同步转速 n_0 及电动机的转子转速 n 可以平滑地调整，即实现无级调速。变频调速系统的主要设备是提供变频电源的变频器。变频器可分成交流—直流—交流变频器和交流—交流变频器两大类。目前，国内大都使用交流—直流—交流变频器。变频调速装置的原理框图如图 7.26 所示，整流器先将电网的频率为 50 Hz 的交流电变换为电压可调的直流电，再由逆变器将其变换为频率可调的三相交流电，供给三相异步电动机。

图 7.26　变频调速装置的原理框图

变频调速应用范围较广，其优点是调速范围大、特性硬、精度高，而且调速过程中没有附加损耗，效率高；缺点是技术复杂、造价高、维护检修困难。变频调速适用于要求精度高、调速性能较好的场合。

7.6.2　变磁极对数调速

由式 $n_0 = 60f_1/p$ 可知，如果磁极对数 p 减小一半，则旋转磁场的转速 n_0 将提高一倍，转子

转速 n 差不多也提高一倍。因此改变 p 可以得到不同的转速，可以通过改变定子绕组的布置和连接方式来改变磁极对数。图 7.27 中鼠笼式多速三相异步电动机的定子绕组是特殊设计和制造的，可以通过改变其外部连接的方式来改变磁极对数 p，以达到调节转速的目的。

常见的多速三相异步电动机有双速、三速、四速等类型，是有级调速。双速三相异步电动机在机床上用得较多，如镗床、磨床、铣床上都有。

只有电动机的定子、转子的磁极对数相同，定子和转子的磁动势才能相互作用实现机电能转换。因此，改变定子磁极对数的同时必须相应地改变转子的磁极对数。对于绕线式三相异步电动机要满足这一要求比较麻烦，而鼠笼式三相异步电动机的转子磁极对数能自动跟随定子磁极对数变化。故变磁极对数调速多用于鼠笼式三相异步电动机的拖动系统。

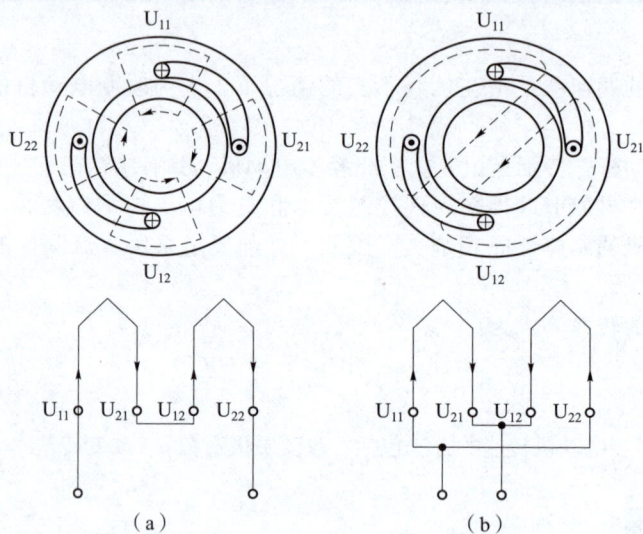

图 7.27　改变极对数 p 时的调速方法

7.6.3　变转差率调速

对绕线式三相异步电动机，可以通过调节转子电路中串联的可调电阻来改变转差率，以达到调节转速的目的。此种调速的平滑性取决于接入电阻的分段级数，电阻的分段级数越多，调速的级数也越多，但一般不超过 5 级。

采用变转差率调速的方法时，电动机在较低的转速下运行。串接的电阻越大，电动机的转速越低。但是最大转矩 M_{max} 不变，所以机械特性变软。此外，这种方法转子回路消耗功率较大，对节能不利。但由于这种方法简单又可无级调速，目前还应用于起重设备中。

思考题

1. 有一对磁极的鼠笼式三相异步电动机，当定子电压的频率由 40 Hz 调节到 60 Hz 时，其同步转速的变化范围是多少？

2. 某多速三相异步电动机，$f_N = 50$ Hz，若其磁极对数由 $p = 2$ 变到 $p = 4$，则其同步转速由多少变为多少？

7.7 三相异步电动机的制动

在一些工业应用中，要求电动机能够在很短的时间内停止运转，这就是电动机的制动工作状态。除采用机械制动方式外，还可以使用电气制动方式。所谓电气制动，就是通过产生一个与电动机转速方向相反的电磁转矩来实现制动。这时该电磁转矩起制动作用，会使电动机很快停下来。

7.7.1 能耗制动

当电动机与三相电源断开后，将直流电源接到电动机三相绕组中的任意两相上，如图 7.28 所示。这样会在定子绕组中建立一个静止的磁场。而电动机由于惯性仍在旋转，导致转子绕组切割直流磁场并产生感应电流。该电流与磁场相互作用产生的电磁转矩将阻止转子转动，从而使电动机迅速停车。此时，机械系统存储的机械能被转换成电能后消耗在转子电路的电阻上，所以称能耗制动。

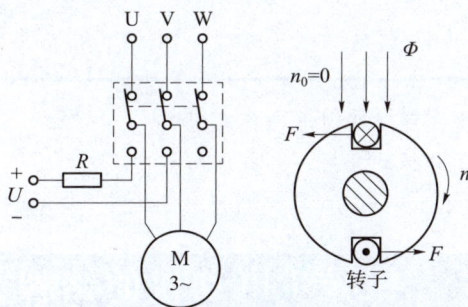

图 7.28 能耗制动原理示意图

调节励磁直流电流的大小，可以调节制动转矩的大小。这种制动的特点是可以实现准确停车，当转速降至零时，转子不再切割磁场，制动转矩也随之消失。

7.7.2 反接制动

当电动机正在稳定运行时，将其连至定子电源线中的任意两相对调，电动机三相电源的相序突然转变，旋转磁场也立即随之反向。此时，转子由于惯性作用仍保持原有方向旋转，因此这时的电磁转矩方向与电动机转动方向相反，从而产生强烈的制动转矩，使电动机转速迅速下降为零，如图 7.29 所示。这时，需及时切断电源，否则电动机将反向启动旋转。

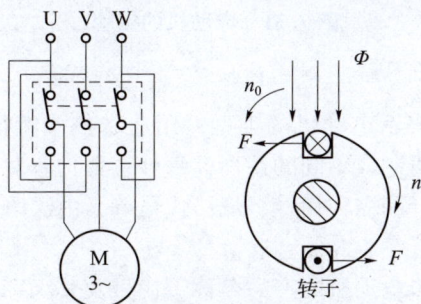

图 7.29 反接制动原理示意图

由于当反接制动时，转子以 $n+n_0$ 的速度切割旋转磁场，所以在转子回路产生很大的冲击电流。为保护电动机不至于过热烧毁，应在定子电路串接电阻限流。

7.7.3 再生制动（发电反馈制动）

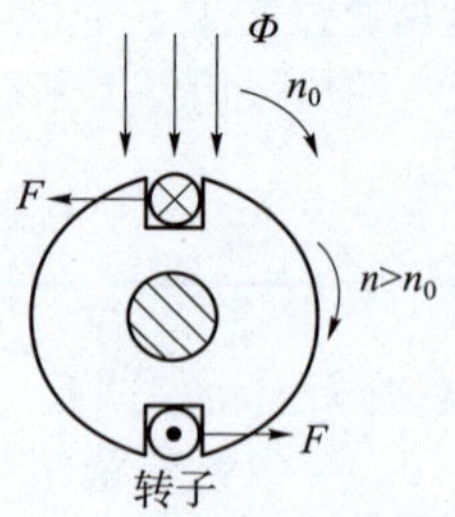

图 7.30 发电反馈制动原理示意图

当起重机载物下降时，物体的重力拖动电动机转子导致电动机的转速 n 大于旋转磁场的转速 n_0。此时，电动机产生的电磁转矩是与旋转方向相反的制动转矩。实际上，这时电动机已变成发电机，将转子的动能转化为电能，并反馈到电网中，所以称为再生制动（发电反馈制动），如图 7.30 所示。

高速动车组列车进站前，首先切除供电电源。在巨大惯性的作用下，列车继续高速运行，使驱动电动机处于发电状态。通过控制电路，将驱动电动机发出的电能回馈给电源，从而将列车的动能转换为电能，使列车平稳制动。当速度降到 90 km/h 后，再启动机械制动系统工作，保证定位准确。

思考题

1. 反接制动的制动速度快，可以实现准确停车吗？
2. 三相异步电动机有哪几种制动方法？各有何特点？

7.8 三相异步电动机的铭牌数据

每台三相异步电动机的机壳上都有一个铭牌，上面标有三相异步电动机的型号、规格及相关技术指标，如图 7.31 所示。下面以 Y132M-4 型电动机为例，来说明铭牌上各个数据的意义。此外，三相异步电动机的主要数据还有功率因数和效率。

三相异步电动机					
型号	Y132M-4	额定功率	7.5 kW	频率	50 Hz
额定电压	380 V	额定电流	35.4 A	接法	△
转速	1 470 r/min	绝缘等级	E	工作方式	连续
温升	80℃	防护等级	IP44	重量	55 kg
××年××月		编号			××电动机厂

图 7.31 电动机的铭牌

1. 型号

三相异步电动机的型号是表示电动机的类型、用途和技术特征的代号。为了适应不同用途和不同工作环境的需要，电动机制成不同的系列，每种系列均有对应的型号表示。

国家标准规定，型号包括产品名称代号、规格代号等，由汉语拼音大写字母或英语字母加阿拉伯数字组成，如图 7.32 所示。

目前，我国生产的三相异步电动机的产品名称、代号及其汉字意义摘录于表 7.2 中。

```
            Y 132 S - 2
  Y系列三相 ┐          ┌── 磁极数
  异步电动机 ┘          │
                      │           ┌── S──短机座
  机座中心高度 ┐        └── 机座长度代号 ┤  M──中机座
    （mm） ┘                       └── L──长机座
```

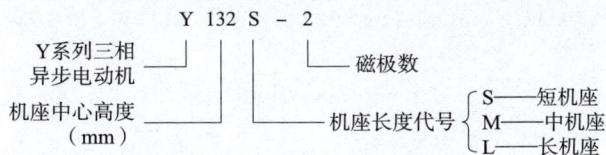

图 7.32   三相异步电动机的型号

表 7.2   三相异步电动机的产品名称、代号及其汉字意义

产品名称	新代号	新代号的汉字意义	老代号
三相异步电动机	Y	异	J、JO
绕线式三相异步电动机	YR	异绕	JR、JRO
防爆型三相异步电动机	YB	异爆	JB、JBS
高启动转矩三相异步电动机	YQ	异起	JQ、JGQ
起重冶金用三相异步电动机	YZ	异重	JZ
起重冶金用绕线式三相异步电动机	YZR	异重绕	JZR

2. 额定电压

铭牌上所标的电压值是指三相异步电动机在额定状态运行时，定子绕组在指定连接方式下应加的线电压。

一般规定电动机的工作电压不应高于或低于额定值的 5%。当工作电压高于额定值时，磁通增大，将使励磁电流大幅增加，电流超过额定电流，使绕组发热。同时，由于磁通的增大，铁损耗（与磁通平方成正比）也增大，使定子铁芯过热。当工作电压低于额定值时，输出转矩减小，转速下降，电流增加，同样会导致绕组过热，这对电动机的运行也是不利的。

3. 接法

铭牌上的接法指的是定子三相绕组连接方式为三角形还是星形。一般情况下，鼠笼式三相异步电动机的接线盒中有 6 根引出线，标有 U_1、V_1、W_1、U_2、V_2、W_2。其中，U_1、U_2 是第一相绕组的两端；V_1、V_2 是第二相绕组的两端；W_1、W_2 是第三相绕组的两端。

如果 U_1、V_1、W_1 分别为三相绕组的始端，则 U_2、V_2、W_2 是相应的末端。这 6 个引出线端在接电源之前必须正确连接。连接方法有星形连接和三角形连接两种。通常 3 kW 及以下的三相异步电动机采用星形连接；4 kW 及以上的三相异步电动机采用三角形连接。

4. 额定电流

铭牌上的额定电流是指电动机在额定状态运行时，定子绕组在指定连接方式下最大允许的线电流。

当电动机空载时，转子转速接近于旋转磁场的转速，此时定子电流很小，称为空载电流。空载电流主要是建立旋转磁场的励磁电流，当输出功率增大时，转子电流和定子电流都随之增大。

5. 额定功率与效率

铭牌上所给出的额定功率是指电动机在标准环境温度下，按规定的工作方式，在额定状态运行时轴上输出的机械功率。电动机轴上输出功率小于从电源输入的功率，其差值等于电动机本身的损耗功率，包括铜损耗、铁损耗及机械损耗等。效率 η 是输出功率与输入功率的比值。

例如 Y132S-4 型电动机。

输入功率为：

$$P_1 = \sqrt{3}\, U_L I_L \cos\varphi = (\sqrt{3}\times380\times11.6\times0.84)\,kW = 6.4\ kW$$

输出功率为：

$$P_2 = 5.5\ kW$$

效率为：

$$\eta = \frac{P_2}{P_1} = \frac{5.5}{6.4}\times100\% = 85.9\%$$

一般鼠笼式三相异步电动机在额定状态运行时效率为72%~93%。

6. 功率因数

电动机在额定状态运行时，定子相电压与相电流相位差的余弦称为功率因数，记作 $\cos\varphi$。

三相异步电动机在额定负载时，功率因数为0.7~0.9，而在轻载或空载时，功率因数更低（空载时通常仅为0.2~0.3）。

7. 转速

转速是指电动机在额定状态运行时转子的转速，单位为 r/min。

8. 绝缘等级

绝缘等级是指电动机绕组所用绝缘材料按它容许耐热程度规定的等级。不同等级绝缘材料的极限温度见表7.3。

表7.3 不同等级绝缘材料的极限温度

绝缘等级	Y	A	E	B	F	H	C
极限温度/℃	90	105	120	130	I55	180	>180

9. 频率

铭牌上的频率是指当电动机正常工作时，定子绕组外加的电源频率。

10. 工作方式

三相异步电动机的工作方式有以下3种：

（1）连续工作。电动机在额定负载范围内允许长期连续使用，但不允许多次断续重复使用。

（2）短时工作。电动机不能连续使用，只能在规定的负载下短时间使用。

（3）断续工作。电动机在规定的负载下，可多次断续重复使用。

【例7.7】有一三相异步电动机，其铭牌数据为 $P_N = 7.5\ kW$、$n_N = 1\ 470\ r/min$、$U_L = 380\ V$、$\eta = 86.2\%$、$\cos\varphi = 0.8$。试求：（1）额定电流；（2）额定转差率；（3）额定转矩；（4）若该电机的 $M_{st}/M_N = 2.0$，在额定负载下，电动机能否采用星形-三角形换接启动？

【解】（1）额定电流为：

$$I_N = \frac{P_N}{\sqrt{3}\, U_L \cos\varphi\,\eta} = \frac{7.5\times10^3}{\sqrt{3}\times380\times0.8\times0.862}\,A = 16.3\ A$$

（2）由 $n_N = 1\ 470\ r/min$，可知其磁极对数 $p = 2$，同步转速 $n_0 = 1\ 500\ r/min$，则：

$$s_N = \frac{n_0 - n_N}{n_0} = \frac{1\ 500 - 1\ 470}{1\ 500} = 0.02$$

（3）额定转矩为：

$$M_N = 9\ 550\frac{P_N}{n_N} = 9\ 550\times\frac{7.5}{1\ 470}\,N\cdot m = 48.7\ N\cdot m$$

（4）星形连接启动转矩是三角形连接启动转矩的 $\frac{1}{3}$，即：

$$M_{stY}=\frac{M_{st}}{3}=\frac{2.0M_N}{3}=\frac{2.0\times48.7}{3}N\cdot m=32.47\ N\cdot m$$

此时，星形连接启动转矩小于负载转矩 48.7 N·m，故不能采用星形–三角形换接启动。

思考题

1. 三相异步电动机的额定功率是指输出机械功率，还是输入功率？额定电压是指线电压，还是相电压？额定电流是指定子绕组的线电流，还是相电流？功率因数 $\cos\varphi$ 的 φ 是定子相电压与相电流间的相位差，还是线电压与线电流间的相位差？

2. 有些三相异步电动机的铭牌上标有 380 V/220 V 两种额定电压，定子绕组可以接成星形，也可以接成三角形。试问在什么情况下采用哪种连接方法？采用这两种连接方法时，电动机的额定值（功率、相电压、线电压、相电流、线电流、效率、功率因数、转速等）有无改变？

3. 在电源电压不变的情况下，如果电动机的三角形连接误接成星形连接，或者星形连接误接成三角形连接，其后果如何？

7.9　单相异步电动机

单相异步电动机是一种采用单相交流电源供电的小容量电动机。它具有供电方便、成本低廉、运行可靠、结构简单、振动小和噪声低等优点，广泛应用在家用电器、工业和农业等领域的中小功率设备中。

7.9.1　单相异步电动机的基本原理

单相异步电动机的定子绕组通入单相电流后，电动机内部会产生一交变磁场。但磁场的方向时而垂直向上，时而垂直向下，即单相定子绕组的磁场不是旋转磁场，所以转子不能自行启动。

因此，单相异步电动机转动的关键是产生一个启动转矩。

7.9.2　单相电容式异步电动机

单相电容式异步电动机在定子上有工作绕组和启动绕组两个绕组。两个绕组在定子铁芯上相差 90° 的空间角度，启动绕组中串联一个电容器。单相电容式异步电动机的原理图如图 7.33 所示。

由图 7.33 可见，若同一电源向两个绕组供电，则工作绕组的电流和启动绕组的电流就会产生一个相位差。适当选择电容，使 i_1 和 i_2 的相位差为 90°，即：

$$i_1=I_{1m}\sin\omega t$$
$$i_2=I_{2m}\sin(\omega t+90°)$$

相位差为 90° 的 i_1 和 i_2，流过空间相差 90° 的两个绕组，能产生一个旋转磁场。在旋转磁场的作用下，单相电容式异步电动机转子得到启动转矩而转动。

通过改变电动机定子绕组接线的顺序，可以改变旋转磁场的方向，也就改变了电动机的转向。

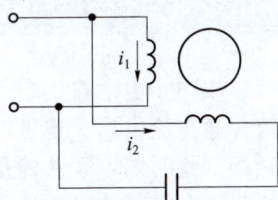

图 7.33　单相电容式异步电动机的原理图

7.9.3　三相异步电动机的单相运行

三相异步电动机在运行过程中，如果由于某种原因导致接入电源的 3 根导线中有一根断开，电动机将变成单相运行。此时，三相异步电动机和单相电动机一样，电动机仍会按原来方向运转。但若负载不变，三相供电变为单相供电，电流将增大，导致电动机过热，因此在使用中要特别注意这种现象。三相异步电动机若在启动前已有一相断电，将不能启动，此时可听到"嗡嗡"声，且长时间启动不了也会导致电动机过热，必须赶快排除故障。

思考题

为什么三相异步电动机断了一根电源线即为单相运行状态，而不是两相运行状态？

△7.10　三相同步电动机

三相同步电动机也是一种应用较广泛的电动机，主要应用在大功率且不需要调速的场合。与三相异步电动机相比，三相同步电动机最大的优点是功率因数可调，即可通过调节励磁以实现所需要的功率因数。对大功率低转速的电动机来说，三相同步电动机比三相异步电动机要小些。三相同步电动机缺点是结构复杂、需专门的励磁装置等。

7.10.1　三相同步电动机的结构

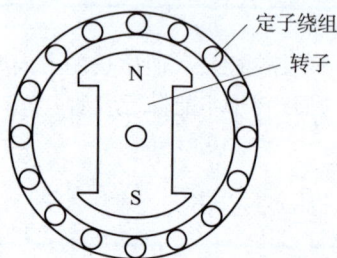

定子绕组
转子

图 7.34　三相同步电动机的结构

三相同步电动机主要由定子和转子构成，其定子结构与一般的三相异步电动机的定子结构相同，并且嵌有定子绕组。然而，三相同步电动机的转子结构与三相异步电动机的转子结构不同。三相异步电动机的转子一般为鼠笼式，转子本身不带磁性，而三相同步电动机的转子主要有两种形式：一种是直流励磁转子，这种转子上嵌有转子绕组，工作时需要用直流电源为它提供励磁电流；另一种是永久磁铁励磁转子，转子上安装有永久磁铁。三相同步电动机的结构如图 7.34 所示。

7.10.2　三相同步电动机的工作原理

三相同步电动机的定子铁芯上嵌有定子绕组，转子上安装有一个两极磁铁（在转子上嵌入绕组并通直流电后，也可以获得同样的磁极）。当定子绕组通三相交流电时，定子绕组会产生旋转磁场，此时的定子就像是旋转的磁铁，如图 7.35 所示。根据异性磁极相互吸引可知，装有磁铁的转子会随着旋转磁场方向转动，并且转速与磁场的旋转速度相同。

在电源频率不变的情况下，三相同步电动机在运行时转速是恒定的，其转速 n 与电动机的磁极对数 p 和交流电源的频率 f 有关。同步电动机的转速可用下面的公式计算：

$$n = \frac{60f}{p}$$

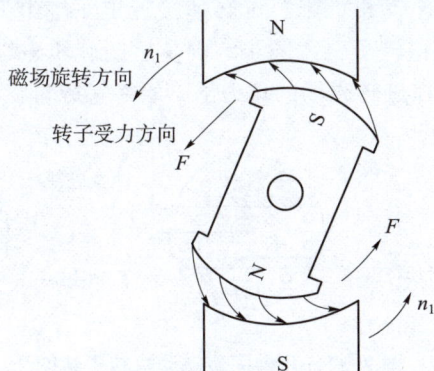

图 7.35 三相同步电动机的工作原理示意图

7.10.3 三相同步电动机的启动

1. 三相同步电动机无法启动的原因

三相异步电动机在接通三相交流电后会马上运转起来，而三相同步电动机在接通电源后一般无法运转，下面通过图 7.36 来分析原因。

当三相同步电动机定子绕组通入三相交流电后，产生逆时针方向的旋转磁场（见图 7.36（a）），此时，转子会受到逆时针方向的磁场力。但由于转子具有惯性，不可能立即以同步转速旋转。当转子刚开始转动时，由于旋转磁场转速很快，此刻已旋转到图 7.36（b）中位置，这时转子受到顺时针方向的磁场力，与先前受力方向相反，刚要运转的转子又受到相反的作用力而无法旋转。也就是说，当旋转磁场旋转时，转子受到的平均转矩为零，无法运转。

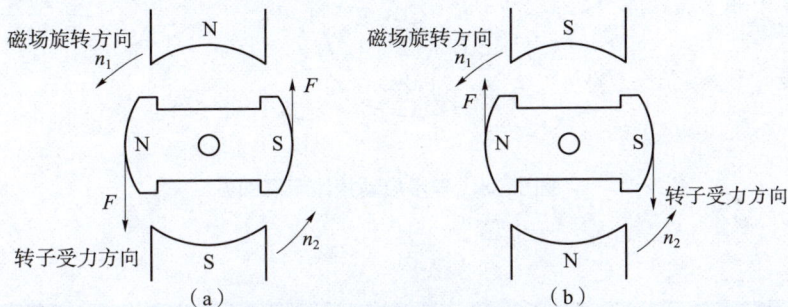

图 7.36 同步电动机无法启动分析图

（a）转子未转动；（b）转子刚开始转动

2. 三相同步电动机无法启动的解决方法

三相同步电动机在通电后无法自动启动的主要原因有：转子存在着惯性；定子、转子磁场转速相差过大。因此，为了让三相同步电动机自行启动，一方面可以减小转子的惯性（如转子可做成长而细的形状）；另一方面可以给三相同步电动机增设启动装置。

给三相同步电动机增设启动装置的方法一般是在转子上附加鼠笼式三相异步电动机一样的鼠笼式绕组，这样同步电动机的转子上同时具有磁铁和鼠笼式启动绕组。几种同步电动机转子结构如图 7.37 所示。在启动时，三相同步电动机定子绕组通电后产生旋转磁场，该磁场对启动绕组产生作用力，使启动绕组运转起来，与启动绕组一起的转子也跟着旋转。启动时的三相同步电动机就相当于一台三相异步电动机。当转子转速接近定子绕组的旋转磁场转速时，旋转磁场就与转子上的磁铁相互吸引而将转子引入同步。同步后的旋转磁场就像"手"一样，紧紧拉住相异的转子磁极不放，转子就在旋转磁场的拉力下，始终保持与旋转磁场一样的转速。

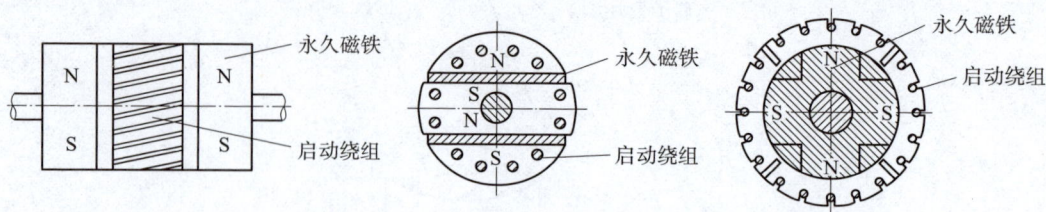

图 7.37　几种同步电动机转子结构

给三相同步电动机附加鼠笼式绕组进行启动的方法称为异步启动法，异步启动接线示意图如图 7.38 所示。在启动时，先合上开关 S_1，给三相同步电动机的定子绕组提供三相交流电源，让定子绕组产生旋转磁场。与此同时，将开关 S_2 与左边触点闭合，让转子启动绕组与启动电阻（其阻值一般为启动绕组阻值的 10 倍）串接。这样，三相同步电动机就相当于一台绕线式三相异步电动机，转子开始旋转。当转子转速接近旋转磁场转速时，将开关 S_2 与右边的触点闭合，直流电源通过 S_2 加到转子启动绕组上。此时，启动绕组产生一个固定的磁场来增强磁铁磁场，定子绕组的旋转磁场牵引已运转且带磁性的转子同步运转。图 7.38 中的开关 S_2 由控制电路来控制。另外，转子启动绕组要通过电刷与外界的启动电阻或直流电源连接。

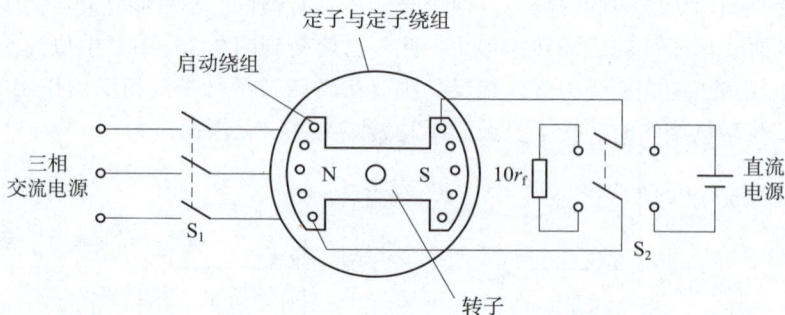

图 7.38　异步启动接线示意图

本章小结

1. 三相异步电动机的构造

三相异步电动机主要包括定子和转子两部分。定子由机座、定子铁芯、定子绕组等组成；转子由转子铁芯、转子绕组等组成。

2. 三相异步电动机的转动原理

定子对称三相绕组（空间互差120°）通入对称三相电流（相位互差120°）便会产生旋转磁场。旋转磁场切割转子绕组，在转子绕组中产生感应电动势和感应电流。转子感应电流与旋转磁场相互作用产生电磁转矩，驱动转子旋转。

旋转磁场的转速（同步转速）：

$$n_0 = \frac{60f_1}{p}$$

转子转速：

$$n = (1-s)n_0$$

转差率：

$$s = \frac{n_0 - n}{n_0}$$

3. 三相异步电动机的机械特性

电磁转矩 M 与转差率 s 之间的关系曲线 $M=f(s)$ 及转速 n 与电磁转矩 M 的关系曲线 $n=f(M)$，合称机械特性曲线。

额定转矩为：

$$M_N = 9\,550\,\frac{P_N}{n_N}$$

最大转矩 M_{max} 的大小决定了三相异步电动机的过载能力，表示为：

$$\lambda = \frac{M_{max}}{M_N}$$

启动转矩 M_{st} 的大小反映了异步电动机的启动性能，表示为：

$$\lambda_{st} = \frac{M_{st}}{M_N}$$

4. 三相异步电动机的启动

三相异步电动机启动时的特点是启动电流大、启动转矩小。鼠笼式三相异步电动机常用的启动方法包括直接启动和降压启动。降压启动包括串接电阻或电抗器降压启动、星形-三角形换接启动和自耦降压启动。绕线式三相异步电动机可采用串联电阻降压启动，既能减小启动电流，又能提高启动转矩。

5. 三相异步电动机的调速

鼠笼式三相异步电动机可采用变频和磁极对数的方法调速；绕线式三相异步电动机可采用变转差率的方法调速，即在转子回路中串联可调电阻。其中，变磁极对数调速属于有级调速；而变频调速和变转差率调速属于无级调速。

6. 三相异步电动机的制动

三相异步电动机的制动方式包括能耗制动、反接制动和发生制动。

7. 三相异步电动机的铭牌数据

铭牌数据标明了电动机的额定值和主要技术指标，是电动机运行的依据。在使用电动机时，必须遵守铭牌的规定。

习　　题

填空题

7-1　_____可以使三相异步电动机反转。

7-2　三相异步电动机的定子铁芯内表面冲有槽孔，用来嵌放_____。

7—3 一台三相异步电动机的额定功率为 15 kW、额定转速为 970 r/min、额定频率为 50 Hz、最大转矩为 295 N·m，则电动机的过载系数 λ=_____。

7—4 某台三相异步电动机，已知定子频率 $f_1 = 60$ Hz，旋转磁场磁极对数 $p=3$，转子频率 $f_2 = 5$ Hz，则转差率 $s=$_____。

7—5 已知某三相异步电动机的部分铭牌数据如表 7.4 所示，则电机的效率为_____。

表 7.4 某三相异步电动机的部分铭牌数据

额定功率	转速	接法	额定电压	额定电流	功率因数
7.8 kW	1 440 r/min	△	380 V	15.2 A	0.85

7—6 三相异步电动机启动的必要条件是：启动转矩_____负载转矩。

7—7 当三相异步电动机在正常运行时，如果转子突然被卡住而不能转动，则电动机的电流_____（增大、减小、不变）。

7—8 变转差率调速适用于_____式三相异步电动机。

7—9 当三相异步电动机转子回路电阻增大时，最大转矩将_____。

7—10 鼠笼式三相异步电动机采用降压启动，主要目的是减少_____。

选择题

7—11 若某三相异步电动机在额定状态运行时的转速为 1 440 r/min，电源频率为 50 Hz，则转子电流的频率为（　　）Hz。

A. 50　　　　B. 2　　　　C. 45　　　　D. 5

7—12 若某三相异步电动机的电源频率为 50 Hz、额定转速为 720 r/min，则此电动机是（　　）级电动机。

A. 2　　　　B. 4　　　　C. 6　　　　D. 8

7—13 三相异步电动机运行时，输出功率的大小取决于（　　）。

A. 轴上阻力转矩的大小　　B. 电源电压的高低
C. 定子电流的大小　　D. 额定功率的大小

7—14 三相异步电动机转子的转速总是（　　）。

A. 与旋转磁场转速相等　　B. 高于旋转磁场的转速
C. 低于旋转磁场的转速　　D. 与旋转磁场转速无关

7—15 若某频率为 50 Hz 的三相异步电动机的额定转速为 2 850 r/min，则其额定转差率为（　　）。

A. 3.5%　　　　B. 5%　　　　C. 1.5%　　　　D. 2.5%

7—16 三相异步电动机的转速 n 越高，其转子电路的感应电动势（　　）。

A. 越大　　　　B. 越小　　　　C. 不变　　　　D. 不能确定

7—17 三相异步电动机的额定转速为 1 460 r/min，电机正常运行。当负载转矩为额定转矩的一半时，电动机的转速大约为（　　）r/min。

A. 1 460　　　　B. 1 470　　　　C. 1 480　　　　D. 4 500

7—18 采用降压启动的三相异步电动机，应该在（　　）状态下启动。

A. 额定负载　　　　B. 满载　　　　C. 超载　　　　D. 轻载或空载

7—19 能耗制动的方法就是在切断三相电源的同时（　　）。

A. 给转子绕组中通入交流电　　B. 给转子绕组中通入直流电
C. 给定子绕组中通入交流电　　D. 给定子绕组中通入直流电

7-20 在起重设备中常选用（　　）三相异步电动机。

A. 鼠笼式　　　　　B. 绕线式　　　　　C. 单相　　　　　D. 罩极式

综合题

7-21 某三相异步电动机，极对数 $p=2$，定子绕组三角形连接，接于 50 Hz、380 V 的三相电源上工作。当负载转矩 $M_L=91$ N·m 时，测得 $I_{1L}=30$ A、$P_1=16$ kW、$n=1\,470$ r/min。求该电动机带此负载运行时的转差率 s、输出功率 P_2、效率 η 和功率因数 $\cos\varphi$。

7-22 今有一台三角形连接的鼠笼式三相异步电动机，其部分数据如表 7.5 所示。设该电动机在额定状态下运行，求：（1）电动机的额定电流；（2）电动机的转差率；（3）电动机输出的转矩；（4）采用星形-三角形换接启动，当负载转矩为额定转矩的 60% 时，电动机能否启动？设启动电流在允许范围内？

表 7.5　某三角形连接的鼠笼式三相异步电动机的部分数据

额定功率	转速	额定电压	效率	功率因数	I_{st}/I_N	M_{st}/M_N	M_{max}/M_N
44 kW	1 440 r/min	380 V	94%	0.83	6.7	2.0	2.2

7-23 一台 Y225S-4 型三相鼠笼式三相异步电动机，已知 $P_N=37$ kW、$U_N=380$ V、$n_N=1\,480$ r/min、$\eta_N=91.8\%$、$\cos\varphi_N=0.87$、$I_{st}/I_N=7$、$M_{st}/M_N=1.9$、$M_{max}/M_N=2.2$，三角形接法。试求：（1）额定电流和额定电磁转矩；（2）直接启动的启动电流和启动转矩；（3）当负载转矩为额定转矩的 70% 时，电动机能否采用星形-三角形换接启动的方法启动？

7-24 某三相异步电动机，定子电压的频率 $f_1=50$ Hz，极对数 $p=1$，转差率 $s=0.01$。求同步转速 n_0、转子转速 n 和转子电流频率 f_2。

7-25 某三相异步电动机，铭牌数据如下：三角形接法、$P_N=10$ kW、$U_N=380$ V、$I_N=19.9$ A、$n_N=1\,450$ r/min、$\cos\varphi_N=0.87$、$f=50$ Hz。试求：（1）电动机的磁极对数及旋转磁场转速 n_0；（2）在电源线电压是 380 V 的情况下，能否采用星形-三角形换接启动的方法启动？（3）额定负载运行时的效率 η_N；（4）已知 $M_{st}/M_N=1.8$，计算直接启动时的启动转矩。

7-26 某绕线式三相异步电动机，$R_2=0.84$ Ω，$X_2=1.68$ Ω。当其拖动某生产机械运行时，$n=1\,425$ r/min。试求：当负载转矩保持不变而转子电路电阻增加至 1.68 Ω 时的转子转速。

7-27 某三相异步电动机，$p=1$、$f_1=50$ Hz、$s=0.02$、$P_2=30$ kW、$M_0=0.51$ N·m（空载转矩，由风阻和轴承摩擦等形成的转矩）。试求：（1）同步转速；（2）转子转速；（3）输出转矩；（4）电磁转矩。

7-28 某工厂的电源容量为 560 kV·A，一皮带运输机采用鼠笼式三相异步电动机拖动，其技术数据为：40 kW、三角形连接、$I_{st}/I_N=7$、$M_{st}/M_N=1.8$。现要求带 $0.8M_N$ 的负载启动，试问应采用什么方法启动？（直接启动、星形-三角形换接启动、自耦降压启动）

7-29 一台三相异步电动机，铭牌数据如下：星形接法、$P_N=2.2$ kW、$U_N=380$ V、$n_N=2\,970$ r/min、$\eta_N=82\%$、$\cos\varphi_N=0.83$。试求：（1）此电动机的额定相电流、线电流及额定转矩；（2）这台电动机能否采用星形-三角形换接启动的方法来减小启动电流？为什么？

△ 第8章　直流电动机

直流电机是机械能和直流电能互相转换的旋转机械装置。一台直流电机既能将直流电能转换为机械能，作电动机使用；也能将机械能转化为直流电能，作发电机使用。

直流电动机具有调速性能较好、启动转矩较大等优点。一些调速性能要求较高的生产机械（如龙门刨床、镗床、轧钢机等）或需要较大的启动转矩的生产机械（如起重机械、电力牵引等）往往采用直流电动机驱动。目前，配备了晶闸管整流器的直流电动机也可以直接在交流电网上运行，但直流电动机也存在结构复杂、生产成本较高、维护不便等缺点。

8.1 直流电动机的结构

直流电动机主要由定子（固定部分）和电枢（转动部分）两大部分组成，定子和电枢之间由气隙分开，其结构如图 8.1 所示。

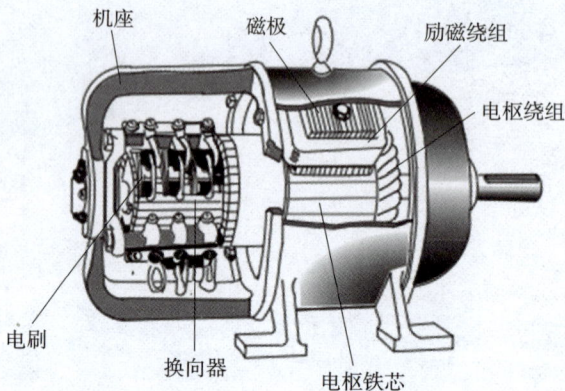

图 8.1 直流电动机的结构

8.1.1 直流电动机的定子部分

定子是直流电动机的固定部分，由主磁极、换向极、机座、端盖和电刷装置等组成。

1. 主磁极

主磁极的作用是产生气隙磁场。主磁极由主磁极铁芯和励磁绕组两部分组成。主磁极铁芯一般用 0.5~1.5 mm 厚的硅钢板冲片叠压铆紧而成，分为极心和极掌两部分。上面套励磁绕组的部分称为极心，下面扩宽的部分称为极掌。极掌宽于极心，既可以调整气隙中磁场的分布，又便于固定励磁绕组。励磁绕组用绝缘铜线绕制而成，套在主磁极铁芯上。整个主磁极用螺钉固定在机座上，如图 8.2 所示。

2. 换向极

换向极又称附加极，它的作用是改善换向，减小电动机运行时电刷与换向器之间可能产生的换向火花。换向极一般装在两个相邻主磁极之间，由换向极铁芯和换向极绕组组成，如图 8.3 所示。换向极铁芯比主磁极铁芯结构简单，一般用整块钢板制成，数目与主磁极铁芯相等。换向极绕组由绝缘导线绕制而成，套在换向极铁芯上。

3. 机座

机座有两个作用：一是作为电机磁路的一部分；二是用来固定主磁极、换向极及端盖等，起机械支承的作用。因此要求机座应有较好的导磁性能及足够的机械强度与刚度。机座通常用铸钢或厚钢板焊接而成。

4. 端盖和电刷装置

在机座的两端各有一个端盖，端盖的中心处装有轴承，用来支撑电动机电枢的转轴，使电动机构成一个整体。端盖上还固定有电刷装置，电刷装置通过电刷与换向器表面之间的滑动接触，把电枢绕组中的电流引入或引出。

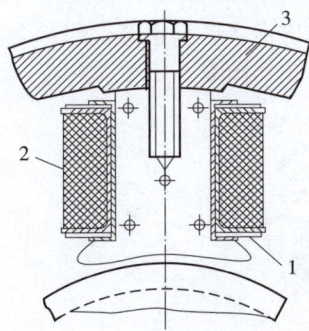

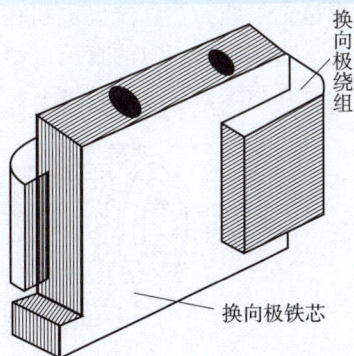

图8.3 换向极

1—主磁极铁芯；2—励磁绕组；3—机座。

图8.2 主磁极

8.1.2 直流电动机的电枢部分

电枢是直流电动机的旋转部分，由电枢铁芯、电枢绕组、换向器、转轴及轴承、风扇等组成。

1. 电枢铁芯

电枢铁芯是主磁路的一部分，同时对放置在其上的电枢绕组起支撑作用。为减小电动机运行时铁芯中产生的磁滞损耗和涡流损耗，电枢铁芯通常由 0.35 mm 或 0.5 mm 厚的绝缘硅钢片冲压成型并叠压而成。电枢铁芯冲片上冲有放置电枢绕组的电枢槽、轴孔和通风孔。图 8.4 为小型直流电动机的电枢铁芯装配图和电枢铁芯冲片形状。

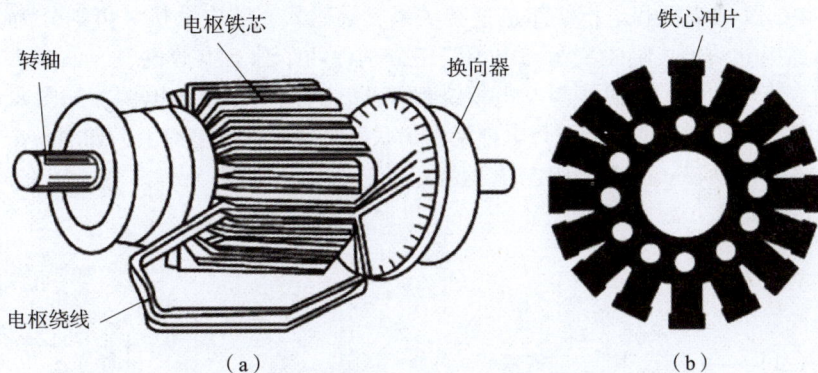

图8.4 小型直流电动机的电枢铁芯装配图和电枢铁芯冲片形状

（a）电枢铁芯装配图；（b）电枢铁芯冲片形状

2. 电枢绕组

电枢绕组安放在电枢铁芯槽内，随着电枢旋转，在电枢绕组中产生感应电动势。当电枢绕组中通过电流时，电流能与磁场作用产生电磁转矩，使电枢顺时针或逆时针旋转。在直流电动机中，电枢绕组是用带绝缘的铜导线绕制成的线圈元件，各元件按一定规律连接到换向器上，形成一个整体。电枢绕组是直流电动机的主要电路部分，也是通过电流和产生的感应电动势实现机械能和电量转换的关键性部件。

3. 换向器

在直流电动机中，换向器配以电刷能将外加直流电源转换为电枢绕组中的交变电流，使电磁转矩的方向恒定不变；在直流发电机中，换向器配以电刷能将电枢绕组中感应产生的交变电动势转换为正、负电刷上引出的直流电动势。换向器是由许多楔形铜制换向片组成的圆柱体，换向片之间用云母片绝缘，安装于转轴上。其外形及剖面图如图 8.5 所示。

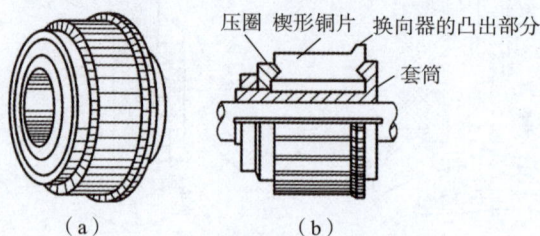

图 8.5　换向器的外形及剖面图
（a）外形；（b）剖面图

4. 转轴及轴承

转轴是安装电枢铁芯，输出转矩并带动负载的运动部件，而轴承是固定转轴，并与电机端盖相连，使电机的转动部分与静止部分形成一体的关键部件。

5. 风扇

风扇用于电动机运行过程中的快速散热，防止电动机由于过热而损坏。

8.1.3　直流电动机的分类

直流电动机按励磁方式分为永磁式和励磁式两种。永磁式直流电动机的磁极由永久磁铁制成（通常微型直流电动机采用）；励磁式直流电动机在其磁极上缠绕励磁绕组，通过通入直流电流形成磁场。根据励磁绕组和电枢绕组的连接关系，励磁式直流电动机又可细分为以下几种：

（1）他励直流电动机：励磁绕组与电枢绕组分别由两个独立电源供电，如图 8.6（a）所示。

（2）并励直流电动机：励磁绕组与电枢绕组并联，共用一个直流电源，如图 8.6（b）所示。

（3）串励直流电动机：励磁绕组与电枢绕组串联后再接到直流电源上，如图 8.6（c）所示。

（4）复励直流电动机：励磁绕组与电枢绕组的连接既有串联又有并联，接在同一直流电源上，如图 8.6（d）所示。

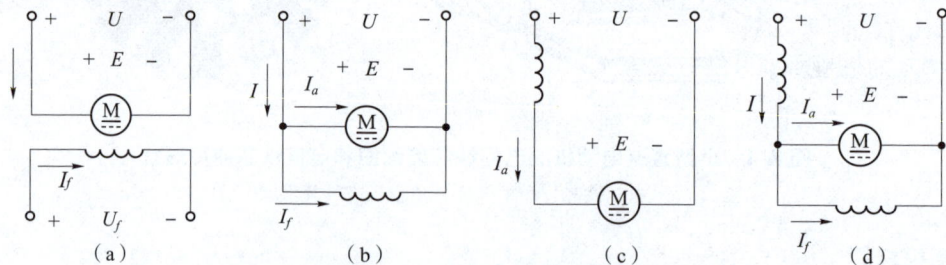

图 8.6　直流电动机的励磁方式
（a）他励直流电动机；（b）并励直流电动机；（c）串励直流电动机；（d）复励直流电动机

8.1.4　直流电动机的铭牌数据

直流电动机的铭牌贴在机座外壳上，标明电动机主要额定数据及产品相关信息，供使用者选用时参考。铭牌数据主要包括电动机的型号、额定功率、额定电压、额定电流、额定转速、励磁方式和励磁电流等。此外，还包括电动机出厂编号、出厂日期等信息，如图8.7所示。

直流电动机		
型号 Z4-12/2-1	额定功率 5.5 kW	频率 50 Hz
电压 440 V	额定电流 15 A	励磁方式 并励
额定转速 3 000 r/min	绝缘等级 B	额定励磁电流 0.4 A
工作方式 连续	额定效率 81.2%	额定励磁电压 180 V
××年××月	编号	××电动机厂

图 8.7 某直流电动机铭牌

1. 型号

电动机的型号一般由其全称汉语拼音的首字母和若干阿拉伯数字组成，它表示电动机的类型、规格和结构等。根据电动机的型号，可以从相关技术手册查出该电动机的有关技术参数。图8.7中直流电动机铭牌中型号的含义如图8.8所示。

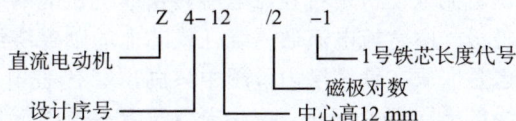

图 8.8 直流电动机铭牌中型号的含义

2. 额定值

铭牌上所标称的参数均为电动机额定状态下运行的值。

1）额定电压 U_N

额定电压指电动机额定运行时，电枢绕组两端所加的直流电压。

2）额定电流 I_N

额定电流指电动机额定运行时，流入电枢绕组的电流。

3）额定功率 P_N

额定功率指电动机轴上所输出的机械功率，且 $P_N = U_N I_N \eta_N$。

4）额定效率 η_N

额定效率指电动机额定运行时，能够将电能转化为机械能的能力。

5）额定转速 n_N

额定转速指电动机额定运行时，电枢的运行速度。

6）额定励磁电压 U_f

额定励磁电压指电动机额定运行时，励磁绕组所加的电压。

7）额定励磁电流 I_f

额定励磁电流指电动机额定运行时，励磁绕组的工作电流。

电动机在实际运行时，由于负载或环境因数的变化，往往不能保持在额定状态下运行。流过电动机的电流若小于额定电流，称为欠载运行；若超过额定电流，则称为过载运行。长期过载运行或欠载运行都不好，长期过载运行有可能因过热而烧坏电动机；长期欠载运行可能导致电动机没有得到充分利用，效率降低，不经济。因此，电动机在接近额定状态下运行，才是最经济合理的。

【例8.1】一台直流电动机，其额定数据为 $P_N = 13\text{ kW}$、$U_N = 220\text{ V}$、$n_N = 1\,500\text{ r/min}$、$\eta_N = 90\%$。试求该电机的额定输入功率 P_{1N}、额定电流 I_N 和额定输出转矩 M_N。

【解】由公式 $P_N = P_{1N}\eta_N$，可得：

$$P_{1N} = \frac{P_N}{\eta_N} = \frac{13}{0.9}\text{kW} = 14.44\text{ kW}$$

又因为 $P_N = U_N I_N \eta_N$，所以：

$$I_N = \frac{P_N}{U_N \eta_N} = \frac{13 \times 1\,000}{220 \times 0.9} A = 65.66\ A$$

$$M_N = 9\,550 \frac{P_N}{n_N} = \left(9\,550 \times \frac{13}{1\,500}\right) N \cdot m = 82.77\ N \cdot m$$

思考题

1. 直流电动机的电枢包括哪几部分？换向器的作用是什么？
2. 电刷属于直流电动机电枢部分吗？

8.2 直流电动机的工作原理

直流电动机是将直流电能转换成机械能的装置，其工作原理图如图 8.9 所示。其中 N 和 S 是主磁极，由直流电流通入绕在铁芯上的励磁绕组产生。直流电动机转动的部分称为电枢，电枢绕组也是嵌放在铁芯槽内。图中只画出了代表电枢绕组的一个线圈。线圈的两端分别与两个彼此绝缘的换向铜片相连，铜片上各压着一个固定不动的电刷 A 和 B。

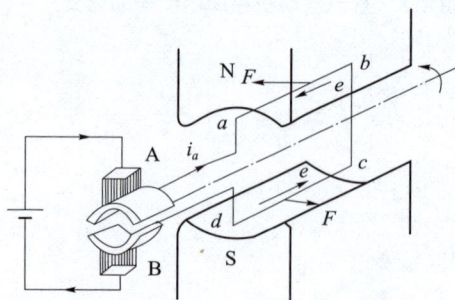

工作时，只需在两个电刷之间加上直流电源。此时，直流电流从电刷 A 流入，经过电枢绕组的 $a \to b \to c \to d$，再从电刷 B 流出。电枢绕组上的电流在磁场的作用下将产生电磁力 F。根据左手定则，可以判定电磁力将在电枢上形成电磁转矩，使之逆时针方向旋转。当电枢绕组旋转了 180° 后，a 端与电刷 B 接触，d 端与电刷 A 接触，电枢电流方向变为 $d \to c \to b \to a$。此时，电枢仍将受到逆时针方向的电磁转矩作用，从而驱动电枢继续旋转。

图 8.9 直流电动机的工作原理图

电枢绕组在磁场中旋转时，也将在其中产生感应电动势。根据右手定则，可以判定感应电动势的方向，感应电动势 E 与电枢电流 I_a 的方向相反。因为 E 的方向与通入的电流方向相反，所以 E 也叫反电动势。

1. 电枢绕组中的感应电动势和电压方程

反电动势 E 与电枢的转速和磁场的强度均成正比，即：

$$E = K_e \Phi n \tag{8.1}$$

式中：K_e 为电动势常数，与电动机结构有关；n 为转速，单位为 r/min；Φ 为磁通，单位为 Wb；E 为反电动势，单位为 V。

电枢的等效电路如图 8.10 所示。U 为直流电源的电压；R_a 为电枢绕组的等效电阻；E 为反电动势。

运用 KVL，可列出电枢电路的电压平衡方程为：

$$U = E + I_a R_a \tag{8.2}$$

2. 电枢绕组中的电磁转矩和转矩平衡公式

电枢电流 I_a 与每极磁通 Φ 相互作用，产生的电磁转矩 M 为：

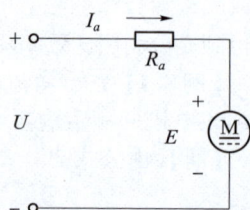

图 8.10 电枢的等效电路

$$M = K_m \Phi I_a \qquad (8.3)$$

式中：K_m 为转矩常数，与电动机的结构有关；Φ 为磁通，单位为 Wb；I_a 为电枢电流，单位为 A；M 为电磁转矩，单位为 N·m。

从前面的分析可知，如果改变外接直流电源 U 的极性，或者互换永久磁铁的南极（S）和北极（N）的空间位置，电枢绕组将按顺时针方向旋转。所以，要改变直流电动机的转动方向，实际上就是改变电磁转矩的方向。由左手定则可知：如果磁场方向不变，那么只要改变电枢电流的方向就可使直流电动机反转；如果不改变电枢电流的方向，那么只要改变磁场的方向也可使直流电动机反转。

在直流电动机中，电磁转矩 M 为驱动力矩。在电动机运行时，电磁转矩 M 必须与负载转矩 M_L 及空载阻损耗 M_0 的阻转矩平衡，即：

$$M = M_L + M_0$$

思考题

1. 直流电动机有哪几种励磁方式？各有什么特点？
2. 由于流入直流电动机的电流极性不变，所以直流电机电枢绕组中的电流的极性不会周期性变化，对吗？
3. 将一台并励直流电动机电枢接到电源两端的接线对调，该电动机是否会反转？

8.3　直流电动机的机械特性

直流电动机的机械特性是指当外加电压 U 一定、主磁通 Φ 和电枢回路的电阻 R_a 不变时，电动机转速和电磁转矩之间的关系。直流电动机在电枢回路未外加电阻，且电压和主磁通为额定值 U_N、Φ_N 时的机械特性被称为自然机械特性；在改变电枢电阻、电枢电压和磁通时的机械特性则称为人工机械特性。下面主要介绍并励直流电动机的机械特性。

并励直流电动机的励磁绕组和电枢绕组并联，其电路如图 8.11（a）所示。并励电动机的励磁电流为

$$I_f = U / R_f$$

式中 R_f 为励磁电路的电阻。

当电源电压 U 和励磁电路的电阻 R_f 保持不变时，励磁电流 I_f 以及由它产生的磁通 Φ 也保持不变，即：

$$\Phi = 常数$$

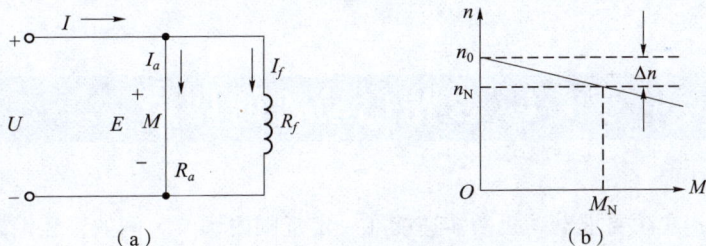

图 8.11　并励直流电动机

（a）并励直流电动机电路；（b）机械特性曲线

根据式（8.1）、式（8.2）和式（8.3），可以推导出：

$$n = \frac{U}{K_e \Phi} - \frac{R_a}{K_m K_e \Phi^2} M \tag{8.4}$$

即：

$$n = n_0 - \Delta n$$

式中：$n_0 = \dfrac{U}{K_e \Phi}$ 为理想空载转速（即 $M = 0$ 时的转速）；$\Delta n = \dfrac{R_a}{K_m K_e \Phi^2}$ 是转速降。

图 8.10（b）为并励直流电动机的机械特性曲线。由于并励直流电动机的电枢电阻 R_a 很小，所以在负载变化时，转速 n 的变化不大，是一条略向下倾斜的直线。显然，并励直流电动机的机械特性为硬特性。

【例 8.2】一台并励直流电动机的额定数据如下：$U_N = 110\ V$、$P_N = 15\ kW$、$n_N = 1\ 800\ r/min$、$\eta_N = 0.83$、$R_a = 0.05\ \Omega$、$R_f = 25\ \Omega$。试求：（1）额定电流 I_N、电枢电流 I_a 及励磁电流 I_f；（2）反电动势 E 及额定转矩 M_N。

【解】（1）由于 P_N 是输出的机械功率，而输入的电功率为：

$$P_1 = \frac{P_N}{\eta_N} = \frac{15}{0.83} kW = 18.1\ kW$$

额定电流为：

$$I_N = \frac{P_1}{U_N} = \left(\frac{18.1}{110} \times 10^3 \right) A = 165\ A$$

励磁电流为：

$$I_f = \frac{U_N}{R_f} = \frac{110}{25} A = 4.4\ A$$

电枢电流为：

$$I_a = I_N - I_f = (165 - 4.4)\ A = 160.6\ A$$

（2）反电动势 E 及额定转矩 M_N

反电动势为：

$$E = U - I_a R_a = (110 - 160.6 \times 0.05)\ V = 102\ V$$

额定转矩为：

$$M_N = 9\ 550 \frac{P_N}{n_N} = \left(9\ 550 \times \frac{15}{1\ 800} \right) N \cdot m = 79.6\ N \cdot m$$

思考题

为什么并励直流电动机在负载增加时（电枢电流增大）转速下降？

8.4 直流电动机的调速

在生产实践中，往往要求电动机的转速能在一定范围内调节。例如，轧钢机在轧制不同钢种或不同规格的钢材时，要求以不同的速度进行轧制；机床在不同的加工过程中，也需要以不同的速度运行；电车在进站时要慢、在行驶时要快等。这就要求我们根据不同的生产情况来改变电力拖动系统的运行速度，也就是工程上所讲的调速问题。直流电动机具有极其可贵的调速性能，可在宽范围内平滑而经济地调速，所以在要求调速性能高的电力拖动系统中，多选用直流电动机作为拖动系统的原动机。

下面将讨论如何通过改变电动机的参数和外部运行条件达到调节电动机速度的目的，即工程上所说的电气调速。

由直流电动机转速公式：

$$n = \frac{U - I_a R_a}{K_e \Phi}$$

可知，调速方法有 3 种：改变电枢回路电阻调速；改变励磁磁通调速；改变电源端电压调速。

8.4.1 改变电枢回路电阻调速

在电源电压及磁通为额定值的条件下，在电枢回路串入一个电阻进行调速。以并励直流电动机为例，其电路如图 8.12 所示。此时，电枢回路总电阻为 $R_a + R_T$，机械特性方程为：

$$n = \frac{U - I_a(R_a + R_T)}{K_e \Phi} = \frac{U}{K_e \Phi} - \frac{R_a + R_T}{K_e K_m \Phi^2} M \tag{8.5}$$

即：

$$n = n_0 - \Delta n$$

由电动机的机械特性可知，当电枢回路串入可变的调速电阻 R_T 后，理想空载转速 n_0 不变，但转速降 Δn 增加了，因此机械特性变软。在负载转矩不变的条件下，电动机转速下降。其相应的机械特性曲线如图 8.13 所示。

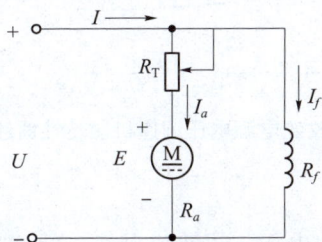

图 8.12 改变电枢回路电阻调速电路

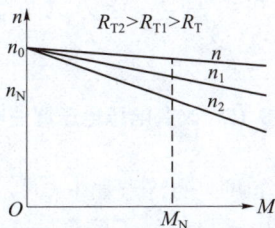

图 8.13 改变电枢回路电阻调速机械特性曲线

这种调速方法的优点是简单易行；缺点是 R_T 的接入使机械特性变软，当负载发生变化时，转速变化较大。

8.4.2 改变励磁磁通调速

改变励磁磁通调速，也就是改变励磁电流调速。由于励磁电流不能超过额定电流，所以改变励磁电流只能减小励磁电流，即只能进行弱磁调速。可在励磁电路中串联可变电阻（或减小励磁电路的电压），使电动机的磁通 Φ 小于原来的额定值。

以并励直流电动机为例，由机械特性方程：

$$n = \frac{U}{K_e \Phi} - \frac{R_a}{K_m K_e \Phi^2} M = n_0 - \Delta n$$

可知，当电枢电压和电枢回路电阻维持不变而减弱磁通 Φ 时，理想空载转速 n_0 增加，转速降 Δn

也增加，因此 $\varPhi$ 降低后的机械特性变软，电动机转速上升。相应的机械特性曲线如图 8.14 所示。

这种调速方法所用设备简单，调节方便，且效率较高。缺点是随着电动机转速的增高，如果电动机的机械负载转矩不变，则在调速前后电动机都应产生与负载转矩相等的电磁转矩。因此，在改变励磁磁通调速时，稳定运行时的电枢电流必然增大。这一现象是该调速方法区别于其他几种调速方法的重要特征。电枢电流升高，电动机的温升也升高，换向条件就会变坏，同时转速过高还会出现不稳定的现象。

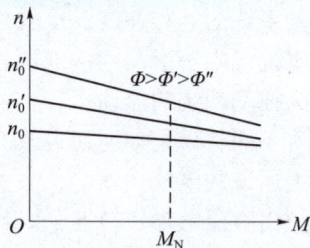

图 8.14 改变励磁磁通调速
机械特性曲线

8.4.3 改变电源电压调速

由于他励直流电动机电枢回路用独立电源供电，因而利用可调直流电源改变电枢电压可进行调速。改变电源电压调速电路图如图 8.15 所示。由机械特性方程：

$$n = \frac{U}{K_e \varPhi} - \frac{R_a}{K_m K_e \varPhi^2} M = n_0 - \Delta n$$

可知，当电源电压由额定值向下调节时，理想空载转速 n_0 下降，Δn 不变，故机械特性向下平移，硬度不变。如图 8.16 所示，他励直流电动机对应不同电枢电压的机械特性为一组互相平行的直线。

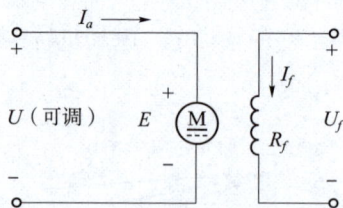

图 8.15 改变电源电压调速电路　　图 8.16 改变电源电压调速机械特性曲线

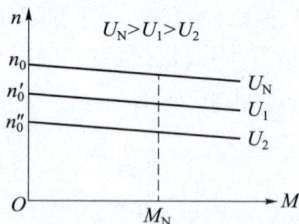

改变电源电压调速的特点如下：

（1）为了使电动机绝缘不受影响，通常只能降低电源电压，故转速只能在低于额定转速的范围内调节。

（2）机械特性硬度不变，调速稳定性好。

（3）可均匀调节电枢电压，得到平滑的无级调速。

（4）调节电源电压需用专用的调压电源，投资费用高。目前，普遍采用可控整流电路进行改变电源电压调速。

【例 8.3】 有一他励直流电动机，已知 $U = 220$ V、$I_a = 53.8$ A、$n = 1\,500$ r/min、$R_a = 0.7\,\Omega$。若将电枢电压降低一半，且负载转矩不变，问转速降低多少？

【解】 由 $M = K_m \varPhi I_a$ 可知，在保持负载转矩和励磁电流不变的条件下，电流也保持不变。电压降低后的转速 n' 与原来的转速 n 之比为：

$$\frac{n'}{n} = \frac{E'/K_e \varPhi}{E/K_e \varPhi} = \frac{E'}{E} = \frac{U' - R_a I_a{}'}{U - R_a I_a} = \frac{110 - 0.7 \times 53.8}{220 - 0.7 \times 53.8} = 0.4$$

转速降低到原来的 40%。

【例 8.4】 一台并励直流电动机额定数据如下：额定功率 $P_N = 20$ kW、额定电压 $U_N = 220$ V、额定电流 $I_N = 100.19$ A、额定转速 $n_N = 1\,500$ r/min、电枢电阻 $R_a = 0.16\,\Omega$、励磁电阻 $R_f = 57.7\,\Omega$。

当磁通减为额定值的70%时，试求：（1）带额定负载运行的电枢电流和转速；（2）电动机的输出功率。

【解】（1）当 $\Phi' = 0.7\Phi$ 时，有：

$$I_a' = \frac{\Phi}{\Phi'}I_{aN} = \left(\frac{1}{0.7} \times 100.19\right) A = 143.13\ A$$

其中：

$$n' = \frac{E'\Phi}{E\Phi'}n_N = \frac{(U'-R_aI_a')\Phi}{(U-R_aI_a)\Phi'}n_N = \left(\frac{220-0.16\times143.13}{220-0.16\times100.19}\times\frac{1}{0.7}\times1\ 500\right)r/min = 2\ 070\ r/min$$

（2）电动机的输出功率为：

$$P' = \frac{n'}{n_N}P_N = \frac{2\ 070}{1\ 500}\times20\ kW = 27.6\ kW$$

【例8.5】一台并励直流电动机的额定数据同例8.4。当其带额定负载运行时，试求：电压和磁通保持为额定值，在电枢电路内串入 1.5 Ω 电阻调速时的电枢电流、转速和输出功率。

【解】电枢电路内串入电阻 R_a'，电枢电流不变，即 $I_{aN} = 100.19\ A$。

原反电动势为：

$$E = U_N - R_aI_{aN} = (220-0.16\times100.19)\ V = 204\ V$$

现反电动势下降为：

$$E' = U' - (R_a+R_a')I_{aN} = [220-(0.16+1.5)\times100.19]\ V = 53.68\ V$$

转速为：

$$n' = \frac{E'}{E}n_N = \left(\frac{53.68}{204}\times1\ 500\right)r/min = 395\ r/min$$

电动机的输出功率为：

$$P' = \frac{n'}{n_N}P_N = \left(\frac{395}{1\ 500}\times20\right)kW = 5.27\ kW$$

思考题

1. 当他励直流电动机的励磁和负载转矩不变时，若降低电枢电压，则稳定后电枢电流、电磁转矩及转速将如何变化？

2. 当采用改变电源电压调速时，直流电动机的励磁绕组为什么要接成他励，如果仍并联在电枢两端会怎样？

3. 当直流电动机调节电源电压调速时，机械特性会变"软"吗？

8.5 直流电动机的启动和制动

8.5.1 直流电动机的启动

直流电动机的启动是指电动机接通电源后，从静止状态到稳定运转状态的运行过程。在直流电动机启动瞬间，由于电枢转速 $n=0$，所以反电动势 E 也等于零。此时电动机的电枢启动电流为：

$$I_{st} = \frac{U-E}{R_a} = \frac{U}{R_a}$$

由于电枢电阻 R_a 很小，故 I_a 很大，通常达到额定电流 I_N 的 10~20 倍，而电磁转矩正比于电枢电流，故此时会产生非常大的启动转矩。如此大的启动电流会在换向器和电刷之间产生强烈的电火花而烧坏换向器；启动转矩太大还会对传动机构造成强烈的机械冲击，这些都是不允许的。因此，必须采取一定措施减小启动电流。一般应限制启动电流不超过额定电流的 1.5~2.5 倍。

要降低启动电流，可采取电枢串联电阻限流启动和减压启动两种方法。

1. 电枢串联电阻限流启动

在电枢回路中串联一可调的启动电阻 R_{st}，保证在启动瞬间，将启动电流 I_{st} 限制在所需范围内。随着电动机转速的升高，逐段切除启动电阻。启动结束后，一般将启动电阻全部切除。这种方法的启动电流为：

$$I_{st} = \frac{U}{R_a + R_{st}}$$

2. 减压启动

由于他励直流电动机的电枢回路由独立直流电源供电，故可以使用一个可调压的直流电源专供电枢电路。随着电动机转速的升高，逐渐提高电枢电压，最后提高到额定值。

应当注意，无论采用哪一种启动方法，在启动过程中都必须保证有足够的主磁场，即要有足够大的励磁电流。

8.5.2　直流电动机的制动

直流电动机的制动是指电动机切断电源后强迫停车。方法有机械制动和电气制动。机械制动是在电动机断电后，利用机械装置对其转轴施加相反的转矩来进行制动；电气制动是使电动机在停车时产生一个与电枢旋转方向相反的电磁转矩来进行制动。

1. 机械制动

应用最广泛的机械制动装置是电磁抱闸。电磁抱闸由制动电磁铁和闸瓦制动器组成，闸轮与电动机的转轴相连。调整弹簧的作用力，可改变闸瓦对闸轮制动力矩的大小。断电制动型电磁抱闸在电磁线圈断电时，利用闸瓦与闸轮间摩擦力对电动机制动；当电磁铁线圈得电时，松开闸瓦，电动机可以自由转动。若电网突然断电或电路发生故障，闸瓦立即抱紧闸轮，对电动机制动，避免发生事故。这种制动在起重机上被广泛采用。

2. 电气制动

1）能耗制动

电枢绕组与电源切断后，接入一个适当的制动电阻，形成闭合回路。由于电动机和生产机械的惯性，电枢继续旋转，于是在电枢电路中形成与反电动势 E 方向相同的电流，从而产生与原运动方向相反的制动转矩。实际上，此时电动机处于发电机运行状态，电枢的动能转换成电能，并被制动电阻消耗掉。

能耗制动的特点是设备简单，制动可靠平稳；当转速减到零时，制动转矩也为零，便于准确停车。能耗制动适用于运输、起重设备等不要求迅速制动的场合。

2）再生发电制动

当电动机转速 n 超过理想空载转速 n_0 时，反电动势 E 大于电枢电压 U，此时电枢电流 I_a 的方向改变，从而产生与原旋转方向相反的转矩。所谓再生发电就是指系统的动能再生成电能反馈给电网。

再生发电制动适用于电力机车、电动汽车下坡或起重设备下放重物时的制动。

3）反接制动

在制动时，将运转中的电枢电源电压极性反接，使电枢中的电流反向。这时电枢仍按原方向旋转，从而产生制动转矩。由于反接制动时产生的反电动势 E 与电枢电压 U 方向相同，即此时电枢电压约为 $2U$，所以制动电流很大，需要在电枢电路中串联制动电阻，以保证制动电流不至于过大。在电动机转速接近零时，要及时切断电源，否则电动机会反转起来。

反接制动的特点是制动转矩比较恒定，制动效果好；但串接制动电阻要消耗电能，不够经济。反接制动适用于要求强烈制动或要求迅速反转的场合。

思考题

1. 直流电动机启动电流大的原因是什么？
2. 并励直流电动机有什么制动方法？

本章小结

1. 直流电动机的基本结构

直流电动机由定子和电枢组成。定子的主磁极铁芯上套有励磁绕组。电枢由电枢铁芯、电枢绕组、换向器、转轴及轴承、风扇等组成。换向器是直流电机的特征部件，对直流电动机来说，其作用是来将通入电枢绕组的直流电流转换为交流电流；对直流发电机来说，其作用是将电枢线圈中产生的交变电动势转换为正、负电刷上引出的直流电动势。

2. 直流电动机的工作原理

主磁极的励磁绕组通入直流电后，产生主磁通。电枢绕组借助于电刷和换向器的作用，在通入直流电后形成交流电流，该交流电流与主磁通相互作用产生电磁转矩使电动机能够连续运转，从而将直流电能转换成机械能。

3. 直流电动机工作过程中，需要满足的 3 个重要公式

（1）反电动势 E 与转速 n 的关系式：$E=K_e\Phi n$。

（2）电磁转矩 M 与电枢电流 I_a 的关系式：$M=K_m\Phi I_a$。

（3）电枢电路的电压平衡方程：$U=E+I_aR_a$。

4. 直流电动机的机械特性

直流电动机的机械特性是指当电源电压 U 一定、主磁通 Φ 不变和电枢回路的电阻 R_a 固定时，直流电动机的电磁转矩 M 与转速 n 的函数关系。

并励直流电动机具有硬的机械特性，其特点有两个：第一，当负载转矩变化时，电动机转速变化不大；第二，允许轻载运行。

5. 直流电动机的调速

并励直流电动机可以通过改变电枢回路电阻或励磁磁通的方法来达到改变转速的目的；他励直流电动机由于励磁电压和电枢电压是分开的，因此可以在保持励磁电压不变的情况下单独改变电枢电压来改变转速。直流电动机具有良好的调速性能。

6. 直流电动机的启动方法和制动方法

直流电动机的启动方法包括电枢串联电阻限流启动和减压启动。

直流电动机的制动方法包括能耗制动、再生发电制动和反接制动。

习 题

填空题

8-1 直流电动机在工作时，电枢绕组通过_____和直流电源连接。

8-2 直流电动机按电枢绕组与励磁绕组的接法不同，可分为_____、_____、_____和_____ 4种。

8-3 额定运行的他励直流电动机，保持负载转矩不变，励磁电流不变，降低电枢电压，则电动机的转速将_____。（填增大、不变或减小）

8-4 直流电机通常采用改变_____或_____的方向来达到电动机反转的目的。

8-5 由于直流电动机的外加电压不允许超过_____，因此改变电枢电压调速只能在_____下进行。

8-6 直流电动机电枢回路串联电阻后，转速_____（填增大、不变或减小）。

8-7 电磁转矩对直流电动机来说是_____（填驱动或制动）转矩，而对直流发电机来说是_____（填驱动或制动）转矩，其方向与发电机的旋转方向相反。

8-8 直流电动机转速调节方法有3种，分别是_____调速、_____调速和改变电枢回路电阻调速。

8-9 他励直流电动机的励磁绕组由_____供电，因此励磁电流的大小与电枢端电压大小无关。

8-10 并励直流电动机的特点之一是磁通为常数，它的转矩与电枢电流成_____比。

选择题

8-11 直流电动机电枢绕组中的电流是（   ）。

A. 直流电　　　　　　B. 交流电　　　　　　C. 脉动电流　　　　　　D. 以上均不对

8-12 他励直流电动机的电枢绕组和励磁绕组之间的连接方式为（   ）。

A. 串联　　　　　　B. 并联　　　　　　C. 互相独立　　　　　　D. 星形连接

8-13 直流电动机电枢绕组中的反电动势与转速（   ），与主磁通（   ）。

A. 成正比，成正比　　　　　　　　　　B. 成反比，成反比

C. 都视电动机种类而定　　　　　　　　D. 都视电动机容量而定

8-14 在直流电动机中，改变励磁磁通调速通常是（   ）。

A. 往上调速　　　B. 往下调速　　　C. 往上、往下均调速　　D. 不确定

8-15 不属于直流电动机定子部分的器件是（   ）。

A. 机座　　　　　　B. 主磁极　　　　　　C. 换向器　　　　　　D. 电刷装置

8-16 电枢电压和励磁电流均不变，当减小负载转矩时，直流电动机的转速（   ）。

A. 上升　　　　　　B. 不变　　　　　　C. 下降　　　　　　D. 先上升后下降

8-17 一台并励直流电动机，在保持转矩不变时，如果电源电压下降50%，则此时电机的

转速（　　）。

A. 不变　　　　　　　　　　　　B. 降低到原来转速的 50%

C. 下降　　　　　　　　　　　　D. 上升

8-18 当直流电动机稳定运行时，电枢电流的大小取决于（　　）。

A. 电枢电压　　　　B. 电枢电流　　　　C. 负载转矩　　　　D. 励磁电流

8-19 当负载转矩不变时，在直流电动机的励磁回路串入电阻，稳定后，电枢电流将（　　），转速将（　　）。

A. 上升，下降　　　　B. 不变，上升　　　　C. 上升，上升　　　　D. 下降，下降

8-20 他励直流电动机的励磁和负载转矩均不变，若电枢电压降低，则（　　）。

A. 电枢电流不变，转速降低　　　　　　　B. 电枢电流不变，转速不变

C. 电枢电流减小，转速升高　　　　　　　D. 电枢电流增大，转速降低

综合题

8-21 有一台并励直流电动机，其额定输出功率为 2.2 kW、额定电压为 220 V、额定电流为 12.2 A、额定转速为 3 000 r/min、最大励磁功率为 77 W。试求：（1）最大励磁电流；（2）额定情况下的电枢电流；（3）额定转矩；（4）额定情况下的效率。

8-22 有一台并励直流电动机，其额定功率为 2.2 kW、额定电压为 220 V、额定电流为 13 A、额定转速为 750 r/min、电枢电阻为 0.2 Ω、励磁绕组电阻为 220 Ω。试求：（1）输入功率 P_1；（2）电枢电流 I_a；（3）反电动势 E；（4）电磁转矩 M_N。

8-23 一台并励直流电动机，其额定电压为 440 V、额定电流为 100 A、额定转速为 960 r/min、电枢电阻为 0.16 Ω、励磁绕组电阻为 145 Ω。由于负载减小，转速升高到 980 r/min，试求这时电源输入到电动机的电流 I 是多少（设磁通 Φ 不变）？

8-24 有一台他励直流电动机，其额定电压为 110 V、额定电流为 82.2 A、电枢电阻为 0.12 Ω、额定励磁电流为 2.65 A。试求：（1）若直接启动，启动起始瞬间的电流是额定电流的几倍？（2）如果要把启动电流限制为额定电流的 2 倍，应选多大的启动电阻？

8-25 有一台并励直流电动机，其额定电压为 220 V、额定转速为 1 000 r/min、电枢电阻为 0.3 Ω、额定电流为 70.1 A、额定励磁电流为 1.82 A。试求：（1）当负载转矩减小为额定转矩的一半时，电动机转速为多少？（2）如果在轻载情况下，电动机转速为 1 080 r/min，则输入电流为多少？

8-26 一台他励直流电动机拖动恒转矩负载运行在额定状态下，其额定数据为：$P_N = 67$ kW、$U_N = 400$ V、$I_N = 185$ A、$n_N = 3 000$ r/min、$R_a = 0.055\,5$ W。试求：（1）采用改变电枢回路电阻调速时，要使电机转速降为 2 500 r/min，需在电枢电路中串联多大的调速电阻？（2）采用改变电源电压调速时，要使电机转速降为 2 750 r/min，电枢电压应降为多少伏？

8-27 已知某直流电动机铭牌数据如下：额定功率 $P_N = 75$ kW、额定电压 $U_N = 220$ V、额定转速 $n_N = 1 500$ r/min、额定效率 $\eta_N = 88.5\%$。试求该电机的额定电流。

8-28 一台串励直流电动机，额定负载运行，$U_N = 220$ V、$n = 900$ r/min、$I_N = 78.5$ A、$R_a = 0.26$ W。欲在负载转矩不变条件下，把转速降到 700 r/min，需串联多大电阻？

8-29 一台串励直流电动机，其 $U_N = 220$ V、$n = 1 000$ r/min、$I_N = 40$ A、$R_a = 0.5$ W。假定磁路不饱和，试求：（1）当 $I_a = 20$ A 时，电动机的转速及电磁转矩；（2）当电磁转矩保持上述值不变，而电压减低到 110 V 时，电动机的转速及电流。

8-30 有一台额定电压为 110 V 的他励直流电动机，工作时的电枢电流为 25 A，电枢电阻为

0.2 Ω。问：当负载保持不变时，在下述两种情况下转速变化了多少？（1）电枢电压保持不变，主磁通减少了 10%；（2）主磁通保持不变，电枢电压减少了 10%。

8–31　有一台并励直流电动机，额定功率为 10 kW、额定电压为 220 V、额定电流为 53.8 A、额定转速为 1 500 r/min、电枢电阻为 0.7 Ω、励磁绕组电阻为 198 Ω。设励磁电流与电动机主磁通成正比，且采用改变励磁磁通调速。试求：（1）如果在励磁回路串联调磁电阻 $R'_f = 49.5$ Ω，且维持额定转矩不变，试求转速 n、电枢电流 I_a、输入功率 P_1；（2）如果 R'_f 值保持不变，且额定电枢电流不变，试求转速 n、转矩 M、转子输出功率 P_2。

8–32　有一台并励直流电动机，额定功率为 10 kW、额定电压为 220 V、额定电流为 53.8 A、额定转速为 1 500 r/min、电枢电阻为 0.3 Ω、最大励磁功率为 260 W。在额定负载转矩下，若在电枢中串联 0.7 Ω 的调速电阻，试求此时的转速。

第9章 继电接触器控制系统

继电接触器控制系统是一种传统的电气控制系统，可实现对电动机或其他电力负载的自动化控制，广泛应用于工业自动化、电力系统、建筑设备控制等领域。尽管随着电子技术和计算机技术的发展，在一些需要复杂控制、远程监控、数据采集等功能的应用场合，继电接触器控制系统已被可编程控制器、分布式控制系统等现代控制系统所取代，但在某些特定场景下，如对成本敏感、控制逻辑固定、特定环境（如极端温度、强烈电磁干扰等），继电接触器控制系统仍因其简单、可靠、经济的特性而被选用。

控制电器、主电路和控制电路是继电接触器控制系统的关键组成部分。控制电器是构成控制系统的基础元件；主电路连接电源与负载，负责电能的传输与分配；而控制电路则通过控制电器的动作来实现对主电路中负载的精确控制与保护。

本章首先介绍一些常用低压电器以及电气控制原理图的设计方法；接着以三相异步电动机的启停控制、正反转控制等为例，介绍继电接触器控制系统的一些基本原理；最后介绍行程控制、时间控制、速度控制等实际应用的控制电路。

9.1 常用低压电器

控制电器分为高压电器和低压电器。低压电器是指用于频率为 50 Hz 或 60 Hz、AC 1 200 V 或 DC 1 500 V 及以下电路中的电器。这类电器能够根据操作信号或外界现场信号的要求，手动或自动地接通、断开电路，以实现对电路或非电对象的切换、控制、保护、检测、变换和调节等功能。工程上大多采用低压供电，各种设备的运行和控制也主要依靠低压电器来实现。

低压电器种类繁多，以下是几种常见的分类方式：

1. 按用途分类

配电电器：主要用于主电路，实现电路的通断、隔离、保护等功能，包括但不限于刀开关、断路器、熔断器等。

控制电器：主要用于控制电路，实现启停、调速、换向、连锁、保护等功能，包括接触器、继电器（如电流继电器、电压继电器、中间继电器、热继电器、时间继电器、速度继电器等）、主令电器（如按钮、行程开关、万能转换开关等）、电磁铁等。

2. 按动作性质分类

手动电器：需要通过人工直接或间接操作才能改变其工作状态，如开关、按钮、万能转换开关等。手动电器主要依赖于外力（如手指按压、手柄转动等）来触发动作。

自动电器：能根据外部信号（如电流、电压、时间、温度、速度、压力等物理量）或内部设定的逻辑关系，自动完成接通、断开或转换动作，如接触器、继电器、断路器、热继电器、时间继电器等。自动电器在无人值守或需要自动控制的场合发挥着重要作用。

3. 按触点类型分类

有触点电器：包含物理接触的触点（如金属片等），通过触点的闭合或断开来接通或断开电路，如普通的继电器、接触器、开关等。

无触点电器：不依赖于物理接触的触点进行通断控制，而是通过半导体元件（如晶闸管、晶体管、绝缘栅双极型晶体管等）的开关特性来实现电路的接通与断开，如固态继电器、固态接触器等。无触点电器具有无机械磨损、响应速度快、寿命长等优点。

4. 按工作方式分类

电磁式电器：利用电磁效应（如电磁铁、电磁线圈产生的磁场）来驱动触点或其他执行机构动作，如接触器、电磁阀、电磁铁等。

非电量控制电器：根据非电物理量（如温度、压力、速度、时间、光、声等）的变化来控制电路，如热继电器、时间继电器、速度继电器、压力继电器、光电开关、接近开关等。

9.1.1 刀开关

刀开关（knife switch），又称为刀闸、闸刀开关等，是一种手动操作的、用于接通或断开电路的低压（小于 500 V）开关设备。主要用于电源的接通、断开和隔离，以及电路的切换，特别是在不需要频繁操作和过载保护的场合，如照明、小功率电动机控制、电源总开关等。根据需要控制的相数或电路数，刀开关分单极、双极和三极。HK 系列瓷底胶盖三极刀开关的结构如

图 9.1（a）所示，其工作原理相对直观，主要通过触刀动触点与静触点之间的接触与分离来控制电路的通断。三极刀开关常用于三相交流电路，其图形符号如图 9.1（b）所示。

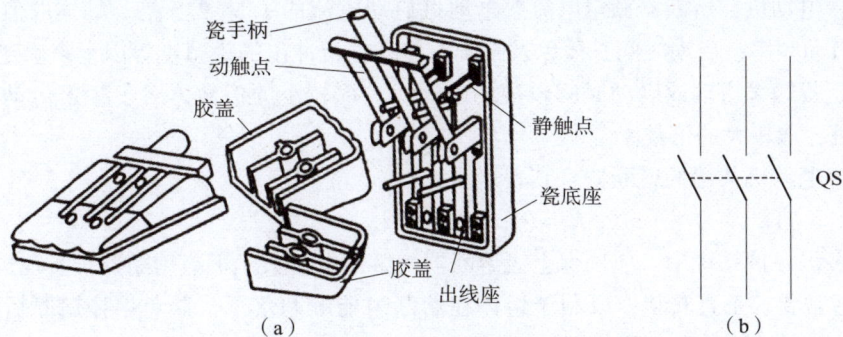

瓷手柄
动触点
胶盖
静触点
瓷底座
胶盖
出线座
QS
（a）
（b）

图 9.1　三极刀开关

（a）结构；（b）图形符号

刀开关的额定电压和额定电流是其两个非常重要的技术参数。在选择刀开关时，其额定电压必须至少等于所控制电路的电压等级，以确保在正常工作和可能出现的瞬态过电压的情况下，刀开关的绝缘性能能够有效防止电击、电弧放电和电气火灾等危险。例如，对于接入三相交流电源的电路，如果电源电压等级为 380 V，那么所选刀开关的额定电压应至少为 AC 380 V 或更高。其额定电流应大于或等于所控制电路的最大预期工作电流，同时考虑一定的过载裕量，确保在正常运行及可能出现的短期过载的情况下，刀开关不会因电流过大而过热、烧损或失效，进而影响电路的正常工作和设备的安全。

刀开关在接通或断开大电流电路时，可能会产生电弧。为减少电弧危害，应尽量在电路电流较小的时刻操作，或配合灭弧装置使用。刀开关机械寿命有限，且不宜频繁操作，因其操作过程中可能产生电弧，对触点造成损伤。此外，刀开关不具备过载保护和短路保护功能，不能代替断路器或熔断器作为主保护装置使用。

9.1.2　熔断器

熔断器（fuse）是最简便有效的短路保护电器，串接在被保护的电路中。熔断器中的熔体由电阻率较高的易熔合金制成，如铅锡合金等；或由截面积甚小的良导体制成，如铜、银等。当电路正常工作时，通过熔体的电流小于或等于其额定电流，熔断器的熔体不会熔化。当电路发生严重过载或短路时，熔断器中的熔体会立即熔化，电源被自动切断，从而起到保护电气设备和线路的目的。

熔断器中的熔体熔断后可以更换，因此熔断器可多次使用。常用的熔断器有管式熔断器 [图 9.2（a）]、插入式熔断器 [图 9.2（b）]、螺旋式熔断器 [图 9.2（c）]、半导体保护式熔断器等。

管式熔断器分为无填料管式熔断器和填料管式熔断器。无填料管式熔断器（RM 系列）额定电流为 15～1000 A，一般与刀开关组合使用。插入式熔断器（RC 系列）分断能力差，已逐步被淘汰。螺旋式熔断器（RL 系列）额定电流为 5～200 A，主要用于短路电流大的分支电路或有易燃气体的场所。半导体保护式熔断器主要用于半导体器件过电流保护和短路保护。

熔断器最重要的参数就是熔体的额定电流。只有准确地选择熔体的额定电流，它才能起到保护作用。否则，它不但不能起保护作用，还可能影响用电设备的正常工作。选择熔体额定电流的方法如下：

（1）电阻负载或其他无冲击电流负载，熔体的额定电流≥电路的实际工作电流。

（2）单台电动机，熔断器额定电流取电动机启动电流的 1.5～2.5 倍。具体取值根据电动机启动方式、启动频率、启动时间长短以及系统对启动电流冲击的敏感度等因素来确定。

（3）对于不频繁启动或启动时间较短的电动机，取较小的倍数；对于频繁启动或启动时间较长的电动机，取较大的倍数。

（4）几台电动机共用的熔断器，其表达式为：

$$I_{熔} = (1.5 \sim 2.5) \times I_{最大} + \Sigma_{I_{其他}}$$

（5）在多级保护系统中，应确保上级熔断器的熔断电流大于下级熔断器，实现选择性保护。

熔断器通常要求垂直安装，以利于熔体在熔断时能顺利落下，避免熔体熔断后卡住或无法完全断开电路。其图形符号如图 9.2（d）所示。

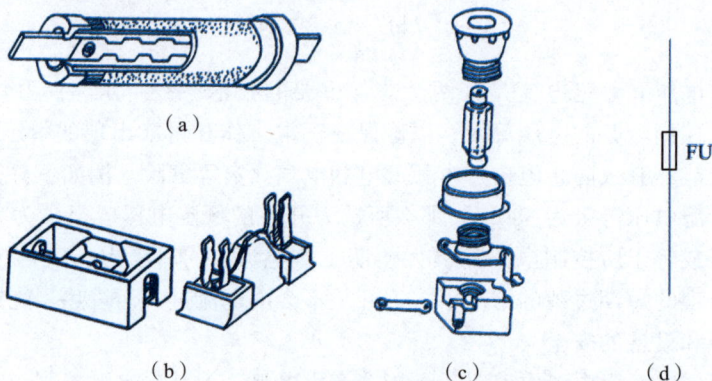

（a）

（b）　　　　　　　　　　（c）　　　　　　　　（d）

图 9.2　熔断器

（a）管式熔断器；（b）插入式熔断器；（c）螺旋式熔断器；（d）图形符号

9.1.3　按钮

按钮（button）通常用于接通或断开电流较小的控制电路，以操作接触器、继电器等动作，从而控制电流较大的电动机或其他电气设备的运行。其外形如图 9.3（a）所示。

按操作方式分类，按钮可分为直动式按钮、滚轮式按钮和摇杆式按钮。较为常见的直动式按钮的结构如图 9.3（b）所示。在按钮未按下时，动触点是与上面的静触点接通，这对触点称为动断（常闭）触点；动触点与下面的静触点则是断开的，这对触点称为动合（常开）触点。当按下按钮帽时，上面的常闭触点断开，而下面的常开触点接通；松开按钮帽后，动触点在复位弹簧的作用下复位，使常闭触点和常开触点都恢复原来的状态。

图 9.3（b）中的按钮具有一对常开触点和一对常闭触点。有的按钮只有一对常开触点或常闭触点，也有的具有两对常开触点或两对常闭触点。每个按钮的常开触点和常闭触点可根据需要灵活选用。实际上，往往把多个常开触点或常闭触点组成一体，形成多联按钮，以满足电动机启停、正反转或其他复杂控制的需要。按钮的图形符号如图 9.3（c）所示。

按钮触点的接触面积很小，额定电流一般不超过 5 A。有的按钮装有信号灯，以显示电路的工作状态。例如，绿色按钮表示启动，红色按钮表示停止。

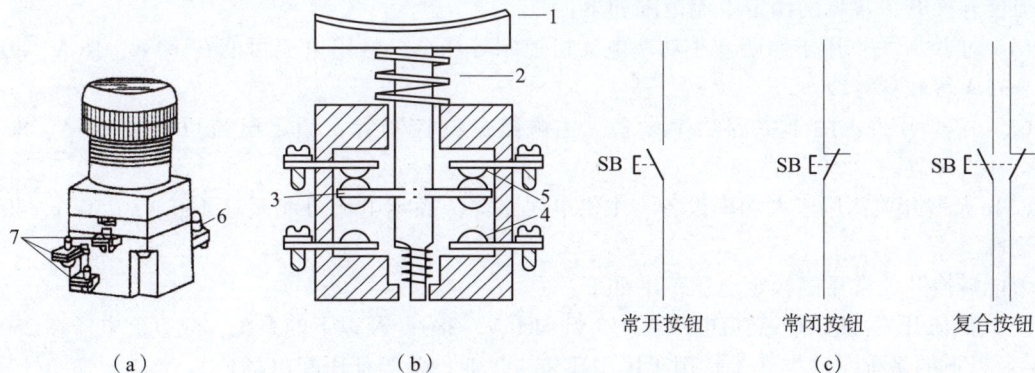

1—按钮帽；2—复位弹簧；3—动触点；4—常开触点的静触点；5—常闭触点的静触点；6，7—触点接线柱。

图 9.3　按钮

（a）外形；（b）直动式按钮的结构；（c）图形符号

9.1.4　万能转换开关

万能转换开关（universal change-over switch），又称转换开关、选择开关或变换开关，是一种多挡位、多触点、多功能的控制开关，常用于电气设备和控制系统中，实现电路的切换、选择、控制或保护功能。万能转换开关有单极、双极和多极 3 类。通断方式有同时通断、交替通断、两位转换、三位转换、四位转换等。

LW6 系列万能转换开关的结构如图 9.4（a）所示。它由触点座、操作定位机构、凸轮、手柄等部分组成。当操作手柄带动凸轮转动到不同位置时，可使各对触点按设置的规律接通和分断。因此，这种开关可以组成数百种控制电路方案，以适应各种复杂要求，故被称为万能转换开关。万能转换开关的触点在电路中的图形符号如图 9.4（b）所示。图形符号中，每行水平的两条实线表示一对触点，垂直的虚线表示操作手柄位置。各对触点在不同操作位置的通断状态可通过两种方式判断：一种是在该触点与相应虚线的相交位置的下方涂黑圆点表示接通，没有涂黑圆点表示断开，如图 9.4（b）所示；另一种是用触点通断状态接通表来表示，以"×"表示触点闭合，空白表示断开，如图 9.4（c）所示。万能转换开关的文字符号为 SA。

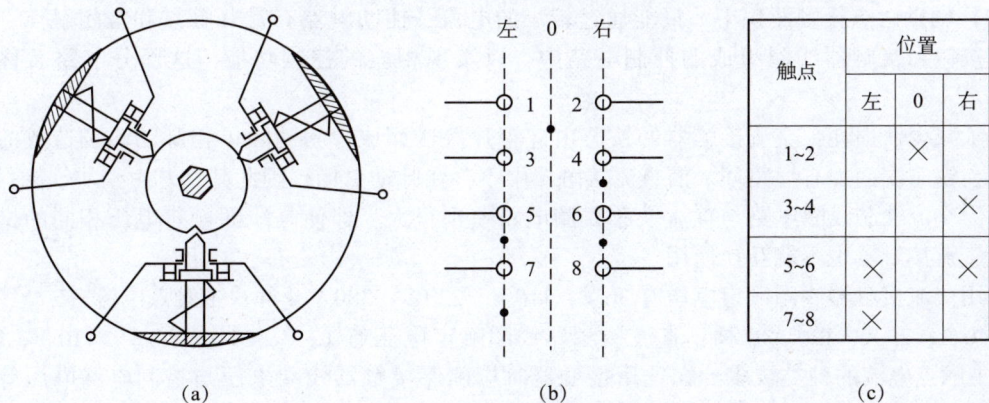

图 9.4　万能转换开关

（a）结构；（b）图形符号；（c）触点通断状态接通表

万能转换开关常见的额定电流范围如下：

（1）小型开关：用于照明、小功率电动机控制等场合，额定电流可能在 10 A、16 A、20 A、25 A、32 A 等较低等级。

（2）中型开关：用于中等功率设备、主电路分支控制等，额定电流可能在 63 A、80 A、100 A、125 A 等。

（3）大型开关：用于大功率设备、主供电线路等，额定电流可能高达 160 A、250 A、400 A 甚至更高。

万能转换开关常见的额定电压范围如下：

（1）低压开关：适用于交流电压在 415 V、400 V、380 V 及以下的系统，或直流电压在 250 V、220 V 及以下的系统。这类开关常用于民用建筑、工业设备等低压配电场合。

（2）中高压开关：适用于交流电压在 690 V、1 kV 及以上，或直流电压在 440 V、750 V 及以上的系统。这类开关主要应用于电力传输、工业主电路等高压环境。

9.1.5　接触器

接触器（contactor）是一种能通过外来信号远距离频繁接通或断开交、直流主电路及大容量控制电路的自动控制设备。它是利用电磁吸力及弹簧反力的配合作用，使触点闭合与断开的一种电磁式自动切换设备。通常分为交流接触器及直流接触器两大类。

接触器主要由电磁铁、触点和灭弧装置组成。交流接触器的结构如图 9.5（a）所示。电磁铁的铁芯分上、下两部分：下铁芯是固定不动的静铁芯，上铁芯是可以上下移动的动铁芯。电磁铁的线圈（吸引线圈）装在静铁芯上。每个触点组分静触点和动触点，动触点与动铁芯直接连在一起。当线圈通电时，电磁铁产生足够的吸力，动铁芯带动动触点一起下移，使同一触点组中的动触点和静触点有的闭合（常开触点闭合）、有的断开（常闭触点断开）。当线圈失电时，电磁吸力消失，动铁芯在反力弹簧的作用下脱离静铁芯，触点组也恢复到原状态。

按状态不同，接触器触点分为常开触点和常闭触点两种。

按用途的不同，接触器的触点分为主触点和辅助触点两种。

（1）主触点接触面积大，用于接通或分断较大的电流。主触点一般为 3 副常开触点组成，串接在电源和电动机之间，以起到直接控制电动机启停的作用。有时，为了接通或分断较大的电流，在主触点上装有灭弧装置，以熄灭由于主触点断开而产生的电弧。

（2）辅助触点接触面积小，只能通过较小的电流。辅助触点有常开触点和常闭触点，通常接在由按钮和接触器线圈组成的控制电路中，以实现相应的控制功能，这部分电路又称辅助电路。

为了减少铁损耗，交流接触器的铁芯由硅钢片叠压而成。为消除单相脉动磁场造成的铁芯颤动，在铁芯端面加有短路环。而直流接触器中不存在脉动磁场，因此其铁芯由整块铁磁材料制成。因为交流铁芯线圈电路与直流铁芯线圈电路差别很大，即使是线圈额定电压相同的交流接触器和直流接触器也不能互换使用。

常用交流接触器线圈额定电压有 36 V、110 V、220 V、380 V 4 种；主触点电流有 5 A、10 A、20 A、40 A、75 A、120 A 6 种；直流接触器线圈额定电压有 12 V、24 V、48 V、110 V、220 V 5 种。主触点电流的种类较多。在选用接触器时应确保接触器线圈电压与控制电路电压等级相符，一般选择与控制电源电压一致的线圈电压。同时，根据被控负载的额定电流选择接触器的额定电流，确保接触器在长期运行时能可靠承载负载电流，通常选择额定电流略大于负载电流的接触器。交流接触器的图形符号如图 9.5（b）所示。

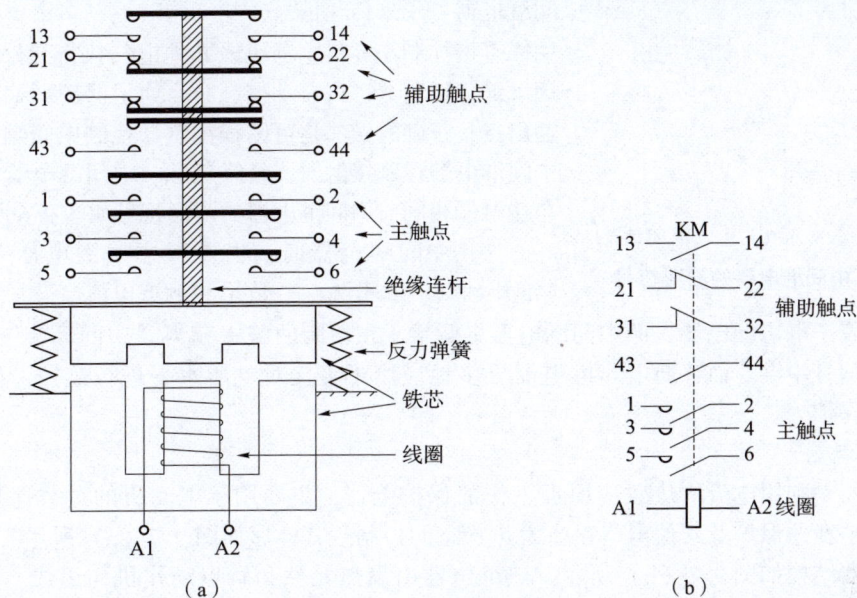

图 9.5 交流接触器

（a）结构；（b）图形符号

9.1.6 继电器

继电器（relay）是一种根据外界输入信号来控制电路通断的自动切换设备，广泛应用于生产过程自动控制系统及自动化设备的保护系统中。其触点通、断的电流能力比接触器小，通常接在控制电路中。继电器的种类繁多，按反映的信号可分为：电流继电器、电压继电器、功率继电器、热继电器、时间继电器、温度继电器、速度继电器、压力继电器等；按动作原理可分为：电磁式继电器、感应式继电器、电动式继电器、电子式继电器和热继电器等。

1. 电流继电器和电压继电器

电流继电器和电压继电器都属于电磁式继电器，与接触器的结构和动作原理大致相同。但继电器体积小、动作灵敏、无灭弧装置、触点的种类和数量较多。

电流继电器反映的是电流信号。当其线圈中的电流达到设定阈值时，电磁机构将动铁芯吸合，使触点系统动作；当其线圈中的电流小于动作值时，动铁芯被释放，触点系统恢复原状态。电流继电器又分为欠电流继电器和过电流继电器。欠电流继电器在线圈电流低于某值时动作，过电流继电器在线圈电流大于某值时动作。

电压继电器反映的是电压信号。其线圈两端电压的大小决定其电磁机构的动作状态。同电流继电器一样，电压继电器也分为欠电压继电器和过电压继电器。

电流继电器和电压继电器在结构上的区别在于它们的线圈。电流继电器的线圈与负载串联，反映负载电流的大小，故匝数少而导线粗、阻抗低；电压继电器的线圈与负载并联，反映负载电压，故匝数多而导线细、阻抗高。

2. 中间继电器

中间继电器实质是一种电压继电器，但它的触点数量较多、容量较大，常用于实现电气控制回路的逻辑扩展、信号传递、中继放大（通过小电流控制大电流）等功能，因而称为中间继电器。中

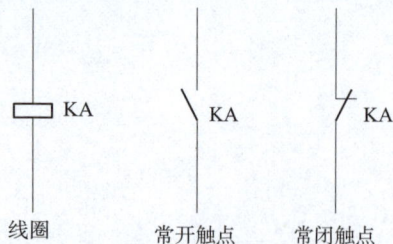

图 9.6　中间继电器的图形符号

间继电器可用来传递信号，并能同时控制多个支路；也可以用来直接控制小容量电动机或其他电气执行元件。例如，在用可编程控制器进行自动控制时，为了保护可编程控制器的输出点，正确的做法是可编程控制器控制中间继电器，再由中间继电器控制接触器或最终负载。中间继电器的结构基本与接触器相同。中间继电器的图形符号如图 9.6 所示。

选用中间继电器时，主要考虑线圈电压等级、触点（常开触点、常闭触点）数量和触点电流。

虽然都属于电压继电器，但中间继电器更侧重于在控制回路中充当"中间环节"，实现复杂逻辑功能和信号中继。而普通电压继电器更多地应用于直接对电压水平进行监控，如过电压保护、欠电压保护等。

3. 热继电器

热继电器是利用电流的热效应原理工作的保护电器，主要用于电动机的过载保护、断相保护、电流不平衡的保护及其他电气设备发热状态的控制。其外形如图 9.7（a）所示。

热继电器结构如图 9.7（b）所示。热继电器由发热元件和触点动作机构组成。3 个发热元件绕在 3 个双金属片上。双金属片由不同膨胀系数的两层金属片压制而成。发热元件串接在三相电动机定子电路中。当电动机过载时，电流超过额定电流，发热元件发出较多的热量，使双金属片受热温升向左（膨胀系数小的一侧）弯曲，推动导板，带动杠杆，向右压迫弹簧片变形，使动触点和静触点分开并与螺钉接触。这就是说，动触点和静触点构成了一对常闭触点，动触点和螺钉构成一对常开触点。只要将常闭触点接在电动机控制电路中，当电动机过载时，常闭触点断开将使接触器的线圈断电，主触点被释放，使电动机自动断电而停止，起到了过载保护作用。其图形符号如图 9.7（c）所示。

目前，实际应用的热继电器绝大多数都装有 3 个发热元件，从而提高了它的灵敏度。当电源因某种原因缺相时，正在运行的电动机的电流就会急剧增加，热继电器必有 2 个发热元件发热，使触点动作切除电动机的电源，实现了三相电动机的断相保护。

脱扣级别和整定电流是热继电器的重要技术数据。脱扣级别表示热继电器动作的灵敏度或响应速度，通常有 Class 10、Class 20 时和 Class 30 这 3 个等级，级别越低，动作越灵敏。整定电流是指热继电器设定的、当超过这个电流值时会触发动作以保护负载免受过载损害的电流值。当脱扣级别为 Class 20 时，在发热元件中通过的电流超过整定电流 20% 时，热继电器应在 20 min 内动作。应根据整定电流选用热继电器，整定电流与电动机的额定电流基本一致。一般整定电流不是一个固定值，而是在一定的范围内调节（根据控制要求确定）。图 9.7（b）中的偏心凸轮就是用来调节整定电流的。

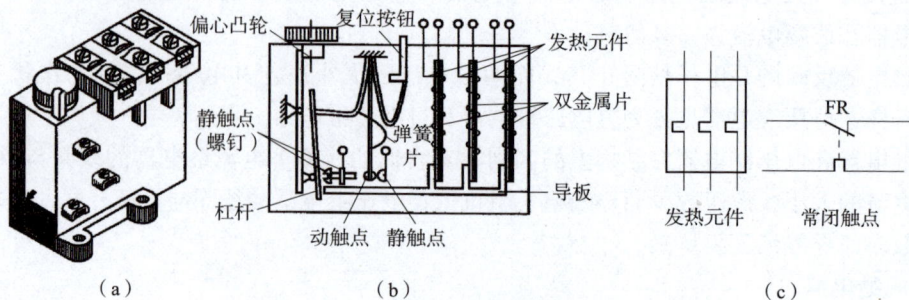

（a）　　　　　　　　　　（b）　　　　　　　　　　（c）

图 9.7　热继电器

（a）外形；（b）结构；（c）图形符号

若要使热继电器的常闭触点重新闭合，需要经过一段时间待双金属片冷却后才能实现。有两种复位方式：自动复位和手动复位。当螺钉旋入时，弹簧片的变形受到螺钉的限制而处于弹性变形状态。只要双金属片自然冷却并恢复原状态，动触点便会自动复位。为了避免在排除故障前再次开机，取消自动复位而设定手动复位，将螺钉旋出至一定位置，使弹簧片达到自由变形状态。此时，即使双金属片冷却后，动触点也不能自动复位。若想再次启动，必须按一下手动复位按钮，才能使其复位。

由于热惯性，热继电器不能作短路保护用。因为发生短路时，要求电源立即断开，而热继电器不能立即动作。但在电动机启动或短时过载时，热继电器不会动作，这可避免电动机不必要的停车。

9.1.7　断路器

断路器（circuit-breaker）相当于刀开关、熔断器、热继电器和欠压继电器的组合。是一种既能进行手动操作，又能自动进行欠压保护、失压保护、过载保护和短路保护的常用低压电器。图 9.8（a）为西门子 5TH 系列断路器的外形。

按脱扣方式，断路器可分为热磁式断路器、电子式断路器和智能型断路器。热磁式断路器工作原理图如图 9.8（b）所示。主触点通常是由手动操作机构来闭合的，并被锁扣锁住。正常情况下，所有脱扣器都不动作；如果电路发生故障，脱扣机构就在有关脱扣器的作用下将脱扣脱开，主触点在弹簧作用下快速分断。例如，当发生严重过载或短路故障时，与主电路串联的线圈（图中只画出一相）就会产生较强的电磁力，将衔铁吸下而顶开锁钩，使主触点断开。当电压严重下降或断电时，欠压脱扣器电磁铁吸力大幅度减小，衔铁被释放，从而使主触点断开。断路器图形符号如图 9.8（c）所示。

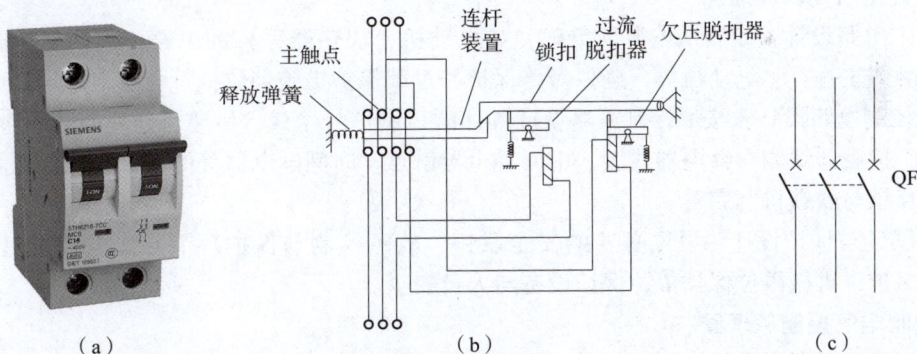

图 9.8　断路器
（a）外形；（b）热磁式断路器工作原理图；（c）图形符号

当故障排除后，需扳动开关的手柄至合闸位置，使主触点闭合后才能重新工作。

选择断路器时，应全面考虑被保护电路的电气参数、负载特性、保护需求、环境条件和操作要求等因素，选择符合标准且具有合适保护功能、足够分断能力、合适额定电流和电压等级的断路器型号。例如，断路器的额定电流应大于或等于被保护电路的预期最大工作电流。同时，考虑到可能出现的短时过载情况，通常还会留有一定裕量（如 1.25 倍或 1.5 倍）。

思考题

1. 分析熔断器在电路中的作用，解释它如何提供过载保护和短路保护。
2. 描述热继电器的工作原理，解释它如何检测过载并切断电路。

9.2 电气控制原理图设计方法

电气控制原理图设计是一项重要的工程实践，它将复杂的电气控制系统以图形化的方式清晰、规范地展现出来，以便于设计、制造、安装、调试和维护。以下是电气控制原理图设计的主要步骤和注意事项。

1. 明确设计要求

（1）明确控制目标：理解被控设备或系统的功能要求、工艺流程、操作模式等具体需求。

（2）确定控制策略：根据控制目标，规划启动、停止、顺序控制、速度调节、故障保护等控制功能的实现方式。

（3）设定技术指标：确定系统应满足的性能参数，如响应速度、控制精度、可靠性、安全性、节能性等。

2. 选择电气元件

（1）主电路元件：根据设备功率、电压等级、负载特性等选择合适的执行元件（如电动机、电磁阀）、变压器、开关设备（如刀开关、断路器、接触器）、保护装置（如熔断器、热继电器）等。

（2）控制电路元件：根据控制逻辑选择控制元件（如按钮、万能转换开关、继电器、行程开关、传感器等）和信号传输元件（如指示灯、蜂鸣器等）。

3. 设计电气控制原理图

（1）主电路设计：绘制从电源到负载（如电动机、加热器等）的电路，包括电源开关、熔断器、接触器主触点、电动机等，确保短路保护、过载保护措施到位，符合接地规定。

（2）控制电路设计：按照控制策略设计具体的控制信号生成、传递、处理回路，包括按钮、行程开关、接触器线圈、继电器线圈、中间继电器触点、时间继电器等的连接，确保逻辑关系准确无误，互锁与联锁机制完善。

（3）联锁与保护设计：设置必要的安全联锁、故障检测与保护环节，如电动机过热保护、电源缺相保护、机械限位保护等，保证设备与人员安全。

4. 绘制电气控制原理图

电气控制原理图是电气工程领域中用来清晰、准确地表达电气控制系统工作原理、各元件间相互关系以及电气连接方式的重要技术文档。绘制电气控制原理图应遵守以下原则：

（1）控制电路中各电气元件必须用其图形符号和基本文字符号来表示，并且严格遵守国家或国际电气工程图形符号和文字符号标准，如 GB/T 4728 系列（中国）、IEC 60617 系列（国际电工委员会）等。常用电气元件的图形符号见表 9.1。

（2）绘图时应把主电路与控制电路分开，按照自左至右、自上而下的顺序，先绘制主电路，再绘制控制电路。主电路放在左侧或上方，控制电路放在右侧或下方。

（3）在电气控制原理图中，同一个电气元件的不同部分（无直接电路关联）要分开绘制。如接触器的线圈与触点不能画在一起，而是从电气联系的角度出发分散绘出。同一电路中各部件都要用各自的图形符号代替，但是同一电气元件的不同部件必须用同一个文字符号来标明。

（4）几乎所有电气元件都有两种状态，而电气控制原理图中只能画一种。因此规定：电气控制原理图中各个电气元件都要用其常态绘出，即动作发生之前的状态。

表 9.1　常用电气元件的图形符号

名称	符号	名称		符号	名称		符号
鼠笼式三相异步电动机	M 3~	熔断器		FU	行程开关	常开触点	SQ
刀开关	QS	热继电器	发热元件	FR		常闭触点	SQ
断路器	QF		常闭触点	FR	时间继电器	线圈	KT
						瞬时动作常开触点	KT
按钮	常开按钮	SB	交流接触器	线圈	KM		瞬时动作常闭触点	KT
	常闭按钮	SB		常开主触点	KM		延时闭合常开触点	KT
				常开辅助触点	KM		延时闭合常闭触点	KT
	复合按钮	SB		常闭辅助触点	KM		延时断开常开触点	KT
							延时断开常闭触点	KT

5. 实施与调试

按照设计图纸进行设备安装与电线电缆的敷设接线。进行上电调试，验证控制逻辑、保护功能、操作性能是否符合设计要求。如有问题，应进行调整和优化，确保系统满足设计要求。

1. 思考为什么遵循统一的绘制规则对理解和分析电路至关重要？
2. 思考为什么这些保护措施对电路的稳定性和安全性至关重要？
3. 设计电气控制原理图的一般流程是什么？在设计过程中，有哪些常见问题需要避免？

9.3 鼠笼式三相异步电动机启动控制

鼠笼式三相异步电动机启动控制是指在电动机启动时，通过电气设备和控制电路对电动机的启动过程进行管理，确保其安全、平稳地从静止状态过渡到正常运转状态。电动机启动控制包括直接启动、降压启动、变频启动等多种方式。本小节将重点介绍直接启动和降压启动控制。

9.3.1 直接启动

鼠笼式三相异步电动机直接启动是指在启动时将电动机直接连接到额定电压的电源上，使其在全电压下启动。直接启动适用于功率较小、启动电流对电网影响不大、启动转矩要求不高、启动频率较低的场合。一般规定，10 kW 以下的小功率电动机可以直接启动。

依据 9.2 节中"电气控制原理图设计方法"，设计小容量鼠笼式三相异步电动机直接启动的控制电路（结构图），如图 9.9 所示。其中选用了刀开关、交流接触器、按钮、热继电器和熔断器等控制电器。

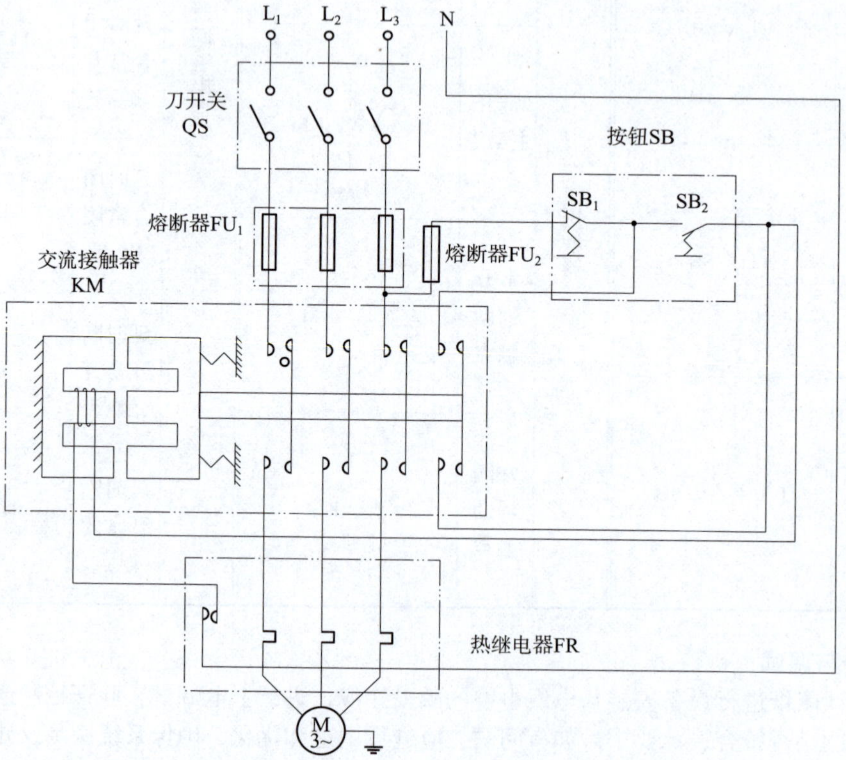

图 9.9 小容量鼠笼式三相异步电动机直接启动的控制电路（结构图）

三相交流电源来自刀开关的上端，先将刀开关合上，为电动机启动做好准备。按下启动按钮 SB_2，交流接触器 KM 的线圈得电，动铁芯被吸合，同时带动 3 个主触点闭合，电动机便得电启动。当手松开后，SB_2 会自动恢复原位（断开），但由于与 SB_2 并联的接触器 KM 的常开辅助触点和主触点同时闭合，接触器线圈照常通电，使接触器保持吸合状态，电动机持续运行下去。与 SB_2 并联的常开辅助触点的作用就是避免松手后电动机停转，这种措施称为自锁。

电动机启动用常开按钮，停止就要用常闭按钮。按下停止按钮 SB_1，接触器线圈失电、吸力消失，动铁芯在弹簧的作用下返回原位，主触点断开，使电动机断电停转。启动按钮和停止按钮必须是两个独立的按钮。

在上述控制电路中，还实现了短路保护、过载保护和零压保护。

（1）熔断器起短路保护作用。根据电动机的额定电流选择相应的熔断器，一旦短路，熔体会在安全时间内熔化，保护用电设备及电源。

（2）热继电器起过载保护作用。当电动机长期过载运行时，其发热元件发热弯曲程度增大，使其常闭控制触点断开。接触器的线圈回路（控制电路）被断开，主触点随即释放，切除电源，使电动机停止工作。

（3）所谓零压（或欠压）保护就是当电源暂时断电或电压严重下降时，控制电路能使电动机自动断电。因为这时接触器的吸合力小于弹簧的释放力，主触点必然断开。当电源恢复正常后，如不重新按下启动按钮，则电动机不会自行启动，因为自锁触点已经断开。

图9.9 中各个控制电器都是按照其实际位置画出的，属于同一控制电器的各部件都集中在一起，这种图称为控制电路的结构图。这种图看起来比较直观，也便于维修和安装。但当线路比较复杂、控制电器较多时，线路因交叉太多而不易看清，为了读图、分析研究和设计线路的方便，需要绘制其电气控制原理图。按照9.2 节中描述的电气控制原理图绘制原则，将图9.9 中的控制电路（结构图）改画成图9.10 中的电气控制原理图。

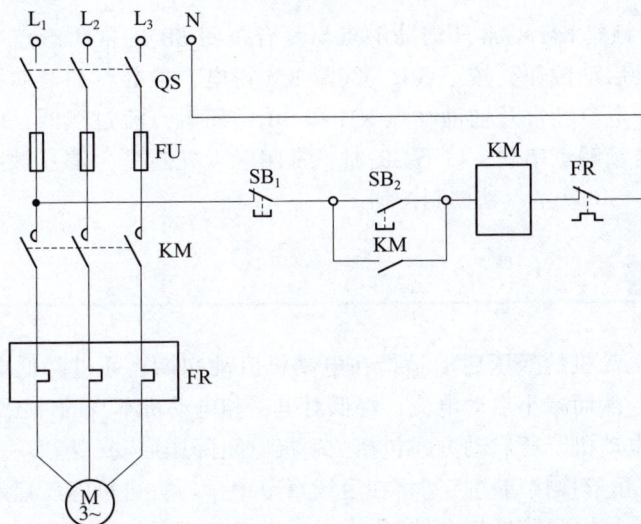

图9.10 小容量鼠笼式三相异步电动机直接启动电气控制原理图

在图9.10 的控制电路中，按下启动按钮 SB_2，接触器 KM 得电吸合，电动机开始转动。由于自锁触点 KM 的作用，松手后虽然 SB_2 断开，但电动机仍能连续地转动下去，这就是电动机的长动控制。

若 KM 的常开辅助触点不与启动按钮 SB$_2$并联，按下 SB$_2$，接触器 KM 主触点闭合，电动机转动；松开 SB$_2$，接触器 KM 线圈失电，电动机停止。每按一次 SB$_2$，电动机转动一下，这就是电动机的点动控制。在生产中，很多场合需要点动操作，如起重机吊重物、机床对刀调整等。

一台设备可能有时需要点动，有时又需要长动，这在控制上是一对矛盾。在图 9.10 中，SB$_2$并联自锁触点就只能长动不能点动；不并联自锁触点就只能点动不能长动。在图 9.10 中做适当的改进，就能得到既能点动又能长动的控制电路，如图 9.11 所示。

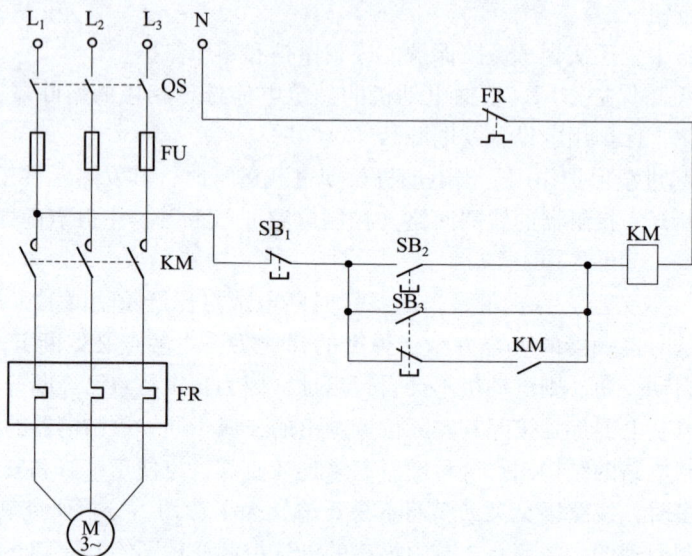

图 9.11 既能点动又能长动的控制电路

在图 9.11 中，接触器 KM 的常开辅助触点与复合按钮 SB$_3$的常闭触点串联后，再与 SB$_2$并联。这样 SB$_2$就是长动启动按钮，按下 SB$_2$，线圈 KM 得电，主触点和辅助触点吸合，电动机得电转动。松开 SB$_2$后，电流经常开辅助触点 KM 和 SB$_3$常闭触点流过线圈，电动机照常运转。由于 SB$_3$的常闭触点与自锁触点串联，按下 SB$_3$时，常闭触点先断开，常开触点后闭合，这样就消除了自锁作用。因此，SB$_3$就是点动控制按钮。

9.3.2 降压启动

鼠笼式三相异步电动机的降压启动是指在电动机启动初期，通过降低电源电压或降低电动机定子绕组的端电压，从而减小启动电流，降低对电网和电动机本身的冲击，实现大功率电动机的平稳启动。常见的电动机降压启动方式包括：串接电阻降压启动、星形–三角形换接启动和自耦降压启动。星形–三角形换接启动控制将在后续章节中学习，自耦降压启动控制请读者自行学习，这里将重点介绍串接电阻降压启动控制。

串接电阻降压启动是一种传统的电动机降压启动方式，适用于中小型鼠笼式三相异步电动机。其原理是在电动机启动初期，将一定阻值的电阻串接于电动机定子绕组中，以降低电动机启动时的端电压，从而减小启动电流。随着电动机转速的上升，通过接触器逐步切除电阻，最终使电动机在全电压下运行。鼠笼式三相异步电动机串接电阻降压启动电气控制原理图如图 9.12 所示。

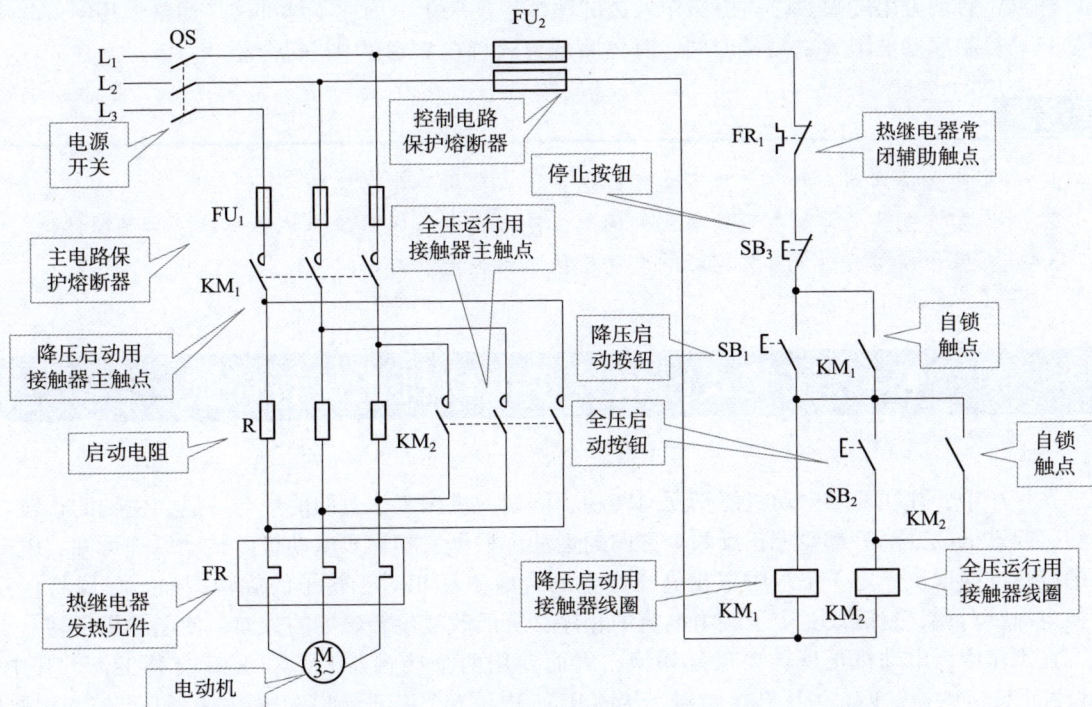

图 9.12　鼠笼式三相异步电动机串接电阻降压启动电气控制原理图

当电动机启动时，首先合上电源开关 QS，之后按照图 9.13 中的流程进行操作。

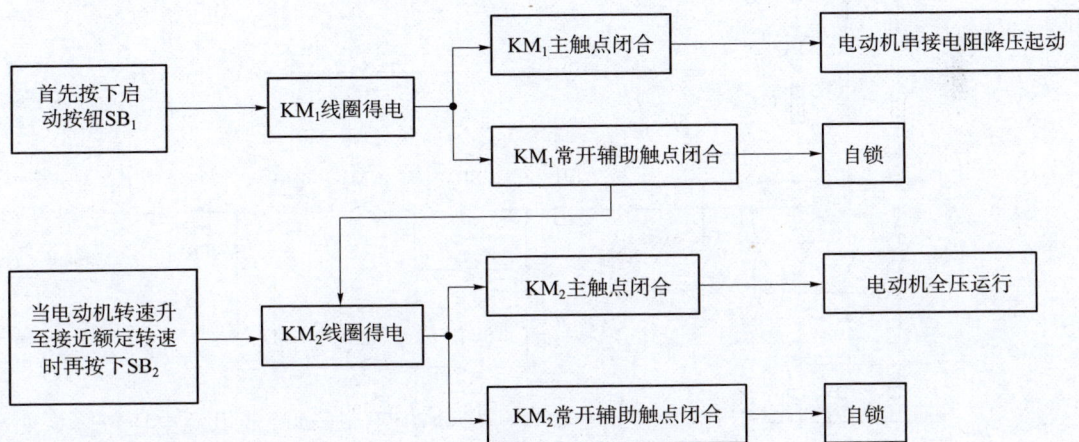

图 9.13　电动机启动流程图

要使电动机停转，则操作流程如图 9.14 所示。

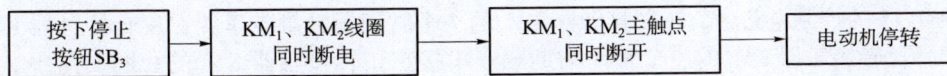

图 9.14　电动机停转流程图

注意：启动电阻的短接时间由操作人员的熟练程度决定，因此不够准确。通常采用时间继电器来自动控制启动电阻 R 的短接时间，具体实现方式将在 9.6.2 中进行介绍。

思考题

1. 解释什么是点动控制，并思考在哪些场景下点动控制是必要的。
2. 讨论在连续转动控制中可能遇到的问题，比如过载、短路等，并分析相应的保护措施。
3. 分析启动电阻的热效应如何影响电动机的启动性能和寿命。

9.4 鼠笼式三相异步电动机正反转控制

在生产中，往往要求电动机能正反向转动。例如，机床工作台的前进与后退、主轴的正转与反转、起重机的升降等都要求正反两个方向的运动。根据三相异步电动机的转动原理可知，电动机的旋转方向取决于定子绕组中三相电流产生的合成磁场相对于转子的旋转方向。只要将任意两根电源线对调，就能改变定子绕组电流的相序，从而改变旋转磁场的方向，使电动机反转。

在工作中，电动机正反转要反复切换，因而要用两个接触器 KM_F 和 KM_R 交替工作。其中，KM_F 为正转接触器，KM_R 为反转接触器。从图 9.15 中可知，若正转启动按钮 SB_F 和反转启动按钮 SB_R 同时按下，则两个接触器将同时得电工作，电源将经过它们的主触点短路。这就要求控制电路保证同一时间内只允许一个接触器通电吸合。

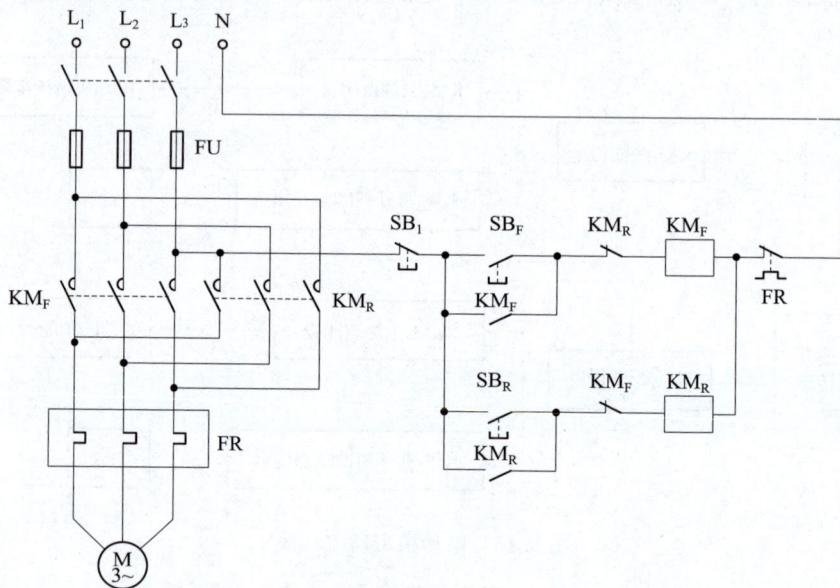

图 9.15 鼠笼式三相异步电动机正反转控制电路

在图 9.15 的控制电路中，正转接触器 KM_F 的一个常闭辅助触点串接在反转接触器 KM_R 的线圈回路中，反转接触器 KM_R 的一个常闭辅助触点串接在正转接触器 KM_F 的线圈回路中。当按下正转启动按钮 SB_F 时，正转接触器 KM_F 线圈得电，主触点闭合，电动机正转。与此同时，其常闭辅助触点 KM_F 断开反转接触器 KM_R 的线圈回路。这样，即使误按反转启动按钮 SB_R，反转接触器 KM_R 线圈也不会得电。同理，反向启动时的控制逻辑也相同。这两个交叉串联的常闭辅助触点起互锁作用，保证两个接触器不会同时得电。

上述正反转控制电路的缺点是：在运行中要想让电动机反转，必须先按停止按钮 SB_1，使互锁触点复位（闭合）后，才能按反转启动按钮 SB_R 使其反转。否则，按反转启动按钮 SB_R 也不能使电动机反转，因为其线圈回路被互锁触点断开。

在生产中，有时要求电动机在运行中能够立即反转。因此，可选用复合按钮，设计出图 9.16 中改进的正反转控制电路。这里两个启动按钮 SB_F 和 SB_R 的常闭联动触点交叉地串在 KM_R 和 KM_F 的线圈回路中。在电动机正转运行时，按下反转启动按钮 SB_R，它的常闭辅助触点先断开正转接触器 KM_F 的线圈回路，使正转停止（在惯性作用下继续正转）。与此同时，SB_R 常开触点闭合，使反转接触器得电吸合，给电动机加上反相序的电源，使电动机快速制动，并立即反转。如果在反转运行时要求立即正传，只要按下按钮 SB_F 即可，道理相同。

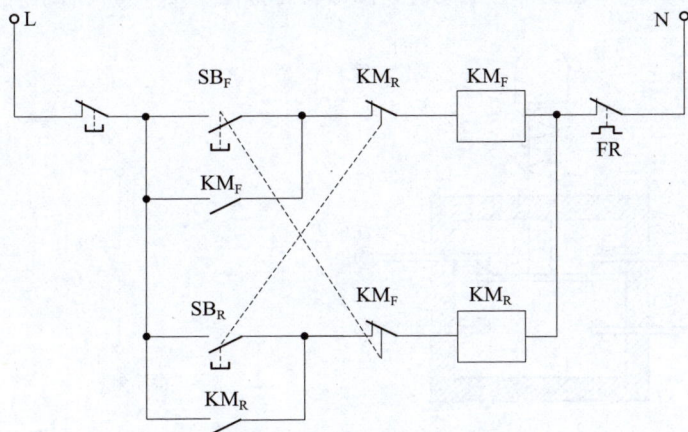

图 9.16 改进的正反转控制电路

思考题

1. 思考电气互锁和机械互锁的区别及其在电路中的实现方式是什么？

2. 在正反转控制电路中，还需要哪些额外的安全措施？如果没有适当的保护措施，可能发生哪些潜在的危险？

9.5 行程控制

行程控制（stroke control）是指对机械设备的运动部件（如活塞、滑块、臂架、门等）在其工作行程范围内进行精确、可靠的位置控制，确保设备按照预期的运动轨迹进行工作。行程控制在自动化生产线、电梯、起重机、门控系统、机器人、物料搬运设备等众多领域中具有广泛应用。

9.5.1 行程开关

行程开关也称为限位开关（limit switch），是一种用于检测机械设备运动部件位置或行程的电气开关。它能将机械位移变为电信号，通过触点的接通或断开来实现电气控制或信号反馈。行程开关可分为接触式行程开关和非接触式行程开关。

（1）接触式行程开关：通过运动部件直接接触触发机构（如滚轮、推杆、摆杆等）来改变触点状态。其优点是结构简单、成本较低，适用于对精度要求不太高、环境条件较好的场合；缺点是易受机械磨损、灰尘、油污等影响，寿命相对较短。

（2）非接触式行程开关：通过感应运动部件的位置变化（如磁场、光束等）来改变触点状态。其优点是无机械磨损、抗污染能力强、寿命长，适用于对精度要求较高、环境条件恶劣的场合；缺点是结构相对复杂、成本稍高。

如图 9.17（a）所示，推杆式行程开关有一对常闭触点和一对常开触点。当推杆没被撞压时，两对触点处于原始状态；当运动部件压下推杆时，常闭触点断开，常开触点闭合；当运动部件离开后，行程开关在复位弹簧作用下复位。行程开关工作原理基本与按钮相似，区别是按钮是用手按动，而行程开关则由运动部件压动。其图形符号如图 9.17（b）所示。

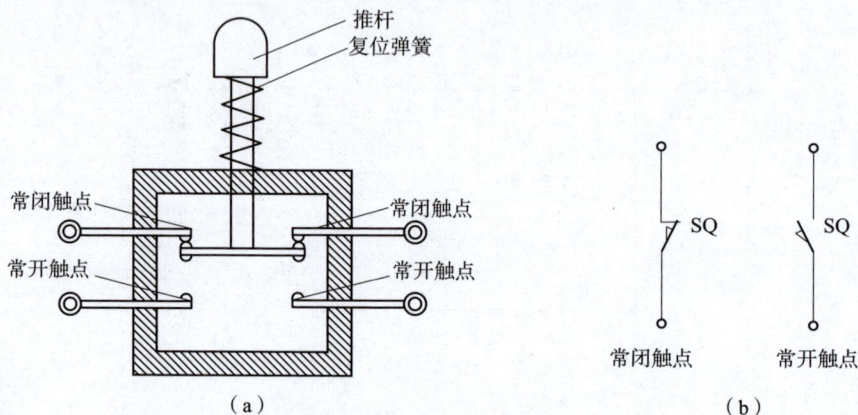

图 9.17　行程开关结构及符号

（a）推杆式行程开关；（b）图形符号

9.5.2　限位控制

在生产中，机械设备的各运动机构或部件应在其安全行程内运动。若超出安全行程，就可能发生事故。为防止这类事故发生，利用行程开关进行限位控制。当运动机械或部件超出其行程范围时，就会撞到行程开关，使其常闭触点断开，切断电动机电源，令运动停止，此时行程开关起到了限位保护作用。限位控制电路如图 9.18 所示。当生产机械运动到位后，将行程开关 SQ 的常闭触点推开，接触器 KM 线圈断电，于是主电路断路，电动机停止运行。

9.5.3　自动往复控制

在机械加工中，有时要求工作台（或其他运动部件）实现自动往复运动，如刨床和磨床的工作台等。这就要求控制电路完成自动正反转切换控制。因这种自动往复运动是在一定行程内进行，所以要用行程开关完成这种控制功能。

图 9.19（a）是工作台自动往复运动示意图。图 9.19（b）是利用行程开关控制工作台自动往复的控制电路。这个控制电路在图 9.15 中正反转控制电路的基础上，加入了行程开关，其主电路与图 9.15 中的主电路相同。

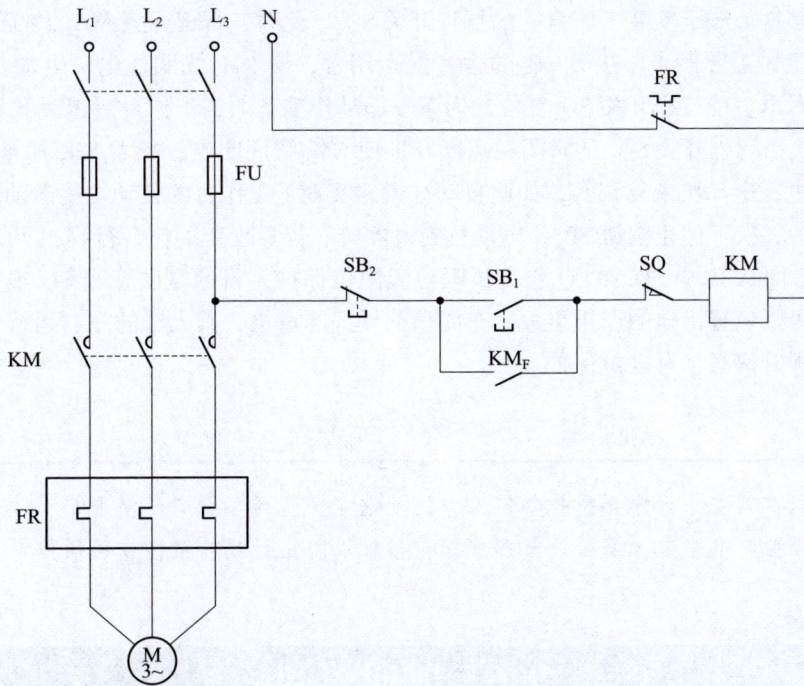

图 9.18 限位控制电路

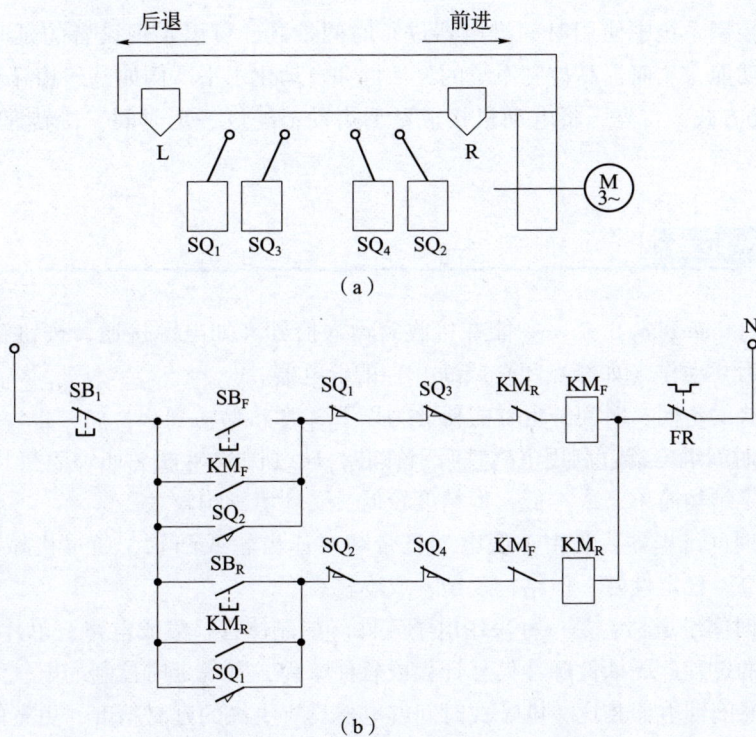

（a）

（b）

图 9.19 工作台自动往复控制电路

（a）工作台自动往复运动示意图；（b）控制电路

当按下 SB_F 时，KM_F 线圈通电，电动机正转，带动工作台前进。当运动到预定位置时，装于工作台上的左挡铁 L 压下安装于床身上的行程开关 SQ_1。此时，行程开关 SQ_1 的常闭触点先断开，使 KM_F 线圈断电，正转停止；接着 SQ_1 的常开触点闭合，使 KM_R 线圈通电，电动机电源换相反转，使工作台后退。待行程开关 SQ_1 复位，为下一循环作准备。当工作台后退到预定位置时，右挡铁 R 压下 SQ_2，行程开关 SQ_2 的常闭触点断开，使 KM_R 线圈断电；接着 SQ_2 的常开触点闭合，使 KM_F 线圈通电，电动机恢复正转。如此自动往返，实现了工作台的自动往复运动。

加工结束后，按下停止按钮 SB_1，电动机断电停转。若要改变工作台行程，可调整挡铁 L 和 R 之间的距离。图 9.19 中 SQ_3 和 SQ_4 作为极限位置限位保护，目的是防止当 SQ_1 或 SQ_2 失灵而造成工作台超越极限位置出轨的严重事故。车间里的桥式起重机，其大车的左右运行、小车的前后运行和吊钩的提升都必须有限位保护。

思考题

1. 在行程控制中，行程开关是如何工作的？它在哪些场合被广泛使用？
2. 在行程控制电路中，需要设置哪些保护措施以防止过载、碰撞或误操作？

9.6 时间控制

继电接触器控制系统中使用时间继电器进行时间控制，可以实现设备的延时启动、延时停止、定时切换等功能，从而提高控制系统的灵活性和自动化水平。例如，三相异步电动机的星形-三角形换接启动方式：首先，将电动机接成星形启动；经过一定时间，待转速接近额定值时，再换接成三角形运行。

9.6.1 时间继电器

时间继电器（time relay）是一种能在接收到输入信号（如电源接通、按钮触发等）后，经过预设时间延迟后才动作（如触点闭合或断开）的继电器。

根据延时方式的不同，时间继电器主要分为以下 3 类：

（1）电磁式时间继电器：利用电磁铁吸引铁芯，通过机械装置（如钟表机构、气囊等）实现延时。其特点是结构简单、成本低，但精度较低，受环境影响较大。

（2）电动式时间继电器：利用小型电动机带动减速齿轮或凸轮，通过机械装置实现延时。其特点是精度较高、稳定性好，但结构复杂、成本较高。

（3）电子式时间继电器：是一种采用电子元件（如晶体管、集成电路、单片机等），利用电容器充电或放电的过程、周期性脉冲信号计数或软件编程，实现延时控制的电气元件。与传统的电磁式、电动式时间继电器相比，电子式时间继电器具有更高的延时精度、更宽的延时范围、更强的功能扩展性以及更好的环境适应性。

在选择这 3 种时间继电器时，应根据具体应用场合的需求（如延时范围、精度、抗干扰能力、成本、空间占用等），结合设备的工作条件和安全要求等因素综合考虑。

此外，时间继电器的控制方式有通电延时和断电延时两种。

这里以空气阻尼式时间继电器为例，对时间继电器的工作原理进行介绍。空气阻尼式时间继电器属于电磁式时间继电器的一种，其工作原理是通过电磁机构触发一个内部含有气室和活塞的机械装置。活塞在气室内移动时受到空气阻力的阻碍，从而实现预定的延时时间。

1. 通电延时空气阻尼式时间继电器

图 9.20（a）是通电延时空气阻尼式时间继电器的结构，其图形符号如图 9.20（b）所示。它是利用空气阻尼作用实现延时控制的。当电磁线圈 1 通电后，将动铁芯 2 吸下，使动铁芯离开活塞杆 3 一段距离。此时在释放弹簧 4 的作用下，活塞杆就会向下移动。在伞形活塞 5 的表面固定有一层橡皮膜 6，将气室分成上下两部分。当活塞向下移动时，使上半气室空气稀薄，压力减小，活塞受到下面空气的压力不能迅速下移。随空气从进气孔 7 进入，活塞才能逐渐下移。当移动到最后位置时，杠杆 8 使微动开关 9 动作。延时时间为自电磁线圈通电到微动开关动作的时间间隔。通过螺钉 10 可调节进气孔的大小，即可调节延时间。

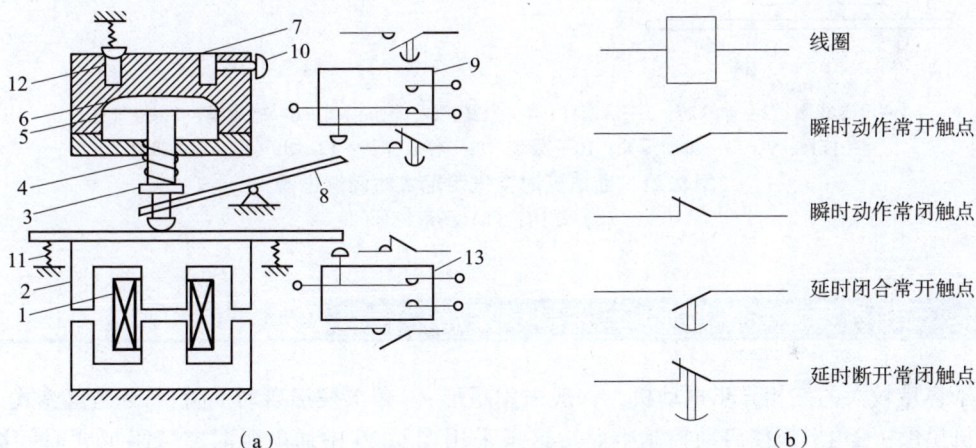

1—电磁线圈；2—动铁芯；3—活塞杆；4—弹簧；5—伞形活塞；6—橡皮膜；7—进气孔；
8—杠杆；9、13—微动开关；10—螺钉；11—释放弹簧；12—出气孔。

图 9.20 通电延时的空气阻尼式时间继电器
（a）结构；（b）图形符号

电磁铁线圈断电后，在释放弹簧 11 的作用下，动铁芯恢复原位。动铁芯推动活塞杆，使活塞迅速上移，将上半气室内的空气从出气孔 12 迅速排出。

从图 9.20 可见，这种通电延时的时间继电器有两个延时触点：延时断开常闭触点和延时闭合常开触点。此外，还有两个瞬时动作触点：瞬时动作常开触点和瞬时动作常闭触点（与动铁芯一起动作的微动开关 13）。

2. 断电延时空气阻尼式时间继电器

断电延时空气阻尼式时间继电器与通电延时空气阻尼式时间继电器基本相同，只是把铁芯倒装过来，其结构如图 9.21（a）所示，其图形符号如图 9.21（b）所示。电磁线圈 1 通电，动铁芯 2 被吸合，动铁芯推动活塞杆 3 迅速上移，使微动开关 9 和 13 瞬时动作，常闭触点打开、常开触点闭合。当线圈失电时，动铁芯在弹簧 4 作用下迅速复位。这样，动铁芯的推杆 14 与活塞杆 3 分离。但由于空气（室）的阻尼作用，活塞不能迅速下移，只能缓慢下移。当移动到一定位置时，杠杆 8 使微动开关 9 复位。从电磁线圈失电到微动开关 9 复位就是继电器的延时时间。微动开关 9 的触点为延时动作触点，微动开关 13 的触点为瞬时动作触点。断电延时空气阻尼式时间继电器有延时闭合常开触点、延时断开常闭触点、瞬时动作常开触点和瞬时动作常闭触点。

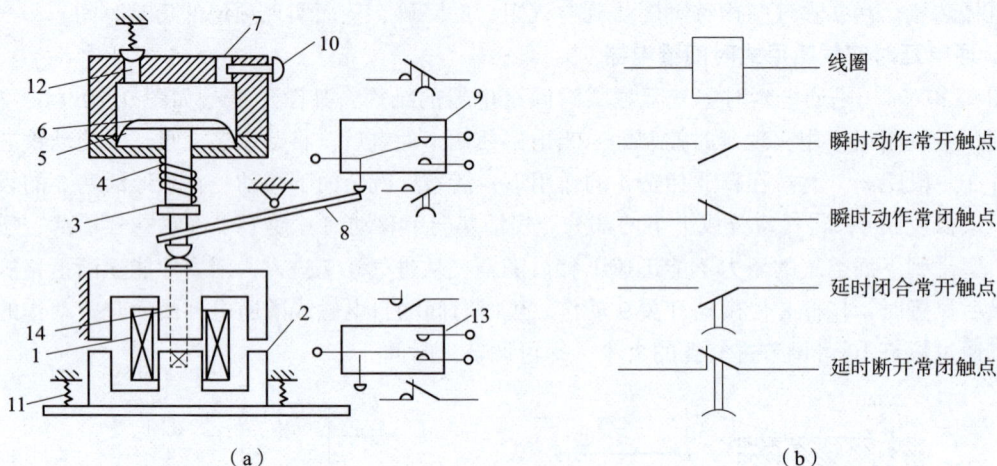

1—电磁线圈；2—动铁芯；3—活塞杆；4—弹簧；5—伞形活塞；6—橡皮膜；7—进气孔；8—杠杆；9，13—微动开关；10—螺钉；11—释放弹簧；12—出气孔；14—推杆。

图 9.21 断电延时空气阻尼式时间继电器
（a）结构；（b）图形符号

9.6.2 三相异步电动机星形–三角形换接启动控制

对于容量较大的三相异步电动机，一般采用星形–三角形换接启动。图 9.22 是鼠笼式三相异步电动机星形–三角形换接启动控制电路。这里采用图 9.20 中通电延时空气阻尼式时间继电器 KT。KM_1、KM_2、KM_3 是 3 个交流接触器。启动时，KM_1 和 KM_3 工作，使电动机星形连接启动；运行时，KM_1 和 KM_2 工作，使电动机三角形连接运行。控制电路动作次序如图 9.23 所示。

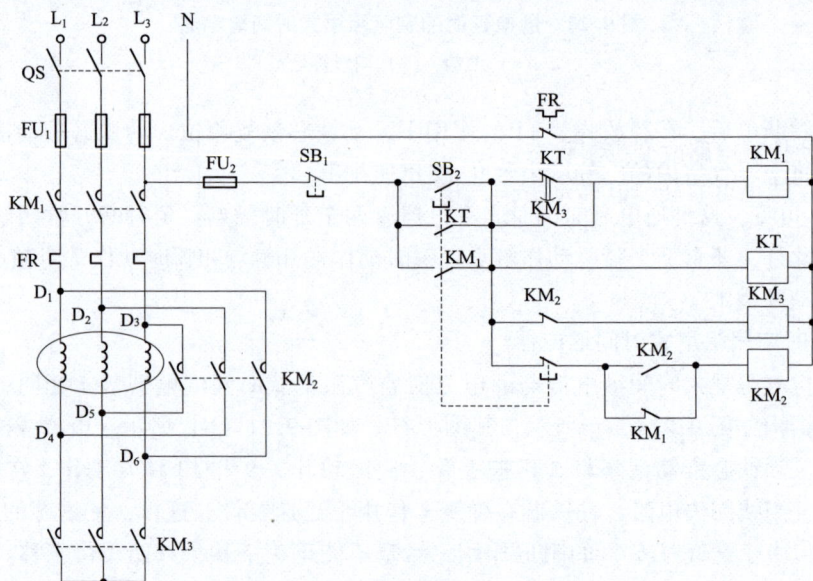

图 9.22 鼠笼式三相异步电动机星形–三角形换接启动控制电路

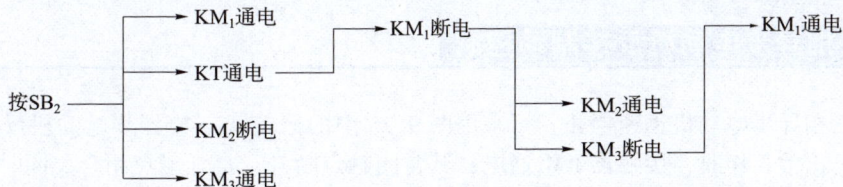

图 9.23 控制电路动作次序

本控制电路的特点是在接触器 KM_1 断开的情况下进行星形-三角形换接，这样可以避免由星形连接切换到三角形连接时可能造成的电源短路。同时，接触器 KM_3 的常开触点在无电下断开，不产生电弧，可延长使用寿命。

△9.7 速度控制

在机械设备电气控制系统中，有时也需要根据电动机或主轴转速的变化来自动转换控制动作。例如，在电动机反接制动线路中，为避免电动机制动后反向转动，要根据电动机的转速来自动切除电源。用来反映转速高低的控制电器，称为速度继电器（speed relay）。

9.7.1 速度继电器

感应式速度继电器的结构示意图如图 9.24 所示。速度继电器由转子、定子及触点 3 部分组成。图 9.24 中的永久磁铁就是转子，它与电动机（或机械）转轴相连接，并随之转动。在内圈装有鼠笼式绕组的外环就是定子，它能绕转轴转动。当永久磁铁随转轴转动时，在空间产生一个旋转磁场，在定子绕组中必然产生感应电流。定子因受磁力的作用，会朝转子转动的方向转动一个角度。当速度达到一定值时，定子带动顶块使触点动作。触点接在控制电路中，使控制电路改变控制状态。

外环既可左转也可右转，其转动方向与电动机的转向有关。顶块两侧各装有一个常开触点和一个常闭触点。一般情况下，当轴上转速高于 100 r/min时，触点动作；而当低于 100 r/min 时，触点恢复原位。

实际上，触点动作所需转轴的速度可以人为调整。因为外环的转动角度不但与转速有关，还与外

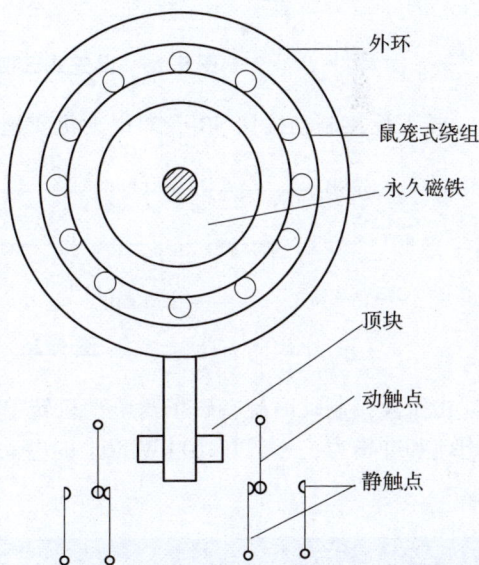

图 9.24 感应式速度继电器的结构示意图

环的重量以及外环所受的阻力有关。外环越重、受的阻力越大，使其转动同样角度所需转速越高。一般通过改变加在动触点上的压力来调整速度继电器的整定速度。加在动触点上的力越大，使其动作所需的顶力就越大。只有提高旋转磁场的转速，外环才能有足够的力量使触点动作。

9.7.2 三相异步电动机反接制动控制

为了使三相异步电动机迅速停止，可采用图 9.25 中的鼠笼式三相异步电动机反接制动控制电路。电动机正常工作时，接触器 KM_1 通电，其常闭触点断开、常开触点闭合。同时，速度继电器 KS 的常开触点闭合，为制动做好准备。

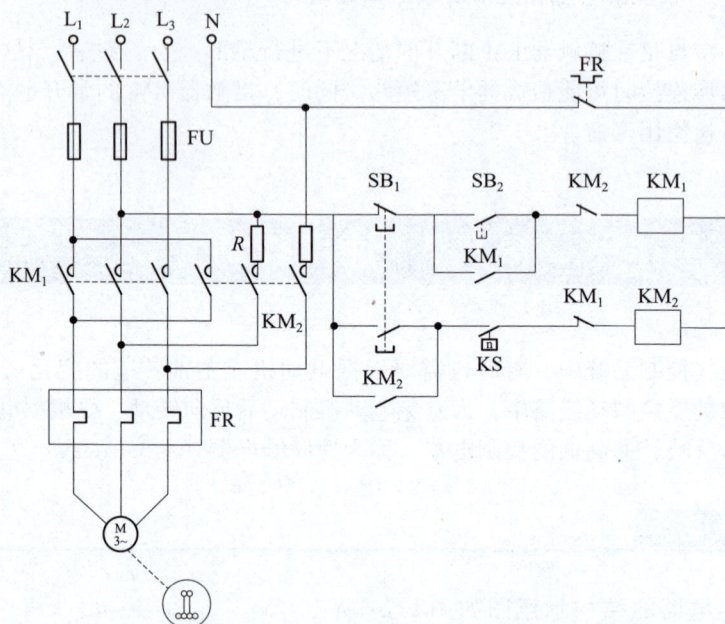

图 9.25 鼠笼式三相异步电动机反接制动控制电路

按下反接制动按钮 SB_1，对电动机实施反接制动。控制电路动作次序如图 9.26 所示。

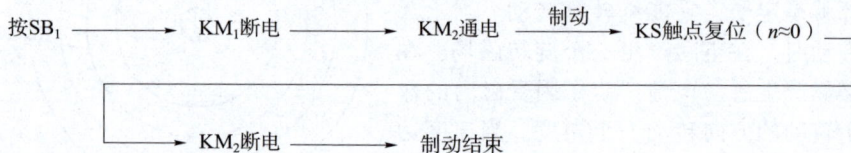

图 9.26 控制电路动作次序

由于反接制动时旋转磁场与电动机转子的相对转速（n_0+n）较大，制动电流很大。为减小制动电流和冲击力，一般在 10 kW 以上的电动机定子电路中串入制动电阻 R。

本章小结

1. 低压电器
低压电器是指用于频率为 50 Hz 或 60 Hz、AC 1 200 V 或 DC 1 500 V 及以下电路中的电器。
2. 常用低压电器
（1）刀开关：用于电源的接通、断开和隔离，分单极、双极、三极。

（2）熔断器：最简单有效的短路保护电器。

（3）按钮：用于接通或断开电流较小的控制电路。

（4）万能转换开关：一种多挡位、多触点、多功能的控制开关，其每个挡位对应电路的不同状态。

（5）接触器：用于频繁接通或断开主电路。

（6）继电器：用于信号检测和放大，包括中间继电器、时间继电器、温度继电器等。

（7）断路器：一种能够自动切断电路的保护装置。

（8）行程开关：用于检测机械设备运动部件位置或行程。

（9）速度继电器：用于监测和控制电动机的速度。

3. 自锁

将接触器（或继电器）的常开辅助触点并联到启动按钮上，保持自身线圈的通电状态，这种措施称为自锁。

4. 电气互锁

将一个接触器的常闭辅助触点串联在另一个接触器的控制电路中，用于防止两个或多个操作同时发生所导致的设备损坏或安全事故，这种措施称为电气互锁。

5. 机械互锁

机械互锁：通过物理装置（如开关或按钮）来实现互锁，防止两个不兼容的动作同时发生，在不需要电力的情况下也能工作。

6. 电气与机械双重互锁

电气与机械双重互锁：既包含电气互锁电路，也包含机械互锁机构，双重保障确保了任何情况下设备都不会出现冲突的操作。

7. 过载保护

过载保护用于防止电气设备（尤其是电动机）在超过其设计能力的条件下运行。热继电器是过载保护中最为常见的设备。

8. 短路保护

短路保护：当检测到过大的电流时，迅速切断电路，阻止电流继续流动。熔断器和断路器是较为常见的短路保护设备。

9. 失压保护

失压保护用于防止在电源中断后再恢复时设备自动重启。接触器和继电器是实现失压保护的主要设备。

10. 欠压保护

欠压保护用于保护电气设备免受由电源电压低于正常操作水平而引起的损害。接触器或继电器可用于实现欠压保护。

习　题

填空题

9-1 _____是手动操作电器，通常用于接通或断开电流较小的控制电路，以操作接触器、继电器等。

9-2 _____相当于刀开关、熔断器、热继电器和欠压继电器的组合。

9-3 继电器、接触器控制电路线圈不能串联，但可以_____使用。

9-4 热继电器实现过载保护，必须在主电路中接入其发热元件，在控制电路中接入其_____触点。

9-5 在选择电气元件时，热继电器的整定电流按电动机的_____来调整。

9-6 速度继电器常与电动机同轴安装，其作用是_____。

9-7 熔断器_____额定电流的选择是熔断器选择的核心。

9-8 在选择电气元件时，交流接触器电磁线圈的额定电压应与控制回路_____一致。

9-9 通常电器都有两种状态，电气控制原理图中各个电器都要用其_____绘出。

9-10 行程开关可将_____信号转化为电信号，通过控制其他低压电器来控制运动部分的行程大小、运动方向或进行限位保护。

选择题

9-11 熔断器主要作为（   ）。

A. 过载保护　　　　　　　　　　　　B. 零压保护

C. 短路保护　　　　　　　　　　　　D. 欠压保护

9-12 断路器具有（   ）。

A. 欠压保护　　　　　　　　　　　　B. 过载保护

C. 短路保护　　　　　　　　　　　　D. 上述保护都具备

9-13 交流接触器的作用是（   ）。

A. 频繁通断主电路　　　　　　　　　B. 频繁通断控制电路

C. 保护主电路　　　　　　　　　　　D. 保护控制电路

9-14 交流接触器具有（   ）。

A. 欠电保护　　　　　　　　　　　　B. 零压保护

C. 欠压保护和零压保护　　　　　　　D. 过压保护

9-15 欲使接触器 KM_1 断电返回后接触器 KM_2 才能断电返回，需要（   ）。

A. 在 KM_1 的停止按钮两端并联 KM_2 的常开触点

B. 在 KM_1 的停止按钮两端并联 KM_2 的常闭触点

C. 在 KM_2 的停止按钮两端并联 KM_1 的常开触点

D. 在 KM_2 的停止按钮两端并联 KM_1 的常闭触点

9-16 通电延时空气阻尼式时间继电器的延时触点动作情况是（   ）。

A. 线圈通电时触点延时动作，断电时触点瞬时动作

B. 线圈通电时触点瞬时动作，断电时触点延时动作

C. 线圈通电时触点不动作，断电时触点瞬时动作

D . 线圈通电时触点不动作，断电时触点延时动作

9-17 三相异步电动机正反转控制电路中的保护环节是（   ）。

A. 仅保护电动机　　　　　　　　　　B. 仅保护电源

C. 电动机和电源均保护　　　　　　　D. 仅保护按钮

9-18 两处可以停车的控制电路中的两个停止按钮要（   ）。

A. 并联　　　　　　　　　　　　　　B. 串联

C. 串、并联都可以　　　　　　　　　D. 不确定

9-19 时间继电器的作用是（   ）。

A. 短路保护　　　　　　　　　　　　B. 过流保护

C. 延时通断主电路　　　　　　　　　D. 延时通断控制电路

9-20 热继电器中双金属片的弯曲作用是由于双金属片（   ）。

A. 温度效应不同　　　　　　　　　　B. 强度不同

C. 膨胀系数不同　　　　　　　　　　　　D. 所受压力不同

9-21 欲使接触器 KM_1 动作后接触器 KM_2 才能动作，需要（　　）。

A. 在 KM_1 的线圈回路中串入 KM_2 的常开触点

B. 在 KM_1 的线圈回路中串入 KM_2 的常闭触点

C. 在 KM_2 的线圈回路中串入 KM_1 的常开触点

D. 在 KM_2 的线圈回路中串入 KM_1 的常闭触点

9-22 有型号相同、线圈额定电压均为 380 V 的两个接触器，若将两者串联后接入 380 V 电路，则（　　）。

A. 都不吸合　　　　　　　　　　　　　B. 有一个吸合

C. 都吸合　　　　　　　　　　　　　　D. 不能确定

9-23 欲使接触器 KM_1 和接触器 KM_2 实现互锁控制，需要（　　）。

A. 在 KM_1 的线圈回路中串入 KM_2 的常开触点

B. 在 KM_1 的线圈回路中串入 KM_2 的常闭触点

C. 在两接触器的线圈回路中互相串入对方的常开触点

D. 在两接触器的线圈回路中互相串入对方的常闭触点

9-24 万能转换开关是（　　）。

A. 自动控制电器　　　　　　　　　　　B. 手动控制电器

C. 既可手动，又可自动的电器

9-25 在三相异步电动机的正反转控制电路中，正转接触器与反转接触器间的互锁环节功能是（　　）。

A. 防止电动机同时正转和反转　　　　　B. 防止误操作时电源短路

C. 实现电动机过载保护

分析设计题

9-26 指出图 9.27 中三相异步电动机启停控制电路的接线错误。

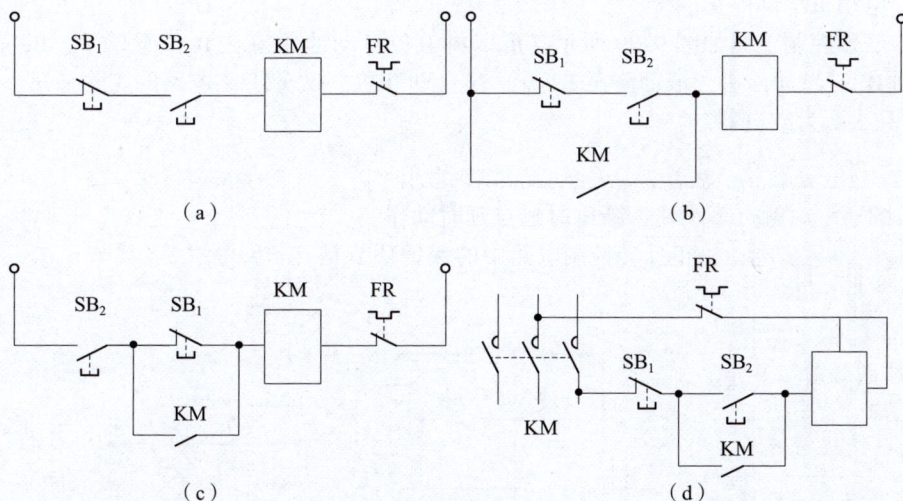

图 9.27　习题 9-26 图

(a) 电路 1；(b) 电路 2；(c) 电路 3；(d) 电路 4

9-27 试指出图 9.28 中电动机正反转控制电路中的错误，并改正。

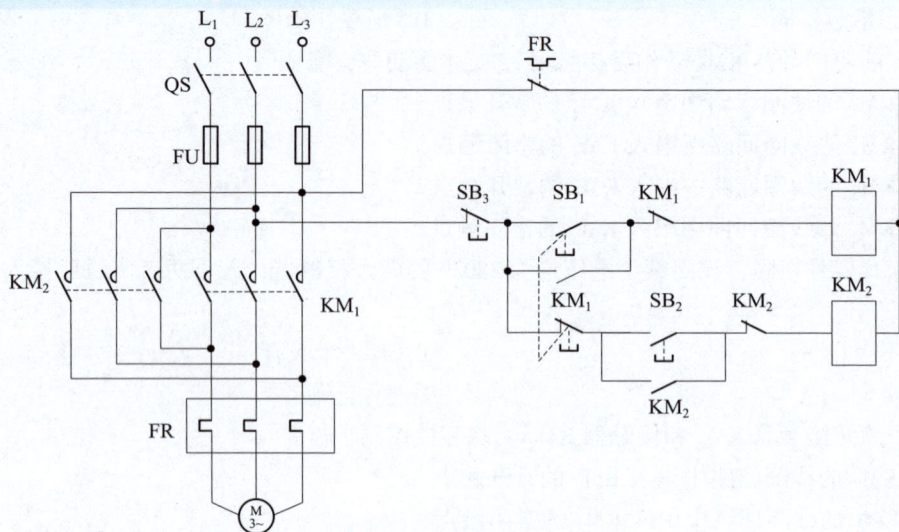

图 9.28　习题 9-27 图

9-28　设计一个送料小车控制电路，要求小车在到达目的地后自动停车，停车 10 s 后自动返回出发位置，到达出发位置后自动停车。

9-29　设计实现两个电动机的控制，要求电动机 M_1 启动后，电动机 M_2 才能启动，且电动机 M_2 能实现点动与长动控制。

9-30　由 3 条皮带运输机构成一煤粉运输线路，为了避免煤粉在输送带上堆积，要求：（1）开机顺序为电动机 M_3→电动机 M_2→电动机 M_1；（2）停机顺序为电动机 M_1→电动机 M_2→电动机 M_3；（3）若不满足上述要求，应发出报警信号，即红色指示灯亮。试为运输线设计手动顺序控制电路和报警信号电路。

9-31　设计一个控制电路。要求：（1）第一台电动机启动 10 s 后，第二台电动机自行启动；（2）第二台电动机运行 20 s 后，第一台电动机停止、第三台电动机启动；（3）第三台电动机运行 30 s 后，电动机全部停止。

9-32　液位控制电路如图 9.29 所示，可以将液位自动地保持在 B_3 位置以下、B_1 位置以上，即液面达到 B_3 时自动停机，液面降至 B_2 以下时自动开机。试分析该电路的工作原理。KM 为接触器，KA_1 和 KA_2 为继电器。

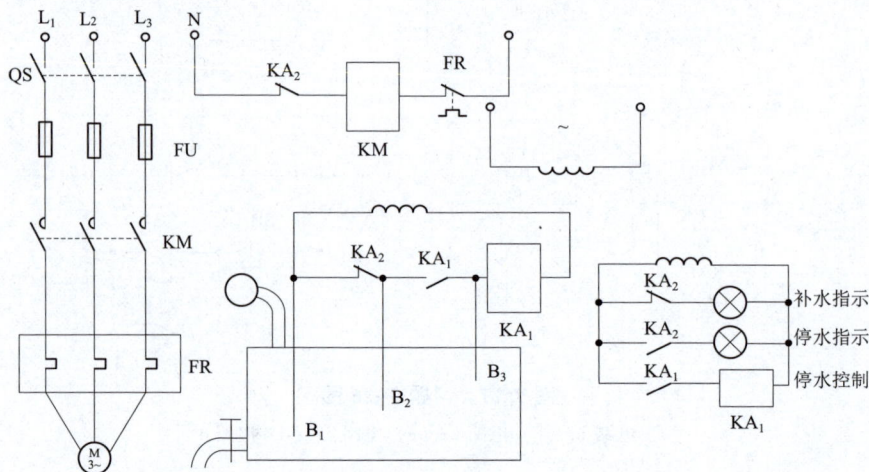

图 9.29　习题 9-32 图

9−33 某机床主轴由一台鼠笼式三相异步电动机带动，润滑油泵由另一台鼠笼式三相异步电动机带动。要求：（1）主轴必须在油泵开动后，才能开动；（2）主轴要求能用电器实现正反转，并能单独停车；（3）有短路、零压及过载保护。试给出控制电路。

9−34 根据下列 5 个要求，分别绘出控制电路（M_1 和 M_2 都是鼠笼式三相异步电动机）：

（1）M_1 先启动后，M_2 才能启动，并且 M_2 能单独停车；

（2）M_1 先启动后，M_2 才能启动，并且 M_2 能点动；

（3）M_1 先启动，经过一定延时后 M_2 能自行启动；

（4）M_1 先启动，经过一定延时后 M_2 能自行启动，M_2 启动后，M_1 立即停车；

（5）启动时，M_1 启动后 M_2 才能启动；停止时，M_2 停止后 M_1 才能停止。

9−35 在图 9.30 的行程控制过程图中，要求按下启动按钮后能顺序完成下列动作：（1）运动部件 A 从 1 到 2；（2）接着 B 从 3 到 4；（3）接着 A 从 2 回到 1；（4）接着 B 从 4 回到 3。试画出控制电路（提示：用 4 个行程开关装在原位和终点，每个行程开关有 1 个常开触点和 1 个常闭触点）。

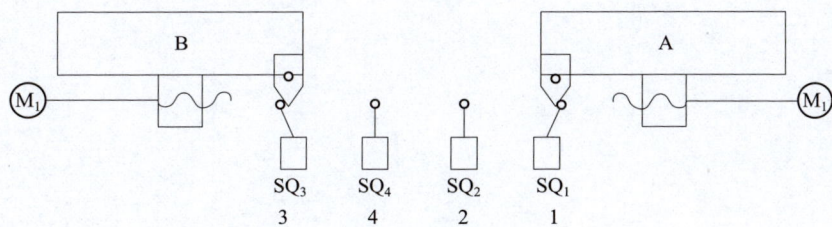

图 9.30 习题 9−35 图

第 10 章　可编程控制器

可编程控制器（programmable logical controller，PLC）是一种专门为工业环境应用设计的数字运算操作电子系统，其内部集成了计算机技术、自动控制技术和通信技术。PLC 凭借其高可靠性、强灵活性、易用性等特点，现已成为现代工业自动化控制系统的核心组件之一。PLC 极大地提高了工业生产效率、降低了人工干预需求，并为实现智能制造、工业互联网等先进制造模式提供了坚实的技术支撑。

本章将介绍 PLC 的产生、结构、工作过程、主要性能指标和分类，并以西门子 PLC 为例介绍 PLC 的编程语言、编程元件、基本编程指令、通信与网络、设计以及应用实例（梯形图）。通过对本章内容的学习，读者能掌握简单程序编制方法，并在实际中应用。

10.1　PLC 的产生

在 PLC 出现之前，工业自动化控制系统主要依赖于硬接线的继电器-接触器逻辑电路。这种继电接触器控制系统存在以下问题：

（1）硬接线逻辑：控制逻辑通过物理接线实现，更改控制功能需重新布置电路，灵活性较低，不易维护。

（2）元件数量多：为了实现复杂的控制逻辑，需要大量继电器、接触器等电气元件，系统体积大，接线复杂。

（3）可靠性相对较低：继电器触点易磨损、氧化、接触不良，故障率相对较高，维护工作量大，对电磁干扰等环境条件敏感，需要额外采取抗干扰措施。

（4）响应速度较慢：继电器动作时间较长，不适合高速、精密的控制场合。

（5）通信功能有限：通常不直接具备现代通信接口，难以实现远程监控和数据交换。

随着市场竞争加剧，企业对生产效率、产品质量的要求不断提高，需要更先进的控制手段来优化生产流程。为此，PLC 应运而生。PLC 基于微处理器技术，通过可编程的方式实现逻辑控制、顺序控制、定时计数、数据处理、通信联网等多种功能。相较于继电接触器控制系统，PLC 具有如下优势：

（1）可编程：用户可通过编程语言（如梯形图、指令表等）灵活编写和修改控制程序，无需改动硬件，适应控制需求变化。此外，通过编程软件可以在线监控、诊断和修改程序，大大简化了故障排查和系统更新过程。

（2）灵活性和扩展性好：PLC 的编程元件（也称"软继电器"）实质上是内存中定义的存储位置，而不是物理存在的硬件，其调用次数是无限的。采用软件编程代替硬件接线，系统连线少、体积小、功耗小。同时，PLC 还支持输入模块、输出模块、特殊功能模块、通信模块等的扩展，可满足复杂控制系统的控制要求。

（3）可靠性高：PLC 采用冗余设计、故障自诊断和抗干扰措施，能在恶劣工业环境中稳定运行。

（4）响应速度快：PLC 内部采用高速数字逻辑，触点响应时间短，适合高速、复杂的控制任务。

（5）通信能力强：PLC 支持多种工业通信协议，能与上位机、其他 PLC、现场总线设备等进行数据交换和远程控制。

需要指出的是，尽管 PLC 相较于继电接触器控制系统具有更高的灵活性、可靠性、响应速度和通信能力，更适合现代工业自动化的需求，但在一些简单控制任务、对成本敏感或对传统技术有特殊需求的场合，继电接触器控制系统仍然具有一定的应用空间。

思考题

1. 虽然 PLC 在许多方面优于继电接触器控制系统，但在某些特定环境下，后者仍具有不可替代的优势。讨论这些环境及其原因。

2. 从电气安全、网络安全和数据保护的角度，对比分析 PLC 与继电接触器控制系统的安全性。

10.2　PLC 的结构及工作原理

10.2.1　PLC 的结构

虽然不同品牌和型号的 PLC 在细节上有所不同，但典型的 PLC 硬件系统大致由中央处理器（central processing unit，CPU）、存储器、输入/输出（input/output，I/O）模块、电源模块、编程接口、I/O 扩展接口、外部设备接口等几个主要部分构成，其框图如图 10.1 所示。总之，PLC 是一个高度集成的工业控制系统，它的结构设计旨在实现高可靠性和灵活性，能够适应各种工业自动化环境下的控制需求。

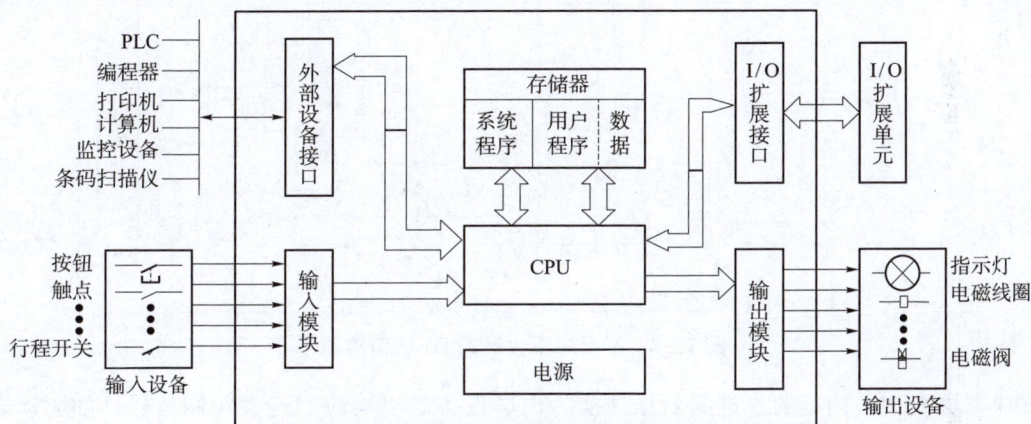

图 10.1　PLC 硬件系统框图

1. CPU

CPU 是 PLC 的核心部分，负责执行所有的控制指令、逻辑运算、数据处理和系统监控等功能。它包含了微处理器芯片，按照预先编制的用户程序对输入信号进行逻辑判断和处理，并生成相应的输出信号。

2. 存储器

存储器分为系统程序存储器和用户程序存储器两种。

（1）系统程序存储器存放操作系统和系统功能块，在出厂时已经被固化在 PROM（programmable read-only memory，可编程只读存储器）或 EPROM（erasable programmable read-only memory，可擦可编程只读存储器）中，不可由用户修改。

（2）用户程序存储器包括用户程序存储区和数据存储区。其中，用户程序存储区用于存放用户根据控制要求编写的控制逻辑程序；数据存储区则用于存放中间结果、过程变量、定时器和计数器的值以及其他需要在运行中保存的数据。

3. I/O 模块

I/O 模块是 PLC 与外界设备进行信息交互的关键部件。它们负责将外部设备的信号转换为 PLC 能够识别和处理的形式，同时也将 PLC 处理的结果转化为控制信号输出给执行机构。根据信号类型的不同，PLC 的 I/O 模块可分为：数字量输入/输出（digital input/output，DI/DO）模块和模拟量输入/输出（analog input/output，AI/AO）模块。

（1）DI/DO 模块

DI 模块用来接收来自现场的开关信号（如按钮、限位开关、接近开关等）或光电隔离的数字信号，并将这些开关状态转换为 PLC 可以识别的二进制数据。不同厂家、不同型号 PLC 的 DI 接口电路不完全相同，这里仅讨论一般性的原理，而非某一具体型号的结构特征。

基于光耦合器的 DI 接口电路如图 10.2 所示。其工作原理为：输入信号是由按钮、行程开关等产生，将这些电器接到输入电路的接线端子，当输入信号到来时（如按钮被按下），端子上将出现电压，使二极管 VD_1、VD_2 导通发光。VD_1 用于显示输入状态，VD_2 导通发光后，使晶体管 VT 受到光照，产生电流向内部电路输出信号。因此就可通过光耦合器将输入信号传送到 PLC 内部，变成 CPU 可以接受的信号。输入电路可以接入的信号个数称为可编程控制器的输入点数。

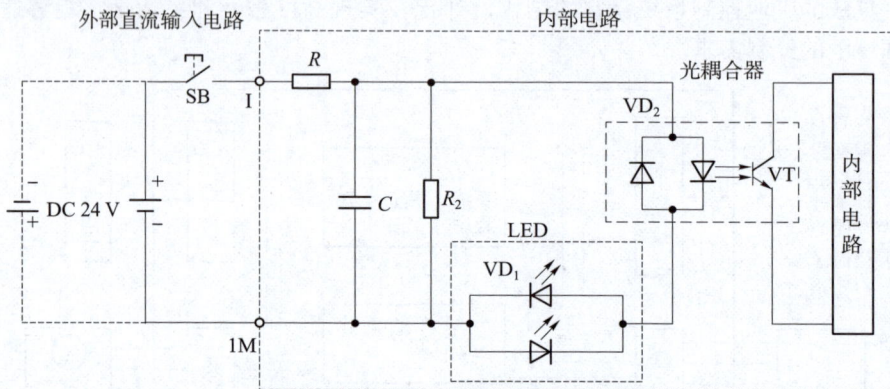

图 10.2　基于光耦合器的 DI 接口电路

DO 模块将 PLC 内部的二进制数据转换为现场设备可以响应的开关控制信号，如驱动电磁阀、指示灯、接触器等。DO 电路有 3 种类型：（1）继电器型，用于低速大功率控制；（2）晶体管型，用于高速小功率控制；（3）晶闸管型，用于高速大功率控制。继电器型 DO 电路的接口提供了一个常开触点，可直接驱动接触器线圈、电磁阀等功率器件，而不用外加接口，给用户带来了方便，如图 10.3 所示。但由于继电器触点的寿命有限并且动作时间较慢，所以继电器型 DO 电路不适用于频繁操作的场合。为了满足要求，应采用晶体管型 DO 电路（无触点直流开关）或晶闸管型 DO 电路（无触点交流开关）。

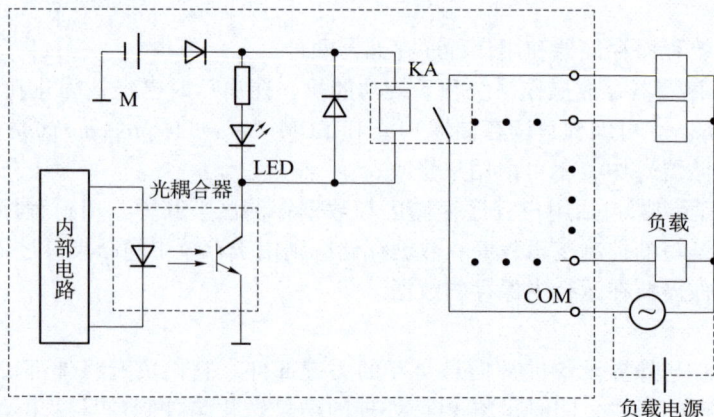

图 10.3　PLC 继电器型 DO 电路

（2）AI/AO 模块

AI 模块由信号变换电路、多路开关电路、模数转换电路、隔离和锁存电路等组成。它用于接收连续变化的模拟信号，如温度传感器、压力变送器输出的电压、电流信号，并将其转换为数字信号。常见的模拟量信号范围包括 DC 0~10 V、0~20 mA、4~20 mA 等。

AO 模块由光电隔离电路、数模转换电路和信号驱动电路等部分组成，将 PLC 内部处理的数字信号转换为连续变化的模拟信号输出，用来控制诸如伺服驱动器、PID 控制器等设备，以满足现场连续信号的控制要求。模拟信号的范围同样包括 DC 0~10 V、0~20 mA、4~20 mA 等。

4. 电源模块

电源模块给 PLC 的各个部分提供稳定的直流电压，确保系统正常工作，且具备一定的抗干扰能力和故障保护能力。

5. I/O 扩展接口

为了让 PLC 能够根据实际应用需求扩展功能，通常会提供 I/O 扩展接口来安装更多的 I/O 模块或其他特殊功能模块。例如，用于测量位置的高速计数模块、用于控制步进电动机和伺服电动机的脉冲输出模块、用于过程控制的 PID 控制模块等。

6. 外部设备接口

外部设备接口包括 PLC 接口、编程器接口、打印机接口、监控设备接口、条码读入器接口等。为了使 PLC 能与这些外部设备正常通信，除了物理接口匹配外，还需要相应的通信协议支持，允许 PLC 与其他设备如人机界面（human machine interface，HMI）、其他 PLC 或者网络中的设备进行数据交换，以形成容量更大、功能更强的网络化的控制系统。外部设备接口支持多种通信协议和标准，常用的通信协议有 Modbus、TCP/IP、UDP/IP 等。

10.2.2　PLC 的工作过程

PLC 采用顺序扫描、不断循环的方式进行工作。其工作过程可分为输入采样、程序执行、输出刷新 3 个阶段。PLC 的工作过程按这样 3 个阶段进行周期性循环扫描，如图 10.4 所示。

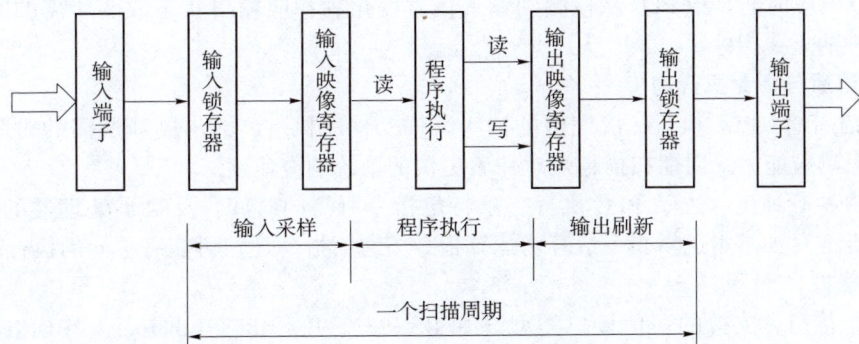

图 10.4　PLC 的工作过程

1. 输入采样

PLC 以固定的时间间隔扫描所有的输入端口（数字量和模拟量），将实际的输入信号（如按钮按下、传感器信号、温度读数等）读入并保存在内存区域——输入映像寄存器中。这意味着 PLC 在某一时刻捕获所有输入状态，之后即使输入状态在 PLC 处理程序时发生变化，该阶段捕获的状态也不会更改，直至下一个扫描周期开始。

2. 程序执行

完成输入采样后，PLC 开始执行用户编写的程序。程序是以梯形图、结构文本、指令表等形式存在的，PLC 从头至尾逐行扫描并解释这些程序指令，执行逻辑运算、比较、计时、计数以及其他预定的功能。在这个过程中，PLC 根据输入映像寄存器中的值计算出中间变量和输出映像寄存器的值。

3. 输出刷新

当用户程序执行完毕后，PLC 将输出映像寄存器的内容复制到输出锁存器中。这些输出锁存器与 PLC 的实际输出端口相关联，用来驱动外部设备（如继电器、接触器、阀门、电动机启动器等）。只有在输出刷新阶段，输出状态才会真正反映到 PLC 控制的外部负载上。

上述 3 个阶段完成一次称为一个扫描周期。PLC 就是这样不断重复着输入采样、程序执行和输出刷新这 3 个阶段，形成了一个周而复始的循环工作模式，确保了对其所控制系统快速、准确的响应。

10.2.3　PLC 的主要性能指标

PLC 的性能指标是衡量其技术性能、适用范围和工作效率的重要依据。以下是评价 PLC 的主要性能指标：

1. 处理器性能

（1）处理器类型与速度：指 PLC 使用的微处理器类型（如 ARM、PowerPC、X86 等）及其主频，直接影响 PLC 的运算速度和处理能力。

（2）内存容量：包括程序存储器和数据存储器的大小，决定了 PLC 可存储的程序量、数据变量数量以及处理复杂任务的能力。

2. I/O 能力

（1）I/O 点数：指 PLC 的最大 I/O 通道数，反映了系统的规模和扩展潜力。

（2）I/O 类型：包括 DI/DO、AI/AO 及特殊功能 I/O（如高速计数、脉冲输出、温度测量、串行通信等）。

（3）I/O 响应时间：指 PLC 从检测到输入信号变化到相应输出状态改变所需的时间，是衡量系统实时性的重要指标。

3. 扫描周期与指令执行速度

（1）扫描周期：PLC 执行一次完整的输入采样、程序执行、输出刷新所需的时间，直接影响系统的实时响应能力。周期扫描越短意味着更快的系统响应速度。

（2）指令执行速度：表示 PLC 执行一条特定指令所需的时间，反映了处理器的处理能力。不同的指令类型（如基本逻辑指令、算术运算指令、通信指令等）可能有不同的执行速度。

4. 通信能力

（1）通信接口：支持的通信接口类型（如 RS-232、RS-485、Ethernet、PROFIBUS、CAN、DeviceNet、EtherCAT 等）和数量。

（2）通信协议：支持的工业通信协议（如 Modbus、TCP/IP、PROFINET、EtherNet/IP、CC-Link、POWERLINK 等），决定了 PLC 与上位机、其他 PLC 及智能设备等的互连互通能力。

（3）通信速率：数据传输的最大速率，影响数据交换的效率。

5. 编程与诊断功能

（1）编程语言：支持的编程语言种类（如梯形图、指令表、结构化文本、功能块图、顺序功能图等）。

（2）编程软件：提供的编程环境、编程工具的易用性和功能丰富程度（如仿真、在线修改、故障诊断、数据监控等）。

（3）诊断功能：包括自诊断、故障指示、故障记录、故障报警、故障恢复等能力，对于系统的维护和故障排查至关重要。

6. 环境适应性与可靠性

（1）工作温度范围：PLC 能在何种温度范围内稳定工作，反映其对严苛环境的适应能力。

（2）防护等级：如 IP 防护等级，表明对外界固体异物和液体侵入的防护能力。

（3）抗干扰能力：如电磁兼容性（electromagnetic compatibility，EMC）等级，以及抗电磁干扰（electromagnetic interference，EMI）和射频干扰（radio-frequency interference，RFI）的能力。

（4）平均无故障时间：衡量 PLC 在正常使用条件下，连续工作直至发生故障的平均时间，是评估其可靠性的关键指标。

7. 扩展性与兼容性

（1）模块化设计：是否支持模块化扩展，通过增加 I/O 模块、功能模块、通信模块等来满足不同应用需求。

（2）系列兼容性：同一品牌不同系列 PLC 之间的程序、硬件接口、通信协议等的兼容情况，影响系统升级和扩展的便利性。

10.2.4 PLC 的分类

PLC 可以根据不同的标准进行分类，以下是一些常见的分类方式。

1. 按照 I/O 点数分类

（1）小型 PLC：I/O 点数小于 256，具有单 CPU 及 8 位或 16 位处理器，用户存储器容量为 4 KB 以下。例如，西门子 S7-200 SMART 系列、欧姆龙 CPM1A 系列、三菱 FX 系列等。

（2）中型 PLC：I/O 点数在 256～2 048，具有双 CPU 及 16 位或 32 位处理器，用户存储器容量为 2～8 KB。例如，西门子 S7-300/1200 系列、欧姆龙 CP1H/CP1L 系列、三菱 Q 系列、罗克韦尔 ControlLogix 系列等。

（3）大型 PLC：I/O 点数大于 2 048，具有多 CPU 及 16 位或 32 位处理器，用户存储器容量为 8～16 KB。例如，西门子 S7-400/1500 系列、欧姆龙 NJ/NX 系列、ABB 的 AC800M 系列等。

2. 按照结构形式分类

（1）整体式 PLC：将电源、CPU、I/O 接口等集中装在一个机箱内，结构紧凑、体积小、价格低，适用于小型 PLC。

（2）模块式 PLC：由框架或基板和各种模块组成，模块装在框架或基板上，配置灵活，便于扩展和维修，适用于大、中型 PLC。

（3）叠装式 PLC：结合了整体式和模块式的特点，各模块通过电缆连接，并且可以一层层地叠装，系统配置灵活且体积小巧

3. 按照功能分类

（1）低档 PLC：具备逻辑运算、定时、计数等基本功能，适用于逻辑控制、顺序控制或少量模拟量控制的单机控制系统。

（2）中档 PLC：提供更强大的处理能力和更多的 I/O 点数，支持更复杂的功能，如数据处理、计数、PID 控制等，适用于中等规模的自动化项目。

（3）高档 PLC：具有强大的处理能力、大容量内存、较短 I/O 响应时间和丰富的网络通信功能，适用于复杂的运动控制、过程控制、分布式控制等高端应用。

4. 按照制造商分类

每个制造商可能有自己的 PLC 产品线，如西门子的 S7 系列、罗克韦尔的 ControlLogix 系列、三菱的 FX 系列、中控技术的 GCS 系列、和利时的 LK 系列、汇川技术的 Inothink 系列等。

思考题

1. 思考 PLC 扫描周期的长短对控制系统响应速度和精度的影响，以及如何优化扫描周期以提高控制效果。

2. 分析 PLC 在工业物联网架构中的位置和作用，以及如何通过 PLC 实现设备间的互联互通和数据共享。

3. 分析在不同工业环境下，哪些性能指标是最重要的，以及如何根据实际需求选择合适的 PLC。

10.3　PLC 编程语言和指令系统

PLC 的编程语言是用户编写控制程序、实现设备逻辑控制、顺序控制和数据处理等功能的语言工具。PLC 支持多种编程语言，以便适应不同用户群体的需求和习惯。无论是哪种编程语言，其指令系统都包含了实现基本逻辑控制、定时计数、数据处理、通信等功能所需的命令。编程人员需要根据所选编程语言的语法和指令系统，编写符合控制要求的程序代码，并通过 PLC 编程软件进行编译、下载和调试，最终实现对被控设备的有效控制。

10.3.1　编程语言

国际电工委员会标准 IEC 61131-3 规定的编程语言包括：梯形图（ladder diagram，LD）、指令表（instruction list，IL）、功能块图（function block diagram，FBD）、结构化文本（structured text，ST）和顺序功能图（sequential function chart，SFC）。在实际应用中，用户可以根据自身的编程习惯、控制任务的复杂程度等因素，选择合适的编程语言或组合使用多种编程语言进行 PLC 程序设计。虽然 IEC 61131-3 标准为 PLC 编程提供了一定程度的统一性，但不同生产厂家的 PLC 产品在编程语言和开发环境上可能仍有差异。不过，一旦掌握了其中一种或几种编程语言，学习其他品牌的 PLC 编程就会相对容易，因为很多概念是相通的。这里以西门子公司 PLC 产品为例进行介绍。

1. 梯形图

梯形图是一种图形化编程语言，是继电器-接触器逻辑电路的图形表示方法。它广泛用于工业控制系统的编程，具有直观、易于理解的特点，是目前应用较多的一种编程语言。

在梯形图编程中，常用触点和线圈作为编程元件，它们是从传统继电器逻辑中借用过来的概念，仅仅是一个逻辑概念，实际上是指存储器中的存储单元。例如，对于线圈来说，当存储单元的逻辑状态为 1 时，表示线圈通电；当存储单元的逻辑状态为 0 时，表示线圈断电。编程元件的触点只能供内部逻辑运算用。

西门子 PLC 内部继电器的线圈和触点的图形符号如图 10.5 所示。

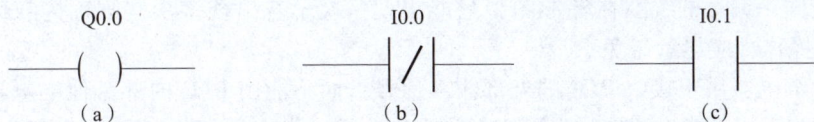

图 10.5 西门子 PLC 内部继电器的线圈和触点的图形符号

（a）输出线圈；（b）输入常闭触点；（c）输入常开触点

电动机的启停控制电路既可以用传统的继电接触器控制系统实现控制，也可以用 PLC 实现控制。无论采用哪种方法，主电路都是一样的，只是控制电路不同，如图 10.6（a）所示。对于继电接触器控制系统，根据图 10.6（b）来接线、布线；对于 PLC 控制系统，根据图 10.6（c）和图 10.6（d）来接线和编程。PLC 的外部接线工作完成后，将梯形图程序下载至 PLC，PLC 就可以按照预先设计的方案工作。从图 10.6 可以看出，传统继电接触器控制系统中接触器 KM 用于实现自锁的常开触点，被 PLC 控制系统的软触点 Q0.0 所代替，这就实现了软自锁。这样做不仅减少了硬件成本（无需额外的辅助触点硬件），简化了布线，还增加了控制逻辑的灵活性和可维护性，因为所有的控制逻辑都集中在软件编程中，易于修改和扩展。

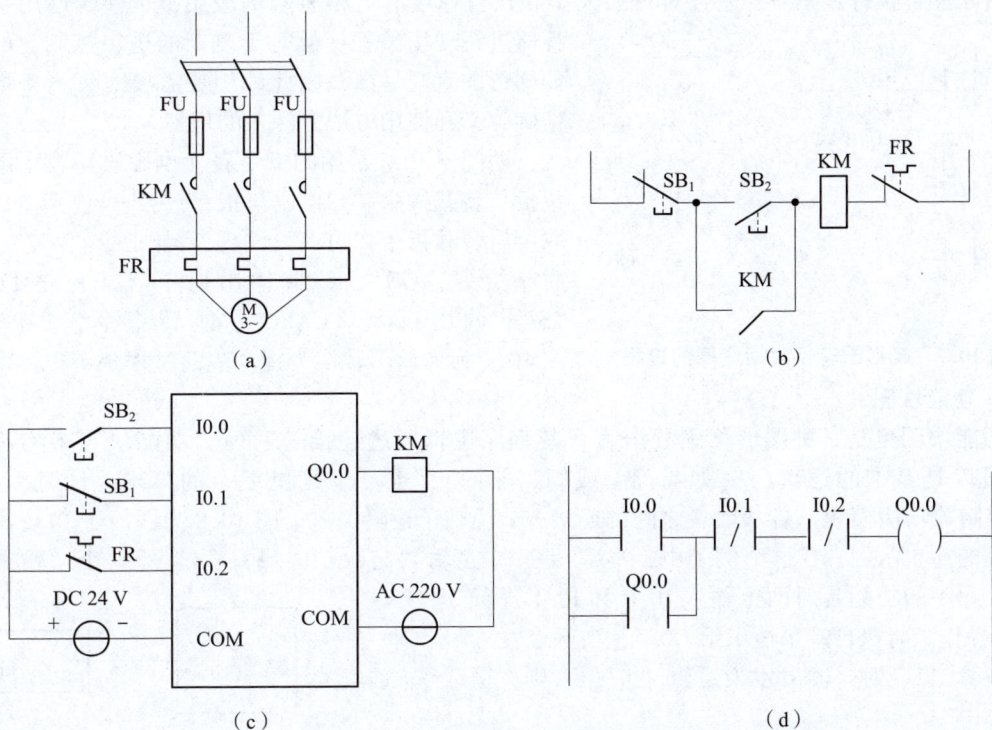

图 10.6 电动机的启停控制电路

（a）主电路；（b）继电接触器控制系统控制电路；（c）PLC 外接线图；
（d）PLC 控制系统控制电路（梯形图）

梯形图编程的一些基本原则如下：

（1）程序按照自上而下、从左到右的顺序执行。每个逻辑行从左母线开始，经过触点的连接，最终到达线圈结束，形成一个完整的逻辑判断。两线圈不能串联，也不能在线圈与右母线之间接其他元件，线圈一般不允许直接与左母线相连。

（2）一般同一编号的线圈在梯形图中只能出现一次。若出现多次，则称为双线圈输出，它很容易引起误操作，应尽量避免。

（3）输入继电器用于接收 PLC 的外部输入信号，而不能由 PLC 内部其他继电器的驱动，因而输入继电器的线圈不能出现在梯形图中。梯形图中输入继电器的状态取决于外部输入信号。

（4）梯形图中各编程元件的触点使用次数是无限的。无论是输入继电器、内部继电器还是其他逻辑元件的触点，都可以根据需要多次出现在梯形图的不同位置。

（5）设计时应遵循"上重下轻、左重右轻"的布局原则。将触点数量多的并联电路置于上方，串联电路中触点多的部分置于左侧，以提高可读性和效率。

（6）梯形图中不应形成闭合回路，确保"概念电流"从左至右单向流动，避免逻辑死循环。

（7）内部继电器主要用于存储中间状态或逻辑运算结果，不能直接用于对外部设备的控制，而是作为控制逻辑的一部分。

（8）虽然输出线圈在梯形图中表示，但实际上并不直接驱动外部负载，而是通过 PLC 的输出模块及外部继电器或固态继电器等功率器件来实现对执行元件的控制。

2. 指令表

指令表是一种低级编程语言，它使用助记符来表示控制逻辑操作，类似于汇编语言。指令表的语言紧凑且执行效率高，适合对程序大小和执行速度有严格要求的应用，也便于使用手持编程器进行现场编程。但对于复杂的逻辑控制，可能不如梯形图直观易懂，因此编程者需要对每一条指令的精确含义和使用方法有深入的理解。

西门子 PLC 常用的指令表（也称语句表）助记符包括：装载指令"LD"、与指令"A"、或指令"O"、取反后装载指令"LDN"、取反后与指令"AN"、取反后或指令"ON"、线圈输出指令"＝"、置位指令"S"、调用指令"CALL"、跳转指令"JMP"等。图 10.7 为梯形图转换为指令表的过程。

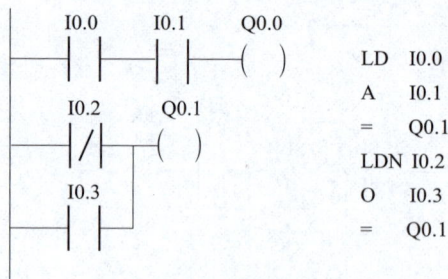

图 10.7　梯形图转换为指令表的过程

```
LD  I0.0
A   I0.1
=   Q0.1
LDN I0.2
O   I0.3
=   Q0.1
```

3. 功能块图

功能块图也是一种图形化编程语言，其程序逻辑通过连接一系列"功能块"来构建。功能块可以是基本的逻辑门（如与门、或门、非门），也可以是更复杂的算术、计时、计数、PID 控制等功能模块。各功能块之间的连接方式反映了逻辑关系。图 10.8 为西门子 PLC 功能块图编程的简单示例。在这个例子中，"&"是一个逻辑"与"功能块，"＝"是一个"输出"功能块，程序的功能是对两个输入 I0.0 和 I0.1 进行"与"操作，将执行结果输出给 Q0.4。当两个输入均为逻辑"1"时，输出才为逻辑"1"；否则，输出为"0"。

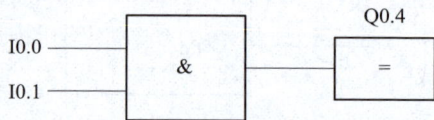

图 10.8　西门子 PLC 功能块图编程的简单示例

4. 结构化文本

结构化文本一种高级编程语言，它类似 Pascal、C 语言或者 BASIC。它具有丰富的数据类型、控制结构和函数库，能够支持复杂的算术运算、逻辑判断、循环、函数调用等功能。程序员可以采用接近传统计算机编程的方式来编写控制逻辑，这对于熟悉计算机编程的人来说更容易接受和掌握。其优势在于能够清晰表达复杂的控制算法，尤其是那些涉及浮点数运算、数组操作、字符串处理以及其他高级逻辑的情况。西门子 S7-300、S7-400、S7-1200、和 S7-1500 可利用 TIA Portal 软件的 S7-SCL 进行结构化文本编程。

以下是一个简化的西门子 PLC 结构化文本编程示例：

```
FUNCTION_BLOCK MyControlLogic
VAR_INPUT
    inputSignal : BOOL;        // 输入信号
    setpoint : INT;            // 设定点
END_VAR
VAR_OUTPUT
    outputSignal : BOOL;       // 输出信号
END_VAR
IF inputSignal AND (setpoint > 10)THEN
    outputSignal := TRUE;
ELSE
    outputSignal := FALSE;
END_IF
END_FUNCTION_BLOCK
```

这段代码定义了一个名为 MyControlLogic 的功能块，它接收一个布尔型输入信号（inputSignal）和一个整型设定点（setpoint），并根据条件决定输出信号（outputSignal）的状态。当 inputSignal 为"1"，且 setpoint 大于"10"时，输出信号 outputSignal 为"1"；否则为"0"。

5. 顺序功能图

顺序功能图同样是一种基于图形的编程方法，主要用于描述和设计控制系统中的顺序逻辑过程，特别适用于顺序控制和流程控制系统的建模和编程，如生产线的启停、设备的初始化、故障恢复流程等。顺序功能图的优势在于其直观性，非程序员也能容易理解控制系统的运行过程。

在西门子 PLC 中，顺序功能图通常由以下几个关键元素构成：

（1）步：表示控制系统中的一个状态或操作阶段。每个步内可以包含相关的动作或逻辑。

（2）转换：定义了步与步之间的切换条件。当满足指定的条件或逻辑时，系统会从一个步转移到另一个步。

（3）初始步：通常是序列的起点，当控制系统启动时执行。

（4）终止步：标志着整个顺序流程的结束。

（5）选择分支：基于不同的条件选择执行不同的顺序路径。

（6）并行分支：允许几个步骤同时或在满足一定条件下并发执行。

（7）跳转：在满足特定条件时，直接从一个步跳转到另一个步。

（8）循环：表示某一序列的重复执行。

图 10.9 是一个单循环序列顺序功能图示例，其由一系列相继激活的步组成。每个步的后面仅有一个转移，每个转移后面只有一个步；当 S0.2 步为活动步，且满足转移条件 c 时，回到 S0.0 步，开始新一轮的循环。西门子 S7-300、S7-400、S7-1500 可利用 TIA Portal 软件的 S7-GRAPH 进行顺序功能图编程。

除了上述 5 种主要编程语言之外，某些 PLC 制造商可能会提供额外的编程语言或专有的扩展，以适应特定的应用需求或提升编程灵活性。此外，随着工业 4.0 和物联网技术的发展，更多的编程范式和技术正在融入 PLC 领域，例如，基于 Web 服务的 API 编程，OPC UA 通信协议编程，以及使用现代软件工程实践的模块化、面向对象的编程方式等。

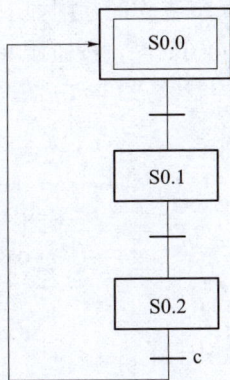

图 10.9 单循环序列顺序功能图示例

10.3.2 编程元件

PLC 编程中的编程元件是构成控制逻辑的基本构建块，它们在 PLC 的内存中表现为一系列的存储器。编程元件通过编程语言连接和操作，形成控制逻辑，指导 PLC 进行自动化控制。存储器由许多单元组成，每一个单元都有唯一的地址，可以依据存储器地址来存取数据。存储区地址的表示有位地址、字节地址、字地址和双字地址 4 种格式。

要访问存储器中的位，必须指定位地址，该地址包括存储区域标识符、字节地址、分隔符和位号。例如，对于西门子 PLC，V3.4 表示访问变量存储器 V 中第 3 个字节的第 4 位。

要按字节（BYTE）、字（WORD）或双字（DWORD）访问存储器中的数据，必须采用类似于指定位地址的方法指定地址，即包括存储器区域标识符、数据大小标识和字节、字或双字值的起始字节地址。例如，对于西门子 PLC，VB100 表示访问变量存储器 V 中起始地址编号为 100 的一个字节。

不同的 PLC 品牌和型号可能会有不同的元件名称、功能和范围，但基本原理是相似的。这里以西门子 S7-200 SMART CPU SR40 产品为例，介绍 PLC 的一些主要编程元件及其功能。

1. 输入映像寄存器（I）

输入映像寄存器对应 PLC 的物理输入端口，用于接收外部开关、传感器等信号，如按钮的通、断等。每一个输入端口与输入映像寄存器相应位对应。CPU 在每次扫描周期的输入采样阶段，对各输入端口的状态进行集中采样，并将采样值（0 或 1）存于输入映像寄存器对应的位中，作为程序处理时输入点状态的依据。输入映像寄存器只能由外部输入信号驱动，不能由程序指令驱动，范围为 I0.0~I31.7。

2. 输出映像寄存器（Q）

输出映像寄存器对应 PLC 的物理输出端口，用于控制执行器（如电动机、指示灯等设备）。每一个输出端口与输出映像寄存器的相应位对应。CPU 将输出的结果存放在输出映像寄存器中，在扫描周期的输出刷新阶段，CPU 以集中处理方式将输出映像寄存器的数值复制到相应的输出端口上，并通过输出模块将输出信号传送给外部负载。输出映像寄存器范围为 Q0.0~Q31.7。

图 10.10（a）是一个自保持电路的控制程序梯形图。当输入映像寄存器 I0.0 有输入信号时，其常开触点接通，同时 I0.1 没有输入信号，其常闭触点也接通，则输出映像寄存器 Q0.0 有输出，其常开触点接通。即便此后 I0.0 不再有输入，Q0.0 也一直保持有输出，直到 I0.1 有输入为止。其工作时序图如图 10.10（b）所示。该控制程序常用于电动机启动与停止控制，启动按钮接 I0.0，停止按钮接 I0.1，Q0.0 的输出控制电动机的接触器。用自保持电路可以实现电动机启停控制。

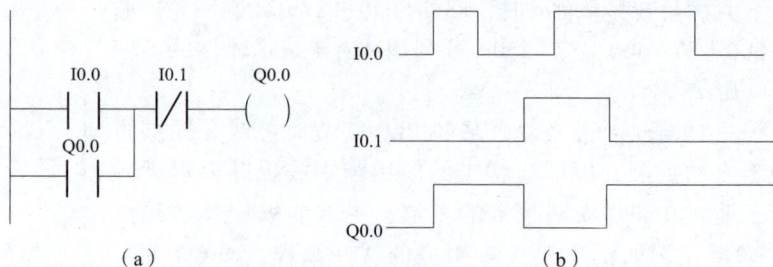

（a）　　　　　　　　　　　　　　　（b）

图 10.10　自保持电路的控制程序

（a）梯形图；（b）工作时序图

3. 模拟量输入寄存器（AI）

模拟量输入寄存器存储模拟量输入通道的值，用于处理模拟量信号。范围为 AIW0 ~ AIW110。

4. 模拟量输出寄存器（AQ）

模拟量输出寄存器存储模拟量输出通道的值，用于控制模拟量输出设备。范围为 AQW0 ~ AQW110。

5. 标志存储器（M）

标志存储器用于内部逻辑控制，相当于传统继电接触器控制系统中的中间继电器，可用于状态保持、逻辑连接等。标志存储器不能由外部控制信号来驱动，只能由控制器的内部触点来驱动，范围为 M0.0 ~ M31.7。标志存储器分通用型标志存储器和掉电保持型标志存储器。

（1）一旦系统掉电，通用型标志存储器将复位，即其所属的辅助触点回到常态。

（2）掉电保持型标志存储器在系统断电后由后备的锂电池供电，保持原有的状态。当系统恢复通电后，其能在断电处继续工作，使控制系统的一些重要信息不致因断电而丢失。

6. 变量存储器（V）

变量存储器用于存储和处理数据，支持多种数据类型（如整数、实数、字符串等），且在全局范围内有效，即同一个存储器可以被主程序、子程序或中断程序存取。范围为 VB0 ~ VB1638。

7. 局部变量存储器（L）

局部变量存储器在子程序或中断程序中临时存储数据，作用域限于定义它的程序块内，局部有效。范围为 LB0 ~ LB63。

8. 特殊存储器（SM）

特殊存储器相当于具有特定功能的辅助继电器，提供了在 CPU 和用户程序之间传递信息的一种方法，可以使用其上的位来选择和控制 CPU 的某些特殊功能，如初始化标志、运行状态指示等。例如，SM0.0 始终为 "1"，常作为无条件的启动触点使用；SM0.1 表示首次扫描为 "1"，之后扫描为 "0"，常用于程序的初始化。特殊存储器的范围为 SM0.0 ~ SM1535.7。

9. 顺序控制继电器（S）

顺序控制继电器用于实现顺序控制逻辑，如流程控制、步进控制等。范围为 S0.0 ~ S31.7。

10. 定时器（T）

定时器提供定时功能，类型包括：接通延时定时器（TON）、断开延时定时器（TOF）和保持型接通延时定时器（TONR）。西门子 S7-200 SMART CPU SR40 主机提供 256 个定时器，编号范围为 T0 ~ T255。这些定时器具有不同的分辨率，包括 1 ms、10 ms 和 100 ms，以适应不同的应用需求。

11. 计数器（C）

计数器用于累计输入脉冲数，类型包括：加计数器（CTU）、减计数器（CTD）和加/减计数器（CTUD）。西门子 S7-200 SMART CPU SR40 主机计数器的编号范围为 C0 ~ C255，共计 256 个，可用于各种计数应用，如产品计数、脉冲计数等。

12. 高速计数器（HC）

高速计数器用于高速脉冲信号的精确计数，适用于速度测量、位置控制等。西门子 S7-200 SMART CPU SR40 主机可以使用的高速计数器数量为 4 个。

13. 累加器（AC）

累加器用于执行复杂的数学运算（如加法、减法、乘法和除法）。西门子 S7-200 SMART CPU SR40 主机提供 4 个 32 位的累加器，分别为 AC0、AC1、AC2 和 AC3。

10.3.3 基本编程指令

指令是一种与梯形图对应的助记符，用户程序由实现一定功能的若干指令组成。S7-200 SMART 系列 PLC 具有丰富的指令系统，下面重点介绍一些基本编程指令及使用方法。不同编程语言是对相同逻辑关系的不同表达形式，应根据需要选择。考虑到 PLC 的应用现状和用户的思维习惯，本书只介绍梯形图这种编程语言。

1. 置位指令（S）、复位指令（R）

置位指令：当条件满足时，用于将指定的位（地址）置位为"1"。一旦该位被置位，即使指令的执行条件不再满足，该位也会保持"1"，直到明确接收到复位指令。

复位指令：当条件满足时，用于将指定的位（地址）复位为"0"。无论该位之前的状态如何，执行此指令后都会将其复位为"0"。

置位指令或复位指令可对从指定位（地址）开始的一组位（N）进行操作，可以置位或复位 1~255 个位。

置位指令和复位指令的用法如图 10.11 所示。在图 10.11（a）中，当常开触点 I0.0 接通时，Q0.3 接通，从 Q0.4 开始的 1 位置位（即 Q0.4 接通），从 Q0.5 开始的 2 位复位（即 Q0.5 和 Q0.6 断开）。当常开触点 I0.0 断开时，Q0.3 断开。此后，不管 I0.0 是何状态，Q0.4 一直保持接通，Q0.5 和 Q0.6 一直保持断开。其工作时序图如图 10.11（b）所示。

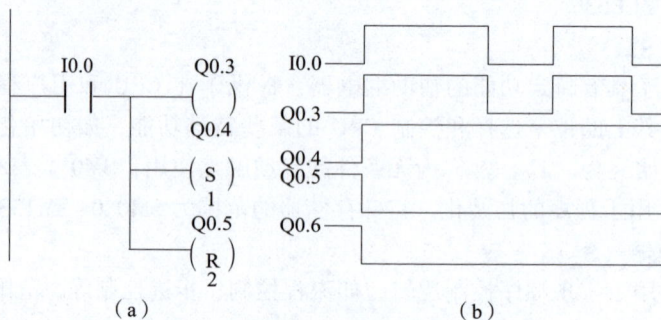

图 10.11　置位指令和复位指令的用法
（a）梯形图；（b）工作时序图

置位指令和复位指令在使用时应注意以下几点：

（1）置位指令和复位指令通常与一定条件配合使用，以确保在满足特定条件时执行置位或复位操作。

（2）为了防止意外行为，在使用置位指令和复位指令时应注意控制逻辑的完整性，确保有相应的复位指令来对应每一个置位指令，尤其是在循环或复杂逻辑中。

（3）在编程时需谨慎使用置位指令和复位指令，因为不当使用可能会导致自锁情况，即某位一旦被置位就无法通过常规流程复位。

2. 取反指令（NOT）

取反指令接受一个输入位，对其逻辑状态进行取反处理，并将结果输出到指定的位地址，即如果输入位为"1"，则将其变为"0"；如果输入位为"0"，则将其变为"1"。取反指令常用于逻辑控制中的反转操作，比如反转某个条件判断的结果，或者在需要动态切换控制信号的情况下使用。在使用取反指令时，应确保输出位不会被其他逻辑同时影响，避免造成逻辑混乱。

取反指令的用法如图 10.12 所示。当常闭触点 I0.0 接通时，NOT 指令执行逻辑取反操作，Q0.1 断开；反之，当常闭触点 I0.0 断开时，Q0.1 接通。

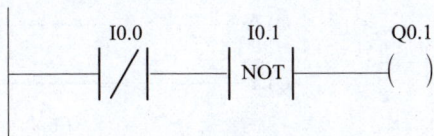

图 10.12 取反指令的用法

3. 比较指令

比较指令主要用于将两个数值或字符串按照指定的条件进行比较。当比较条件成立时，比较触点会闭合，从而使后面的电路接通；而当比较条件不成立时，比较触点会断开，后面的电路则不会接通。需要注意的是，在使用比较指令时，要确保比较的数据类型和比较条件与实际需求相匹配，以避免数据类型不匹配或比较条件设置不当而导致程序出错或无法正常工作。数值比较指令用于比较两个数 IN1 和 IN2 的大小，其常用的 6 种比较类型如表 10.1 所示。

表 10.1 常用的 6 种比较类型

比较类型	比较条件
==	IN1 等于 IN2
<>	IN1 不等于 IN2
>=	IN1 大于或等于 IN2
<=	IN1 小于或等于 IN2
>	IN1 大于 IN2
<	IN1 小于 IN2

数值比较指令的用法如图 10.13 所示。图中比较指令中的字母"I"表示整数比较。当常开触点 I0.1 接通，且变量存储器 V 中起始地址编号为 200 的一个字大小的整数等于+3 时，Q0.1 接通。

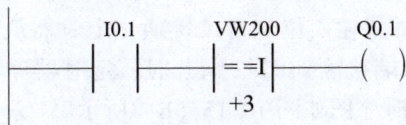

图 10.13 数值比较指令的用法

4. 正跳变指令（EU）、负跳变指令（ED）

正跳变指令：用于检测其输入信号是否发生从"0"到"1"的正跳变（上升沿）。如果检测到正跳变，则会触发一个扫描周期的正脉冲输出。

负跳变指令：与正跳变指令相反，用于检测其输入信号是否发生从"1"到"0"的负跳变（下降沿）。如果检测到负跳变，则会触发一个扫描周期的正脉冲输出。

正、负跳变指令的用法如图 10.14 所示。在图 10.14（a）中，当检测到 I1.0 接通的上升沿时，Q1.0 仅接通 1 个 PLC 扫描周期；当检测到 I1.0 断开的下降沿时，Q1.1 仅接通 1 个 PLC 扫描周期。其工作时序图如图 10.14（b）所示。

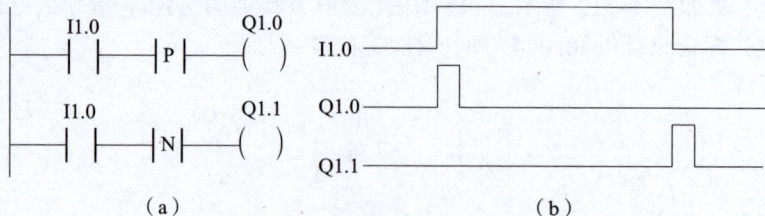

图 10.14　正、负跳变指令的用法

（a）梯形图；（b）工作时序图

5. 定时器指令

S7-200 SMART 系列 PLC 提供了多种类型的定时器指令，以满足不同应用场景下对时间控制的需求。其定时器类型及相关数据如表 10.2 所示。

表 10.2　S7-200 SMART 系列 PLC 的定时器类型及相关数据

定时器类型	分辨率/ms	最大值/s	定时器编号
TONR	1	32.767	T0、T64
	10	327.67	T1~T4、T65~T68
	100	3 276.7	T5~T31、T69~T95
TON、TOF	1	32.767	T32、T96
	10	327.67	T33~T36、T97~T100
	100	3 276.7	T37~T63、T101~T255

下面是 3 种主要类型的定时器及其使用说明：

（1）TON：当输入端（IN）接通时，定时器开始计时，直到达到预设时间值（PT），定时器位接通并保持，直到输入端断开或定时器被复位。TON 适用于在输入信号接通后延时一段时间再执行相应的操作，如电动机延时启动等。

TON 的用法如图 10.15 所示。在图 10.15（a）中，当定时器 T37 输入端（IN）检测到 I2.3 接通时，定时器开始计时。3 s（即 30×100 ms）定时时间一到，定时器输入位 T37 接通，进而使 Q0.0 接通。到达定时时间后，如果输入位端持续接通，定时器从当前值继续计时，直至达到最大值 32 767。当定时器 T37 输入端检测到 I2.3 断开时，定时器停止计时并复位（定时器当前值清零，定时器位断开）。其工作时序图如图 10.15（b）所示。

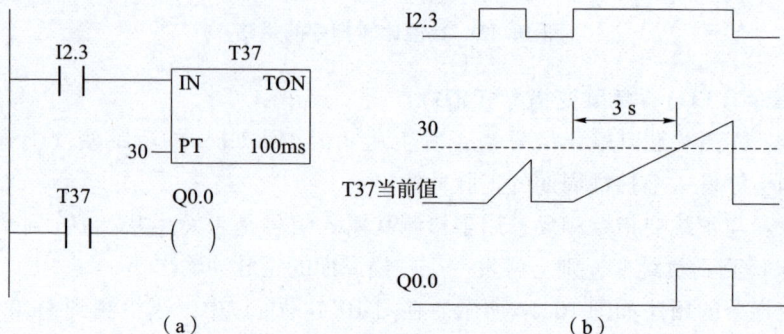

图 10.15　TON 的用法

（a）梯形图；（b）工作时序图

（2）TONR：与 TON 类似，但 TONR 可以累计多个定时时间间隔。当输入端（IN）接通时，定时器开始计时。此时，如果输入端断开，定时器能够保持其当前值；当输入端再次接通时，定时器可以在原有基础上累计时间。当达到预设时间值时，定时器位接通并保持。使用复位指令可清除定时器的当前值和定时器位。TONR 适用于需要累计多个时间间隔的场合，如累计工作时间等。

TONR 的用法如图 10.16 所示。在图 10.16（a）中，当定时器 T65 输入端（IN）检测到 I0.1 接通时，定时器开始计时，当计时到 3 s（即 300×10 ms）时，输入端 I0.1 断开，此时定时器保持当前值 300。当输入端 I0.1 再次接通时，定时器在当前值基础上累积计时 2 s。时间一到，达到预设时间值 500，定时器位 T65 接通，进而使得 Q0.1 接通。直到 I0.2 接通并执行复位指令，定时器当前值清零，定时器位断开，Q0.1 断开。其工作时序图如图 10.16（b）所示。

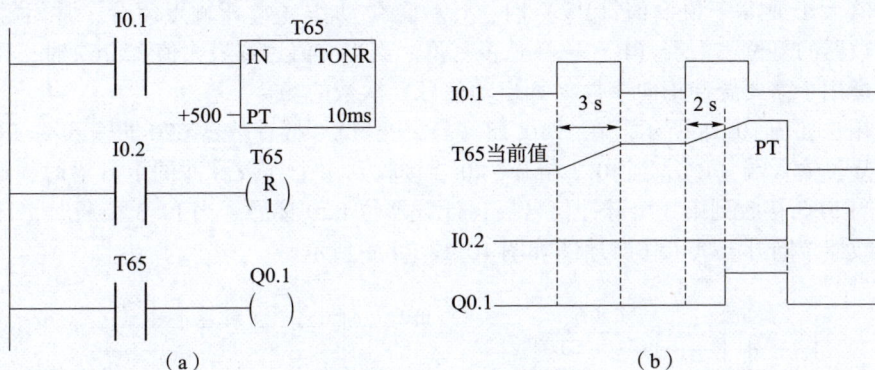

图 10.16　TONR 的用法

（a）梯形图；（b）工作时序图

（3）TOF：当输入端（IN）接通时，定时器位接通；当输入端从接通变为断开时，定时器开始计时，直到达到预设时间值，定时器位断开。在计时过程中，如果输入端再次接通，则定时器会立即停止计时并复位。TOF 适用于在输入信号断开后延时一段时间再执行相应的操作，如电动机延时停止等。

TOF 的用法如图 10.17 所示。在图 10.17（a）中，当定时器 T33 输入端（IN）检测到 I0.0 接通时，其定时器位 T33 接通，Q0.0 接通，定时器当前值清零。当输入端 I0.0 从接通变为断开时，定时器开始计时。当计时到 2 s（即 200×10 ms）时，定时器位 T33 断开，Q0.0 断开。其工作时序图如图 10.17（b）所示。

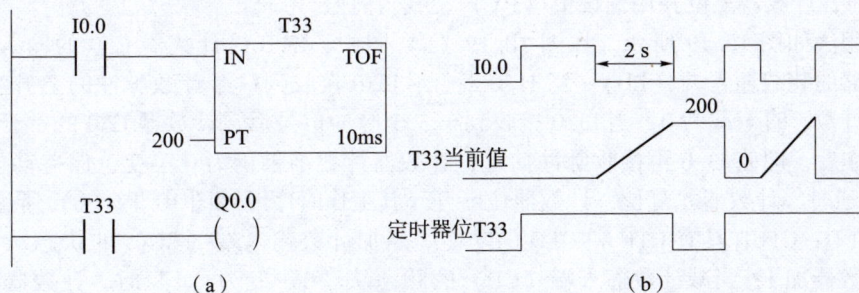

图 10.17　TOF 的用法

（a）梯形图；（b）工作时序图

在使用定时器指令时应注意以下几点：

1）在使用定时器之前，需确保在程序中对定时器进行适当的初始化（如清零）。

2）在 S7-200 SMART 系列 PLC 中，定时器的分辨率（时间精度）通常是可配置的，包括 1 ms、10 ms、100 ms 等，在选择时需考虑控制精度需求。

3）S7-200 SMART 系列 PLC 定时器编号资源有限（T0～T255），合理分配和重用定时器资源是编程时需要考虑的问题。

6. 计数器指令

S7-200 SMART 系列 PLC 提供了多种计数器指令，这些指令用于累计输入脉冲的个数，从而可以用于统计加工零件数量、记录事件发生的次数等。以下是 S7-200 SMART 系列 PLC 的 3 种常见计数器指令的使用说明。

（1）CTU：当计数器的输入端（CU）检测到从"0"到"1"的上升沿时，计数器的当前值递增。当该值大于或等于预设值（PV）时，计数器位动作（常开触点闭合，常闭触点断开），并可通过计数器的复位输入端（R）选择是否复位。当当前值达到最大值 32 767 时，计数器停止计数。CTU 适用于需要统计正向事件（如启动信号）次数的场合。

CTU 的用法如图 10.18 所示。在图 10.18（a）中，I0.2 接计数器 C20 的输入端（CU），I0.3 接计数器的复位输入端（R）。当 I0.3 断开，I0.2 接收到一个计数脉冲的上升沿时，计数器 C20 加 1 计数。当 I0.3 接收到第 3 个脉冲信号后，计数器位 C20 接通。当 I0.3 接通时，计数器当前值清零，计数器位断开。其工作时序图如图 10.18（b）所示。

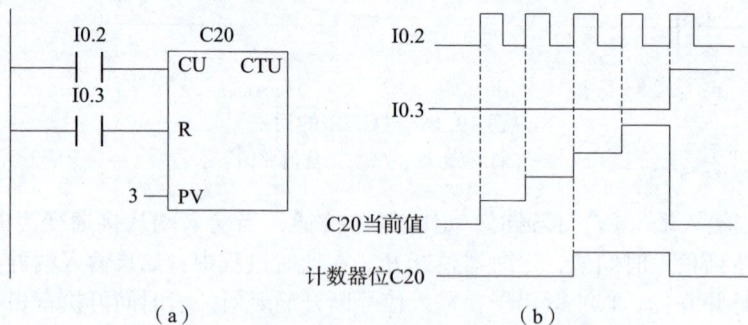

图 10.18 CTU 的用法

（a）梯形图；（b）工作时序图

（2）CTD：当计数器的输入端（CD）检测到从"0"到"1"的上升沿时，计数器的当前值递减。当计数值减至 0 时，计数器位动作（常开触点闭合，常闭触点断开）。当装载输入端（LD）接通时，计数器复位并用预设值（PV）装载当前值。

CTD 的用法如图 10.19 所示。在图 10.19（a）图中，I3.0 接计数器 C50 的输入端（CD），I1.0 接计数器的装载输入端（LD）。当 I1.0 断开，I3.0 接收到一个计数脉冲的上升沿时，计数器 C50 减 1 计数，直至减为 0。当 I3.0 接收到第 3 个脉冲信号后，计数器 C50 的常开触点接通。当计数器动作后，即使 I3.0 再接收脉冲信号，计数器计数结果仍为 0 不变，保持动作状态。只有当 I1.0 接通时，计数器才复位，计数器位断开。其工作时序图如图 10.19（b）所示。

（3）CTUD：CTUD 具有 CTU 和 CTD 的功能。当加计数输入端（CU）的状态从"0"变为"1"时，计数器加 1；当减计数输入端（CD）的状态从"0"变为"1"时，计数器减 1。每次执行计数器指令时，都会将预设值（PV）与当前值进行比较，当当前值大于或等于预设值时，计数器位接通。计数器在达到计数最大值 32 767 后，下一个加计数输入端（CU）上升沿将使计数值变为最小值（-32 768）；在达到最小计数值（-32 768）后，下一个减计数输入端（CD）上升沿将使计数值变为最大值（32 767）。当复位输入端（R）有效时，计数器被复位，计数器位断开，且当前值清零。

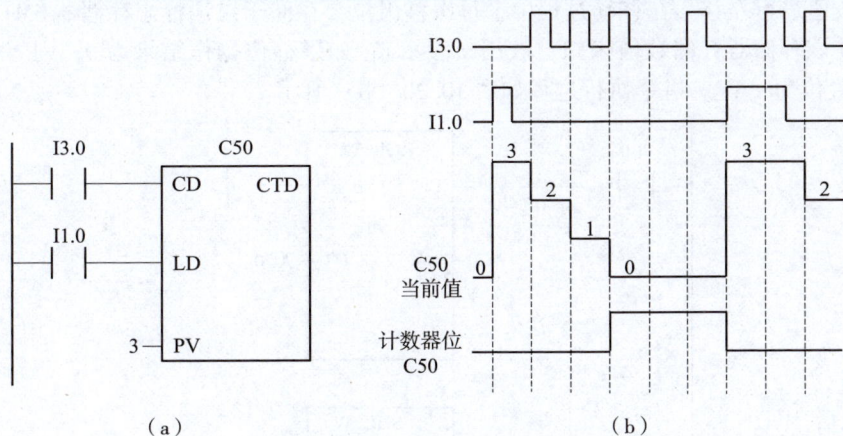

图 10.19 CTD 的用法

（a）梯形图；（b）工作时序图

（4）在使用计数器指令时应注意以下几点：

1）对于 S7-200 SMART 系列 PLC，计数器和定时器一样，有数量限制（C0～C255），在程序设计时要注意合理分配。

2）计数器也需要初始化，通常在程序启动时将其清零。

3）需要考虑复位逻辑，以控制计数器何时复位，确保计数的准确性。

4）计数器指令的输入端通常为上升沿有效，即使输入信号始终导通，也只会计数一次而不会一直累计。

7. 移位与循环移位指令

S7-200 SMART 系列 PLC 中的移位指令主要用于将数据在寄存器中的位置进行左右移动。这些指令在数据处理、循环控制和位操作等场景中非常有用。以下是一些基本的移位指令：

（1）右移指令（SHR）：当使能输入端（EN）接通时，将输入端（IN）中的数值向右移动 N 位，将结果装载到输出端（OUT）对应的存储单元中。在移动过程中，每一位移出后留下的空位会自动补零。若移位计数 N 大于或等于允许的最大值（字节操作为 8、字操作为 16、双字操作为 32），则会按相应操作的最大次数对值进行移位。若移位计数 N 大于 0，则在移动过程中的最后移出位会存储于溢出标志存储器 SM1.1 中。若移位操作结果为 0，则零标志存储器位 SM1.0 会置位为"1"。

（2）左移指令（SHL）：与右移指令相反，其将输入端（IN）中的数值向左移动 N 位。在移动过程中，最右边的空位通常用 0 填充，其余特性和右移指令类似。

（3）循环右移指令（ROR）：当使能输入端（EN）接通时，将输入值（IN）的位值循环右移 N 位后，将结果送入输出端（OUT）对应的存储单元。与右移指令不同的是，循环右移指令是循环移位，这意味着移出的位会从数据的另一端重新进入，从而形成一个循环。如果循环移位计数大于或等于操作的最大值，则 CPU 会在执行循环移位前对移位计数执行求模运算，以获得有效循环移位计数。

（4）循环左移指令（ROL）：与循环右移指令相反，其将输入值（IN）的位值循环左移 N 位。

循环右移指令和左移指令的用法如图 10.20 所示。在图 10.20（a）中，只有当常开触点 I4.0 接通时，指令才会执行其定义的操作。ROR_W 表示循环右移字操作，即对累加器 AC0 中存储的一个字长的数值进行循环右移；SHL_W 表示左移字操作，即对变量存储器 VW200 中存储的一个字长的数值进行左移。在移动过程中，每次移出位会存储于溢出标志存储器 SM1.1 中（第 1 次移位操作前该存储器存储数值未知，故用 x 表示）；如果移位操作结果为 0，则零标志存储器位 SM1.0 会置位为"1"。指令执行过程如图 10.20（b）所示。

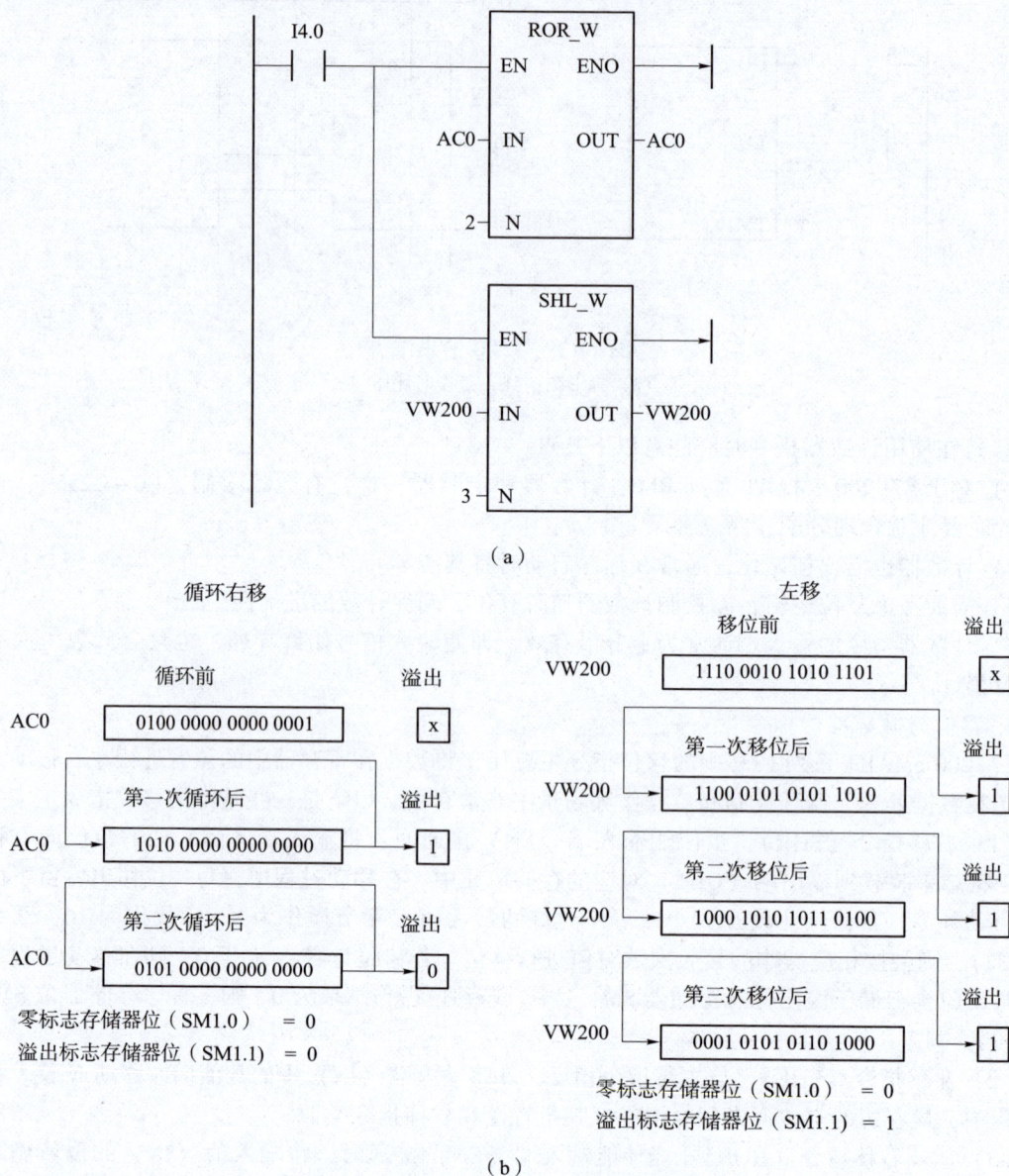

（a）

（b）

图 10.20　循环右移指令和左移指令的用法
（a）梯形图；（b）指令执行过程

（5）在使用移位与循环移位指令时应注意以下几点：

1）上述指令通常需要设置使能输入、输入数据、输出数据地址以及移位的位数 N。

2）移位次数 N 必须是非负整数，且不能超过数据类型的位宽。

3）在设计程序时，要确保目标存储区足够存放移位后的结果，避免数据溢出。

8. 跳转指令（JMP）与标号指令（LBL）

跳转指令：跳转指令后面通常跟随一个标号指令，用于指定跳转的目标位置。当跳转指令前面的触发信号接通时，**CPU** 会立即跳转到指定的标号处，并从那里开始执行后续的指令。

标号指令：标号指令用于在程序中定义一个标签，该标签可以作为跳转指令的目标位置。标签本身并不执行任何操作，它只是程序中的一个标记点。

跳转指令和标号指令的用法如图 10.21 所示。用计数器 C30 进行计数，I0.0 接入增计数输入端，I0.1 接入减计数输入端，I0.2 为复位输入端，预设值（PV）存于变量存储器 VW100 中。如果计数器当前值小于 500，则程序按原顺序执行；如果当前值超过 500，则跳转到从标号 10 开始的程序执行；如果 I0.3 接通，将 Q1.0 置位（接通）。

在使用跳转指令和标号指令时，应注意以下几点：

（1）跳转指令与标号指令必须成对出现。

（2）应谨慎使用跳转指令，过度或不合理的跳转会使得程序逻辑变得难以理解和维护。

（3）确保所有跳转指令引用的标号指令在使用前已被正确定义。

（4）如果跳转目标位置不存在或无效，程序可能会进入不可预测的状态或崩溃。因此，在编写程序时，应确保跳转目标位置的正确性和有效性，并进行充分的测试以确保程序的稳定性和可靠性。

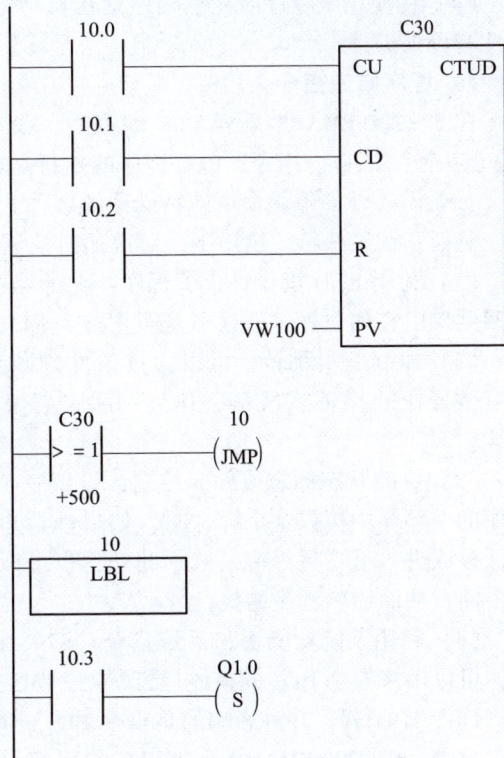

图 10.21　跳转指令和标号指令的用法

9. 子程序调用指令与返回指令

PLC 使用子程序调用指令来将程序控制权转交给子程序。当 CPU 执行到该指令时，如果使能输入端（EN）为 "1"，它会暂停当前主程序或其他子程序的执行，转而去执行指定的子程序 SBR_N。子程序执行完毕后，使用返回指令（RET）来返回到主程序中，返回指令告诉 CPU 返回到调用子程序的位置，即子程序调用指令的下一条指令。这样，CPU 就可以继续执行主程序中的后续指令了。子程序调用指令和返回指令的用法如图 10.22 所示。特殊存储器 SM0.1 首次扫描为 "1"（接通），即在 PLC 从 STOP 模式切换到 RUN 模式后的第一个扫描周期内，该位自动置位为 1。此时，调用子程序 SBR_0 进行程序的初始化，初始化程序执行完成后，令 M5.3 接通，执行返回指令退出初始化子程序，返回到主程序继续执行。

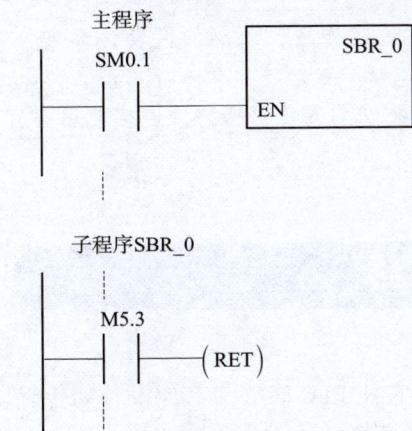

图 10.22　子程序调用指令和返回指令的用法

在使用子程序调用指令与返回指令时应注意以下几点：

（1）确保在调用子程序之前，所有需要传递的输入参数已经准备就绪。

（2）一个子程序可以被多次调用，也可以从不同的地方调用，编程时要考虑代码的模块化和重用性。

（3）子程序调用指令后跟的是子程序的标签名，确保该标签已正确定义并编译无误。

（4）在使用子程序时注意程序结构要清晰，且合理划分功能模块，这有助于提高程序的可读性和可维护性。

10. 程序结束指令

在 S7-200 SMART 系列 PLC 编程中，没有直接等同于某些高级语言中的"程序结束"或"停止执行"的单一指令。PLC 程序的执行是循环进行的，一旦程序开始运行，除非遇到特定条件（如错误、外部停止命令或特殊系统事件），否则它会持续循环执行。

然而，在某些特定情境下，可以通过控制逻辑来模拟"程序结束"的效果，具体做法如下：

（1）利用 END 指令终止子程序：在子程序内部，可以使用 END 指令来结束子程序的执行并返回到调用它的位置。但这不是停止整个 PLC 程序的执行，而是仅终止当前子程序。

（2）控制逻辑跳转：可以通过条件判断和跳转指令将程序执行流引导到一个不再执行其他有效操作的循环或段落，达到一种"停止执行新任务"的效果，但 PLC 的扫描循环仍会继续。

（3）更改状态标志或外部控制：设置一个全局变量或位作为程序运行的控制标志，然后在程序的循环体中检查这个标志时，如果该标志指示停止，则程序内的逻辑可以避免执行进一步的任务或进入低功耗等待模式。此外，也可以通过外部输入（如按钮、信号）来触发硬件或软件中断，从而影响程序的执行。

（4）利用系统功能块和系统指令：S7-200 SMART 系列 PLC 提供了 STOP 指令和系统功能块，可以用来控制 PLC 的整体运行状态，如进入 STOP 模式或 HOLD 状态，但这通常需要在组织块（OB）中编程，并且影响的是整个 PLC 的运行状态，而非简单地"结束"某个程序段。

总之，S7-200 SMART 系列 PLC 的程序设计更多地依赖循环执行和逻辑控制来管理任务流程，而不是通过一个明确的"程序结束"指令来终止执行。如果想停止 S7-200 SMART 系列 PLC 的程序执行，通常的做法是通过外部控制（如操作面板上的按钮）、编程实现的控制逻辑（如设置一个停止标志位并据此跳转到一个空循环或不执行任何操作的程序段），或者是利用系统功能块和系统指令将 PLC 置于 STOP 模式，但这不属于单一指令范畴，而是涉及系统控制和状态管理。

思考题

1. 比较 PLC 编程中常用的几种语言的特点，探讨在不同应用场景下选择合适编程语言的策略。

2. 标志位如何在多条件逻辑判断、状态控制等场景中发挥关键作用，以及如何设计标志位的使用策略来优化程序结构？

3. 在特定控制任务中，如何利用定时器和计数器的高级功能（如复位、保持、连接使用等）来实现更精细的时间控制和事件计数？

10.4 PLC 通信与网络

PLC 通信与网络是现代工业自动化系统的重要组成部分，它使 PLC 能够与其他设备如传感器、执行器、人机界面（HMI）、其他 PLC 以及上位机之间交换数据。

10.4.1　工业自动化控制网络体系结构

工业自动化控制网络体系结构通常遵循"集中管理，分散控制"的原则，采用多层次的架构设计，旨在实现生产过程的高效自动化管理与控制。典型的工业自动化控制网络体系结构可以分为以下几个层次：

1. 现场设备层

现场设备层包括直接与物理过程互动的设备，如传感器、执行器、智能仪表、分布式 I/O 模块等。它们负责采集现场数据（如温度、压力、流量等）并上传，同时接收控制指令执行相应动作。现场总线技术（如 PROFIBUS、Modbus RTU、CANopen、EtherCAT 等）常用于此层设备间的通信。

2. 控制层

中央控制单元位于控制层，包括 PLC、DCS（distributed control system，分布式控制系统）、SCADA（supervisory control and date acquisition，监控与数据采集系统）等。控制层负责处理现场设备层上传的数据，执行控制逻辑和算法，根据预设规则或实时分析结果向现场设备发出控制指令。通信协议如 Modbus TCP、PROFINET、Ethernet/IP 等在此层广泛应用。

3. 监控层

监控层也称为 HMI（人机界面）层，提供操作员与控制系统之间的交互界面。HMI 软件（如 Wonderware InTouch）显示实时生产数据，允许操作员监控过程状态、调整设置并响应报警。此层还可能集成 MES（manufacturing execution system，制造执行系统）的部分功能，实现生产调度、订单管理等。

4. 数据管理层

数据管理层负责收集、存储、管理和分析来自控制层的数据，包括数据库服务器、数据仓库和数据分析工具，如 SQL Server、MySQL、Oracle 及大数据分析平台。数据层不仅支持实时监控，还为生产优化、故障预测和决策支持提供依据。

5. 企业层

企业层集成了 ERP（enterprise resource planning，企业资源规划）、CRM（customer relationship management，客户关系管理）、BI（business intelligence，商务智能）等系统，实现企业范围内的资源规划、供应链管理、成本控制和市场响应。通过与下层系统的集成，企业层可以获取实时生产数据，支持高层决策。

随着工业物联网（industrial internet of things，IIoT）技术的发展，工业自动化控制网络体系结构日益强调网络的互连性、数据的透明度以及系统的智能化，比如通过 OPC UA 实现跨平台的无缝通信，以及引入 AI 和边缘计算技术增强分析与决策能力。

10.4.2　S7-200 SMART 系列 PLC 通信网络

S7-200 SMART 系列 PLC 支持多种通信方式，使其能够灵活地与其他设备进行数据交换，满足不同自动化控制和监控需求。以下是一些 S7-200 SMART 系列 PLC 支持的通信方式：

1. 以太网通信

所有 S7-200 SMART CPU 都集成了以太网接口，支持标准的 TCP/IP，可以实现与上位机、其他 PLC、HMI 设备的高速通信。以下是 S7-200 SMART 系列 PLC 支持的一些主要以太网通信协议及其相关特点：

（1）S7 通信：一种基于以太网的通信协议，用于 S7-200 SMART 系列 PLC 或更高的 S7 系列 PLC（如 S7-1200、S7-1500）与其他设备之间的数据交换。

（2）PROFINET 通信：PROFINET 是一种用于工业自动化的以太网标准，支持实时通信。S7-200 SMART 系列 PLC 支持作为 PROFINET I/O 设备，可以与 PROFINET 控制器进行通信。

（3）TCP/IP 通信：一种面向连接的、可靠的通信协议，适用于客户端-服务器模型。

（4）ISO-on-TCP 通信：一种基于 TCP/IP 的通信方式，它允许 PLC 与其他遵循 ISO 标准的设备进行通信。

（5）UDP 通信：一种无连接的通信协议，适用于不需要可靠传输的场合。

（6）Modbus TCP 通信：Modbus TCP 是 Modbus 协议的以太网版本，允许 PLC 通过以太网使用 Modbus 协议进行通信。

（7）OPC 通信：OPC UA 是一种跨平台的通信协议，S7-200 SMART 系列 PLC 可以通过 OPC 服务器软件如 PC Access SMART 或 SIMATIC NET 实现 OPC 通信。

（8）直接连接和网络连接：S7-200 SMART CPU 的以太网端口支持直接连接到编程设备、HMI 或另一个 S7-200 SMART CPU，也支持通过网络连接到更广泛的网络环境。

（9）OUC 通信：S7-200 SMART 系列 PLC 可以使用 OUC 库实现自定义的 TCP/IP 通信，这为开发特定应用的通信提供了灵活性。

2. PROFIBUS 通信

S7-200 SMART 系列 PLC 本身并不直接支持 PROFIBUS DP 通信，但可以通过 EM DP01 扩展模块实现与 PROFIBUS DP 网络的连接。EM DP01 模块支持作为 PROFIBUS DP 的从站进行通信，并且需要单独供电。

3. RS485 通信

S7-200 SMART 系列 PLC 支持通过 RS485 接口进行通信，这使它能够与多种支持 RS485 通信的设备进行数据交换，如触摸屏、变频器、仪表等。以下是 S7-200 SMART 系列 PLC 支持的 RS485 通信方式：

（1）PPI 协议：S7-200 SMART 系列 PLC 可以通过其内置的 RS485 端口或信号板与支持 PPI 协议的西门子 HMI 设备相连。

（2）Modbus RTU 通信：S7-200 SMART 系列 PLC 支持 Modbus RTU 通信协议，可以使用西门子公司提供的 Modbus RTU 主站协议库来实现与 Modbus 从站的通信。

（3）自由口模式：S7-200 SMART 系列 PLC 的 RS485 端口可以工作在自由口模式下，允许用户通过编程实现自定义的串行通信。

4. 其他通信

S7-200 SMART 系列 PLC 还可能支持其他通信接口，如 RS232、RS422 等，具体支持情况因型号而异。

10.4.3 PUT/GET 指令

与传统的 S7-200 系列 PLC 相比，S7-200 SMART 系列 PLC 所有型号均集成了以太网接口，具有更高的通信性能。PUT/GET 指令是实现 S7-200 SMART 系列 PLC 以太网通信的主要方式之一，主要用于 PLC 之间的数据交换。以下是关于这些指令的说明：

1. PUT 指令

（1）功能：PUT 指令用于将数据从发送方（本地 CPU）的数据区写入到接收方（远程 CPU

或其他设备）的数据区。它允许用户定义的数据块从一个设备传输到另一个设备。PUT 指令可向远程设备写入最多 212 个字节的数据。

（2）指令格式。

指令助记符：PUT。

参数：一般包括目标 CPU 的 IP 地址、本地数据区的起始地址、远程数据区的起始地址以及数据传输的数量（字节、字或双字），详见表 10.3。

2. GET 指令

（1）功能：GET 指令是从远程 CPU 或其他设备的数据区读取数据到本地 CPU 的数据区。它与 PUT 指令相反，实现了数据的反向传输。GET 指令可从远程设备读取最多 222 个字节的数据。

（2）指令格式。

指令助记符：GET。

参数：与 PUT 指令类似，包括远程 CPU 的 IP 地址、远程数据区的起始地址、本地数据区的起始地址以及数据传输的数量，详见表 10.3。

表 10.3 PUT 和 GET 指令的参数定义

字节	位							
	Bit 7	Bit 6	Bit 5	Bit 4	Bit 3	Bit 2	Bit 1	Bit 0
0	通信完成标志位	通信已经激活标志位	通信发生错误	0	错误代码			
1	远程 CPU 的 IP 地址（例如 192.168.2.100）							
2								
3								
4								
5	预留（必须设置为 0）							
6	预留（必须设置为 0）							
7	指向远程 CPU 数据区的地址指针（允许数据区域包括 I、Q、M、V）							
8								
9								
10								
11	通信数据长度（PUT 指令可向远程设备写入最多 212 个字节的数据，GET 指令可从远程设备读取最多 222 个字节的数据）							
12	指向本地 CPU 数据区的地址指针（允许数据区域包括 I、Q、M、V）							
13								
14								
15								

3. 使用注意事项

（1）网络配置：确保两台通信的设备位于同一子网内，且 IP 地址配置正确。

（2）固件版本：S7-200 SMART CPU 固件版本需达到 V2.0 及以上才能支持 PUT/GET 指令。

（3）资源管理：CPU 在执行 PUT/GET 指令时会占用通信资源，S7-200 SMART CPU 最多支持 8 个并发的 PUT/GET 指令。

（4）错误处理：使用指令的通信完成标志位（D/A/E）进行通信状态监控，及时处理通信错误。

思考题

1. 分析 PLC 如何通过集成物联网技术，实现与云平台的数据交换，以及这对工厂自动化和数据分析能力的影响。

2. 探讨 5G、边缘计算等新兴通信技术如何改变 PLC 的通信方式，以及这可能为工业自动化领域带来的变革。

3. 分析 S7-200 SMART 系列 PLC 以太网通信的优点（如速度、数据量、灵活性等）以及可能存在的局限性（如网络复杂性、安全风险等）。

10.5 PLC 控制系统的设计

10.5.1 PLC 控制系统设计原则

设计 PLC 控制系统时应遵循以下基本原则，以确保系统设计的合理性和有效性：

1. 最大限度满足控制要求

PLC 控制系统设计的首要任务是确保其能够完全满足生产或工艺过程的控制需求。这要求设计者深入理解工艺流程，与现场工程师、操作员紧密合作，确保 PLC 控制系统能够准确执行所有必要的控制动作。

2. 简单性和经济性

在满足控制要求的前提下，PLC 控制系统设计应尽量简化，减少不必要的复杂性，以降低系统成本，提高性价比。同时，设计应考虑设备的经济性，选择合适价位的组件，避免过度设计。

3. 可靠性与安全性

设计 PLC 控制系统时，确保其高可靠性和安全性是至关重要的。设计时应采取措施预防系统故障，采用冗余设计、错误检测与纠正机制，以及必要的安全保护措施，以保障人员安全和生产连续性。

4. 易维护与可扩展性

PLC 控制系统设计应便于未来的维护和升级。这意味着要选择易于替换的组件，编写清晰、模块化的程序代码，以及预留一定的 I/O 接口和通信接口，以便于系统功能的扩展或调整。

5. 标准化与兼容性

PLC 控制系统设计要遵循行业标准和规范，确保所选 PLC 及外围设备的兼容性和互换性，便于系统集成和维护，同时也有利于未来的技术支持和升级。

6. 用户友好性

人机界面（HMI）设计应直观易用，确保操作人员可以快速理解并有效控制系统。良好的人机界面设计有助于减少操作失误，提高工作效率。

7. 能源效率与环境保护

在 PLC 控制系统设计过程中考虑能源使用效率，选择节能产品和技术，减少对环境的影响，符合可持续发展的要求。

10.5.2　PLC 控制系统设计步骤

设计一个 PLC 控制系统通常遵循一系列标准化步骤，以确保系统的可靠性、高效性和安全性。以下是设计 PLC 控制系统的典型步骤：

（1）明确工艺过程及控制要求：深入了解被控对象的工作原理和工艺流程，收集控制要求，包括各种操作模式、安全规范、性能指标等。

（2）控制系统总体方案设计：根据控制要求，确定系统架构，包括中央控制单元、远程 I/O 站等布局，选择合适的控制策略，如连续控制、顺序控制或混合控制。

（3）硬件设计与选型：选定 PLC 型号，考虑其处理能力、I/O 点数、扩展模块等是否满足需求，选择合适的 I/O 模块、电源模块、通信模块等硬件组件；设计电气图纸，包括布线图、I/O 接线图等。

（4）I/O 分配与接线规划：制定 I/O 分配表，记录每个 I/O 点的功能和连接设备，规划现场设备与 PLC 之间的接线方案。

（5）软件设计：编写控制程序，通常使用梯形图、结构化文本或功能块图等编程语言；设计故障处理逻辑、报警系统和数据处理功能；开发人机界面（HMI）程序，以实现直观的操作和监控。

（6）系统集成与测试：安装和接线硬件设备，确保符合设计图纸；下载程序至 PLC，并进行初步的功能测试；进行系统综合调试，包括模拟实际工况下的运行测试。

（7）安全设计与验证：设计紧急停机机制、故障诊断和保护措施；验证系统符合相关的安全标准和法规要求。

（8）文档编制：编写系统操作手册、维护手册、故障排查指南等技术文档；记录设计过程中的关键决策和技术细节。

（9）后期支持与优化：提供持续的技术支持，解决运行中出现的问题。根据运行反馈，对系统进行必要的优化或升级。

思考题

1. 在设计之初如何平衡 PLC 控制系统的复杂性与成本？

2. 在设计阶段采取哪些措施来增强系统的安全性和可靠性？在紧急情况下如何保障操作人员的安全？

3. 在实际工程项目中，如何合理规划和使用输入与输出地址，以实现资源的最优配置和控制逻辑的简化？

10.6 PLC 应用实例

PLC 广泛应用于工业控制领域，使控制电路简化、控制功能增强。下面以西门子 S7-200 SMART 系列 PLC 为例，介绍一些实际编程的例子，进一步熟悉 PLC 的使用方法。

1. 水塔水位自动控制

（1）设计要求

水塔水位自动控制系统示意图如图 10.23 所示。

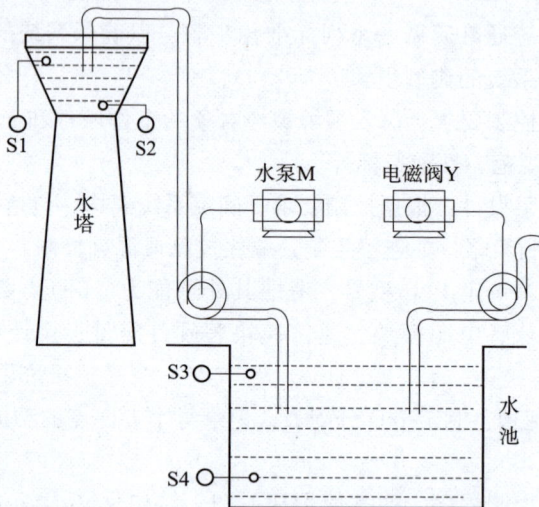

图 10.23 水塔水位自动控制系统示意图

1）当水池液面低于下限水位时，液位下限位开关 S4 接通，电磁阀 Y 打开，开始往水池里注水，直到水池水位高于下限位，液位下限位开关 S4 断开。当水池液面高于上限位时，液位上限位开关 S3 接通，电磁阀 Y 关闭，停止注水。最终，保持水池水位在液位上、下限位开关 S3、S4 之间。

2）当水塔水位低于下限位时，液位下限位开关 S2 接通，水泵 M 工作，从水池向水塔抽水，直到水塔水位高于下限位，液位下限位开关 S2 断开。当水塔液面高于上限位时，液位上限位开关 S1 接通，水泵 M 停止工作。最终，保持水塔水位在液位上、下限位开关 S1、S2 之间。

3）当水塔水位低于下限位，并且水池水位也低于下限位时，水泵 M 不能启动。

（2）I/O 分配与接线

水塔水位自动控制系统的 I/O 分配表如表 10.4 所示，I/O 接线图如图 10.24 所示。

表 10.4 水塔水位自动控制系统的 I/O 分配表

输入		输出	
地址	设备	地址	设备
I0.1	水塔液位上限位开关 S1	Q0.1	电池阀 Y
I0.2	水塔液位下限位开关 S2	Q0.2	水泵 M
I0.3	水池液位上限位开关 S3		
I0.4	水池液位下限位开关 S4		

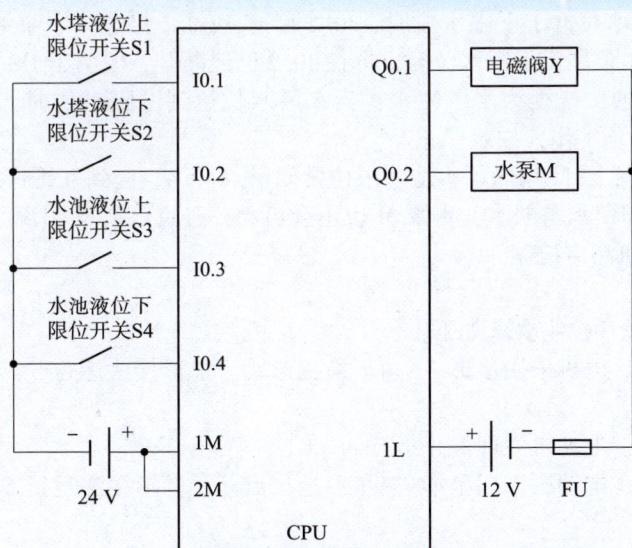

图 10.24 水塔水位自动控制系统的 I/O 接线图

（3）控制程序设计

水塔水位自动控制程序的梯形图如图 10.25 所示。

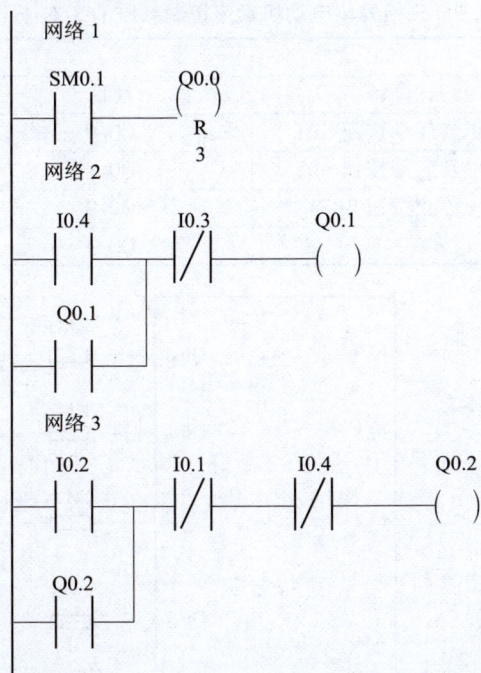

图 10.25 水塔水位自动控制程序的梯形图

1）当 PLC 开机时，SM0.1 接通一个扫描周期，对 Q0.0、Q0.1 和 Q0.2 执行复位操作，即电磁阀 Y 和水泵 M 初始时刻均处于停止工作的状态。

2）当检测到水池水位低于下限位时，I0.4 接通，Q0.1 接通，电磁阀 Y 打开，水池开始注水。当水池水位高于下限位时，即使 I0.4 已经断开，但由于 Q0.1 常开触点的自锁作用，Q0.1 仍能保持接通，水池持续注水；当水池水位达到上限水位时，I0.3 常闭触点断开，Q0.1 断开，电磁阀 Y 关闭，注水停止。

3）当检测到水塔水位低于下限水位时，I0.2 接通，Q0.2 接通，水泵 M 启动，开始从水池向水塔抽水。当水塔水位高于下限水位时，即使 I0.2 已经断开，但由于 Q0.2 常开触点的自锁作用，Q0.2 仍能保持接通，持续为水塔注水；当水塔水位达到上限水位时，I0.1 常闭触点断开，Q0.2 断开，水泵 M 停止工作，抽水停止。

4）在梯形图中，水泵 M 串联了水池下限位常闭触点 I0.4，起到互锁作用，这意味着当水池水位低于下限位时，即使水塔缺水，水泵 M 也不会启动，避免水泵 M 出现无水空转的情况。

2. 三相异步电动机顺序控制

（1）设计要求

三相异步电动机顺序控制要求如下：

1）按下按钮 SB1，电机采用星形–三角形换接启动，星形接法运行 5 s 后转换为三角形接法运行。

2）按下按钮 SB3，电动机立即停止运行。

3）按下按钮 SB2，电动机采用星形–三角形换接启动，星形接法运行 5 s 后转换为三角形接法运行。

4）按下按钮 SB3，电动机立即停止运行。

5）正转时，反转无法启动；反转时，正转无法启动。正反转的切换只能通过停止来实现。

（2）I/O 分配与接线

三相异步电动机顺序控制系统的 I/O 分配表如表 10.5 所示，I/O 接线图如图 10.26 所示。

表 10.5　三相异步电动机顺序控制系统的 I/O 分配表

输入		输出	
地址	设备	地址	设备
I0.0	正转启动按钮 SB1	Q0.0	正转接触器 KM1
I0.1	反转启动按钮 SB2	Q0.1	反转接触器 KM2
I0.2	停止按钮 SB3	Q0.2	接触器 KM△
		Q0.3	接触器 KMY

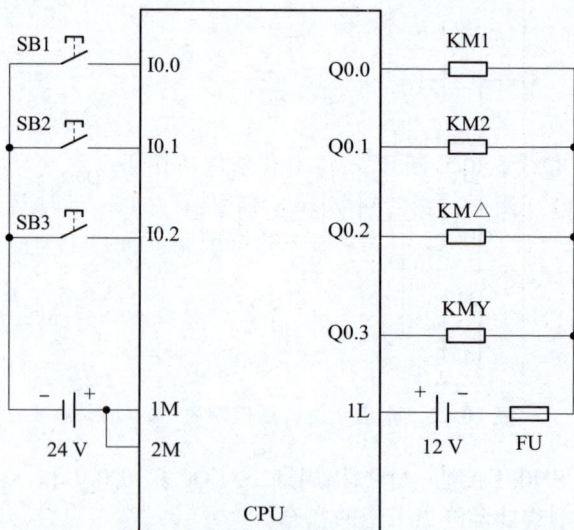

图 10.26　三相异步电动机顺序控制系统的 I/O 接线图

（3）控制程序设计

三相异步电动机顺序控制程序的梯形图如图 10.27 所示。

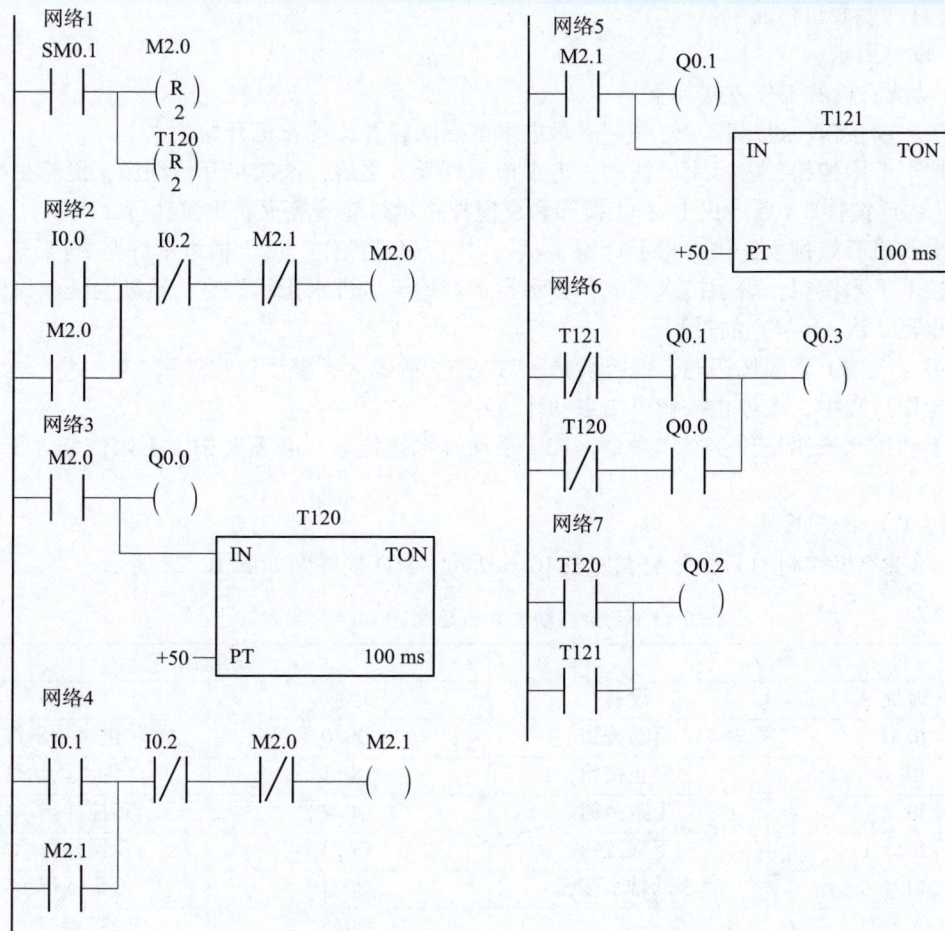

图 10.27 三相异步电动机顺序控制程序的梯形图

1）当 PLC 开机时，SM0.1 接通一个扫描周期，对 M2.0、M2.1、T120 和 T121 执行复位操作，完成程序的初始化。

2）当按下正转启动按钮 SB1 时，I0.0 接通，M2.0 接通。由于 M2.0 常开触点的自锁作用，即使松开 SB1，按钮自复位后，I0.0 断开，M2.0 仍能保持接通。

3）M2.0 接通后，Q0.0 接通，正转接触器 KM1 线圈得电，定时器 T120 开始计时。此时，"网络6"中 T120 常闭触点保持接通，KM1 常开触点接通，Q0.3 接通，KMY 接触器线圈得电，电动机以星形接法正转运行。

4）5 s 后，T120 定时时间到，"网络6"中 T120 常闭触点断开，Q0.3 断开，接触器 KMY 线圈失电；同时，"网络7"中 T120 常开触点接通，Q0.2 接通，接触器 KM△ 线圈得电，电动机以三角形接法正转运行。

5）按下停止按钮 SB3，"网络2"中 I0.2 常闭触点断开，M2.0 断开，Q0.0 断开，电动机停止正转。

6）电动机反转启动、停止程序执行过程与正转相似，请读者自行分析，此处不再赘述。

7）在"网络2"电动机正转控制梯形图中，串联了用于实现电动机反转的标志存储器常闭触点 M2.1；同样，在"网络4"电动机反转控制梯形图中，串联了用于实现电动机正转的标志存储器常闭触点 M2.0。这两组常闭触点起到了"互锁"的作用，保证了电动机正转时，反转无法启动；反转时，正转无法启动。

3. 全自动洗衣机控制

（1）设计要求

全自动洗衣机的工作方式如下：

1）按启动按钮，进水指示灯亮，表示进水电磁阀打开，洗衣机开始注水。

2）按下上限按钮，表示水已注满，进水指示灯灭。之后，洗衣机开始洗涤，搅轮正搅拌 5 s 后停止 1 s；反搅拌 5 s 后停止 1 s；正搅拌和反搅拌指示灯轮流亮灭，重复执行 2 次。

3）洗衣机开始排水，排水指示灯亮 3 s 后，执行甩干操作。甩干桶指示灯亮 2 s 后熄灭。

4）按下下限按钮，表示排水完成，排水指示灯熄灭，进水指示灯亮，重新为洗衣机注水。

5）重复 2 次 1)~4) 的过程。

6）第三次按下下限按钮时，蜂鸣器指示灯亮 5 s 后熄灭，整个过程结束。

7）操作过程中，按停止按钮可结束动作过程。

8）手动排水按钮是独立操作命令，按下手动排水按钮后，必须要按下下限按钮才能停止手动排水。

（2）I/O 分配与接线

全自动洗衣机控制的 I/O 分配表如表 10.6 所示，I/O 接线图如图 10.28 所示。

表 10.6　全自动洗衣机控制的 I/O 分配表

输入		输出	
地址	设备	地址	设备
I0.0	启动按钮	Q0.0	进水指示灯
I0.1	停止按钮	Q0.1	排水指示灯
I0.2	上限按钮	Q0.2	正搅拌指示灯
I0.3	下限按钮	Q0.3	反搅拌指示灯
I0.4	手动排水按钮	Q0.4	甩干桶指示灯
		Q0.5	蜂鸣器指示灯

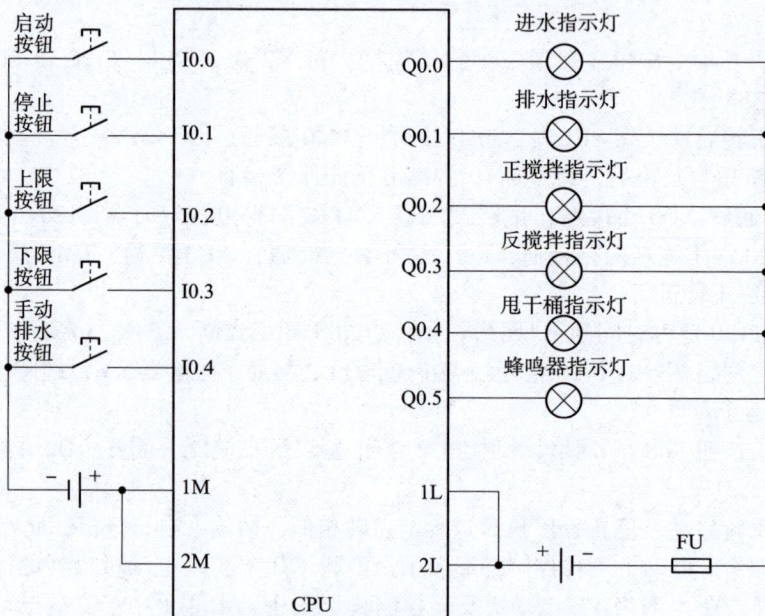

图 10.28　全自动洗衣机控制的 I/O 接线图

3）控制程序设计

全自动洗衣机控制程序的梯形图如图 10.29 所示。

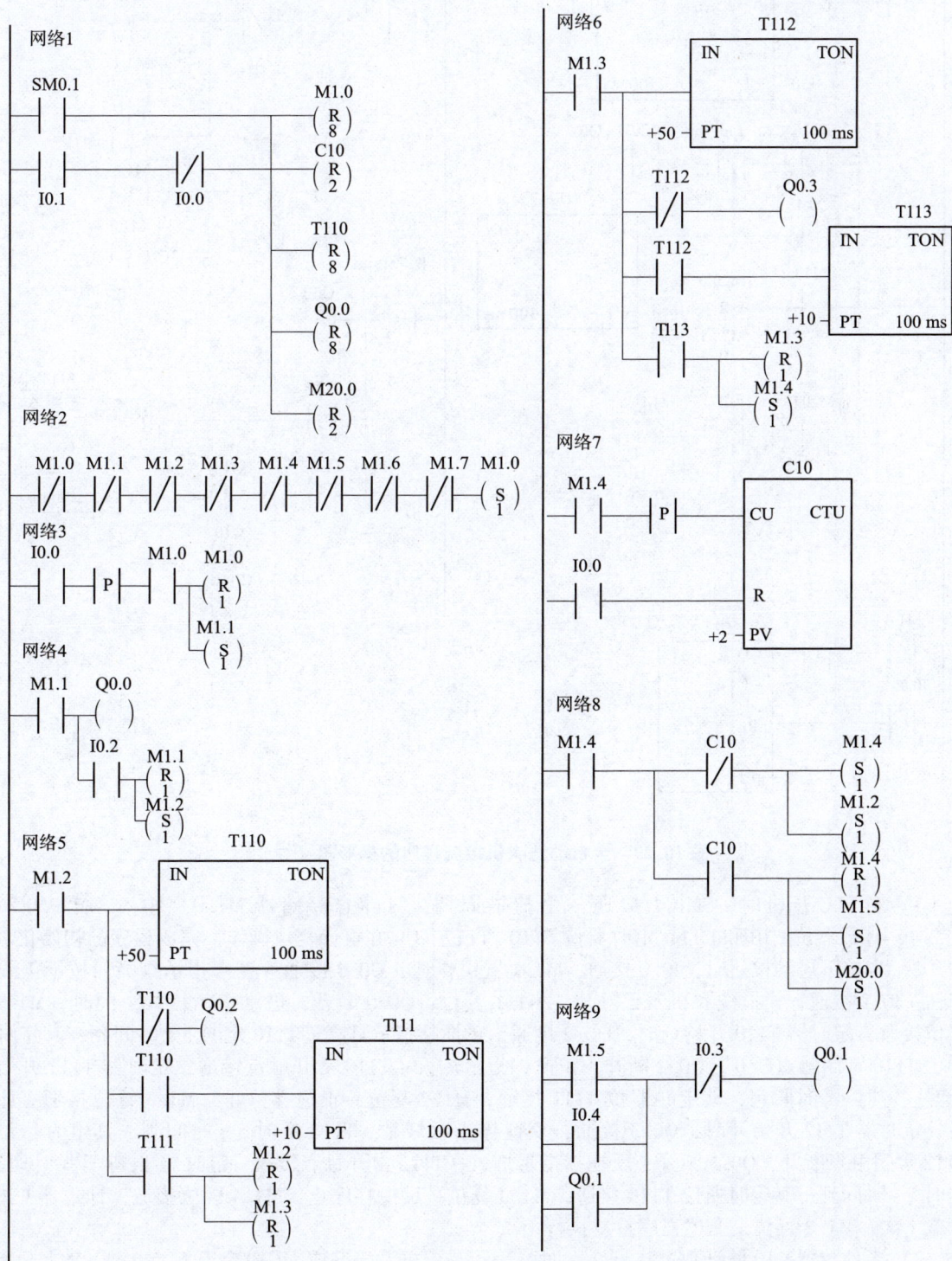

图 10.29 全自动洗衣机控制程序的梯形图

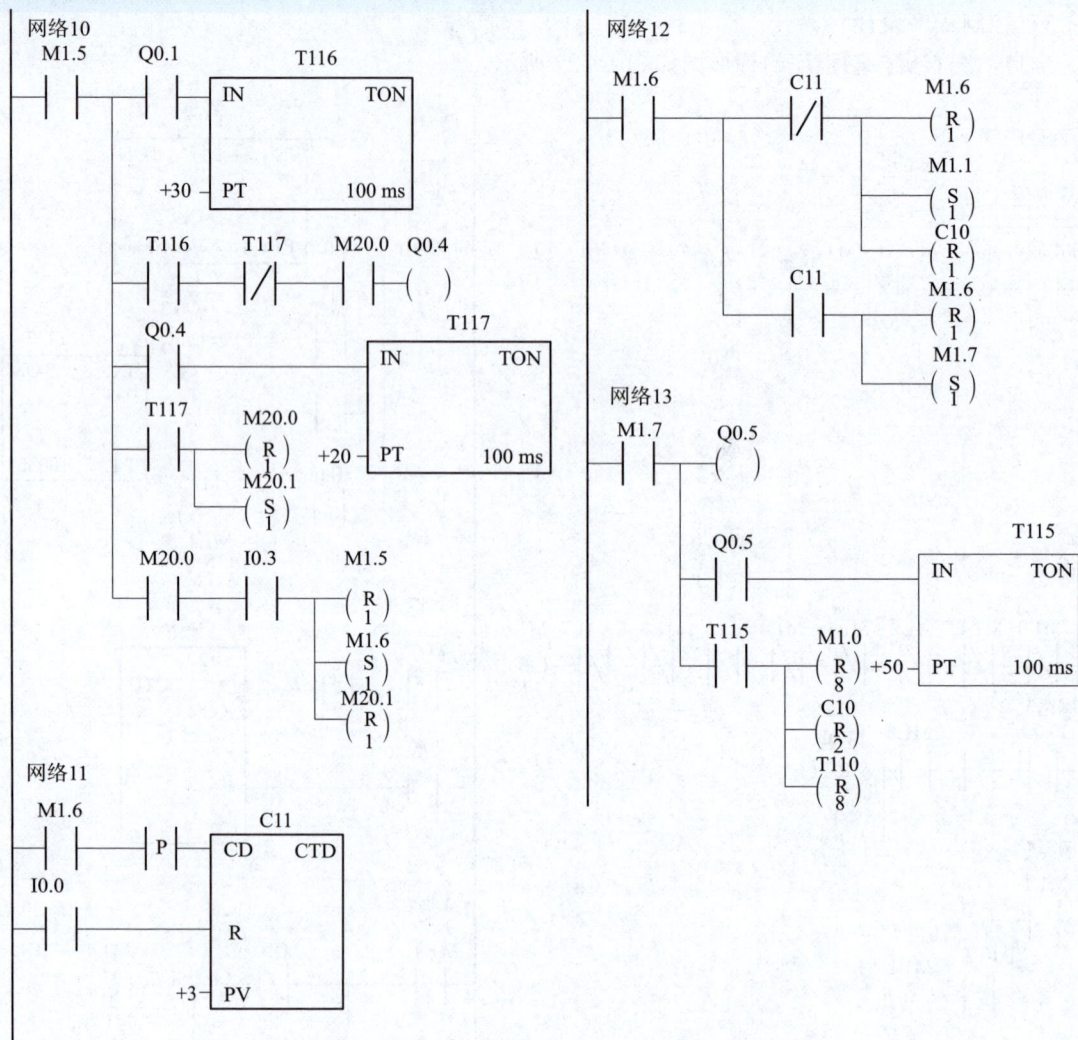

图 10.29　全自动洗衣机控制程序的梯形图（续）

1）当 PLC 开机时，SM0.1 接通一个扫描周期，对标志存储器 M1.0～M1.7、M20.0 和 M20.1、计数器位 C10 和 C11、定时器位 T110～T117、Q0.0 执行复位操作，完成程序的初始化。

2）当按下启动按钮时，I0.0 接通，M1.1 置位接通，Q0.0 接通，进水指示灯亮。按下上限按钮，I0.2 接通，模拟洗衣机水已注满，M1.1 复位，Q0.0 断开，进水指示灯灭。同时，M1.2 置位接通，定时器 T110 开始计时，Q0.2 接通，正搅拌指示灯亮。T110 定时 5 s 时间到，其定时器位 T110 常闭触点断开，Q0.2 断开，正搅拌指示灯灭；T110 常开触点接通，定时器 T111 开始计时。定时 1 s 时间到，其定时器位 T111 接通，M1.2 复位，正搅拌停止，M1.3 置位接通。此后，定时器 T112 开始计时，Q0.3 接通，反搅拌指示灯亮。T112 定时 5 s 时间到，其定时器位 T112 常闭触点断开，Q0.3 断开，反搅拌指示灯灭；T112 常开触点接通，定时器 T113 开始计时。定时 1 s 时间到，其定时器位 T113 接通，M1.3 复位，反搅拌停止，M1.4 置位接通，计数器 C10 计数 1 次，M1.2 置位，上述程序重复执行 1 次。

3）当计数器 C10 的计数值达到 2 次时，表示洗衣机洗涤完成，C10 常开触点接通，M1.5 和 M20.0 置位接通，程序继续向下执行。当 M1.5 接通时，Q0.1 接通，排水指示灯亮，洗衣机进入排水环节，定时器 T116 开始计时，计时 3 s 时间到，T116 常开触点接通，Q0.4 接通，甩干桶指示灯点亮，表示洗衣机进入甩干环节。Q0.4 接通后，定时器 T117 开始计时，2 s 定时时间到，T117 常开触点接通，M20.0复位断开，Q0.4断开，甩干桶指示灯灭，表示甩干流程执行完成。

4）此时，按下下限按钮，表示水已排干，一次洗涤→排水→甩干流程结束，M1.6置位接通，计数器C11计数一次，M1.1置位，程序重复上述过程2次，直至计数器C11计数值为3，即洗衣机执行洗涤→排水→甩干流程3次。

5）当C11计数3次后，其常开触点C11接通，M1.7置位接通，Q0.5接通，蜂鸣器指示灯点亮，提醒使用者洗涤结束；同时，定时器T115开始计时，5 s时间一到，T115定时器位接通，对标志存储器M1.0~M1.7、计数器位C10和C11、定时器位T110~T117执行复位操作，洗衣机恢复初始状态，等待下次洗涤。

4. 多种液体自动混合控制

（1）设计要求

多种液体自动混合控制要求如下：

1）初始状态，容器为空，电磁阀Y1、Y2、Y3、Y4和搅拌机M为关断，最高液面传感器L1、液面传感器L2、最低液面传感器L3均为OFF。

2）按下启动按钮，Y1、Y2打开，注入液体A与B。当液面高度升至L2时（此时L2和L3均为ON），停止注入液体（Y1、Y2为OFF）。同时，开启液体C的电磁阀Y3（Y3为ON），注入液体C。当液面升至L1时（L1为ON），停止注入液体（Y3为OFF）。

3）开启搅拌机M，搅拌时间为5 s。之后，电磁阀Y4开启，排出液体。当液面高度降至L3时（L3为OFF），再延时5 s，容器放空，Y4关闭。

4）按下启动按钮可以重新开始工作。

（2）I/O分配与接线

多种液体自动混合控制的I/O分配表如表10.7所示，I/O接线图如图10.30所示。

表 10.7　多种液体自动混合控制的 I/O 分配表

输入		输出	
地址	设备	地址	设备
I0.0	启动按钮	Q0.1	电磁阀Y1
I0.1	最低液面传感器L1	Q0.2	电磁阀Y2
I0.2	液面传感器L2	Q0.3	电磁阀Y3
I0.3	最高液面传感器L3	Q0.4	电磁阀Y4
		Q0.5	搅拌机M

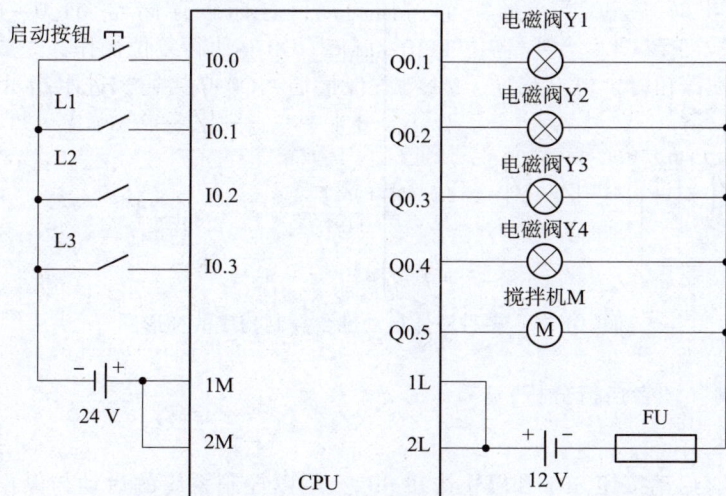

图 10.30　多种液体自动混合控制的 I/O 接线图

（3）控制程序设计

多种液体自动混合控制程序的梯形图如图 10.31 所示。

1）当 PLC 开机时，SM0.1 接通一个扫描周期，对 T190 和 T191、Q0.0～Q0.5 执行复位操作，完成程序的初始化。

2）当按下启动按钮时，I0.0 接通，Q0.1 和 Q0.2 接通，电磁阀 Y1、Y2 打开，注入液体 A 与 B；由于 Q0.1 和 Q0.2 常开触点的自锁作用，即使松开启动按钮，I0.0 断开，Q0.1 和 Q0.2 仍能保持接通，持续注入液体 A 与 B。

3）当容器中液面达到 L2 时，I0.2 接通，"网络 2"中 I0.2 常闭触点断开，Q0.1 和 Q0.2 断开，电磁阀 Y1、Y2 关闭，停止注入液体 A 与 B。同时，"网络 3"中 Q0.3 接通，电磁阀 Y3 打开，开始注入液体 C。当容器中液面达到 L1 时，I0.1 接通，Q0.3 断开，电磁阀 Y3 关闭，停止注入液体 C。

4）在"网络 4"中，当 I0.1 接通时，Q0.5 接通，搅拌机 M 开始搅拌；定时器 T190 计时开始，5 s 定时时间到，"网络 6"中 T190 常闭触点接通，Q0.4 接通，电磁阀 Y4 开启，开始排出液体。

5）当容器中液面低于 L3 时，I0.3 接通，"网络 5"中定时器 T191 开始计时，5 s 定时时间到，表示容器已放空，Q0.4 断开，电磁阀 Y4 关闭，停止排出液体，定时器 T190 和 T191 复位。之后，按下启动按钮可以重新开始上述工作流程。

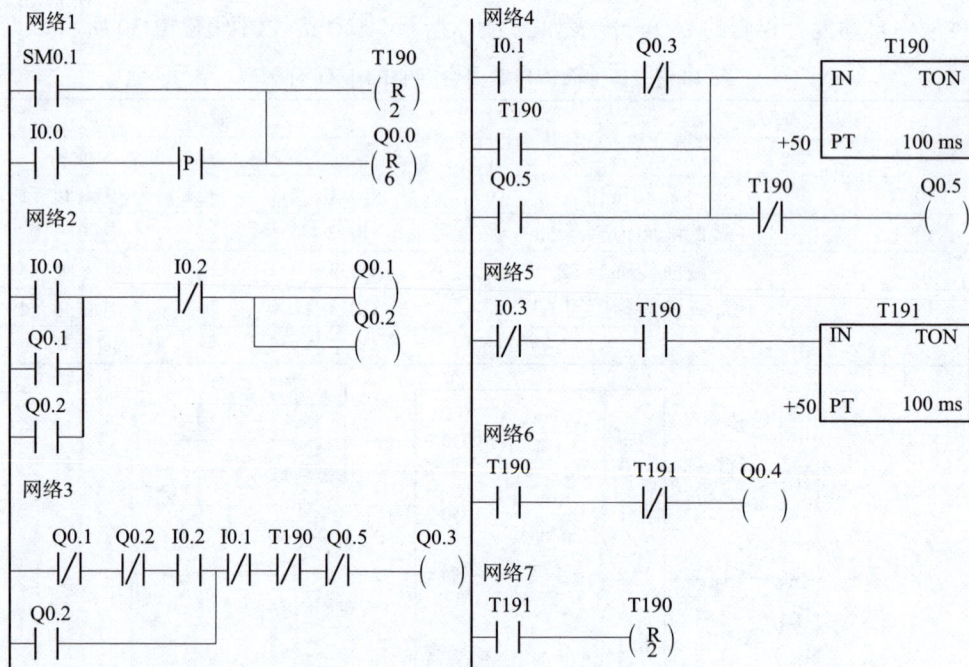

图 10.31　多种液体自动混合控制程序的梯形图

5. 交通灯控制（读者自行分析）

（1）设计要求

1）该单元设有启动按钮 SB1 和停止按钮 SB2，用以控制系统的启动与停止。此外，屏蔽按钮 SB3 可屏蔽交通灯的灯光。

2）当东西向红灯亮时，南北向绿灯亮；当南北向绿灯亮到设定时间时，闪亮3次，闪亮周期为1 s，然后南北向黄灯亮2 s；当南北向黄灯熄灭后，东西向绿灯亮，南北向红灯亮；当东西向绿灯亮到设定时间时，闪亮3次，闪亮周期为1 s，然后东西向黄灯亮2 s；当东西向黄灯熄灭后，再转回东西向红灯亮，南北向绿灯亮……周而复始，不断循环。

（2）I/O分配与接线

交通灯控制的I/O分配表如表10.8所示，I/O接线图如图10.32所示。

表10.8 交通灯控制的 I/O 分配表

输入		输出	
地址	设备	地址	设备
I0.0	启动按钮SB1	Q0.0	东西红灯
I0.1	停止按钮SB2	Q0.1	东西绿灯
I0.2	屏蔽按钮SB3	Q0.2	东西黄灯
		Q0.3	南北红灯
		Q0.4	南北绿灯
		Q0.5	南北黄灯

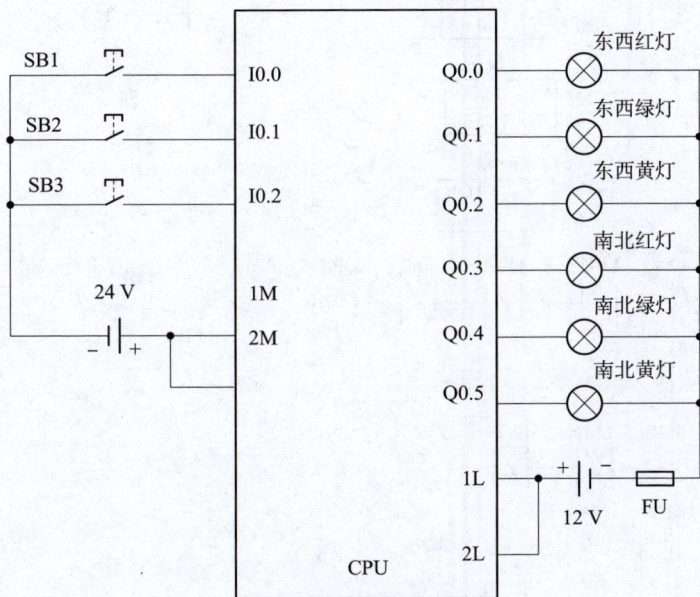

图 10.32 交通灯控制的 I/O 接线图

（3）控制程序设计

交通灯控制程序的梯形图如图10.33所示，请自行分析程序执行流程。

网络1

```
          M4.0
─┤├──────┬──( R )
          │   T140
          ├──( R )
          │   Q0.0
          └──( R )
```

网络2

```
  I0.0              I0.1   M4.0
─┤├────┤P├──────┤/├──( S )
```

网络3

```
  I0.1    M4.0
─┤├────┬──( R )
        │   T140
        └──( R )
```

网络4

```
  M4.0     I0.2    Q0.3
─┤├─┬────┤/├──( )
    │
    │      T140
    │     ┌──IN    TON──┐
    ├──+100─┤PT  100 ms │
    │
    │  T140            T143
    ├──┤├────────┌──IN    TON──┐
    │          +30─┤PT  100 ms │
    │
    │  T143            T144
    ├──┤├────────┌──IN    TON──┐
    │          +20─┤PT  100 ms │
    │
    │  T142            T141
    ├──┤/├────────┌──IN    TON──┐
    │           +5─┤PT  100 ms │
    │
    │  T141            T142
    ├──┤├────────┌──IN    TON──┐
    │           +5─┤PT  100 ms │
    │
    │  T140  T143  Q0.4  I0.2    Q0.1
    ├──┤/├─┬┤/├──┤/├──┤├──( )
    │      │
    │  T141│
    │  ┤├──┘
    │
    │  T143  T144  I0.2    Q0.2
    ├──┤├──┤/├──┤/├──( )
    │
    │  T144  M4.0
    └──┤├─┬──( R )
          │    1
          │   M4.1
          └──( S )
               1
```

网络5

```
  M4.1     I0.2    Q0.0
─┤├─┬────┤/├──( )
    │
    │      T149
    │     ┌──IN    TON──┐
    ├──+100─┤PT  100 ms │
    │
    │  T149            T145
    ├──┤├────────┌──IN    TON──┐
    │          +30─┤PT  100 ms │
    │
    │  T145            T146
    ├──┤├────────┌──IN    TON──┐
    │          +20─┤PT  100 ms │
    │
    │  T148            T147
    ├──┤/├────────┌──IN    TON──┐
    │           +5─┤PT  100 ms │
    │
    │  T147            T148
    ├──┤├────────┌──IN    TON──┐
    │           +5─┤PT  100 ms │
    │
    │  T149  T145  Q0.1  I0.2    Q0.4
    ├──┤/├─┬┤/├──┤/├──┤/├──( )
    │      │
    │  T147│
    │  ┤├──┘
    │
    │  T145  T146  I0.2    Q0.5
    ├──┤├──┤/├──┤/├──( )
    │
    │  T146  M4.1
    └──┤├─┬──( R )
          │    1
          │   M4.0
          └──( S )
               1
```

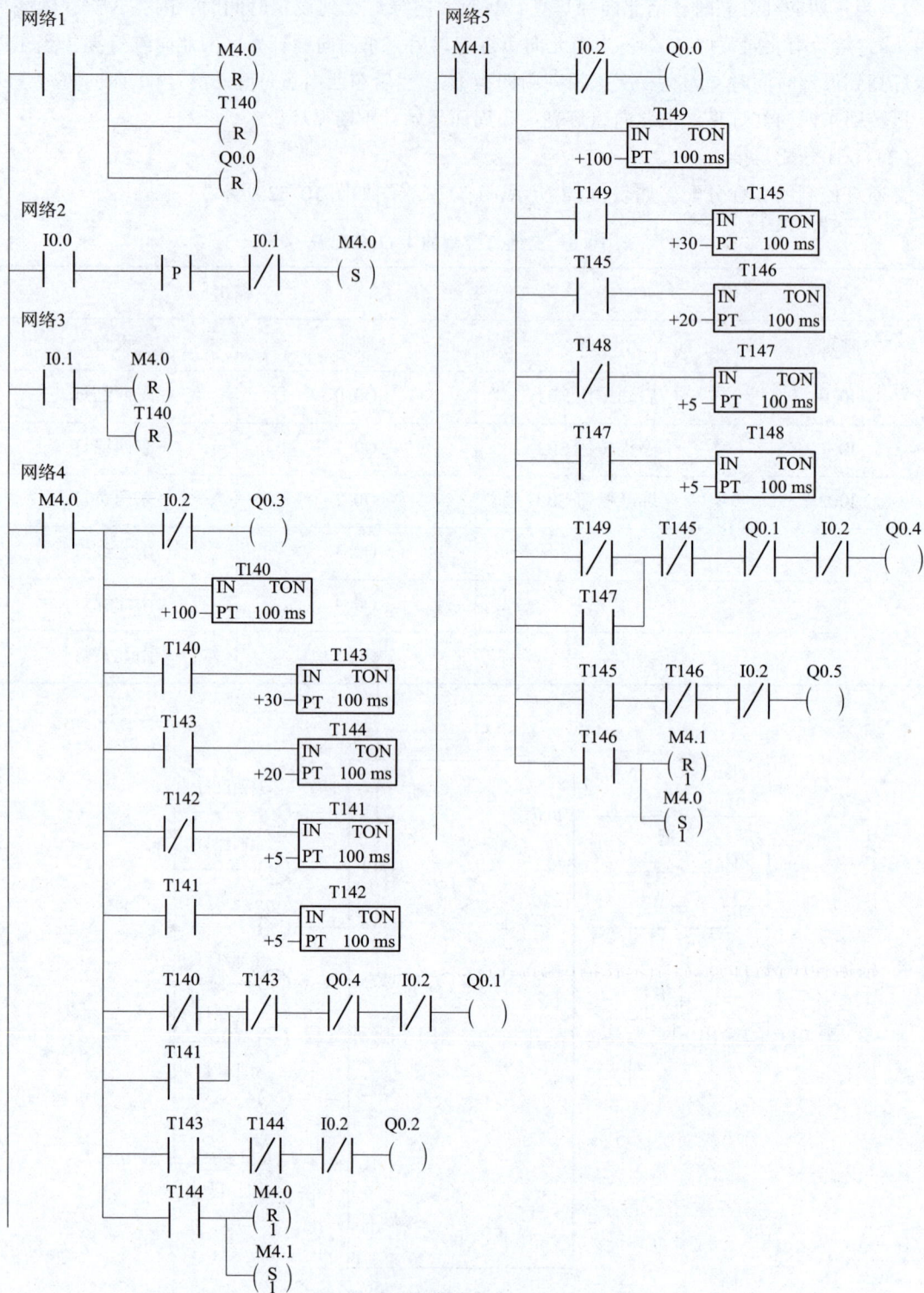

图 10.33　交通灯控制程序的梯形图

本章小结

1. PLC 采用顺序扫描、不断循环的工作方式。

2. PLC 工作过程可分为：输入采样、程序执行、输出刷新 3 个阶段。

3. PLC 编程语言包括：梯形图、指令表、功能块图、结构化文本和顺序功能图。

4. PLC 的编程元件，也称"软继电器"，实质上是内存中定义的存储位置，而不是物理存在的硬件，其调用次数是无限的。

5. 不同制造商的 PLC 拥有各自独特的编程指令集，尽管具体的指令和语法有所不同，但编程的基本概念和原理在很大程度上是相通的。

6. 工业自动化控制网络体系结构通常遵循"集中管理，分散控制"的原则。

习　　题

选择题

10-1　以下不属于 PLC 特点的是（　　）。

A. 可靠性高、抗干扰能力强　　　　　　　B. 速度较快

C. 功能完善、编程简单　　　　　　　　　D. 接线较复杂

10-2　PLC 的工作方式为（　　）。

A. 等待命令工作方式　　　　　　　　　　B. 循环扫描工作方式

C. 中断工作方式　　　　　　　　　　　　D. 实时输出工作方式

10-3　PLC 输出端的状态（　　）。

A. 随输入信号的改变而立即发生变化

B. 随程序的执行不断在发生变化

C. 根据程序执行的最后结果在输出刷新阶段发生变化

D. 不变化

10-4　当 PLC 的输出方式为晶体管型时，它适用于哪种负载（　　）？

A. 感性　　　　　　　B. 交流　　　　　　　C. 直流　　　　　　　D. 交直流

10-5　下列对 PLC 编程元件的描述正确的是（　　）。

A. 有无数对常开和常闭触点供编程时使用

B. 只有 2 对常开和常闭触点供编程时使用

C. 不同型号的 PLC 的情况可能不一样

D. 以上说法都不正确

10-6　PLC 一般采用（　　）与现场输入信号相连。

A. 光电耦合电路　　　　B. 可控硅电路　　　　C. 晶体管电路　　　　D. 继电器

10-7　在一个程序中，同一地址号的线圈（　　）次输出，且继电器线圈不能串联，只能并联。

A. 只能有一　　　　　　B. 只能有二　　　　　　C. 只能有三　　　　　　D. 无限

10-8 西门子 S7-200 SMART CPU SR40 中提供了（　　）32 位的累加器，用来暂存数据。

A. 1 个　　　　　　B. 2 个　　　　　　C. 3 个　　　　　　D. 4 个

10-9 用来累计比 CPU 扫描速度还要快的事件的是（　　）。

A. 增计数器　　　B. 高速计数器　　　C. 减计数器　　　D. 累加器

10-10 下列不属于 S7-200 SMART 系列 PLC 3 种常用定时器的是（　　）。

A. TON　　　　B. TOFR　　　　　　C. TONR　　　　　D. TOF

判断题

10-11 划分大、中和小型 PLC 的主要分类依据是 I/O 点的数量。（　　）

10-12 不能把一个定时器号同时用作 TOF 和 TON。（　　）

10-13 如果复位指令的操作数是定时器位（T）或计数器位（C），会使相应定时器位、计数器位复位为"0"，但不会清除定时器或计数器的当前值。（　　）

10-14 系统程序是由 PLC 生产厂家编写的，固化到数据存储器中。（　　）

10-15 在设计 PLC 的梯形图时，在每一逻辑行中，并联触点多的支路应放在左边。（　　）

10-16 PLC 的输出线圈可以放在梯形图逻辑行的中间任意位置。（　　）

10-17 当 TONR 的启动输入端（IN）由"1"变"0"时，定时器复位。（　　）

10-18 字整数比较指令比较两个数大小，若比较式为真，则该触点断开。（　　）

10-19 字节循环移位指令的最大位移位数为 8 位。（　　）

10-20 PLC 扫描周期的长短取决于 PLC 执行一个指令所需的时间和指令的多少。（　　）

10-21 当 CTD 的当前值等于 0 时，计数器状态位置位，但会继续计数。（　　）

10-22 在第一个扫描周期接通可用于初始化子程序的特殊存储器位是 SM0.1。（　　）

10-23 位地址的格式由存储器标识符、字节地址和位号 3 部分组成。（　　）

10-24 正跳变指令每次检测到输入信号由"0"变"1"之后，使电路接通一个扫描周期。（　　）

10-25 当 CTUD 的当前值大于等于预置值 PV 时置位，停止计数。（　　）

分析设计题

10-26 PLC 与继电器构成的控制系统各有什么特点？

10-27 PLC 的工作方式如何，简述其工作过程。

10-28 PLC 控制程序梯形图及工作时序图如图 10.34 所示，试根据输入信号 I0.0 和 I0.1 的工作时序图，画出输出信号 Q0.0、Q0.1 和 Q0.2 的工作时序图。

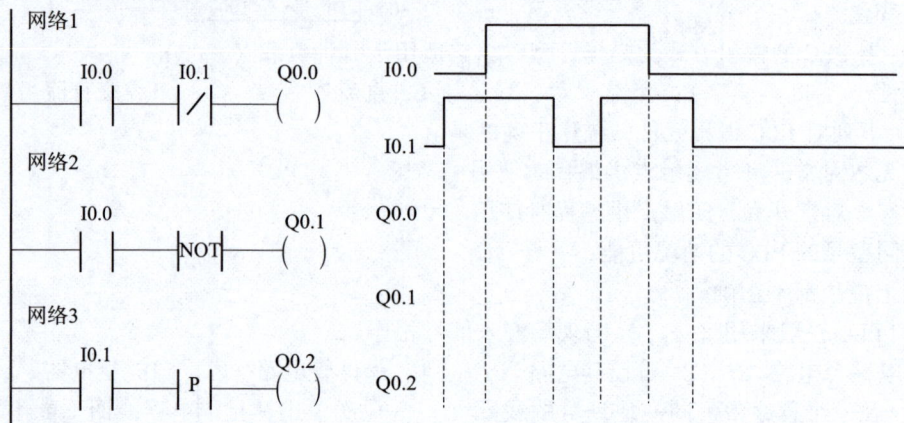

图 10.34　习题 10-28 图

10-29 PLC 程序梯形图及工作时序图如图 10.35 所示，试根据输入信号 I4.0、I3.0 和 I2.0 的工作时序图，画出计数器 C48 的当前值和计数器位的工作时序图。

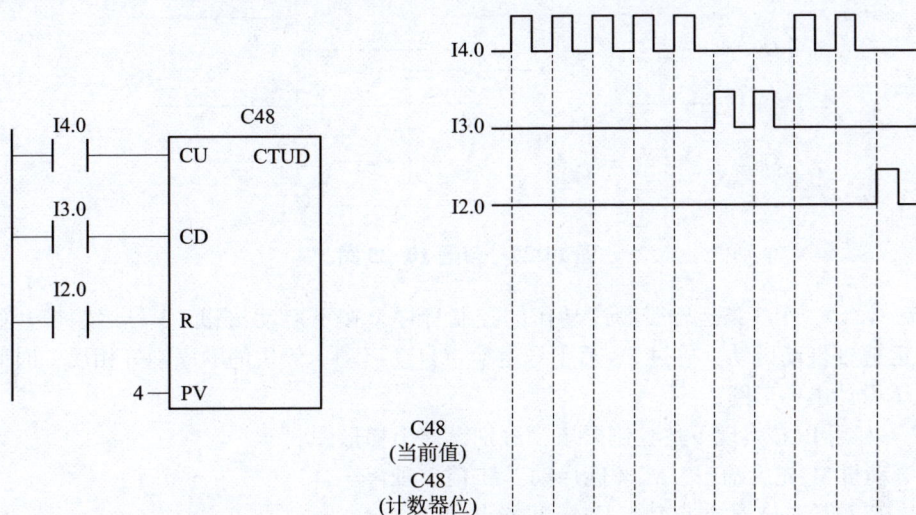

图 10.35 习题 10-29 图

10-30 为了扩展计数范围，也可以采用两个计数器联用的方式，其总计数值为各设定值之和或为各设定值之积。试分别完成其梯形图。

10-31 用两个定时器设计一个振荡电路，使输出 Q0.0 通的时间是 10 s，断的时间是 5 s。

10-32 S7-200 SMART 系列 PLC 的定时器最大计时时间为 3 276.7 s，为产生更长的定时时间，请用梯形图设计一个由两个定时器组成的 1 h 的定时器。

10-33 设计一个脉冲分配电路，使 Q0.0~Q0.5 这 6 个输出点轮流导通，时间间隔是 10 s。

10-34 PLC 的 3 个输出端子 Q0.0、Q0.1 和 Q0.2 分别用于控制 3 台电动机的启停。如图 10.36 所示，请分析梯形图所实现的电动机控制功能。

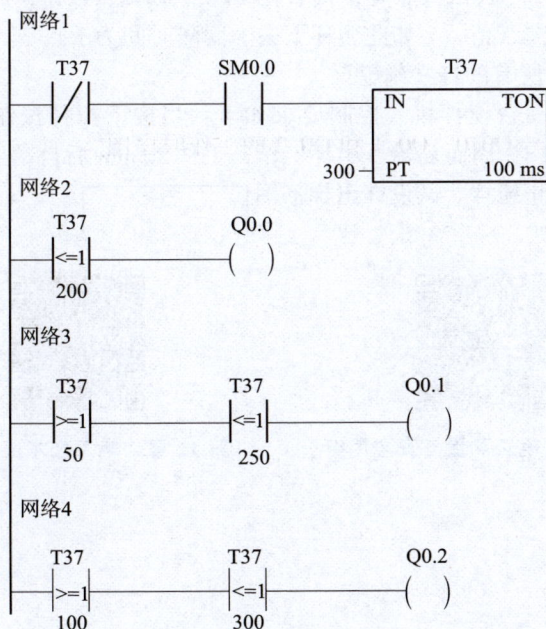

图 10.36 习题 10-34 图

10-35 某系统的 3 个输出信号的波形如图 10.37 所示。输入 I0.0 接通后，Q0.0、Q0.1、Q0.2 开始周期性地连续变化，输入 I0.1 接通后停止运行。试设计出梯形图。

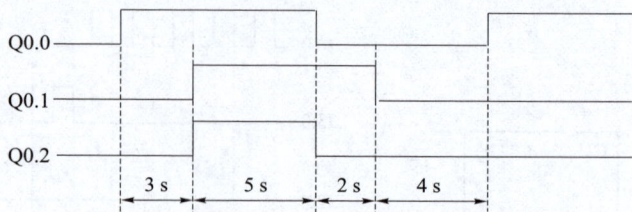

图 10.37 习题 10-35 图

10-36 设计一个 3 条运输带顺序动作的控制程序。按下启动按钮，3 号运输带开始运行，5 s 后 2 号运输带自动启动，再过 5 s 后 1 号运输带自动启动。停机的顺序刚好相反，时间间隔仍然是 5 s。试设计出梯形图。

10-37 利用 PLC 实现下述控制要求，分别设计出梯形图。

（1）电动机 M_1 先启动后，M_2 才能启动，M_2 能单独停车。

（2）M_1 启动后，M_2 才能启动，且 M_2 并能点动。

（3）M_1 先启动，经过一定延时后 M_2 能自行启动。

（4）M_1 先启动，经过一定延时后 M_2 能自行启动，当 M_2 启动后，M_1 立即停止。

10-38 电动葫芦起升机构的动负荷试验，控制要求如下。试用 PLC 实现控制要求，设计出梯形图。

（1）可手动上升、下降。

（2）当自动运行时，上升 6 s→停 6 s→下降 6 s→停 6 s，反复运行 1 h，然后发出声光信号，并停止运行。

10-39 灯光控制，共有 8 盏灯 L_1、L_2、L_3、L_4、L_5、L_6、L_7、L_8，控制要求如下。试用 PLC 实现控制要求，设计出梯形图。

（1）按下启动按钮，$L_1 \sim L_8$ 依次点亮，接着是 $L_1 L_2$、$L_2 L_3$、$L_3 L_4$、$L_4 L_5$、$L_5 L_6$、$L_6 L_7$、$L_7 L_8$，全亮，全灭，再 $L_1 \sim L_8$ 依次点亮……如此循环下去。间隔时间为 1 s。

（2）按下停止按钮，所有的灯立刻熄灭。

10-40 用 PLC 控制一台搅拌机。控制要求如下：当按下搅拌按钮后，电动机正转 20 s，停 2 s，然后反转 20 s，停 2 s，周而复始，循环工作，工作 20 min 后自动停止，在此过程中，若再按一次搅拌按钮，则可中止搅拌。试设计出梯形图。

第 11 章 电工测量与安全用电

第 12 章 电工技术应用实例

参 考 文 献

[1] 吴建强，刘晓芳. 电工技术 [M]. 北京：高等教育出版社，2022.

[2] 贾贵玺. 电工技术 [M]. 5版. 北京：高等教育出版社，2017.

[3] 龙丹丹，朱月华. 电工技术基础 [M]. 北京：中国铁道出版社，2019.

[4] 秦曾煌. 电工学简明教程 [M]. 3版. 北京：高等教育出版社，2015.

[5] 哈尔滨工业大学电工学教研室，秦曾煌，姜三勇. 电工学（上册）[M]. 8版. 北京：高等教育出版社，2023.

[6] 唐介，王宁. 电工学（少学时）[M]. 5版. 北京：高等教育出版社，2020.

[7] 张石，刘晓志. 电工技术 [M]. 北京：机械工业出版社，2012.

[8] 葛玉敏. 电路分析基础 [M]. 北京：人民邮电工业出版社，2023.

[9] 汤天浩，谢卫. 电机与拖动基础 [M]. 3版. 北京：机械工业出版社，2017.

[10] 吴建强，张继红. 电路与电子技术 [M]. 北京：高等教育出版社，2015.

[11] 张继和. 电工技术 [M]. 北京：高等教育出版社，2017.

[12] 罗映红. 电工技术（高等学校分层教学B）[M]. 北京：中国电力出版社，2010.